零基础学
Python
7小时多媒体教学视频

张志强 赵越 等编著

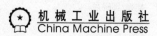

机械工业出版社
China Machine Press

零基础学编程

DVD-ROM

图书在版编目（CIP）数据

零基础学 Python / 张志强等编著. —北京：机械工业出版社，2015.1（2018.8 重印）
（零基础学编程）

ISBN 978-7-111-49211-5

Ⅰ. 零… Ⅱ. 张… Ⅲ. 软件工具－程序设计 Ⅳ. TP311.56

中国版本图书馆 CIP 数据核字（2015）第 017556 号

　　Python 是目前最流行的动态脚本语言之一。本书由浅入深，全面、系统地介绍了使用 Python 进行开发的各种知识和技巧。

　　本书内容包括 Python 环境的安装和配置、Python 的基本语法、模块和函数、内置数据结构、字符串和文件的处理、正则表达式的使用、异常的捕获和处理、面向对象的语言特性和设计、Python 的数据库编程、Tkinter GUI 库的使用、HTML 应用、XML 应用、Django 网页开发框架的使用、测试驱动开发模式应用、Python 中的进程和线程、Python 系统管理、网络编程、Python 图像处理、Python 语言的扩展和嵌入以及 Windows 下 Python 开发等。为了便于读者学习，本书每个章节中都提供了详尽的例子，结合实例讲解各个知识点。

　　本书适合 Python 爱好者、大中专院校的学生、社会培训班学生，以及系统管理员、界面开发人员、Web 开发人员、网络编程人员等有关人员学习、使用。

零基础学Python

出版发行：机械工业出版社（北京市西城区百万庄大街22号　邮政编码：100037）

责任编辑：陈佳媛　　　　　　　　　　　　责任校对：殷　虹

印　　刷：三河市宏图印务有限公司　　　　版　　次：2018年8月第1版第7次印刷

开　　本：185mm×260mm　1/16　　　　　印　　张：30

书　　号：ISBN 978-7-111-49211-5　　　　定　　价：79.00元（附光盘）
　　　　　ISBN 978-7-89405-698-6（光盘）

凡购本书，如有缺页、倒页、脱页，由本社发行部调换

客服热线：(010) 88379426　88361066　　　　投稿热线：(010) 88379604

购书热线：(010) 68326294　88379649　68995259　　读者信箱：hzit@hzbook.com

前　言

作为最流行的脚本语言之一，Python 具有内置的高级数据结构和简单有效的面向对象编程思想实现。同时，其语法简洁而清晰，类库丰富而强大，非常适合于进行快速原型开发。另外，Python 可以运行在多种系统平台下，从而使得只需要编写一次代码，就可以在多个系统平台下都保持有同等的功能。

为了能够使广大读者既能够掌握 Python 语言的基础知识，又能够将 Python 语言应用于某个特定的领域（如 Web 开发），本书将全面介绍和 Python 相关的这些内容。在学习完本书之后，相信读者能够很好地掌握 Python 语言，同时可以使用 Python 语言进行实际项目的开发。

本书特点

1．循序渐进，由浅入深

为了方便读者学习，本书首先让读者了解 Python 的历史和特点。通过具体的例子逐渐把读者带入 Python 的世界，掌握 Python 语言的基本要点以及基础类库、常用库和工具的使用。

2．技术全面，内容充实

本书在保证内容实用的前提下，详细介绍了 Python 语言的各个知识点。同时，本书所涉及的内容非常全面，无论从事什么行业的读者，都可以从本书中找到可应用 Python 于本行业的地方。

3．对比讲解，理解深刻

有很多读者具备 Java 的开发经验，因此本书注意结合 Python 与 Java 语法的异同点进行讲解。同时本书注意对 Python 中相似的函数和方法进行对比。通过对比讲解的方式，帮助读者解决一些疑难问题，加深读者对 Python 语法要点的理解。

4．分析原理，步骤清晰

每种编程语言都有自己独特的魅力。掌握一门技术首先需要理解原理，本书注意把握各个知识点的原理，总结实现的思路和步骤。读者可以根据具体步骤实现书中的例子，理论结合实践更利于学习。

5．代码完整，讲解详尽

对于书中的每个知识点都有一段示例代码，并对代码的关键点进行了注释说明。每段代码的后面都有详细的分析，同时给出了代码运行后的结果。读者可以参考运行结果阅读源程序，可以加深对程序的理解。

本书内容

第 1 章：如果读者还是一个新手，可通过这一章了解 Python 能做什么，Python 的特征和优势，逐渐步入 Python 的世界。

第 2 章：详细介绍了 Python 的语法知识，深入讲解了 Python 的编码规则、变量和常量的声明及使用、数据类型、运算符和表达式。通过本章的学习，读者能掌握 Python 编码的一些规范以及一些基本概念。

第 3 章：详细介绍了 Python 中的控制语句、循环语句以及一些习惯用法，结合示例讲解了 Python 结构化编程的要点。

第 4 章：介绍了 Python 的内置数据结构——元组、列表、字典和序列。根据使用习惯分别介绍了这些内置数据结构的特点以及区别。

第 5 章：讲解了 Python 中模块和函数的概念。重点介绍了 Python 的常用内置模块、函数的参数、递归函数、lambda 函数、Generator 函数等内容。

第 6 章：重点介绍了 Python 中字符串的处理，包括字符串的格式化、比较、合并、截取、查找、替换等。讲解了正则表达式的概念以及使用 re 模块处理正则表达式。

第 7 章：介绍了 Python 对文件的基本操作，包括文件的创建、读写、删除、复制、搜索、替换和比较。重点介绍了 Python 对目录遍历的实现，以及 Python 的流对象。

第 8 章：介绍了面向对象程序设计的要点，重点讲解了 Python 如何实现面向对象的特性，以及 Python 中的设计模式。

第 9 章：详细介绍了 Python 对异常的处理、异常的捕获和抛出、自定义异常等内容。讲解了如何使用 IDLE 和 Easy Eclipse for Python 调试 Python 程序。

第 10 章：介绍了 Python 的数据库编程，重点讲解了使用 ODBC、DAO、ADO、Python 专用模块连接数据库，以及 Python 的持久化。最后结合 SQLite 数据库的示例讲解了 Python 对数据库的操作。

第 11 章：介绍 Python 的 GUI 开发。主要介绍了当前 Python 中使用比较多的 Tkinter 和 PyQT。

第 12 章：介绍了 Python 自带的 GUI 开发库 Tkinter 的基本组件及其使用方法，并给出每种组件的详细示例代码与图示。

第 13 章：介绍了 Python 的 HTML 应用。详细介绍了 URL 的解析以及 HTML 资源的获取，同时对 CGI 的使用和 HTML 文档的解析进行了介绍。

第 14 章：讲解了 Python 的 XML 操作，包括 XML 的各种内容实体。还对 XML 文档的两种处理方式 SAX 和 DOM 进行了详细的讲解。

第 15 章：对 Python 中常用的 Web 开发框架进行了介绍。在介绍了 MVC 模式的基础上，对 Django 框架进行了详细的讲解，包括基本使用方法和高级使用方法。

第 16 章：介绍了 Python 中的测试框架。主要讲解 Python 中两种测试框架：unittest 和 doctest。讲解的时候，都配以示例，以利于读者掌握。

第 17 章：介绍了 Python 中进程和线程的概念。主要的内容包括进程和线程的创建及管理等。

同时，着重讲解了多线程环境下的数据同步机制。

第 18 章：介绍了 Python 的系统管理，其中主要讲解 IPython 的应用，不仅包括 IPython 的介绍，还包括其常见应用。

第 19 章：讲解了 Python 中和网络编程相关的内容，包括服务器端和客户端的通信。随后着重介绍了网络中的异步通信方式，最后对 Twisted 框架进行了介绍。

第 20 章：讲解了 Python 开发中常见的网络应用。主要包括文件传输、邮件的接收和发送、远程登录以及简单网络管理功能的实现。最后对使用 Scapy 分析网络数据进行了介绍。

第 21 章：讲解了 Python 图像处理，通过各种示例，读者能够迅速掌握相关知识点并用于实践。

第 22 章：介绍了 Python 语言的扩展和嵌入应用。这两种技术使得 Python 语言有了更进一步的发展。

第 23 章：介绍了 Windows 下的 Python 开发，主要介绍了组件对象模型。同时，使用示例来讲解 Windows 下的各种 Python 应用。

适合读者

- ❑ Python 爱好者
- ❑ 大中专院校的学生
- ❑ 社会培训班学生
- ❑ 高等教育学校的学生
- ❑ 系统管理员
- ❑ 界面开发人员
- ❑ Web 开发人员
- ❑ 网络编程人员

本书作者

本书由张志强、赵越编写，其中天津职业技术师范大学的张志强编写第 1～12 章，渤海大学的赵越编写第 13～23 章，全书最后由范林涛统稿。

目　　录

前言

第一篇　Python语言基础

第1章　进入 Python 的世界 ··· 1

1.1　Python 的由来 ·· 1

1.2　Python 的特色 ·· 2

1.3　第一个 Python 程序 ·· 3

1.4　搭建开发环境 ·· 4

1.4.1　Python 的下载和安装 ·· 4

1.4.2　交互式命令行的使用 ··· 5

1.5　Python 的开发工具 ··· 5

1.5.1　PyCharm 的使用 ··· 6

1.5.2　Eclipse IDE 的介绍 ·· 6

1.5.3　EditPlus 编辑器环境的配置 ··· 7

1.6　不同平台下的 Python ·· 9

1.7　小结 ··· 9

1.8　习题 ··· 9

第2章　Python 必须知道的基础语法 ··· 10

2.1　Python 的文件类型 ··· 10

2.1.1　源代码 ··· 10

2.1.2　字节代码 ··· 10

2.1.3　优化代码 ··· 11

2.2　Python 的编码规范 ··· 11

2.2.1　命名规则 ··· 11

2.2.2　代码缩进与冒号 ··· 13

2.2.3　模块导入的规范 ··· 15

2.2.4　使用空行分隔代码 ··· 16

2.2.5　正确的注释 ··· 16

2.2.6 语句的分隔 ·· 19

2.3 变量和常量 ··· 20

2.3.1 变量的命名 ·· 20

2.3.2 变量的赋值 ·· 21

2.3.3 局部变量 ··· 22

2.3.4 全局变量 ··· 23

2.3.5 常量 ··· 25

2.4 数据类型 ··· 26

2.4.1 数字 ··· 26

2.4.2 字符串 ··· 27

2.5 运算符与表达式 ·· 29

2.5.1 算术运算符和算术表达式 ··· 29

2.5.2 关系运算符和关系表达式 ··· 30

2.5.3 逻辑运算符和逻辑表达式 ··· 31

2.6 小结 ··· 32

2.7 习题 ··· 32

第3章 Python 的控制语句 ·· 33

3.1 结构化程序设计 ·· 33

3.2 条件判断语句 ··· 34

3.2.1 if 条件语句 ·· 34

3.2.2 if…elif…else 判断语句 ·· 35

3.2.3 if 语句也可以嵌套 ··· 36

3.2.4 switch 语句的替代方案 ·· 37

3.3 循环语句 ··· 40

3.3.1 while 循环 ·· 40

3.3.2 for 循环 ··· 41

3.3.3 break 和 continue 语句 ·· 42

3.4 结构化程序示例 ·· 44

3.5 小结 ··· 46

3.6 习题 ··· 46

第4章 Python 数据结构 ··· 47

4.1 元组结构 ··· 47

4.1.1 元组的创建 ·· 47

4.1.2 元组的访问 ·· 48

4.1.3 元组的遍历 ·· 50

4.2 列表结构 ··· 51

4.2.1 列表的创建 ·· 51

励志照亮人生 编程改变命运

4.2.2 列表的使用 ·· 53

4.2.3 列表的查找、排序、反转 ··· 54

4.2.4 列表实现堆栈和队列 ··· 55

4.3 字典结构 ··· 57

4.3.1 字典的创建 ·· 57

4.3.2 字典的访问 ·· 58

4.3.3 字典的方法 ·· 60

4.3.4 字典的排序、复制 ··· 63

4.3.5 全局字典——sys.modules 模块 ··· 64

4.4 序列 ··· 65

4.5 小结 ··· 67

4.6 习题 ··· 67

第 5 章 模块与函数 ··· 68

5.1 Python 程序的结构 ··· 68

5.2 模块 ··· 69

5.2.1 模块的创建 ·· 69

5.2.2 模块的导入 ·· 69

5.2.3 模块的属性 ·· 71

5.2.4 模块的内置函数 ··· 71

5.2.5 自定义包 ··· 74

5.3 函数 ··· 76

5.3.1 函数的定义 ·· 76

5.3.2 函数的参数 ·· 77

5.3.3 函数的返回值 ·· 80

5.3.4 函数的嵌套 ·· 82

5.3.5 递归函数 ··· 84

5.3.6 lambda 函数 ··· 85

5.3.7 Generator 函数 ·· 86

5.4 小结 ··· 88

5.5 习题 ··· 88

第 6 章 字符串与正则表达式 ··· 89

6.1 常见的字符串操作 ·· 89

6.1.1 字符串的格式化 ··· 89

6.1.2 字符串的转义符 ··· 91

6.1.3 字符串的合并 ·· 93

6.1.4 字符串的截取 ·· 94

6.1.5 字符串的比较 ·· 95

6.1.6 字符串的反转 ·· 96

6.1.7 字符串的查找和替换 ·· 98

6.1.8 字符串与日期的转换 ·· 99

6.2 正则表达式应用 ··· 101

6.2.1 正则表达式简介 ··· 101

6.2.2 使用 re 模块处理正则表达式 ································· 103

6.3 小结 ··· 108

6.4 习题 ··· 108

第 7 章 使用 Python 处理文件 ··· 109

7.1 文件的常见操作 ··· 109

7.1.1 文件的创建 ··· 109

7.1.2 文件的读取 ··· 111

7.1.3 文件的写入 ··· 113

7.1.4 文件的删除 ··· 114

7.1.5 文件的复制 ··· 115

7.1.6 文件的重命名 ·· 116

7.1.7 文件内容的搜索和替换 ··· 117

7.1.8 文件的比较 ··· 118

7.1.9 配置文件的访问 ·· 119

7.2 目录的常见操作 ··· 121

7.2.1 创建和删除目录 ·· 122

7.2.2 目录的遍历 ··· 122

7.3 文件和流 ·· 124

7.3.1 Python 的流对象 ·· 124

7.3.2 模拟 Java 的输入、输出流 ····································· 126

7.4 文件处理示例——文件属性浏览程序 ································· 127

7.5 小结 ··· 128

7.6 习题 ··· 128

第 8 章 面向对象编程 ··· 129

8.1 面向对象的概述 ··· 129

8.2 类和对象 ·· 130

8.2.1 类和对象的区别 ·· 130

8.2.2 类的定义 ··· 131

8.2.3 对象的创建 ··· 131

8.3 属性和方法 ·· 132

8.3.1 类的属性 ··· 132

8.3.2 类的方法 ··· 134

8.3.3　内部类的使用 ……………………………………………………………… 136

8.3.4　__init__方法 ………………………………………………………………… 137

8.3.5　__del__方法 ………………………………………………………………… 138

8.3.6　垃圾回收机制 ……………………………………………………………… 139

8.3.7　类的内置方法 ……………………………………………………………… 140

8.3.8　方法的动态特性 …………………………………………………………… 144

8.4　继承 ………………………………………………………………………………… 145

8.4.1　使用继承 …………………………………………………………………… 145

8.4.2　抽象基类 …………………………………………………………………… 147

8.4.3　多态性 ……………………………………………………………………… 148

8.4.4　多重继承 …………………………………………………………………… 149

8.4.5　Mixin 机制 ………………………………………………………………… 150

8.5　运算符的重载 ……………………………………………………………………… 152

8.6　Python 与设计模式 ………………………………………………………………… 154

8.6.1　设计模式简介 ……………………………………………………………… 154

8.6.2　设计模式示例——Python 实现工厂方法 ……………………………… 155

8.7　小结 ………………………………………………………………………………… 156

8.8　习题 ………………………………………………………………………………… 156

第 9 章　异常处理与程序调试 ……………………………………………………………… 157

9.1　异常的处理 ………………………………………………………………………… 157

9.1.1　Python 中的异常 …………………………………………………………… 157

9.1.2　try…except 的使用 ………………………………………………………… 158

9.1.3　try…finally 的使用 ………………………………………………………… 160

9.1.4　使用 raise 抛出异常 ……………………………………………………… 161

9.1.5　自定义异常 ………………………………………………………………… 161

9.1.6　assert 语句的使用 ………………………………………………………… 162

9.1.7　异常信息 …………………………………………………………………… 163

9.2　使用自带 IDLE 调试程序 ………………………………………………………… 164

9.3　使用 Easy Eclipse for Python 调试程序 ………………………………………… 165

9.3.1　新建工程 …………………………………………………………………… 166

9.3.2　配置调试 …………………………………………………………………… 167

9.3.3　设置断点 …………………………………………………………………… 168

9.4　小结 ………………………………………………………………………………… 170

9.5　习题 ………………………………………………………………………………… 170

第 10 章　Python 数据库编程 ……………………………………………………………… 171

10.1　Python 环境下的数据库编程 …………………………………………………… 171

10.1.1　通过 ODBC 访问数据库 ………………………………………………… 171

10.1.2 使用 DAO 对象访问数据库 ·· 173

10.1.3 使用 ActiveX Data Object 访问数据库 ······················· 174

10.1.4 Python 连接数据库的专用模块 ································· 176

10.2 使用 Python 的持久化模块读写数据 ······························ 179

10.3 嵌入式数据库 SQLite ·· 179

10.3.1 SQLite 的命令行工具 ·· 179

10.3.2 使用 sqlite3 模块访问 SQLite 数据库 ······················ 181

10.4 小结 ·· 182

10.5 习题 ·· 182

第二篇 Python的GUI程序设计

第 11 章 Python 的 GUI 开发 ··· 183

11.1 Python 的 GUI 开发选择 ··· 183

11.1.1 认识 Python 内置的 GUI 库 Tkinter ························ 183

11.1.2 使用 Tkinter 进行开发 ··· 184

11.1.3 认识 PyQT GUI 库 ·· 186

11.1.4 使用 PyQT GUI 库进行开发 ··································· 187

11.2 小结 ·· 188

11.3 习题 ·· 188

第 12 章 GUI 编程与 Tkinter 相关组件介绍 ·························· 189

12.1 GUI 程序开发简介 ··· 189

12.2 Tkinter 与主要组件 ·· 190

12.2.1 在程序中使用 Tkinter ·· 190

12.2.2 顶层窗口 ··· 190

12.2.3 标签 ·· 191

12.2.4 框架 ·· 191

12.2.5 按钮 ·· 192

12.2.6 输入框 ··· 192

12.2.7 单选按钮 ·· 193

12.2.8 复选按钮 ·· 193

12.2.9 消息 ·· 194

12.2.10 滚动条 ·· 194

12.2.11 列表框 ·· 195

12.3 Tkinter 所有组件简介 ·· 195

12.4 小结 ·· 196

12.5 习题 ·· 196

第三篇　Python的Web开发

第13章　Python 的 HTML 应用 ················· 197

13.1　HTML 介绍 ································· 197

13.1.1　HTML 的历史 ····················· 197

13.1.2　SGML、HTML、XHTML、HTML5 的关系 ·············· 198

13.1.3　HTML 的标签 ····················· 198

13.1.4　HTML 的框架组成 ················· 199

13.2　URL 的处理 ······························ 200

13.2.1　统一资源定位符 URL ············· 200

13.2.2　URL 的解析 ······················· 201

13.2.3　URL 的拼合 ······················· 203

13.2.4　URL 的分解 ······················· 204

13.2.5　URL 的编解码 ··················· 205

13.2.6　中文的编解码 ····················· 207

13.2.7　查询参数的编码 ··················· 208

13.3　CGI 的使用 ······························ 210

13.3.1　CGI 介绍 ·························· 210

13.3.2　获取 CGI 环境信息 ··············· 211

13.3.3　解析用户的输入 ··················· 214

13.4　获取 HTML 资源 ························· 216

13.4.1　使用 urlopen 和 urlretrieve 获取 HTTP 资源 ················· 217

13.4.2　分析返回资源的相关信息 ········· 221

13.4.3　自定义获取资源方式 ············· 223

13.4.4　使用 http.client 模块获取资源 ··· 226

13.5　HTML 文档的解析 ····················· 228

13.6　小结 ····································· 230

13.7　习题 ····································· 230

第14章　Python 和 XML ···················· 231

14.1　XML 介绍 ······························· 231

14.1.1　XML 的演进历史 ················· 231

14.1.2　XML 的优点和限制 ··············· 232

14.1.3　XML 技术的 Python 支持 ········· 233

14.2　XML 文档概览和验证 ·················· 234

14.2.1　XML 文档的基础概念 ············· 234

14.2.2　XML 文档的结构良好性验证 ····· 234

14.2.3　XML 文档的有效性验证 ·········· 237

14.3　分析 XML 文档结构 ··················· 239

14.3.1　XML 的元素和标签 ································· 239

　　14.3.2　元素的属性 ··· 242

　　14.3.3　XML 的名字 ··· 244

　　14.3.4　字符实体 ·· 245

　　14.3.5　CDATA 段 ·· 246

　　14.3.6　注释 ·· 248

　　14.3.7　处理指令 ·· 248

　　14.3.8　XML 定义 ·· 249

　14.4　使用 SAX 处理 XML 文档 ································· 249

　　14.4.1　SAX 介绍 ·· 250

　　14.4.2　SAX 处理的组成部分 ·································· 250

　14.5　使用 DOM 处理 XML 文档 ································· 255

　　14.5.1　DOM 介绍 ·· 255

　　14.5.2　xml.dom 模块中的接口操作 ···························· 256

　　14.5.3　对 XML 文档的操作 ··································· 264

　14.6　小结 ··· 269

　14.7　习题 ··· 270

第 15 章　Python 的 Web 开发——Django 框架的应用 ················· 271

　15.1　常见的 Web 开发框架 ····································· 271

　　15.1.1　Zope ··· 271

　　15.1.2　TurboGears ·· 273

　　15.1.3　Django ·· 273

　　15.1.4　其他 Web 开发框架 ··································· 274

　　15.1.5　根据自身所需选择合适的开发框架 ···················· 275

　15.2　MVC 模式 ·· 275

　　15.2.1　MVC 模式介绍 ·· 275

　　15.2.2　MVC 模式的优缺点 ···································· 276

　　15.2.3　Django 框架中的 MVC ································· 277

　15.3　Django 开发环境的搭建 ··································· 277

　　15.3.1　Django 框架的安装 ··································· 277

　　15.3.2　数据库的配置 ·· 278

　15.4　Django 框架的应用 ······································· 279

　　15.4.1　Web 应用的创建 ······································ 279

　　15.4.2　Django 中的开发服务器 ······························ 280

　　15.4.3　创建数据库 ·· 282

　　15.4.4　生成 Django 应用 ····································· 283

　　15.4.5　创建数据模型 ·· 284

励志照亮人生　编程改变命运

　　15.4.6　URL 设计 ··· 285

　　15.4.7　创建视图 ··· 286

　　15.4.8　模板系统 ··· 287

　　15.4.9　发布 Django 项目 ·· 289

　15.5　Django 框架的高级应用 ··· 289

　　15.5.1　管理界面 ··· 290

　　15.5.2　生成数据库数据 ··· 291

　　15.5.3　Session 功能 ··· 292

　　15.5.4　国际化 ··· 295

　15.6　小结 ·· 296

　15.7　习题 ·· 296

第四篇　Python其他应用

第 16 章　敏捷方法学在 Python 中的应用——测试驱动开发 ·············· 297

　16.1　测试驱动开发 ··· 297

　　16.1.1　测试驱动开发模式 ··· 297

　　16.1.2　TDD 的优势 ·· 298

　　16.1.3　TDD 的使用步骤 ·· 299

　16.2　unittest 测试框架 ··· 300

　　16.2.1　unittest 模块介绍 ·· 300

　　16.2.2　构建测试用例 ··· 301

　　16.2.3　构建测试固件 ··· 302

　　16.2.4　组织多个测试用例 ··· 304

　　16.2.5　构建测试套件 ··· 305

　　16.2.6　重构代码 ··· 307

　　16.2.7　执行测试 ··· 308

　16.3　使用 doctest 进行测试 ··· 311

　　16.3.1　doctest 模块介绍 ··· 311

　　16.3.2　构建可执行文档 ··· 312

　　16.3.3　执行 doctest 测试 ·· 313

　16.4　小结 ·· 315

　16.5　习题 ·· 315

第 17 章　Python 中的进程和线程 ····································· 316

　17.1　进程和线程 ··· 316

　　17.1.1　进程和线程的概念 ··· 316

　　17.1.2　Python 中对于进程和线程处理的支持 ······················ 317

　17.2　Python 下的进程编程 ·· 318

　　17.2.1　进程运行环境 ··· 318

17.2.2　创建进程 ··· 319
17.2.3　终止进程 ··· 320
17.3　使用 subprocess 模块管理进程 ·························· 320
17.3.1　使用 Popen 类管理进程 ······························· 321
17.3.2　调用外部系统命令 ·· 324
17.3.3　替代其他进程创建函数 ·································· 324
17.4　进程间的信号机制 ·· 325
17.4.1　信号的处理 ··· 325
17.4.2　信号使用的规则 ·· 327
17.5　多线程概述 ·· 328
17.5.1　什么是多线程 ··· 328
17.5.2　线程的状态 ··· 328
17.5.3　Python 中的线程支持 ····································· 329
17.6　生成和终止线程 ·· 329
17.6.1　使用_thread 模块 ··· 329
17.6.2　使用 threading.Thread 类 ······························ 332
17.7　管理线程 ··· 334
17.7.1　线程状态转移 ··· 334
17.7.2　主线程对子线程的控制 ··································· 334
17.7.3　线程中的局部变量 ··· 335
17.8　线程之间的同步 ·· 336
17.8.1　临界资源和临界区 ··· 336
17.8.2　锁机制 ··· 338
17.8.3　条件变量 ··· 339
17.8.4　信号量 ··· 342
17.8.5　同步队列 ··· 342
17.8.6　线程同步小结 ··· 344
17.9　小结 ·· 344
17.10　习题 ·· 344

第 18 章　基于 Python 的系统管理 ······························ 345
18.1　增强的交互式环境 IPython ····································· 345
18.1.1　IPython 介绍 ··· 345
18.1.2　IPython 的安装 ··· 346
18.1.3　IPython 的启动 ··· 347
18.1.4　IPython 的环境配置 ······································· 348
18.2　和 IPython 的简单交互 ·· 349
18.2.1　IPython 中的输入和输出 ································ 349
18.2.2　输出提示符的区别 ··· 349

18.2.3 输出提示符区别的原因 ··· 350

18.3 IPython 中的 magic 函数 ·· 352

18.3.1 magic 函数的使用和构造 ··· 352

18.3.2 目录管理 ··· 352

18.3.3 对象信息的收集 ·· 356

18.3.4 magic 函数小结 ·· 359

18.4 IPython 适合于系统管理的特点 ·· 359

18.4.1 Tab 补全 ·· 359

18.4.2 历史记录功能 ·· 361

18.4.3 执行外部系统命令和运行文件 ·· 363

18.4.4 对象查看和自省 ·· 367

18.4.5 直接编辑代码 ·· 370

18.4.6 设置别名和宏 ·· 371

18.5 使用 Python 进行文件管理 ·· 373

18.5.1 文件的比较 ··· 373

18.5.2 文件的归档 ··· 375

18.5.3 文件的压缩 ··· 377

18.6 使用 Python 定时执行任务 ·· 379

18.6.1 使用休眠功能 ·· 379

18.6.2 使用 sched 模块来定时执行任务 ··· 380

18.7 小结 ·· 380

18.8 习题 ·· 380

第 19 章 Python 和网络编程 ··· 381

19.1 网络模型介绍 ·· 381

19.1.1 OSI 简介 ··· 381

19.1.2 TCP/IP 简介 ·· 382

19.2 Socket 应用 ·· 383

19.2.1 Socket 基础 ··· 383

19.2.2 Socket 的工作方式 ·· 383

19.3 服务器端和客户端通信 ·· 384

19.3.1 服务器端的构建 ··· 384

19.3.2 客户端的构建 ·· 389

19.4 异步通信方式 ·· 391

19.4.1 使用 Fork 方式 ·· 391

19.4.2 使用线程方式 ·· 392

19.4.3 使用异步 IO 方式 ··· 393

19.4.4 使用 asyncore 模块 ·· 397

19.5　Twisted 网络框架 ·· 399

19.5.1　Twisted 框架介绍 ·· 400

19.5.2　Twisted 框架下服务器端的实现 ·· 400

19.5.3　Twisted 框架下服务器端的其他处理 ································· 401

19.6　小结 ·· 404

19.7　习题 ·· 404

第 20 章　常见的 Python 网络应用 ··· 405

20.1　使用 FTP 传输文件 ·· 405

20.1.1　FTP 的工作原理和 Python 库支持 ····································· 405

20.1.2　FTP 的登录和退出 ··· 406

20.1.3　FTP 的数据传输 ·· 407

20.2　使用 POP3 获取邮件 ··· 409

20.2.1　POP3 协议介绍 ··· 409

20.2.2　poplib 模块的使用 ··· 410

20.3　使用 SMTP 发送邮件 ·· 411

20.3.1　SMTP 协议介绍 ·· 411

20.3.2　smtplib 模块的使用 ·· 411

20.4　使用 Telnet 远程登录 ·· 413

20.4.1　Telnet 协议介绍和 Python 库支持 ······································ 413

20.4.2　telnetlib 模块的使用 ·· 413

20.5　使用 SNMP 管理网络 ·· 414

20.5.1　SNMP 协议组成 ·· 415

20.5.2　PySNMP 框架介绍及使用 ·· 415

20.6　网络分析 ··· 417

20.6.1　网络分析概述 ··· 417

20.6.2　使用 Scapy 在网络中抓包分析 ·· 418

20.7　小结 ·· 420

20.8　习题 ·· 420

第 21 章　图像处理 ··· 421

21.1　图像处理相关概念 ··· 421

21.1.1　Python 下的图像处理包 ··· 421

21.1.2　Pillow 支持的图像文件格式 ·· 422

21.1.3　图像处理中的其他概念 ·· 423

21.2　基本的图像处理 ·· 424

21.2.1　图像的读写操作 ·· 424

21.2.2　获取图像信息 ··· 425

21.2.3　图像文件格式的转换 ·· 427

励 志 照 亮 人 生　　编 程 改 变 命 运

    21.2.4 图像的裁剪和合成 ··· 428

    21.2.5 图像的变换 ··· 430

  21.3 **图像处理的高级应用** ·· 432

    21.3.1 图像的通道操作 ··· 432

    21.3.2 对图像的增强 ·· 435

    21.3.3 Pillow 中的内置滤镜 ·· 437

  21.4 **小结** ·· 438

  21.5 **习题** ·· 438

第 22 章 Python 语言的扩展与嵌入 ································ 439

  22.1 **Python 语言的扩展** ··· 439

    22.1.1 Python 扩展简介 ·· 439

    22.1.2 一个 C 扩展的例子 ·· 440

    22.1.3 模块方法表和初始化函数 ····································· 441

    22.1.4 编译和测试 ·· 442

  22.2 **Python 语言的嵌入** ··· 445

    22.2.1 Python 嵌入简介 ·· 445

    22.2.2 一个 Python 嵌入的例子 ······································ 445

    22.2.3 更好的嵌入 ·· 446

  22.3 **小结** ·· 449

  22.4 **习题** ·· 449

第 23 章 Windows 下的 Python 开发 ···························· 450

  23.1 **组件对象模型** ·· 450

    23.1.1 组件对象模型介绍 ··· 450

    23.1.2 COM 结构 ·· 451

    23.1.3 COM 对象的交互 ··· 451

  23.2 **Python 对 COM 技术的支持** ···································· 452

    23.2.1 Python 中的 Windows 扩展：PyWin32 ···················· 452

    23.2.2 客户端 COM 组件 ·· 453

    23.2.3 实现 COM 组件 ·· 454

  23.3 **Windows 下的常见 Python 应用** ······························ 457

    23.3.1 对 Word 的自动访问 ··· 457

    23.3.2 对 Excel 的自动访问 ·· 458

    23.3.3 对 PowerPoint 的自动访问 ···································· 460

    23.3.4 对 Outlook 的自动访问 ·· 461

  23.4 **小结** ·· 462

  23.5 **习题** ·· 462

第一篇
Python 语言基础

第 1 章　进入 Python 的世界

Python 是一种动态解释型的编程语言。Python 简单易学、功能强大，支持面向对象、函数式编程。Python 可以在 Windows、UNIX 等多个操作系统上使用，同时 Python 可以在 Java、.NET 等开发平台上使用，因此也被称为"胶水语言"。Python 的简洁性、易用性使得开发过程变得简练，特别适用于快速应用开发。

本章的知识点：
- ❏ Python 的特征
- ❏ Python 开发环境的配置
- ❏ Python 程序的编写
- ❏ 不同开发平台对 Python 的支持

1.1　Python 的由来

Python 语言是由 Guido van Rossum 在 1989 年开发的，并最终于 1991 年初发表。Guido van Rossum 曾是 CWI 公司的一员，使用解释性编程语言 ABC 开发应用程序，这种语言在软件开发上有许多局限性。由于他要完成系统管理方面的一些任务，需要获取 Amoeba 机操作系统所提供的系统调用能力。虽然可以设计 Amoeba 的专用语言实现这个任务，但是 van Rossum 计划设计一门更通用的程序设计语言。Python 就此诞生了。

Python 语言已经诞生 20 多年了，正逐渐发展为主流程序设计语言之一，目前在 TIOBE 编程语言排行榜中长期占据第八的位次。由于 Python 语言的动态性，程序解释执行的速度比编译型语言慢。但是随着 Python 语言的不断优化，一些诸如 PyPy 项目的不断发展，以及计算机硬件技术的不断发展，动态语言已经越来越受到工业领域的重视。其中的代表性语言有 Python、Ruby、SmallTalk、Groovy 等。

众所周知，Java 是工业应用领域认可的开发语言。Java 与 C++相比使用更容易，内部结构也相对简单。而 Python 的语法特性使得程序设计变得更轻松，用 Python 能编写出比 Java 可读性更强的代码。随着 Jython 等解释器的出现，使得 Python 可以在 Java 虚拟机上运行。这样 Python 可以使用 Java 丰富的应用程序包。Python 与读者熟知的 JavaScript 非常相似，都是解释执行，而且语法结构有很多相同的地方。JavaScript 是浏览器端的客户脚本语言，而 Python 也可以用于 Web 方面的开发。

Python 作为脚本式语言，吸收了 Perl、Tcl 等语言的优点，这使得 Python 具备 Tcl 的扩展性，同时又具备 Perl 的文本解析和匹配能力。Python 与 Lisp 也有相似之处，Python 可以实现函数式的编程模型。

1.2　Python 的特色

程序设计语言在不断发展，从最初的汇编语言到后来的 C、Pascal 语言，发展到现在的 C++、Java 等高级编程语言。程序设计的难度在不断减小，软件的开发和设计已经形成了一套标准，开发工作已经不再是复杂的任务。最初只能使用机器码编写代码，而现在可以使用具有良好调试功能的 IDE 环境编程。Python 使用 C 语言开发，但是 Python 不再有 C 语言中的指针等复杂数据类型。Python 的简洁性使得软件的代码大幅度地减少，开发任务进一步简化。程序员关注的重点不再是语法特性，而是程序所要实现的任务。Python 语言有许多重要的特性，而且有的特性是富有创造性的。

1．面向对象的特性

面向对象的程序设计解决了结构化程序设计的复杂性，使得程序设计更贴近现实生活。结构化程序设计把数据和逻辑混合在一起，不便于程序的维护。面向对象的程序设计抽象出对象的行为和属性，把行为和属性分离开，但又合理地组织在一起。Python 语言具有很强的面向对象特性，而且简化了面向对象的实现。它消除了保护类型、抽象类、接口等面向对象的元素，使得面向对象的概念更容易理解。

2．内置的数据结构

Python 提供了一些内置的数据结构，这些数据结构实现了类似 Java 中集合类的功能。Python 的数据结构包括元组、列表、字典、集合等。内置数据结构的出现简化了程序的设计。元组相当于"只读"的数组，列表可以作为可变长度的数组使用，字典相当于 Java 中的 HashTable 类型。内置数据结构的具体使用方法详见第 4 章。

3．简单性

Python 语言的关键字比较少。它没有分号、begin、end 等标记，代码块使用空格或制表键缩进的方式来分隔。Python 的代码简洁、短小，易于阅读。Python 简化了循环语句，即使程序结构很复杂也能快速读懂。详细信息请参考第 2 章的相关内容。

4．健壮性

Python 提供了异常处理机制，能捕获程序的异常情况。此外 Python 的堆栈跟踪对象能够指出程序出错的位置和出错的原因。异常机制能够避免不安全退出的情况，同时能帮助程序员调试程序。详细信息请参考第 9 章的相关内容。

5．跨平台性

Python 会先被编译为与平台相关的二进制代码，然后再解释执行。这种方式和 Java 类似，但

Python 的执行速度提高了。Python 编写的应用程序可以运行在 Windows、UNIX、Linux 等不同的操作系统上。在一种操作系统上编写的 Python 代码只需做少量的修改，就可以移植到其他的操作系统上。

6．可扩展性

Python 是采用 C 开发的语言，因此可以使用 C 扩展 Python，可以给 Python 添加新的模块、新的类。同时 Python 可以嵌入 C、C++语言开发的项目中，使程序具备脚本语言的特性。

7．动态性

Python 与 JavaScript、PHP、Perl 等语言类似，它不需要另外声明变量，直接赋值即可创建一个新的变量。

8．强类型语言

Python 的变量创建后会对应一种类型，它可根据赋值表达式的内容决定变量的类型。Python 在内部建立了管理这些变量的机制，不同类型的变量需要类型转换。

9．应用广泛

Python 语言应用于数据库、网络、图形图像、数学计算、Web 开发、操作系统扩展等领域。有许多第三方库支持 Python。例如，PIL 库（目前已经不再维护，取而代之的有 Pillow）用于图像处理、NumPy 库用于数学计算、WxPython 库用于 GUI 程序的设计、Django 框架用于 Web 应用程序的开发等。

1.3 第一个 Python 程序

Python 的源代码文件以"py"作为后缀。下面编写一段简单的 Python 程序,创建一个名为 hello.py 的文件，用于输出字符串"hello world"。

```
01  if __name__ == "__main__":
02      print ("hello world")
```

【代码说明】
- ❑ 第 1 行代码相当于 C 语言中的 main()函数，是 Python 程序的入口。详细用法请参考第 5 章的相关内容。
- ❑ 第 2 行代码使用 print 语句输出字符串"hello world"。

输出结果如下所示。

```
hello world
```

Python 的 print 语句用于输出字符串的内容，即把双引号中的内容输出到控制台。Python 的输入、输出是通过"流"实现的，上述 print 语句把字符串的内容输出到标准输出流，即输出到控制台。流也可以把结果输出到文件、打印机等，关于流的详细用法请参考 7.3 节的内容。

Python 程序的运行非常简单，命令格式如下所示。

```
python python_file_path + python_file.py
```

其中 python_file.py 表示 Python 的源代码文件，python_file_path 表示 python_file.py 所在的路

径。在 DOS 窗口中输入如图 1-1 所示的命令，运行文件 hello.py。

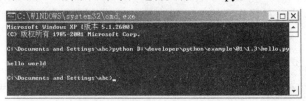

图 1-1　Python 程序的运行

这种运行方式不够直观，而且不便于程序的调试。后面将介绍如何在编辑器 EditPlus 和开发工具 PyCharm 中运行 Python 程序。

1.4　搭建开发环境

Python 开发环境的安装和配置非常简单。Python 可以在多个平台进行安装和开发，IPython 是非常流行、强大而且易用的 Python 安装包。本节将介绍 IPython 的安装和 Python 交互式命令行的使用。

1.4.1　Python 的下载和安装

在 UNIX 系统上默认安装了 Python，Python 的可执行文件被安装在/usr/local/bin 目录中，库文件被安装在/usr/local/python 目录中。虽然系统默认安装了 Python2 与 Python3 两个版本，但是在终端中的 Python 默认为 Python2，目前一般为 Python2.7.5。要使用 Python3 则需要在终端中输入 python3，或者修改默认的版本。而在 Windows 环境中，Python 可以被安装到任何目录中。读者可以到官方网站 www.python.org 下载 Python3.3，官方网站提供了 Windows、UNIX 等不同操作系统的 Python 安装软件。

用户也可以安装 IPython 交互式 shell，比默认的终端好用很多，支持自动缩进，并且内置了很多有用的功能和函数。其官网地址为 http://ipython.org。它可以在任何操作系统上使用。Windows 用户在安装 IPython 前需要先安装 Anaconda。Anaconda 是一种安装管理的程序，使用它可以很方便地完成 Python 的升级等操作，并且其自带了非常多的 Python 库，其下载地址为: http://continuum.io/downloads。选择适合用户机器的版本然后安装即可。安装完成后，用户会发现除了系统默认的 cmd.exe 外，多了 Anaconda Command Prompt 的终端，用户可以直接使用该终端或者使用系统默认的 cmd.exe。打开终端后，输入 python 然后按回车键，可能会发现 Python 的版本为 2.7.5 或者其他，而不是我们想要的 Python3.X。没有关系，打开任意一个终端，输入以下命令:

```
conda update anaconda
oonda create -n py3k python=3.3 anaconda
```

在安装的过程中会有一些提示，输入 y 然后按回车键即可。这时可以看到所安装的一系列 Python 库的相关信息。等安装完成，重新打开终端，输入以下命令:

```
activate py3k
```

然后在终端中输入 ipython，这时将显式 Python 版本信息、IPython 的版本信息，并启动交互性命令窗口。由于目前 Anaconda 支持的版本默认是 Python2.7，所以每次要使用 Python3.3 时都需要先切换到 py3k 下。相关示意图如图 1-2 和图 1-3 所示。

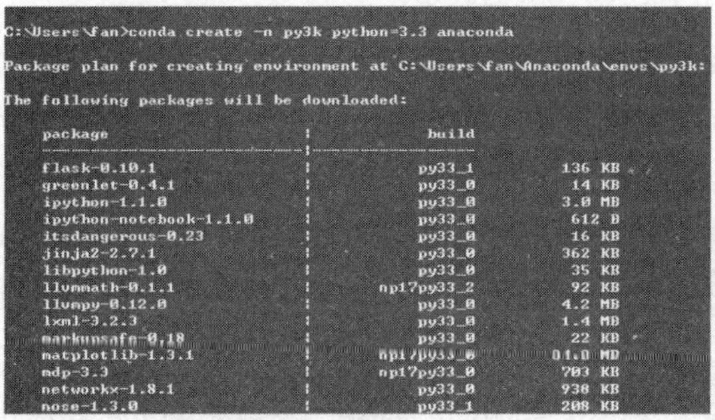

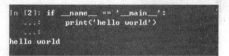

图 1-2　安装 Python3 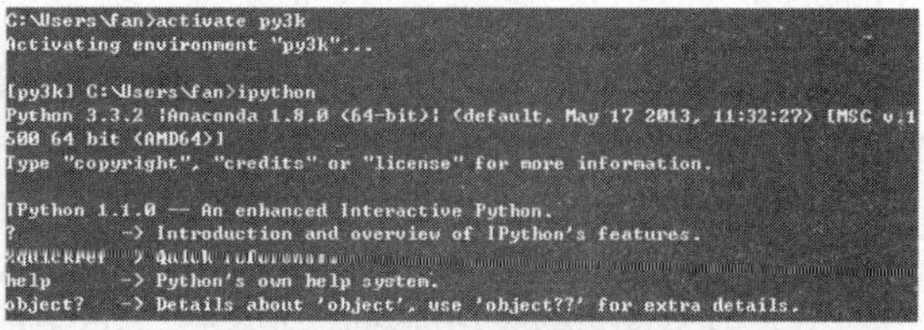　　　　　　　　　　图 1-3　IPython 命令行窗口

注意　在IPython交互环境中输入help可以查看帮助信息。

1.4.2　交互式命令行的使用

IPython 安装成功后，可以选择使用 Anaconda 自带的终端或者系统终端。进入终端后，输入 ipython 就可以启动交互环境。若是使用原生的 Python 则只需输入 python 后回车即可启动命令行程序。本书将使用 IPython 进行介绍。

通过命令行可以直接向解释器输入语句，并输出程序的运行结果。命令行窗口中的"IN[1]"（原生的为">>>"）提示符后可以输入 Python 程序。下面使用 print 语句输出字符串"hello world"，如图 1-4 所示。

当然也可以在命令行窗口中输入多行 Python 代码。下面把 hello.py 中的代码输入到命令行窗口。当输入完程序的最后一行，按两次回车键后即可结束程序，并输出程序的运行结果，如图 1-5 所示。

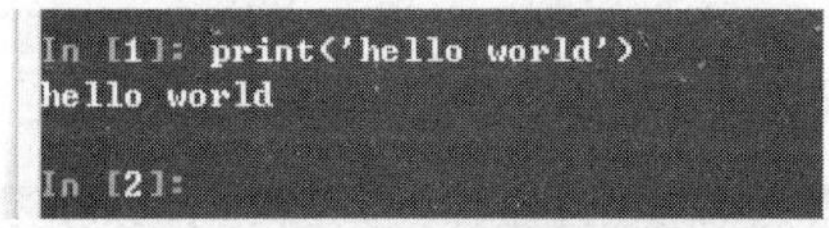

图 1-4　Python 命令行窗口的使用　　　　　图 1-5　在命令行窗口中输入多行代码

注意　如果要退出交互式命令行，输入exit，然后按下回车键即可。

1.5　Python 的开发工具

Python 的开发工具非常丰富，有许多强大的 IDE（Integrated Development Environment）工具，如 Komodo、PythonWin、Eclipse、PyCharm 等。这些工具不仅支持图形化操作，而且具备编辑、调试等功能。此外文本编辑器也可作为 Python 的开发环境，如 EditPlus、Vi 等。PyCharm 是 JetBRAINS 公司的开发的 Python IDE，功能强大，近期还发布了开源社区版本，非常适合于学习。

1.5.1 PyCharm 的使用

PyCharm 是非常好用的一款跨平台的 IDE，使用 Java 开发，有收费版本和社区免费版，本书将使用社区免费版。下载地址是 http://www.jetbrains.com/pycharm/download/index.html，下载后安装即可。

安装完成后，首次运行程序会要求设置主题等，可以选择跳过这一步或者选择自己喜欢的主题。设置完后重启，便可进入程序。因为是 IDE，所以首先要创建一个项目，这时会要求设置 Python 路径。按照要求一步步设置即可。

注意	如果使用的是Anaconda，需要选择envs目录下py3k中的python.exe，否则将会使用默认的Python2.7版本。

PyCharm 自带了 Python 命令行交互终端，可以很方便地运行代码和做相关的测试，鼠标移动到左下角，单击 Terminal 按钮即可打开，非常方便。

单击【File】|【New】菜单，选择对应的文件类型后便可以新建文件，并在其中编写 Python 程序。现在开始创建 hello_world.py 文件，编写完后选择【Run】菜单中的 Run 命令或者按 Alt+Shift+F10 组合键即可运行代码，如图 1-6 所示。

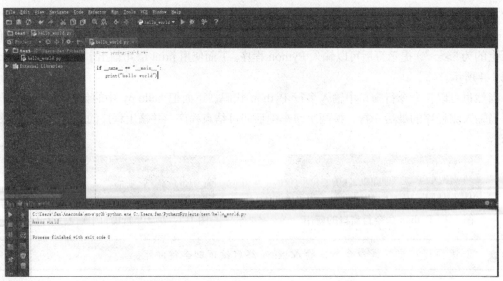

图 1-6　编写并运行 hello_world.py

除此之外，PyCharm 还支持快捷跳转、代码重构、代码测试、版本控制、调试等高级功能。

1.5.2 Eclipse IDE 的介绍

Eclipse 是 Java 开发的一个集成开发环境，而且是一个开源项目。Eclipse 的扩展性非常强，Eclipse 不仅可以作为 Java 的 IDE 使用，而且还可以开发大量的插件支持其他类型的语言，如 C、C++、Python、PHP 等。如果要在 Eclipse 平台上开发 Python，需要下载 PyDev 这个插件。easyeclipse 网站提供了 Eclipse 的各种插件下载，而且可以获取单独运行的 Easy Eclipse for Python。下载地址为 www. easyeclipse. org。

Eclipse 的功能非常强大，它实现了 Python 代码的语法加亮、代码提示和代码补全等智能化的功能。此外 Eclipse 提供了比 PythonWin 更强大的调试能力，而且还支持 Jython、Pyunit、团队开发等其他功能。

在 Eclipse 中，源代码被组织到项目（project）中。Eclipse 用户界面的结构划分为视图（View）与编辑器（Editor）。视图与编辑器的例子包括：源代码大纲视图、Java 源代码编辑器、Python 源代码编辑器和文件系统导航视图。Eclipse 用户界面包含各种视图（perspective）。视图是通常在执行某种类型活动时使用的一组窗口。Eclipse 中的标准视图包括：Debug、Java Browsing、Java、Java Type Hierarchy、Plug-in Development、CVS Repository Exploring、Resource 和 Install/Update。Easy Eclipse for Python 提供了一个 Pydev 视图。当启动调试模式时，Eclipse 会自动切换到 Debug 视图。本书 9.3 节将介绍 Eclipse for Python 的配置和调试方法。

下面在 Eclipse 的开发环境中编写输出字符串 "hello world" 的程序，如图 1-7 所示。

图 1-7　Eclipse 的开发环境

> **注意**　安装 Pydev 之前，需要先在计算机中安装 Python。

1.5.3　EditPlus 编辑器环境的配置

Python 也可以使用编辑器进行开发。例如，文本编辑软件 EditPlus 也能成为 Python 的编辑、执行环境，甚至可以用于调试程序。EditPlus 具备语法加亮、代码自动缩进等功能。下面介绍一下如何配置 EditPlus 编辑器的开发环境。

1. 添加 Python 群组

运行 EditPlus，选择【工具】|【配置用户工具】命令，打开【参数】对话框。单击【添加工具】按钮，在弹出的菜单中选择【程序】命令。新建的群组名称命名为 Python，在【菜单文本】文本框中输入 python，在【命令】文本框中输入 Python 的安装路径，在【参数】文本框中输入 $(FileName)，在【起始目录】文本框中输入 $(FileDir)。勾选【捕获输出】选项，Python 程序运行后的输出结果将显示在 EditPlus 的输出栏。否则，运行 Python 程序后将弹出命令行窗口，并把结果输出到命令行中。设置后如图 1-8 所示。

单击【确定】按钮，新建一个 Python 文件，【工具】菜单下将会出现 python 选项。单击该选项，或使用快捷键 Ctrl＋1 就可以运行 Python 程序。

2. 设置 Python 高亮和自动完成

EditPlus 不仅可以作为 Python 的开发环境，还支持 Java、C#、PHP、HTML 等其他类型的语言。不同语言的语法高亮和自动完成的表现形式各不相同。为了实现语法加亮和自动完成功能，需要下载两个特征文件，下载地址为 http://www.editplus.com/files/pythonfiles.zip。下载后把文件 python.acp 和 python.stx 解压到 EditPlus 的安装目录下。acp 后缀的文件表示自动完成的特征文件，

stx 后缀的文件表示语法加亮的特征文件。在编写 Python 代码之前，需要先在 EditPlus 中设置这些特征文件。

（1）选择【文件】|【设置与语法】选项，在【文件类型】列表中选择【python】选项，在【描述】文本框中输入 python，在【扩展名】文本框中输入 py。

（2）在【设置与语法】选项卡中，在【语法文件】文本框中输入 python.stx 的路径，在【自动完成】文本框中输入 python.acp 的路径，如图 1-9 所示。

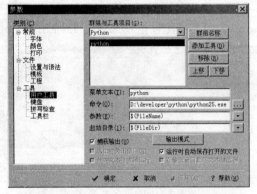

图 1-8　在 EditPlus 中添加对 Python 的支持　　　　图 1-9　设置 Python 的特征文件

（3）Python 的语法中不使用 begin、end 或{、}区分代码块，而是使用冒号和代码缩进的方式区分代码之间的层次关系。单击【制表符/缩进】按钮，打开【制表符与缩进】对话框，设置 Python 代码的缩进方式，如图 1-10 所示。在使用 IDE 工具时，输入冒号代码会自动缩进，用 EditPlus 也可以设置该功能。在【制表符】和【缩进】文本框中分别输入空格的个数，一般设置为 4。选中【启动自动缩进】选项，在【自动缩进开始】选项中输入 "："，单击【确定】按钮，保存设置。

（4）单击【函数模型】按钮，打开【函数模型】对话框，如图 1-11 所示。在【函数模型正则表达式】文本框中输入[\t]*def[\t].+:。单击【确定】按钮，保存设置。

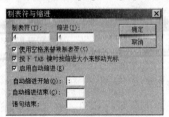

图 1-10　制表符与缩进　　　　　　　　　图 1-11　设置函数模型

至此 EditPlus 的 Python 开发环境就设置完成了。EditPlus 还可以建立 Python 文件的模板，以后每次新建 Python 文件时都可以在模板的基础上编写代码。编写 Python 代码经常要使用中文，同时也要考虑跨平台的功能，因此可以建立名为 template.py 的模板文件。template.py 的内容如下所示。

```
#!/usr/bin/python
```

【代码说明】第 1 行代码使 Python 程序可以在 UNIX 平台运行。

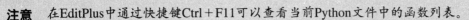

注意	在EditPlus中通过快捷键Ctrl＋F11可以查看当前Python文件中的函数列表。

运行 Python 程序前，需要先保存 Python 程序。下面使用 EditPlus 编写一段 Python 程序，并输出结果，如图 1-12 所示。

图 1-12　EditPlus 运行 Python 程序

1.6　不同平台下的 Python

Java 和.NET 是目前工业界非常成熟的两大开发平台。Python 可以在这两大开发平台上使用，也可以用 Java、C#扩展 Python。

1．Jython

Jython 是完全采用 Java 编写的 Python 解析器。虽然 Jython 解释器的实现和性能与 Python 的解释器还有些差距，但是 Jython 使得 Python 完全可以应用在 Java 开发平台下。Jython 使得 Python 程序可以在 Java 虚拟机上运行，同时 Python 可以访问 Java 下的类库和包。Jython 也为 Java 提供了完善的脚本环境，Python 在 Java 应用中可以作为中间层服务的实现语言。Jython 使得 Java 可以扩展 Python 模块，反过来也可以使用 Python 编写 Java 应用。

2．IronPython

IronPython 是 Python 在.NET 平台上的实现。IronPython 提供了交互式的控制台，该控制台支持动态编译。它使得 Python 程序员可以访问所有的.NET 库，而且完全兼容 Python 语言。IronPython 必须提供.NET 2.0 版本的支持。IronPython 的出现使得既可以在.NET 平台下编写 Python 代码，又可以调用丰富的.NET 类库框架。

1.7　小结

本章讲解了 Python 的历史、特性、开发环境等方面的知识。本章重点讲解了 Python 开发环境的设置、PyCharm、Eclipse 等 IDE 工具的特点、EditPlus 编辑器的设置。下一章将会学习 Python 的基本语法，包括 Python 的文件类型、编码规则、数据类型、表达式等方面的内容。

1.8　习题

1．Python 拥有以下特性：＿＿＿＿＿，＿＿＿＿＿，＿＿＿＿＿，＿＿＿＿＿，＿＿＿＿＿，＿＿＿＿＿，＿＿＿＿＿，＿＿＿＿＿，＿＿＿＿＿。

2．Python＿＿＿＿（需要/不需要）编译。

3．以下不属于 Python 内置数据结构的是（　　　）。

A．数组　　　　　　　B．元组　　　　　　　C．列表　　　　　　　D．字典

4．根据自己的系统与偏好，搭建好 Python 开发环境，编写 "hello world" 程序，并运行。

第 2 章　Python 必须知道的基础语法

Python 的语法非常简练，因此用 Python 编写的程序可读性强、容易理解。本章将向读者介绍 Python 的基本语法及其概念，并将其与目前流行的开发语言进行比较。Python 的语法与其他高级语言有很多不同，Python 使用了许多标记作为语法的一部分，例如空格缩进、冒号等。

本章的知识点：
- ❏ Python 文件的扩展名
- ❏ Python 的编码规则
- ❏ 数据类型
- ❏ 变量和常量的定义和使用
- ❏ 运算符及表达式

2.1　Python 的文件类型

Python 文件类型分为 3 种，分别是源代码、字节代码、优化代码。这些代码可以直接运行，不需要进行编译或者链接。这正是 Python 这门语言的特性，Python 的文件通过 Python 解释器解释运行。Windows 中有 python.exe 与 pythonw.exe，一般安装在路径 C:\Python33 中，当然也可以改变它的路径，只要保证环境变量设置正确即可。在*nix 系统中，Python 解释器被安装在目标机器的/usr/local/bin/python 目录下，将/usr/local/bin 路径放进 shell 的搜索路径中，即可通过 python 命令在终端调用。

2.1.1　源代码

Python 源代码的扩展名以 py 结尾，可在控制台下运行。Python 语言写的程序不需要编译成二进制代码，可以直接运行源代码。pyw 是 Windows 下开发图形用户接口（Graphical user interface）的源文件，作为桌面应用程序的后缀名。这种文件是专门用于开发图形界面的，由 pythonw.exe 解释运行。以 py 和 pyw 为后缀名的文件可以用文本工具打开，并修改文件的内容。

2.1.2　字节代码

Python 源文件编译后生成 pyc 后缀的文件，pyc 是编译过的字节文件，这种文件不能使用文本编辑工具打开或修改。pyc 文件是与平台无关的，因此 Python 的程序可以运行在 Windows、UNIX、Linux 等操作系统上。py 文件直接运行后即可得到 pyc 类型的文件，或通过脚本生成该类型的文件。下面这段脚本可以把 hello.py 编译为 hello.pyc。

```
import py_compile
py_compile.compile('hello.py')
```

保存此脚本，运行后即可得到 hello.pyc 文件。

2.1.3　优化代码

扩展名为 pyo 的文件是优化过的源文件，pyo 类型的文件需要用命令行工具生成。pyo 文件也不能使用文本编辑工具打开或修改。下面把 hello.py 编译成 hello.pyo。

（1）启动命令行窗口，进入 hello.py 文件所在的目录。例如：

```
cd /D D:\developer\python\example\02\2.1
```

D:\developer\python\example\02\2.1 是笔者设置的 hello.py 文件所在的目录，读者可根据自己的环境进行修改。

（2）在命令行中输入 python-O-m py_compile hello.py，并按回车键。

```
python -O -m py_compile hello.py
```

【代码说明】

❑ 参数"-O"表示生成优化代码。

❑ 参数"-m"表示把导入的 py_compile 模块作为脚本运行。编译 hello.pyo 需要调用 py_compile 模块的 compile()方法。

❑ 参数"hello.py"是待编译的文件名。

最后，查看 hello.py 文件所在的目录，此时目录中生成了一个名为 hello.pyo 的文件。

2.2　Python 的编码规范

Python 语言有自己独特的编码规则，包括命名规则、代码书写规则等。本节将详细介绍 Python 中常用的规则，并解释这些规则的原理和由来。

2.2.1　命名规则

Python 语言有一套自己的命名规则，用户也可以借鉴 Java 语言的命名规则形成自己命名的规则。命名规则并不是规定，只是一种习惯用法。下面介绍几个常见规范。

1. 变量名、包名、模块名

变量名、包名、模块名通常采用小写，可使用下划线，示例如下。

```
01    # 变量、模块名的命名规则
02    # Filename: ruleModule.py
03
04    _rule = "rule information"
```

【代码说明】

❑ 第 2 行代码声明模块的名称，模块名采用小写。也可以不指定模块名，以 py 后缀的文件就是一个模块。模块名就是文件名。

❑ 第 4 行代码定义了一个全局变量_rule。

2. 类名、对象名

类名首字母采用大写，对象名采用小写。类的属性和方法名以对象作为前缀。类的私有变量、私有方法以两个下划线作为前缀。下面这段代码演示了类的定义和实例化的规范写法。

```
01   class Student:                       # 类名大写
02       __name = ""                      # 私有实例变量前必须有两个下划线
03       def __init__(self, name):
04           self.__name = name           # self相当于Java中的this
05       def getName(self):               # 方法名首字母小写，其后每个单词的首字母大写
06           return self.__name
07
08   if __name__ == "__main__":
09       student = Student("borphi")       # 对象名小写
10       print(student.getName())
```

【代码说明】

❏ 第 1 行代码定义了一个名为 Student 的类，类名首字母大写。

❏ 第 2 行代码定义了一个私有的实例变量，变量名前有两个下划线。

❏ 第 4 行代码使用 self 前缀说明__name 变量属于 Student 类。

❏ 第 5 行代码定义了一个公有的方法，方法名首字母小写，其后的单词 Name 首字母大写。
函数的命名规则和方法名相同。

❏ 第 9 行代码创建了一个 student 对象，对象名小写。

说明　关于面向对象的知识会在第9章详细介绍，这里读者只需要知道类、对象、属性以及方法的书写方式即可。

3. 函数名

函数名通常采用小写，并用下划线或单词首字母大写增加名称的可读性，导入的函数以模块名作前缀。下例中，为了演示导入函数前缀写法，使用了生成随机数的模块 random。该模块有一个函数 randrange()。该函数可以根据给定的数字范围生成随机数。randrange()声明如下所示：

```
randrange(start, stop[, step])
```

【代码说明】

❏ 参数 start 表示生成随机数所在范围的开始数字。

❏ 参数 stop 表示生成随机数所在范围的结束数字，但不包括数字 stop。

❏ 参数 step 表示从 start 开始往后的步数。生成的随机数在[start,stop－1]的范围内，取值等于
start + step。

例如：

```
randrange(1, 9, 2)
```

随机数的范围在 1、3、5、7 之间选取。下面这段代码演示了函数的规范写法，其中定义了一个 compareNum()，该函数用于比较两个数字的大小，并返回对应的结果。

```
01   # 函数中的命名规则
02   import random
03
04   def compareNum(num1, num2):
05       if(num1 > num2):
06           return 1
07       elif(num1 == num2):
08           return 0
```

```
09      else:
10          return -1
11  num1 = random.randrange(1, 9)
12  num2 = random.randrange(1, 9)
13  print( "num1 =", num1)
14  print ("num2 =", num2)
15  print (compareNum(num1, num2))
```

【代码说明】

- ❑ 第 2 行代码导入了 random 模块。
- ❑ 第 4 行代码定义了一个函数 compareNum()，参数 num1、num2 为待比较的两个变量。
- ❑ 第 5 行到第 10 行代码比较两个数的大小，返回不同的结果。
- ❑ 第 11、12 行代码调用 random 模块的 randrange()函数，返回两个随机数。
- ❑ 第 13、14 行代码输出随机数，不同的机器、不同的执行时间得到的随机数均不相同。
- ❑ 第 15 行代码调用 compareNum()，并把产生的两个随机数作为参数传入。

良好命名可以提高编程效率，可以使代码阅读者在不了解文档的情况下，也能理解代码的内容。下面以变量的命名为例说明如何定义有价值的名称。许多程序员对变量的命名带有随意性，如使用 i、j、k 等单个字母。代码阅读者并不知道这些变量的真实含义，需要阅读文档或仔细查看源代码才能了解其含义。下面是一个命名不规范的例子。

```
01  # 不规范的变量命名
02  sum = 0
03  i = 2000
04  j = 1200
05  sum = i + 12 * j
```

【代码说明】这段代码定义了一个求和变量 sum，以及两个变量 i、j。如果只看代码片段，并不知道运算的含义是什么，需要通读整个函数或功能模块才能理解此处表达式的含义。

下面是一个良好命名的例子。

```
01  # 规范的变量命名
02  sumPay = 0
03  bonusOfYear = 2000
04  monthPay = 1200
05  sumPay = bonusOfYear + 12 * monthPay
```

【代码说明】bonusOfYear 表示年终奖金、monthPay 表示月薪，因此 sumPay 表示全年的薪水。命名良好的变量可以节省阅读程序的时间，更快地理解程序的含义。

注意　变量的命名应尽可能地表达此变量的作用，尽量避免使用缩写，以至于任何人都能理解变量名的含义。不用担心变量名的长度，长的变量名往往能更清楚地表达意思。

以上讨论的命名方式同样适用于模块名、类名、方法名、属性名等。命名规则会带来很多益处。统一命名规则便于开发团队合作开发同一个项目；便于统一代码的风格，理解不同程序员编写的代码；命名规范的变量名使函数的内容更容易被理解；避免项目中随意命名变量的情况，促进程序员之间的交流。规则并不是绝对的，统一规则、表达清楚名称的含义才是制定规则的原因。

2.2.2　代码缩进与冒号

代码缩进是指通过在每行代码前输入空格或制表符的方式，表示每行代码之间的层次关系。任何编程语言都需要用代码缩进清晰程序的结构，采用代码缩进的编程风格有利于代码的阅读和理解。对于 C、C++、Java 等语言，代码缩进只是作为编程的一种良好习惯而延承下来。对于 Python 而言，代码缩进是一种语法，Python 语言中没有采用花括号或 begin…end…分隔代码块，而是使用冒号和代码缩进区分代码之间的层次。

使用 IDE 开发工具或 EditPlus 等编辑器书写代码时，编辑器会自动缩进代码、补齐冒号，提高编码效率。下面这段代码中的条件语句采用了代码缩进的语法。

```
01   x = 1
02   if x == 1:
03       print( "x =", x)            # 代码缩进
04   else:
05       print( "x =", x)            # 代码缩进
06       x = x + 1                   # 代码缩进
07   print ("x =", x)
```

【代码说明】

❑ 第 1 行代码创建了变量 x，并赋值为 1。在赋值运算符的两侧各添加一个空格，这是一种良好的书写习惯，提高了程序的可读性。

❑ 第 2 行代码使用了条件语句 if，判断 x 的值是否等于 1。if 表达式后输入了一个冒号，冒号后面的代码块需要缩进编写。本行代码与第 1 行代码处于同一个层次，直接从最左端书写代码。

❑ 第 3 行代码表示 x 的值等于 1 时输出的结果。当 if 条件成立时，程序才能执行到第 3 行，所以第 3 行代码位于第 2 行代码的下一个层次。在编码时，首先在最左端输入 4 个空格或制表键（不建议），然后再书写 print 语句。输出结果：

```
x = 1
```

❑ 第 4 行代码的 else 关键字后是一段新的代码块。当 x 的值不等于 1 时，程序将执行第 5、6 行代码。

❑ 第 5、6 行代码采用缩进式的代码风格。

❑ 第 7 行代码输出结果：

```
x = 1
```

Python 对代码缩进要求非常严格。如果程序中不采用代码缩进的编码风格，将抛出一个 IndentationError。下面这段代码是错误的编码方式。

```
01   x = 0
02   if x == 1:
03   print( "x =", x)
04   else:
05       print( "x =", x)            # 代码缩进
06       x = x + 1                   # 代码缩进
07   print ("x =", x)
```

【代码说明】第 3 行没有缩进代码，python 不能识别出代码的层次关系，python 误认为 if x == 1:语句后没有代码块。代码运行后输出如下错误：

```
IndentationError: expected an indented block
```

> **注意** 如果缩进的代码前只有一个空格或几个制表符也是符合语法的，但是这种写法并不推荐。最佳的方式是编码前统一代码的书写规则，所有代码前的空格数保持一致，最好使用 4 个空格缩进。

　　每行代码缩进的情况不同，代码执行的结果也不同。例如，前文提到的 hello.py，else 子句包含的两条语句都采用了代码缩进的格式，这两条语句组成了一个代码块。如果把 hello.py 的代码修改为如下的内容，则变量 x 的值将有所变化。

```
01  x = 1
02  if x == 1:
03      print( "x =", x)        # 代码缩进
04  else:
05      print( "x =", x)        # 代码缩进
06  x = x + 1
07  print( "x =", x)
```

【代码说明】

❑ 第 6 行代码与第 1 行代码处于同一个层次，是主程序必须执行的代码，因此变量 x 的值为 2。

❑ 第 7 行代码的输出结果如下。

```
x = 2
```

注意　当程序出现问题时，程序员首先要检查代码的书写格式，是否因为代码缩进的问题导致了不期望的计算结果。

2.2.3　模块导入的规范

　　模块是类或函数的集合，用于处理一类问题。模块的导入和 Java 中包的导入的概念很相似，都使用 import 语句。在 Python 中，如果需要在程序中调用标准库或其他第三方库的类，需要先使用 import 或 from…import…语句导入相关的模块。

1. import 语句

下面这段代码使用 import 语句导入 sys 模块，并打印相关内容。

```
01  # 规范导入方式
02  import sys
03
04  print (sys.path)
05  print (sys.argv)
```

【代码说明】

❑ 第 2 行代码使用 import 语句导入了 sys 模块，sys 模块是处理系统环境的函数的集合。

❑ 第 4 行代码输出 Python 环境下的查找路径的集合，Python 默认情况下会查找 sys.path 返回的目录列表。列表是 Python 内置的数据结构，定义了一组相同意义的数据，通常用来作为参数或返回值。关于列表的知识请参考第 4 章的内容。本行代码的输出结果如下。

```
['D:\\developer\\python\\example\\02\\2.2\\2.2.3','C:\\WINDOWS\\system32\\python25.zip',
'D:\\developer\\python\\DLLs', 'D:\\developer\\python\\lib',
'D:\\developer\\python\\lib\\plat-win',
'D:\\developer\\python\\lib\\lib-tk','D:\\developer\\python',
'D:\\developer\\python\\lib\\site-packages','D:\\developer\\python\\lib\\site-packages\\win32',
'D:\\developer\\python\\lib\\site-packages\\win32\\lib',
'D:\\developer\\python\\lib\\site-packages\\Pythonwin',
'D:\\developer\\python\\lib\\site-packages\\wx-2.8-msw-unicode']
```

❑ 第 5 行代码中的 sys.argv 是存储输入参数的列表。默认情况下，argv 自带的参数是文件名。

输出结果如下。

```
['import.py']
```

2．from…import…语句

使用 from…import…语句导入与使用 import 语句导入有所不同，区别是前者只导入模块中的一部分内容，并在当前的命名空间中创建导入对象的引用；而后者在当前程序的命名空间中创建导入模块的引用，从而可以使用"sys.path"的方式调用 sys 模块中的内容。

下面这段代码实现了与上面代码相同的功能，不同的是使用了 from…import…语句导入指定内容。

```
01    #不规范导入方式
02    from sys import path
03    from sys import argv
04
05    print (path)
06    print (argv)
```

【代码说明】第 5、6 行代码直接调用 path、argv 列表的内容，没有模块名的限定，但这种写法不够规范。如果程序比较复杂，导入了很多模块，阅读程序的人并不了解 path、argv 来自哪个模块。而通过 sys.path、sys.argv 的写法可以清楚地知道 path、argv 来自 sys 模块。

2.2.4 使用空行分隔代码

函数之间或类的方法之间用空行分隔，表示一段新的代码的开始。类和函数入口之间也用一行空行分隔，突出函数入口的开始。下面这段代码创建了一个类 A，类 A 中定义了两个方法 funX() 和 funY()。

```
01    class A:
02        def funX(self):
03            print( "funY()")
04
05        def funY(self):
06            print ("funY()")
07
08    if __name__ == "__main__":
09        a = A()
10        a.funX()
11        a.funY()
```

【代码说明】

- 第 4 行代码插入了一个空行，便于程序员阅读代码，表示区分方法之间的间隔。
- 第 7 行代码也是一个空行。因为下面的 if 语句是主程序的入口，用于创建类 A 的对象，并调用其方法。

空行与代码缩进不同，空行并不是 Python 语法的一部分。书写时不插入空行，Python 解释器运行也不会出错。但是空行的作用在于分隔了两段不同功能或含义的代码，便于日后代码的维护或重构。记住，空行也是程序代码的一部分。

2.2.5 正确的注释

注释是用于说明代码实现的功能、采用的算法、代码的编写者以及代码创建和修改的时间等信息。注释是代码的一部分，注释起到了对代码补充说明的作用。C、C++、Java 均采用"//"或"/*

*/"作为注释的标记，Python 的注释方式有所不同。如果只对一行代码注释，使用"#"加若干空格开始，后面是注释的内容。如果对一段代码进行注释，也使用"#"，段落之间以一个"#"行分隔。Python 会忽略"#"行的内容，跳过"#"行执行后面的内容。下面的代码演示了 Python 的注释。

```
01    # note - show Python's note
02    # Copyright (C) 2008 bigmarten
03    #
04    # This program is free software. you can redistribute it and/or modify
05    # it under the terms of the GNU General Public License as published by
06    # the Free Software Foundation
07    #
08    ###############################################################################
09    #
10    # Version is 1.0
11    #
12    # Its contents are calculate payment
13    #
14    ###############################################################################
15
16    # 规范的变量命名
17    sumPay = 0                              # 年薪
18    bonusOfYear = 2000                      # 年终奖金
19    monthPay = 1200                         # 月薪
20    sumPay = bonusOfYear + 12 * monthPay    # 年薪 = 年终奖金 + 12 * 月薪
```

【代码说明】

❏ 第 1 行代码对本文件进行摘要说明。

❏ 第 2 行代码声明了版权信息。

❏ 第 3 行代码是空行，说明下面将另起一段，注释其他的内容。

❏ 第 4 行到第 6 行代码说明程序的许可信息。

❏ 第 8 行到第 14 行代码说明程序的版本和实现的功能。

❏ 第 16 行开始的代码实现程序的功能，并在行末对每行代码进行单行注释。

Python 还有一些特殊的注释，完成一些特别的功能，如中文注释、程序的跨平台。

（1）中文注释：如果需要在代码中使用中文注释，必须在 Python 文件的最前面加上如下注释说明。

```
# -*- coding: UTF-8 -*-
```

注意　Python3 中默认的编码是 Unicode，所以不需在每个 Python 文件中再加以上注释，但在 Python2 中若使用中文则必须加上。

（2）跨平台注释：如果需要使 Python 程序运行在 *nix 系统中，最好在 Python 文件的最前面加上如下注释说明。

```
#!/usr/bin/python
```

此外，注释也用于调试程序。由于文本编辑器不具备调试功能，因此，可以使用注释辅助调试。如果一个程序很长，可以把程序分成若干个部分编写。为了更好地调试目前正在编写的程序模块，可以将那些已经编译通过的部分注释掉；或者把多余代码注释掉，把主要精力集中在当前编写的逻辑上。

例如，编写一个比较两个数字大小的函数。

```
01    def compareNum(num1, num2):
02        if(num1 > num2):
03            return str(num1)+" > "+str(num2)
04        elif(num1 < num2):
05            return str(num1)+" = "+str(num2)
06        elif(num1 == num2):
07            return str(num1)+" = "+str(num2)
08        else:
09            return ""
```

【代码说明】本段代码中的 str() 函数实现了数字类型到字符串类型的转换。

编译后显示如下内容：

```
---------- python ----------
输出完成（耗时：1 秒）- 正常终止
```

说明这个函数编译通过，至少在语法上没有任何错误。下面就可以编写这个函数的调用程序，证明这个程序的逻辑是否正确。在前面的代码段后面添加如下代码。

```
01    num1 = 2
02    num2 = 1
03    print (compareNum(num1, num2))
04    num1 = 2
05    num2 = 2
06    print (compareNum(num1, num2))
07    num1 = 1
08    num2 = 2
09    print (compareNum(num1, num2))
```

运行程序，发现第 3 行的输出结果有误。

```
2 > 1
2 = 2
1 = 2
```

第 1 行和第 2 行的输出证明函数 compareNum() 中 num1>num2 和 num1==num2 的判断是正确的，于是想到程序可能是在 num1<num2 的条件判断的逻辑上出现了错误。为了证明这个观点，注释掉 num1<num2 的分支判断语句。注释后的 compareNum() 的代码如下。

```
01    def compareNum(num1, num2):
02        if(num1 > num2):
03            return str(num1)+" > "+str(num2)
04        #elif(num1 < num2):
05        #    return str(num1)+" = "+str(num2)
06        elif(num1 == num2):
07            return str(num1)+" = "+str(num2)
08        else:
09            return ""
```

此时，程序编译通过，证明逻辑错误就在 num1<num2 的分支语句中。仔细检查注释的语句，发现 return 语句的返回值表达式写错了，其中的 ">" 误写为 "="。compareNum() 正确的写法如下所示。

```
01    def compareNum(num1, num2):
02        if(num1 > num2):
03            return str(num1)+" > "+str(num2)
04        elif(num1 < num2):
05            return str(num1)+" < "+str(num2)
06        elif(num1 == num2):
```

```
07          return str(num1)+" = "+str(num2)
08      else:
09          return ""
```

再次运行整个程序，输出结果正确显示。

```
2 > 1
2 = 2
1 < 2
```

合理地使用注释可以检查程序中的错误。这段代码演示了注释问题语句的做法，并检查这些语句错误的过程。另一种用法是，注释正确语句，单独运行问题语句，检查语句错误。这两种用法可以根据实际情况分别应用，后者更适合于代码比较长的情况。注释对于程序非常重要，表 2-1 说明了注释的用法和作用。

表2-1　注释的用法

注释的用法	描　　述	注释的用法	描　　述
单行注释	说明一行语句的作用	中文注释的支持	# -*- coding: UTF-8 -*-
块注释	说明一段代码的作用或整个程序文件的功能	调试程序	注释可帮助程序员调试程序
程序的跨平台	#!/usr/bin/python		

2.2.6　语句的分隔

分号是 C、Java 等语言中标识语句结束的标志。Python 也支持分号，同样可以用分号作为一行语句的结束标识。但在 Python 中分号的作用已经不像在 C、Java 中那么重要了，在 C、Java 中分号是必需的；而 Python 中的分号可以省略，主要通过换行来识别语句的结束。例如，以下两行代码是等价的。

```
01   # 下面两条语句是等价的
02   print( "hello world!")
03   print( "hello world!");
```

【代码说明】

❑ 第 1 行代码的输出结果：

```
hello world!
```

❑ 第 2 行代码的输出结果：

```
hello world!
```

如果要在一行中书写多个语句，就必须使用分号分隔了，否则 Python 无法识别语句之间的间隔。

```
01   # 使用分号分隔语句
02   x = 1; y = 1 ; z = 1
```

【代码说明】 第 2 行代码中有 3 条赋值语句，语句之间需要用分号隔开。如果不隔开语句，则 Python 解释器不能正确解释，会提示语法错误。

```
SyntaxError: invalid syntax
```

注意　分号并不是Python推荐使用的符号，Python倾向于使用换行作为每条语句的分隔。简单直白是Python语法的特点，通常一行只写一条语句，这样便于阅读和理解程序。一行写多条语句的方式是不好的实践。

Python 同样支持多行写一条语句，Python 使用"\"作为换行符。在实践中，一条语句写在多行也是很常见的。例如，把 SQL 语句作为参数传递给函数，由于 SQL 非常长，因此需要换行书写，提高阅读的方便性。

```
01   # 字符串的换行
02   # 写法一
03   sql = "select id,name \
04   from dept \
05   where name = 'A'"
06   print (sql)
07   # 写法二
08   sql = "select id,name " \
09       "from dept " \
10       "where name = 'A'"
11   print (sql)
```

【代码说明】

❑ 写法一只使用了一对双引号，把 SQL 语句分为 select、from、where 3 部分分别书写。

❑ 第 6 行代码输出结果如下。

```
select id,name from dept where name = 'A'
```

❑ 写法二使用了 3 对双引号，select、from、where 分别对应一对双引号。

❑ 第 11 行代码输出结果如下。

```
select id,name from dept where name = 'A'
```

第二种写法比第一种写法的可读性更强，可以使用空格和制表符对齐语句，使代码显得更工整。对于简短的语句不推荐使用换行的写法，这种写法只会造成阅读的复杂性。下面这段程序是不合理的换行写法。

```
01   # 一条语句写在多行
02   print (\
03   "hello world!")
```

【代码说明】 第 2、3 行代码是一个整体，调用 print 输出"hello world!"，这种情况不适合分行书写。

2.3　变量和常量

变量是计算机内存中的一块区域，变量可以存储任何值，而且值可以改变。常量是一块只读的内存区域，常量一旦初始化就不能修改。

2.3.1　变量的命名

变量由字母、数字或下划线组成。变量的第 1 个字符必须是字母或下划线，其他字符可以由字母、数字或下划线组成。例如：

```
01   # 正确的变量命名
02   var_1 = 1
03   print (var_1)
04   _var1 = 2
05   print( _var1)
```

【代码说明】

❑ 第 2 行代码定义了一个名为 var_1 的变量，该变量的初始值为 1。这个变量以字母开头，

后面的字符由字母、下划线和数字组成。

- 第 3 行代码输出结果如下。

```
1
```

- 第 4 行代码定义了一个名为_var1 的变量，该变量的初始值为 2。这个变量以下划线开头，后面的字符由字母和数字组成。
- 第 5 行代码输出结果如下。

```
2
```

下面这段代码演示了错误的变量命名方式。

```
01  # 错误的变量命名
02  1_var = 3
03  print (1_var)
04  $var = 4
05  print ($var)
```

【代码说明】

- 第 2 行代码定义了一个名为 1_var 的变量，该变量以数字开头，后面的字符由字母、下划线组成。
- 第 3 行代码，变量以数字开头，不符合变量命名的规则。提示如下错误：

```
SyntaxError: invalid syntax
```

- 第 4 行代码定义了一个名为$var 的变量，该变量以$符号开头。
- 第 5 行代码，变量以$符号开头，不符合变量命名的规则。提示如下错误：

```
SyntaxError: invalid syntax
```

2.3.2　变量的赋值

Python 中的变量不需要声明，变量的赋值操作即是变量声明和定义的过程。每个变量在内存中创建，都包括变量的标识、名称和数据这些信息。例如：

```
x = 1
```

上面的代码创建了一个变量 x，并且赋值为 1，如图 2-1 所示。

Python 中一次新的赋值，将创建一个新的变量。即使变量的名称相同，变量的标识并不相同。下面的代码演示了 Python 的变量声明以及赋值操作。

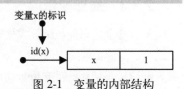

图 2-1　变量的内部结构

```
01  # 一次新的赋值操作，将创建一个新的变量
02  x = 1
03  print (id(x))
04  x = 2
05  print( id(x))
```

【代码说明】

- 第 2 行代码定义了一个名为 x 的变量，该变量的初始值为 1。
- 第 3 行代码，输出变量 x 的标识。输出结果如下。

```
11229424
```

- 第 4 行代码再次定义了一个 x 的变量，该变量的初始值为 2。该变量与前面的变量 x 并不是同一变量。

❑ 第 5 行代码，输出变量 x 的标识。输出结果如下。

```
11229412
```

如果变量没有赋值，Python 将认为该变量不存在。例如：

```
print y
```

运行后，解释器提示：

```
NameError: name 'y' is not defined
```

在变量 y 没有赋值的前提下，不能直接输出 y 的值。每个变量在使用前都必须赋值，这样可以避免由于变量的空值引起的一些异常。Python 支持对一些变量同时赋值的操作，例如：

```
01    # 给多个变量赋值
02    a = (1, 2, 3)
03    (x, y, z) = a
04    print( "x =", x)
05    print( "y =", y)
06    print( "z =", z)
```

【代码说明】

❑ 第 2 行代码定义了一个序列 a，这个序列有 3 个值：1、2、3。

❑ 第 3 行代码，把序列 a 的值分别赋值给序列(x, y, z)中的变量 x、y、z。

❑ 第 4 行代码输出变量 x 的值。输出结果：

```
x = 1
```

❑ 第 5 行代码输出变量 y 的值。输出结果：

```
y = 2
```

❑ 第 6 行代码输出变量 z 的值。输出结果：

```
z = 3
```

通过序列的装包和拆包操作,实现了同时给多个变量赋值。关于序列的概念参见第 4 章的内容。

2.3.3　局部变量

局部变量是只能在函数或代码段内使用的变量。函数或代码段一旦结束，局部变量的生命周期也就结束。局部变量的作用范围只在其被创建的函数内有效。例如，文件 1 的 fun()中定义了一个局部变量，则该局部变量只能被 fun()访问，而不能被 fun2()访问，也不能被文件 2 访问，如图 2-2 所示。

下面定义了一个函数 fun()，该函数中定义了一个局部变量。

```
01    # 局部变量
02    def fun():
03        local = 1
04        print(local)
05    fun()
```

【代码说明】

❑ 第 2 行代码定义了一个函数 fun()。

❑ 第 3 行代码定义了一个局部变量 local。

❑ 第 4 行代码输出 local 的值。输出结果如下。

1

❑ 第 5 行代码调用函数 fun()。此时已超出 local 变量的作用范围。

注意　Python创建的变量就是一个对象，Python会管理变量的生命周期。Python对变量的回收采用的是垃圾回收机制。

2.3.4　全局变量

全局变量是能够被不同的函数、类或文件共享的变量，在函数之外定义的变量都可以称为全局变量。全局变量可以被文件内部的任何函数和外部文件访问。例如，如果文件 1 中定义了一个全局变量，文件 1 中的函数 fun()可以访问该全局变量。此外，该全局变量也能被文件 1、文件 2 访问，如图 2-3 所示。

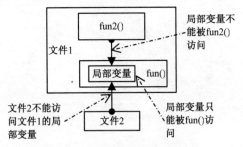

图 2-2　局部变量的作用范围

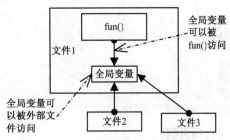

图 2-3　全局变量的作用范围

全局变量通常在文件的开始处定义。下面定义了两个全局变量_a、_b 和两个函数 add()、sub()，这两个函数将调用全局变量执行加法和减法计算。

```
01   # 在文件的开头定义全局变量
02   _a = 1
03   _b = 2
04   def add():
05       global _a
06       _a = 3
07       return "_a + _b =", _a + _b
08   def sub():
09       global _b
10       _b = 4
11       return "_a - _b =", _a - _b
12   print (add())
13   print ( sub())
```

【代码说明】

❑ 第 2 行代码定义了一个名为_a 的全局变量，这个变量的作用范围从定义处到文件的结尾。之所以使用下划线是为了区分于其他变量，引起程序员对全局变量出现的重视。

❑ 第 3 行代码定义了一个名为_b 的全局变量。同样，变量_b 的作用范围从定义处到文件的结尾。

❑ 第 4 行代码定义了一个函数 add()，用于执行加法计算。

❑ 第 5 行代码引用全局变量_a。这里使用了 global 关键字，global 用于引用全局变量。

❑ 第 6 行代码对全局变量_a 重新赋值。

❑ 第 7 行代码返回_a + _b 的值。

❑ 第 8 行代码定义了一个函数 sub()，用于执行减法运算。函数内的实现方式和 add()相同。

❑ 第 12 代码调用函数 add()。输出结果如下。

```
('_a + _b =', 5)
```

❑ 第 13 行代码调用函数 sub()。输出结果如下。

```
('_a - _b =', -1)
```

如果不使用 global 关键字引用全局变量，而直接对_a、_b 赋值，将得到不正确的结果。

```
01    # 错误地使用全局变量
02    _a = 1
03    _b = 2
04    def add():
05        _a = 3
06        return "_a + _b =", _a + _b
07    def sub():
08        _b = 4
09        return "_a - _b =", _a - _b
10    print (add())
11    print (sub())
```

【代码说明】

❑ 第 5 行代码中的_a 并不是前面定义的全局变量，而是函数 add()中的局部变量。虽然输出的结果相同，但是运算的对象并不相同。

❑ 第 6 行代码中的_b 还是前面定义的全局变量_b。

❑ 第 8 行代码中的_b 是局部变量。

❑ 第 10 行代码的输出结果如下。

```
('_a + _b =', 5)
```

❑ 第 11 行代码的输出结果如下。

```
('_a - _b =', -3)
```

注意　变量名相同的两个变量可能并不是同一个变量，变量的名称只是起标识的作用。变量出现的位置不同，变量的含义也不同。

同样可以把全局变量放到一个专门的文件中，便于统一管理和修改。创建一个名为 gl.py 的文件。

```
01    # 全局变量
02    _a = 1
03    _b = 2
```

【代码说明】 pl.py 创建了两个全局变量_a 和_b。

再创建一个调用全局变量的文件 use_global.py。

```
01    # 调用全局变量
02    import gl
03    def fun():
04        print(gl._a)
```

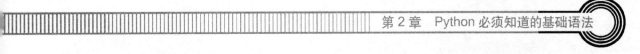

```
05        print(gl._b)
06    fun()
```

【代码说明】

❑ 第2行代码导入前面创建的文件 gl.py，即模块 gl。

❑ 第 3 行代码定义了一个函数 fun()，该函数调用全局变量_a 和_b。这里不需要使用 global 引用 gl.py 中的全局变量，因为前导符可以定位全局变量_a 和_b。

❑ 第4行代码输出_a 的值，使用前导符 gl 定位。输出结果：

```
1
```

❑ 第 5 行代码输出_b 的值，使用前导符 gl 定位。输出结果：

```
2
```

❑ 第 6 行代码调用 fun()。

应该尽量避免使用全局变量。因为不同的模块都可以自由地访问全局变量，可能会导致全局变量的不可预知性。对于 gl.py 中的全局变量，如果程序员甲修改了_a 的值，程序员乙同时也要使用_a，这时可能导致程序中的错误。这种错误是很难发现和更正的。

全局变量降低了函数或模块之间的通用性，不同的函数或模块都要依赖于全局变量。同样，全局变量降低了代码的可读性，阅读者可能并不知道调用的某个变量是全局变量。

2.3.5　常量

常量是指一旦初始化后就不能改变的变量。例如，数字 5、字符串"abc"都是常量。C++中使用 const 关键字指定常量，Java 使用 static 和 final 关键字指定常量，而 Python 并没有提供定义常量的关键字。Python 是一门功能强大的语言，可以自己定义一个常量类来实现常量的功能。在《Python Cookbook》一书中定义了一个常量模块 const。

```
01    class _const:                         # 定义常量类_const
02      class ConstError(TypeError): pass    # 继承自TypeError
03      def __setattr__(self,name,value):
04        if self.__dict__.has_key(name):    # 如果__dict__中不包含对应的key则抛出错误
05          raise self.ConstError, "Can't rebind const(%s)"%name
06        self.__dict__[name]=value
07    import sys
08    sys.modules[__name__]=_const()         # 将const注册进sys.modules的全局dict中
```

【代码说明】

❑ 这个类定义了一个方法__setattr__()和一个异常类型 ConstError，ConstError 类继承自 TypeError。通过调用类自带的字典__dict__，判断定义的常量是否包含在字典中。如果字典中包含此常量，将抛出异常。否则，给新创建的常量赋值。

❑ 最后两行代码的作用是把 const 类注册到 sys.modules 这个全局字典中。

以下代码在 use_const.py 中调用 const，定义常量。

```
01    import const
02    const.magic = 23
03    const.magic = 33
```

励志照亮人生　编程改变命运

【代码说明】

❑ 第 1 行代码导入 const 模块。

❑ 第 2 行代码定义了一个常量 magic。

❑ 第 3 行代码修改常量 magic 的值，抛出异常。

```
const.ConstError: Can't rebind const(magic)
```

2.4 数据类型

数据类型是构成编程语言语法的基础。不同的编程语言有不同的数据类型，但都具有常用的几种数据类型。Python 有几种内置的数据类型——数字、字符串、元组、列表和字典。本节将重点介绍数字和字符串。

2.4.1 数字

Python3 的数字类型分为整型、浮点型、布尔型、分数类型、复数类型。使用 Python 编写程序时，不需要声明变量的类型。由 Python 内置的基本数据类型来管理变量，在程序的后台实现数值与类型的关联，以及类型转换等操作。Python 与其他高级语言定义变量的方式及内部原理有很大的不同。在 C 或 Java 中，定义一个整型的变量，可以采用如下方式表示：

```
int i = 1;
```

在 Python 中，定义整型变量的表达方式更简练。

```
i = 1
```

Python 根据变量的值自动判断变量的类型，程序员不需要关心变量究竟是什么类型，只要知道创建的变量中存放了一个数，以后的工作只是对这个数值进行操作，Python 会对这个数的生命周期负责。

更重要的一点是，C 或 Java 只是创建了一个 int 型的普通变量；而 Python 创建的是一个整型对象，并且 Python 自动完成了整型对象的创建工作，不再需要通过构造函数创建。Python 内部没有普通类型，任何类型都是对象。如果 C 或 Java 需要修改变量 i 的值，只要重新赋值即可，而 Python 并不能修改对象 i 的值。例如：

```
01    #下面的两个i并不是同一个对象
02    i = 1
03    print(id(i))
04    i = 2
05    print (id(i))
```

如果需要查看变量的类型，可以使用 Python 定义的 type 类。type 是__builtin__模块的一个类，该类能返回变量的类型或创建一个新的类型。__builtin__模块是 Python 的内联模块，内联模块不需要 import 语句，由 Python 解释器自动导入。后面还会接触到更多内联模块的类和函数。

下面这段代码返回了各种变量的类型。

```
01    #整型
02    i = 1
03    print( type(i))
04    #长整型
```

```
05   l = 99999999999999999990        # 什么时候python将int转为float跟操作系统位数相关
06   print type(l)
07   #浮点型
08   f = 1.2
09   print( type(f))
10   #布尔型
11   b = True
12   print (type(b))
```

【代码说明】

❑ 第 3 行代码输出结果：<class 'int'>

❑ 第 6 行代码输出结果：<class 'long'>

❑ 第 9 行代码输出结果：<class 'float'>

❑ 第 12 行代码输出结果：<class 'bool'>

用 Python 来进行科学计算也很方便，因为 Python 内置了复数类型。Java、C#等高级语言则没有提供复数类型。

```
01   #复数类型
02   c = 7 + 8j
03   print (type(c))
```

第 3 行代码输出结果：<class 'complex'>

注意 复数类型的写法与数学中的写法相同，如果写为 c = 7 + 8i，Python 不能识别其中的 "i"，将提示语法错误。

2.4.2　字符串

在 Python 中有 3 种表示字符串的方式——单引号、双引号、三引号。单引号和双引号的作用是一样的，对于不同的程序员可以根据自己的习惯使用单引号或双引号。PHP 程序员可能更习惯使用单引号表示字符串，C、Java 程序员则习惯使用双引号表示字符串。下面这段代码中单引号和双引号的使用是等价的。

```
01   # 单引号和双引号的使用是等价的
02   str = "hello world!"
03   print (str)
04   str = 'hello world!'
05   print (str)
```

【代码说明】 第 3 行代码输出结果：

```
hello world!
```

第 5 行代码输出结果：

```
hello world!
```

三引号的用法是 Python 特别的语法，三引号中可以输入单引号、双引号或换行等字符。

```
01   # 三引号的用法
02   str = '''he say "hello world!"'''
03   print( str)
```

【代码说明】 第 3 行代码的三引号中带有双引号，双引号也会被输出。输出结果：

```
he say "hello world!"
```

三引号的另一种用法是制作文档字符串。Python 的每个对象都有一个属性__doc__，这个属性用于描述该对象的作用。

```
01    # 三引号制作doc文档
02    class Hello:
03        '''hello class'''
04        def printHello():
05            '''print hello world'''
06            print ("hello world!")
07    print( Hello.__doc__)
08    print (Hello.printHello.__doc__)
```

【代码说明】

❑ 第 2 行代码定义了一个名为 Hello 的类。

❑ 第 3 行是对 Hello 类的描述，该字符串将被存放在类的__doc__属性中。

❑ 第 4 行代码定义了一个方法 printHello()。

❑ 第 5 行代码描述了 printHello()，并把字符串存放在该函数的__doc__属性中。

❑ 第 6 行代码输出结果：

```
hello world!
```

❑ 第 7 行代码输出 Hello 的__doc__属性的内容。输出结果：

```
hello class
```

❑ 第 8 行代码输出 printHello()的__doc__属性的内容。输出结果：

```
print hello world
```

如果要输出含有特殊字符（单引号、双引号等）的字符串，需要使用转义字符。Python 中转义字符为"\"，和 C、Java 中的转义字符相同。转义操作只要在特殊字符的前面加上"\"即可。下面这段代码说明了特殊字符的转义用法。

```
01    # 转义字符
02    str = 'he say:\'hello world!\''
03    print (str)
```

【代码说明】第 2 行代码中的单引号是特殊字符，需要在"'"前加上转义字符。第 3 行代码的输出结果：

```
he say:'hello world!'
```

使用双引号或三引号可以直接输出含有特殊字符的字符串，不需要使用转义字符。

```
01    # 直接输出特殊字符
02    str = "he say:'hello world!'"
03    print (str)
04    str = '''he say:'hello world!' '''
05    print (str)
```

【代码说明】

❑ 第 2 行代码中使用了双引号表示字符串变量 str，因此 Python 能够识别出双引号内部的单引号只是作为输出的字符。

❑ 第 3 行代码的输出结果：

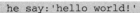

```
he say:'hello world!'
```

❑ 第 4 行代码使用三引号表示字符串变量 str，注意最后一个单引号后面留有一个空格，这个空格是为了让 Python 识别出三引号留下的。如果不留下这个空格，4 个单引号连在一起，Python 解释器不能正确识别三引号。提示如下错误：

```
SyntaxError: EOL while scanning single-quoted string
```

❑ 第 5 行代码的输出结果：

```
he say:'hello world!'
```

注意　输出的字符串中含有单引号，使用双引号表示字符串即可。相反，输出的字符串中含有双引号时，可使用单引号表示字符串。

2.5　运算符与表达式

　　Python 的运算符号包括算术运算符、关系运算符和逻辑运算符。表达式是由数字或字符串和运算符组成的式子。表达式通常用于判断语句和循环语句的条件使用，表达式是学习控制语句编写的基础。本节将介绍 Python 中的各种表达式的使用。

2.5.1　算术运算符和算术表达式

　　算术运算符包括四则运算符、求模运算符和求幂运算符。Python 中的算术运算符和表达式如表 2-2 所示。

表 2-2　Python 中的算术运算符和表达式

算术运算符	算术表达式	描　　述	算术运算符	算术表达式	描　　述	算术运算符	算术表达式	描　　述
+	x + y	加法运算	*	x * y	乘法运算	%	x % y	求模运算
−	x − y	减法运算	/	x / y	除法运算	**	x ** y	求幂运算

注意　与C、Java语言不同，Python不支持自增运算符和自减运算符。例如，i++、i--是错误的语法。

　　下面这段代码演示了 Python 中算术运算符的使用方法。

```
01    print( "1 + 1 =", 1 + 1)
02    print( "2 - 1 =", 2 - 1)
03    print( "2 * 3 =", 2 * 3)
04    print( "4 / 2 =", 4 / 2)
05    print( "1 / 2 =", 1 / 2)
06    print( "1 / 2 =", 1.0 / 2.0)
07    print( "3 % 2 =", 3 % 2)
08    print( "2 ** 3 =", 2 ** 3)
```

【代码说明】

❑ 第 1 行代码的输出结果：1 + 1 = 2
❑ 第 2 行代码的输出结果：2 − 1 = 1
❑ 第 3 行代码的输出结果：2 * 3 = 6
❑ 第 4 行代码的输出结果：4 / 2 = 2
❑ 第 5 行代码的输出结果：1 / 2 = 0.5

□ 第 6 行代码中的被除数是 1.0，除数是 2.0。Python 把这两个数作为浮点型处理，因此相除后可以得到正确的结果。输出结果：1.0 / 2.0 = 0.5

□ 第 7 行代码中，求模的值为 3 除以 2 后的余数。输出结果：3 % 2 = 1

□ 第 8 行代码的输出结果：2 ** 3 =8

> **注意**　Python2 中执行"1/2"算术表达式的结果略有不同，Python2 认为 1 和 2 是整型，相除后的结果会被截断，因此得到的值为 0。

Python 的算术表达式具有结合性和优先性。结合性是指表达式按照从左往右、先乘除后加减的原则。即从表达式的左边开始计算，先执行乘法和除法运算，再执行加法和减法运算。例如：

```
a + b * c % d
```

以上表达式先执行 b * c，然后执行 b * c % d，最后执行加法运算。

优先性是指先执行圆括号内的表达式，再按照结合性的原则进行计算。例如：

```
(a + b) * (c % d)
```

以上表达式先计算 a + b 的值，然后计算 c % d 的值，最后把两个值相乘。下面这段代码演示了算术运算的优先级。

```
01    # 算术运算的优先级
02    a = 1
03    b = 2
04    c = 3
05    d = 4
06    print ("a + b * c % d =", a + b * c % d)
07    print ("(a + b) * (c % d) =", (a + b) * (c % d))
```

第 6 行代码的输出结果：

```
a + b * c % d = 3
```

第 7 行代码的输出结果：

```
(a + b) * (c % d) = 9
```

2.5.2　关系运算符和关系表达式

关系运算符即对两个对象进行比较的符号。Python 中的关系运算符和表达式如表 2-3 所示。

表 2-3　Python 中的关系运算符和表达式

关系运算符	关系表达式	描　述	关系运算符	关系表达式	描　述	关系运算符	关系表达式	描　述
<	x < y	小于	<=	x <= y	小于等于	==	x == y	等于
>	x > y	大于	>=	x >= y	大于等于	!=	x != y	不等于

下面这段代码演示了关系表达式的逻辑输出。

```
01    # 关系表达式
02    print (2 > 1)
03    print (1 <= 2)
04    print (1 == 2)
05    print (1 != 2)
```

【代码说明】

□ 第 2 行代码，2 > 1 的逻辑正确。输出结果：True

❑ 第 3 行代码，1 <= 2 的逻辑正确。输出结果：True

❑ 第 4 行代码，1 == 2 的逻辑错误。输出结果：False

❑ 第 5 行代码，1 != 2 的逻辑正确。输出结果：True

不同的关系运算符优先级别不同。其中 <、<=、>、>= 4 个运算符的优先级别相等，==、!= 的优先级别相等。而 <、<=、>、>= 的优先级别大于 ==、!= 的优先级别。例如：a >= b == c 等价于 (a >= b) == c。关系运算符的优先级低于算术运算符。下面的代码演示了关系运算符的优先级别。

```
01   # 关系表达式的优先级别
02   print( "1 + 2 < 3 - 1 =>", 1 + 2, "<", 3 - 1, "=>", 1 + 2 < 3 - 1)
03   print ("1 + 2 <= 3 > 5 % 2 =>", 1 + 2, "<=", 3, ">", 5 % 2, "=>", 1 + 2 <= 3 > 5 % 2)
```

【代码说明】

❑ 第 2 行代码，先执行 1 + 2 = 3，然后执行 3 - 1 = 2，最后比较 3 < 2。输出结果：

```
1 + 2 < 3 - 1 => 3 < 2 => False
```

❑ 第 3 行代码，先执行 1 + 2 = 3，然后执行 5 % 2 = 1，最后比较 3 <= 3 > 1。输出结果：

```
1 + 2 <= 3 > 5 % 2 => 3 <= 3 > 1 => True
```

2.5.3　逻辑运算符和逻辑表达式

逻辑表达式是用逻辑运算符和变量连接起来的式子。任何语言的逻辑运算符都只有 3 种——逻辑与、逻辑或和逻辑非。C、Java 语言的逻辑运算符用 &&、||、! 表示，Python 采用 and、or、not 表示。表 2-4 列出了 Python 中的逻辑运算符和表达式。

表 2-4　Python 中的逻辑运算符和表达式

逻辑运算符	逻辑表达式	描　　述	逻辑运算符	逻辑表达式	描　　述
and	x and y	逻辑与，当 x 为 Ture 时，才计算 y	not	not x	逻辑非
or	x || y	逻辑或，当 x 为 False 时，才计算 y			

下面的代码演示了逻辑表达式的运算。

```
01   # 逻辑运算符
02   print( not True)
03   print( False and True)
04   print (True and False)
05   print (True or False)
```

【代码说明】

❑ 第 2 行代码，True 的逻辑非为 False。输出结果：False

❑ 第 3 行代码，检测到 and 运算符左侧的 False，就直接返回 False。输出结果：False

❑ 第 4 行代码，检测到 and 运算符左侧为 True，然后继续检测右侧，右侧的值为 False，于是返回 False。输出结果：False

❑ 第 5 行代码，or 运算符的左侧为 True，于是返回 True。输出结果：True

逻辑非的优先级大于逻辑与和逻辑或的优先级，而逻辑与和逻辑或的优先级相等。逻辑运算符的优先级低于关系运算符，必须先计算关系运算符，然后再计算逻辑运算符。下面这段代码演示了逻辑运算符、关系运算符和算术运算符的优先级别。

```
01   # 逻辑表达式的优先级别
```

```
02    print( "not 1 and 0 =>", not 1 and 0)
03    print( "not (1 and 0) =>", not (1 and 0))
04    print ("(1 <= 2) and False or True =>", (1 <= 2) and False or True)
05    print ("(1 <= 2) or 1 > 1 + 2 =>", 1 <= 2, "or", 1 > 2, "=>", (1 <= 2) or (1 < 2))
```

【代码说明】

❑ 第 2 行代码，先执行 not 1，再执行 and 运算。输出结果：

```
not 1 and 0 => False
```

❑ 第 3 行代码，先执行括号内的 1 and 0，再执行 not 运算。输出结果：

```
not (1 and 0) => True
```

❑ 第 4 行代码，先执行 1 <= 2 的关系运算表达式，再执行 and 运算，最后执行 or 运算。输出结果：

```
(1 <= 2) and False or True => True
```

❑ 第 5 行代码，先执行 1 <= 2 的关系运算表达式，再执行表达式 1 > 1 + 2，最后执行 or 运算。输出结果：

```
(1 <= 2) or 1 > 1 + 2 => True or False => True
```

2.6　小结

本章讲解了 Python 的基本语法和基本概念，包括 Python 的文件类型、编码规则、变量、数据类型以及运算符和表达式等内容。重点讲解了 Python 的编码规则、命名规则、缩进式的写法、注释等。Python 中的变量与 C、Java 有很大的不同，本章通过比较的方式阐述 Python 变量的分类和特性。最后讲解了运算符和表达式的知识，这些知识是编写控制语句的基础。下一章将会学习到 Python 控制语句的编写，控制语句将用到本章介绍的变量和表达式。条件语句和循环语句都是通过表达式返回的布尔值控制程序流程的，这些内容是编写程序的基本要素。

2.7　习题

1．以下变量命名不正确的是（　　　　）。

A．foo = the_value　　　　B．foo = 1_value　　　　C．foo = _value　　　　D．foo = value_&

2．计算 2 的 98 次方的值。

3．以下逻辑运算的结果：

a）True and False 　　　　b）False and True 　　　　c）True or False

d）False or True 　　　　e）True or False and True 　　　　f）True and False or False

4．编写程序计算 1 + 2 + 3 + …+ 100 的结果。

第3章 Python 的控制语句

本章将介绍 Python 中控制语句的编写。控制语句由条件语句、循环语句构成，控制语句根据条件表达式控制程序的流转。前面的一些例子使用到了条件语句，读者应该有个大概的印象。本章将进一步讨论控制语句的概念，以及结构化编程的知识。

本章的知识点：

❑ 结构化编程
❑ If 条件语句
❑ if…else…条件语句
❑ while 循环语句
❑ for 循环语句
❑ 中断语句

3.1 结构化程序设计

结构化程序设计就是用高级语言编写的具有分支、循环结构的程序。要完成一件工作，需要先设计，然后再将设计具体实现。例如，施工图纸就是一个设计，工程师制作图纸的过程就是设计的过程，而工人根据图纸施工的过程就是实现的过程。程序设计也是这样，首先需要明确需要完成的目标，确定要经过的步骤，然后再根据每个步骤编写代码。

现实世界的事物是复杂的，为了方便描述客观世界中的问题的处理步骤，可以以图形的方式来表达。程序流程图就是程序员用于设计的利器，程序流程图可以描述每个任务的要求以及实现步骤，程序流程图对任何编程语言都是通用的。图 3-1 描述了判断某个数字是属于正数、负数或零的流程。

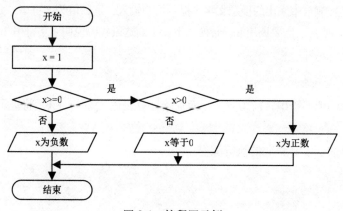

图 3-1　流程图示例

首先输入 x 的值，然后判断 x 是否大于等于 0。如果大于或等于 0，则执行 x >= 0 的分支流程；否则，输出这个数字为负数。对于 x >= 0 的分支，如果 x 大于 0，输出 x 为正数；否则，输出 x 等于 0。

结构化程序设计提倡结构清晰、设计规范。结构化程序设计的主要方法是——自顶向下、逐步细化。把需要解决的问题分成若干个任务来完成，再对每个任务进行设计，逐步细化。

以房屋的装修为例。首先是确定装修方案，以及装修任务（水电施工、水泥工程、家具施工等）。然后再对每个任务进行细分，确定子任务以及任务之间的施工顺序。确定好方案后，就可以具体实施了。实施的过程就是逐个完成子任务的过程。对于具体实现需要编写结构化的程序来完成，结构化程序设计分为 3 种结构——顺序结构、判断结构、循环结构。顺序结构非常简单，只有一个流程。下面将讨论另外两种结构的设计和实现。

3.2　条件判断语句

条件语句是指根据条件表达式的不同计算结果，使程序流转至不同的代码块。Python 中的条件语句有——if 语句、if else 语句。

3.2.1　if 条件语句

if 语句用于检测某个条件是否成立。如果成立，则执行 if 语句内的程序；否则跳过 if 语句，执行后面的内容。if 语句的格式如下。

```
01   if(表达式):
02       语句1
03   else:
04       语句2
```

if 语句的执行过程如下：如果表达式的布尔值为真，则执行语句 1；否则，执行语句 2。其中的 else 子句可以省略，表达式两侧的括号也可以省略。

在讲解 if 语句之前，先介绍一下 Python 中的控制台输入函数。C 语言中使用 scanf()和 getchar()捕获用户输入，而 Java 语言的 System.in 包提供了控制台输入的方法。Python 也提供了类似功能的函数：input()捕获用户的原始输入并将其转为字符串。input()函数的声明如下。

```
input([prompt]) -> string
```

参数 prompt 是控制台中输出的提示文字，提示用户输入，返回值为字符串。如果输入的是数字，返回的还是字符串，使用前需要调用 int()转换一下。下面这段代码说明了字符串和数字类型的转换。

```
01   x = input("x:")
02   x = int(x)
03   x = x + 1
```

如果不调用 int()把字符串转换为数字，而直接计算表达式 x = x + 1，将提示如下错误。

```
TypeError: Can't convert 'int' object to str implicitly
```

下面这段代码演示了 if 语句的执行流程。

```
01   # 执行if语句内的程序
02   a = input("a:")
03   a = int(a)
04   b = input("b:")
```

```
05    b = int(b)
06    if(a > b):
07        print (a, " > ", b)
```

【代码说明】

❏ 第 2 行代码定义了变量 a。

❏ 第 3 行将用户输入的 a 转换为 int 类型。

❏ 第 4 行代码定义了变量 b。

❏ 第 5 行将用户输入的 b 转换为 int 类型。

❏ 第 6 行代码判断变量 a、b 的大小。

❏ 第 7 行代码，假设 a=2、b=1。输出结果：2 ＞ 1

如果不满足 if 语句内的条件，程序将跳过 if 语句，执行后面的内容。

```
01    # 跳过if语句
02    a = input("a:")
03    a = int(a)
04    b = input("b:")
05    b = int(b)
06    if(a > b):
07        print (a, " > ", b)
08    print (a, " < ", b)
```

【代码说明】

❏ 第 6 行代码中变量 a 的值小于变量 b 的值，因此，程序跳转执行第 6 行代码。

❏ 第 8 行代码，假设 a=1、b=2。输出结果：1 ＜ 2

上面的代码可以改写成 if else 结构的语句。

```
01    # if else语句
02    a = input("a:")
03    a = int(a)
04    b = input("b:")
05    b = int(b)
06    if(a > b):
07        print (a, " > ", b)
08    else:
09        print (a, " < ", b)
```

【代码说明】

❏ 第 6 行代码中变量 a 的值小于变量 b 的值。因此，程序跳转到 else 子句。

❏ 第 9 行代码，假设 a=1、b=2。输出结果：1 ＜ 2

注意　else子句后需要加一个冒号，使Python解释器能识别出else子句对应的代码块。Java程序员可能会不习惯这种语法，往往会忽略else子句后的冒号。在Python2中还有raw_input()函数用于接收用户输入，功能与Python3的input()相同。而Python2中的input()接收的值不转换为字符串类型，而是保留原始类型，在Python3中已经去除。

3.2.2　if…elif…else 判断语句

if…elif…else 语句是对 if…else…语句的补充。当程序的条件分支很多时，可以使用这种语句。

if…elif…else 语句相当于 C、Java 中的 if…elseif…else 语句。该语句的格式如下。

```
01    if(表达式1): 语句1
02    elif(表达式2): 语句2
03    …
04    elif(表达式n): 语句n
05    else: 语句m
```

if…elif…else 语句的执行过程：首先判读表达式 1 的值是否为真。如果为真，则执行语句 1。否则，程序流转到 elif 子句，判断表达式 2 的值是否为真。如果表达式 2 的值为真，则执行语句 2。否则，程序进入下面一个 elif 子句，依次类推。如果所有的表达式都不成立，则程序执行 else 子句的代码。其中的 else 子句可以省略，表达式两侧的括号也可以省略。

下面这段代码通过判断学生的分数，确定学生成绩的等级。

```
01    # if elif else语句
02    score = float( input("score:")) # 接受用户输入并转换为float类型,当输入的为小数时，使用int转换会报错
03    if 90 <= score <= 100:
04        print("A")
05    elif 80 <= score < 90:
06        print("B")
07    elif 60 <= score < 80:
08        print("C")
09    else:
10        print("D")
```

【代码说明】

❑ 第 2 行代码定义了一个变量 score，假设输入的值为 70。这个变量表示学生的分数。接收用户输入并转换为 float 类型。

❑ 第 3 行代码，分数大于等于 90 并且小于等于 100，则等级评定为"A"。

❑ 第 5 行代码，分数大于等于 80 并且小于 90，则等级评定为"B"。

❑ 第 7 行代码，分数大于等于 60 并且小于 80，则等级评定为"C"。此时条件表达式成立，程序流转到第 8 行。输出结果为 C。

❑ 第 9 行代码，当前面的条件表达式都不成立时，程序流转到 else 子句。

3.2.3 if 语句也可以嵌套

if 语句的嵌套是指在 if 语句中可以包含一个或多个 if 语句。嵌套的格式如下所示。

```
01    If(表达式1):
02        if(表达式2): 语句1
03        elif(表达式3): 语句2
04        …
05    else: 语句3
06    elif(表达式n):
07        …
08    else:
09    …
```

下面这个程序是一个嵌套的条件语句。如果 x 的值大于 0，则 y 的值等于 1；如果 x 的值等于 0，则 y 的值等于 0；如果 x 的值小于 0，则 y 的值等于-1。

```
01    x = -1
```

```
02    y = 99
03    if(x >= 0):
04        if(x > 0):              #嵌套的if语句
05            y = 1
06        else:
07            y = 0
08    else:
09        y = -1
10    print ("y =", y)
```

【代码说明】

❑ 第 2 行代码定义了一个变量 y。为了不和最终可能的输出结果 1、0、-1 重复，设置其初始值为 99。

❑ 第 3 行代码判断变量 x 的值。如果大于等于 0，则执行下面嵌套的 if 语句。

❑ 第 4 行代码，判读 x 的值是否大于 0。如果大于 0，则执行第 5 行代码；否则执行第 7 行代码。

❑ 第 8 行代码，如果变量 x 的值小于 0，则执行第 9 行代码。

❑ 第 9 行代码，由于变量 x 的值为 -1，因此 y 的值等于 -1。

❑ 第 10 行代码的输出结果为 -1。

嵌套语句可以组合出很多写法，但是要注意把所有的分支情况都考虑到。下面的这种写法是错误的。

```
01    # 错误的嵌套语句
02    x = -1
03    y = 99
04    if(x != 0):                 # 如果x不等于0
05        if(x > 0):              #嵌套的if语句
06            y = 1
07    else:
08        y = 0
09    print ("y =", y)
```

【代码说明】

❑ 第 4 行代码判断变量 x 的是否等于 0。如果不等于 0，则执行 if 语句下面的代码块；否则执行 else 子句的代码。由于 x 的值等于 -1，程序流转到第 5 行。

❑ 第 5 行代码判断变量 x 的值是否大于 0。如果大于 0，则变量 y 的值设置为 1。由于这里没有考虑到变量 x 小于 0 的情况，所以程序直接跳转到第 9 行。

❑ 第 9 行代码，变量 y 的值并没有被改变，程序的分支结构没有考虑到 x 小于 0 的情况，所以最终输出的不是期望中的结果。输出结果为 99。

注意　编写条件语句时，应该尽可能避免使用嵌套语句。嵌套语句不便于阅读，而且可能会忽略一些可能性。

3.2.4　switch 语句的替代方案

switch 语句用于编写多分支结构的程序，类似于 if...elif...else 语句。C 语言中 switch 语句的结构如下所示。

```
01    switch(表达式) {
```

```
02        case 常量表达式1: 语句1
03        case 常量表达式2: 语句2
04        …
05        case 常量表达式n: 语句n
06        default: 语句m
07    }
```

switch 语句表示的分支结构比 if…elif…else 语句更清晰，代码可读性更高。但是 Python 并没有提供 switch 语句，Python 可以通过字典实现 switch 语句的功能。

实现方法分为两步。首先，定义一个字典。字典是由键值对组成的集合，字典的使用参见第 4 章的内容。其次，调用字典的 get() 获取相应的表达式。

下面这段代码通过算术运算的符号，获取算术运算表达式。

```
01    # 使用字典实现switch语句
02    from __future__ import division
03    x = 1
04    y = 2
05    operator = "/"
06    result = {              # 定义字典
07        "+" : x + y,
08        "-" : x - y,
09        "*" : x * y,
10        "/" : x / y
11    }
12    print (result.get(operator))
```

【代码说明】

❑ 第 3、4 行代码定义了两个操作数 x、y。

❑ 第 5 行代码定义了操作符变量 operator，该变量用于存放算术运算符。

❑ 第 6 行代码定义了一个字典 result。该字典的 key 值由 "+"、"-"、"*"、"/" 四则运算符组成。value 值由对应的算术表达式组成。

❑ 第 12 行代码调用 get() 方法，get() 的参数即变量 operator 的值。由于 operator 的值为 "/"，因此将执行除法运算。输出结果：0.5。

另一种使用 switch 分支语句的方案是创建一个 switch 类，处理程序的流转。这种实现方法比较复杂，涉及面向对象、for 循环、中断语句、遍历等知识，实现步骤分为 4 步。

1）创建一个 switch 类，该类继承自 Python 的祖先类 object。调用构造函数 __init__() 初始化需要匹配的字符串，并定义两个成员变量 value 和 fall。value 用于存放需要匹配的字符串，fall 用于记录是否匹配成功，初始值为 False，表示匹配不成功。如果匹配成功，程序向后执行。

2）定义一个 match() 方法，该方法用于匹配 case 子句。这里需要考虑 3 种情况。首先是匹配成功的情况，其次是匹配失败的默认 case 子句，最后是 case 子句中没有使用 break 中断的情况。

3）重写 __iter__() 方法，定义了该方法后才能使 switch 类用于循环语句中。__iter__() 调用 match() 方法进行匹配。通过 yield 关键字，使函数可以在循环中迭代。此外，调用 StopIteration 异常中断循环。Python 中的循环都是通过异常 StopIteration 中断的。这样 switch 类就构造完成了。

4）编写调用代码，在 for…in… 循环中使用 switch 类。

下面这段代码实现了 switch 语句的功能。

```
01  class switch(object):
02      def __init__(self, value):        # 初始化需要匹配的值value
03          self.value = value
04          self.fall = False             # 如果匹配到的case语句中没有break，则fall为True
05
06      def __iter__(self):
07          yield self.match              # 调用match方法 返回一个生成器
08          raise StopIteration           # StopIteration 异常来判断for循环是否结束
09
10      def match(self, *args):           # 模拟case子句的方法
11          if self.fall or not args:     # 如果fall为True，则继续执行下面的case子句
12                                        # 或case子句没有匹配项，则流转到默认分支
13              return True
14          elif self.value in args:      # 匹配成功
15              self.fall = True
16              return True
17          else:                         # 匹配失败
18              return False
19
20  operator = "+"
21  x = 1
22  y = 2
23  for case in switch(operator):         # switch只能用于for in循环中
24      if case('+'):
25          print (x + y)
26          break
27      if case('-'):
28          print (x - y)
29          break
30      if case('*'):
31          print (x * y)
32          break
33      if case('/'):
34          print (x / y)
35          break
36      if case():                        # 默认分支
37          print ""
```

【代码说明】

❑ 第 1 行到第 18 行代码定义了 switch 类，定义了 __init__()、__iter__()、match()方法。

❑ 第 23 行代码在 for...in...循环中调用 switch 类，变量 operator 作为 switch 类的参数传递给
构造函数。变量 operator 的值等于"+"，程序流转到第 24 行。

❑ 第 25 行代码输出 x + y 的结果。输出结果为 0.5。

❑ 第 26 行代码使用 break 语句中断 switch 分支结构，程序流转到文件的末尾。

本章 3.3.3 小节将继续探讨这个程序，当 case 子句中没有 break 语句的执行情况。

注意 switch语句造成代码不易维护，使源文件臃肿。面向对象的设计中常常对switch语句进行
重构，把switch语句分解为若干个类。当然，对于分支流程简单的switch，可以使用字典
来实现。使用字典更容易管理switch，而switch类回到了C、Java的老路上，而且写法更复
杂了，不值得推荐。

3.3　循环语句

循环语句是指重复执行同一段代码块，通常用于遍历集合或者累加计算。Python 中的循环语句有 while 语句、for 语句。

3.3.1　while 循环

循环语句是程序设计中常用的语句之一。任何编程语言都有 while 循环，Python 也不例外。while 循环的格式如下所示。

```
01   while(表达式):
02       …
03   else:
04       …
```

while 循环的执行过程：当循环表达式为真时，依次执行 while 中的语句。直到循环表达式的值为 False，程序的流程转到 else 语句。其中 else 子句可以省略，表达式两侧的括号也可以省略。

> **注意**　while循环中的else子句也属于循环的一部分，最后一次循环结束后将执行else子句。

下面这段代码演示了 while 循环的使用。程序首先要求输入 5 个数字，然后依次输出这 5 个数字。

```
01   # while循环
02   numbers = input("输入几个数字，用逗号分隔: ").split(",")
03   print(numbers)
04   x = 0
05   while x < len(numbers):        # 当x的值小于输入字数的个数的时候，执行循环内容
06       print (numbers[x])
07       x += 1                     # 一个循环结束时给x加1
```

【代码说明】

❑ 第 2 行代码使用 input()捕获输入。按照提示输入 5 个数字，并用逗号分隔。input()根据输入的逗号，生成一个列表。

❑ 第 3 行代码输出列表 numbers 的内容。

❑ 第 4 行代码定义变量 x 的值为 0。

❑ 第 5 行代码循环列表 numbers。

❑ 第 6 行代码输出列表中第 x+1 个数字的值。

❑ 第 7 行代码，每次循环使变量 x 增 1。

下面这段代码演示了 else 子句在 while 循环中的使用。当变量 x 的值大于 0 时，执行循环，否则输出变量 x 的值。

```
01   # 带else子句的while循环
02   x = float(input("输入x的值: "))        # 接收用户输入的数字并转换为float类型
03   i = 0
04   while(x != 0):                          # Python3中不等于抛弃了<>，一律使用!=
05       if(x > 0):
06           x -= 1                          # 如果x大于0则减1
07       else:
08           x += 1                          # 如果x小于0则加1
09       i = i + 1
```

```
10        print( "第%d次循环: " %(i, x))
11    else:
12        print ("x等于0: ", x)
```

【代码说明】

❑ 第 2 行代码输入变量 x 的值。

❑ 第 3 行代码定义变量 i，变量 i 表示循环的次数。

❑ 第 4 行代码，给出循环条件 x != 0。如果 x 不等于 0，则执行第 5 行代码；否则，执行 else 子句的内容。

❑ 第 5 行代码，判断变量 x 的值是否大于 0。

❑ 第 6 行代码，如果 x 的值大于 0，则每次循环都减 1。

❑ 第 7 行代码，判断变量 x 的值是否小于 0。

❑ 第 8 行代码，如果 x 的值小于 0，则每次循环都加 1。

❑ 第 9 行代码，每次循环使变量 i 的值加 1。

❑ 第 11 行代码，循环结束，else 子句输出变量 x 的值。输出结果（假设输入数字为 0）：

```
x等于0:0
```

在使用循环语句时，应注意循环表达式的布尔值，避免出现死循环。死循环是指循环条件永远为真的循环。例如：

```
01    i = 1
02    while i > 0:      # i永远大于0
03        i = i + 1
04        print(i)
```

这段代码就是一个死循环，变量 i 的值永远都大于 0。

3.3.2　for 循环

for 循环用于遍历一个集合，依次访问集合中的每个项目。for 循环的格式如下所示。

```
01    for 变量 in 集合:
02        …
03    else:
04        …
```

for…in…循环的执行过程：每次循环从集合中取出一个值，并把该值赋值给变量。集合可以是元组、列表、字典等数据结构。其中 else 子句可以省略。

注意　for循环中的else子句也属于循环的一部分，最后一次循环结束后将执行else子句。

for…in…循环通常与 range() 函数一起使用，range() 返回一个列表，for…in…遍历列表中的元素。range() 函数的声明如下：

```
class range(object)
   range(stop) -> range object
range(start, stop[, step]) -> range object
```

【代码说明】range() 返回一个 range 对象，列表的元素值由 3 个参数决定；参数 start 表示列表开始的值，默认值为 0；参数 stop 表示列表结束的值，该参数不可缺少；参数 setp 表示步长，每次递增或递减的值，默认值为 1。

下面这段代码遍历 range()生成的列表，过滤出正数、负数和0。

```
01    # for in语句
02    for x in range(-1, 2):
03        if x > 0:
04            print ("正数: ",x)
05        elif x == 0 :
06            print ("零: ",x)
07        else:
08            print ("负数: ",x)
09    else:
10        print ("循环结束")
```

【代码说明】

- ❏ 第 2 行代码遍历 range(-1,2)生成的列表。range(-1,2)返回的 3 个数字分别为-1、0、1。每次循环变量 x 的值依次为-1、0、1。
- ❏ 第 3 行代码判断变量 x 的值是否大于 0。
- ❏ 第 4 行代码输出正数的值。输出结果：正数：1。
- ❏ 第 5 行代码判断变量 x 的值是否等于 0。
- ❏ 第 6 行代码，输出结果：零：0。
- ❏ 第 8 行代码，输出负数的值。输出结果：负数：-1。
- ❏ 第 9 行代码并没有结束 for 循环，else 子句执行后循环才结束。输出结果：负数：-1。

在 C、Java 语言中，支持如下结构的 for 语句。

```
for(表达式1；表达式2；表达式3)
        语句块
```

Python 不支持这样的 for 循环。如果需要编写类似功能的循环，可以使用 while 循环。例如：

```
01    x = 0
02    while x < 5:
03        print(x)
04        x = x + 2
```

while 循环的写法比较烦碎，需要比较判断。也可以使用 for 循环，借助 range()函数来实现。例如：

```
01    for x in range(0, 5, 2):
02        print (x)
```

【代码说明】 输出的数字在[0,5]这个区间，不包括 5。每次循环 x 的值加 2。输出结果：

```
0
2
4
```

这里只用了两行代码即实现了传统 for 循环。如果要用条件表达式作为循环的条件，可以构造 range()函数来实现。

3.3.3　break 和 continue 语句

break 语句可以使程序跳出循环语句，从而执行循环体之外的程序，即 break 语句可以提前结束循环。例如，3.2.4 小节模拟 switch 分支结构使用了 break 语句。

```
01  operator = "+"
02  x = 1
03  y = 2
04  for case in switch(operator):          # switch只能用于for in循环中
05      if case('+'):
06          print (x + y)
07          break
08      if case('-'):
09          print (x - y)
10          break
11      if case('*'):
12          print (x * y)
13          break
14      if case('/'):
15          print (x / y)
16          break
17      if case():                         # 默认分支
18          print ("")
```

【代码说明】第 7 行代码中使用了 break。当变量 operator 的值为“+”，则执行表达式 x + y，然后中断 switch 分支结构，后面的 case 分支都不会执行。此时输出结果为 3。后面的 break 作用相同。当匹配到某个 case 后，程序将跳出 switch。

如果第一个 case 不使用 break 子句，程序将输出两个值，分别是 3 和-1。因为输出表达式 x + y 后，分支结构并没有中断，程序将流转到下面一个 case。然后继续计算表达式 x – y 的值，遇到后面的 break 语句才退出分支结构。break 语句在循环结构中也有类似的作用。下面这段代码将从 0 到 99 中查找用户输入的值。

```
01  x = int(input("输入x的值: "))
02  y = 0
03  for y in range(0, 100):
04      if x == y:
05          print ("找到数字: ", x)
06          break
07  else:
08      print("没有找到")
```

【代码说明】

- 第 1 行代码捕获用户输入的值，并把该值转换为 int 类型后赋值给变量 x。
- 第 2 行代码定义一个变量 y，变量 y 用于暂存需要遍历的列表的值。
- 第 3 行代码使用 for…in…循环遍历 range(0, 100)返回的列表。range(0, 100)的返回值为 0、1、2…99。
- 第 4 行代码判断输入的值是否等于列表中的值。如果条件成立，输出查找到的数字，并立即退出循环。循环结束，后面的 else 子句将不会被执行。
- 第 7 行代码，当没有找到输入的值时，else 子句后面的代码将被执行。

注意　break语句不能运行在循环体或分支语句之外，否则，Python解释器将提示如下错误。

```
SyntaxError: 'break' outside loop
```

continue 语句也是用来跳出循环的语句，但是与 break 不同的是，continue 不会跳出整个循环体，只是跳出当前的循环，然后继续执行后面的循环。

```
01    x = 0
02    for i in [1,2,3,4,5]:
03        if x == i:
04        continue
05    x  += i
06    print("x的值为", x)
```

【代码说明】

- ❑ 第 1 行代码将 x 赋值为 0。
- ❑ 第 2 行代码使用 for...in...语句遍历列表[1,2,3,4,5]。
- ❑ 第 3 行代码将 x 与 i 进行比较，如果 x 与值 i 相等则执行第 4 行的 continue 语句，停止当前循环，即不再执行第 5 行代码，继续执行下一个循环。
- ❑ 第 6 行代码打印出最终的结果，输出为：12。

3.4　结构化程序示例

本节将结合结构化程序设计的思路，讲解使用 Python 实现冒泡排序。冒泡排序将用到前面讲解的条件判断和循环语句等知识。冒泡排序是数据结构中的一种排序算法，学过数据结构课程的读者应该不陌生。

冒泡排序的基本思想是，将需要排序的元素看作是一个个"气泡"，最小的"气泡"最快浮出水面，排在前面。较小的"气泡"排在第二个位置，依次类推。冒泡排序需要对数列循环若干次，例如数列中有 i 个元素。第一遍循环，自底向上检查一遍这个数列，比较相邻的两个元素。如果较小的元素在数列的下面，把较小的元素排在前面。依次比较之后，就把最大的元素置于底部了，第二遍循环就不需要比较最后一个元素了。依次类推，第 n 遍循环只需要从第一个元素开始，比较 i-n 次。经过 i-1 遍的处理后，数列就排序完成了。

假设有一个数列[23, 12, 9, 15, 6]，这个数列的排序过程如图 3-2 所示。

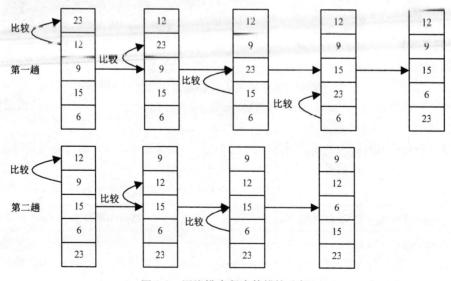

图 3-2　冒泡排序程序的模块分解

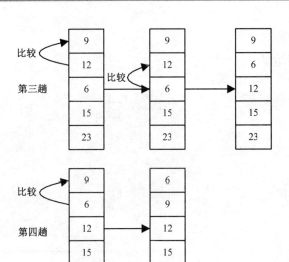

图 3-2 （续）

冒泡排序的程序可以分解为两个模块，冒泡算法的实现函数和主函数，如图 3-3 所示。

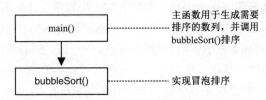

图 3-3 冒泡排序程序的模块分解

在实现中将用到 xrange()。前面提到了 range() 函数生成迭代集合。

下面这段代码实现了冒泡排序。

```
01  # 冒泡排序
02  def bubbleSort(numbers):                        # 冒泡算法的实现
03      for j in range(len(numbers) - 1, -1, -1):
04          for i in range(j):
05              if numbers[i] > numbers[i+1]:       # 把数值小的数字放到顶端
06                  numbers[i], numbers[i+1] = numbers[i+1], numbers[i]
07              print (numbers)
08
09  def main():                                     # 主函数
10      numbers = [23, 12, 9, 15, 6]
11      bubbleSort(numbers)
12
13  if __name__ == '__main__':
14      main()
```

【代码说明】

❑ 第 2 行代码定义 bubbleSort() 实现冒泡排序。

❑ 第 3 行代码确定每趟循环的比较次数。

❑ 第 4 行代码循环比较相邻的两个元素。

- ❑ 第 5 行代码判断相邻两个元素的大小。
- ❑ 第 6 行代码把数值较小的数排到前面。
- ❑ 第 7 行代码输出每趟的比较结果。输出结果：

```
[12, 23, 9, 15, 6]
[12, 9, 23, 15, 6]
[12, 9, 15, 23, 6]
[12, 9, 15, 6, 23]
[9, 12, 15, 6, 23]
[9, 12, 15, 6, 23]
[9, 12, 6, 15, 23]
[9, 12, 6, 15, 23]
[9, 6, 12, 15, 23]
[6, 9, 12, 15, 23]
```

注意　Python3中没有xrange函数。

3.5　小结

本章介绍了条件语句和循环语句的编写，并结合结构化程序设计的原理讲解这些语句的要点。Python 中的 if 语句与 C、Java 中的用法非常相似，只是格式稍有不同。Python 使用字典替代 switch 语句，使编写的程序更简洁。while 循环和 for 循环都有一个 else 子句，这个语法是 C 和 Java 中没有的。最后通过分析冒泡排序的算法，讲解了结构化程序设计的步骤和方法。

实际应用中，许多问题都需要使用条件语句和循环语句进行控制，几乎所有的程序都涉及判断、循环。这些语法和概念是学习一门编程语言的基础，也是最基本的要求。本章的例子中用到了列表、字典等数据结构，这些数据结构是 Python 所特有的。下一章将介绍列表、字典的概念。

3.6　习题

1. Python 中 break 和 continue 语句有什么区别？分别在什么情况下使用？
2. 使用结构化编程思想实现冒泡排序。
3. 以下是个人所得税的缴纳标准：
1）从收入 3500 元开始征收，低于 3500 元的不用缴纳个人所得税。
2）税额不超过 1500 元的部分，按照 3% 的税率缴纳。
3）税额超过 1500 元到 4500 元的部分，按照 10%的税率缴纳。
4）税额超过 4500 元到 9000 元的部分，按照 20%的税率缴纳。
5）税额超过 9000 元到 35000 元的部分，按照 25%的税率缴纳。
6）税额超过 35000 元到 55000 元的部分，按照 30%的税率缴纳。
7）税额超过 55000 元到 80000 元的部分，按照 35%的税率缴纳。
8）税额超过 80000 元的部分，按照 45%的税率缴纳。
编写程序，输入收入金额，输出需要缴纳的个人所得税以及扣除所得税后的实际个人收入。

第4章 Python 数据结构

数据结构是用来存储数据的逻辑结构，合理使用数据结构才能编写出优秀的代码。本章将向读者介绍 Python 提供的几种内置数据结构——元组、列表、字典和序列。内置数据结构是 Python 语言的精华，也是使用 Python 进行开发的基础。

本章的知识点：
- ❑ 元组、列表和字典的创建和使用
- ❑ 元组的遍历
- ❑ 元组和列表的"解包"操作
- ❑ 列表的排序、查找和反转
- ❑ 字典特性
- ❑ 序列的含义

4.1 元组结构

元组是 Python 中常用的一种数据结构。元组由不同的元素组成，每个元素可以存储不同类型的数据，如字符串、数字甚至元组。元组是"写保护"的，即元组创建后不能再做任何修改操作，元组通常代表一行数据，而元组中的元素代表不同的数据项。

4.1.1 元组的创建

Tuple（元组）是 Python 内置的一种数据结构。元组由一系列元素组成，所有元素被包含在一对圆括号中。创建元组时，可以不指定元素的个数，相当于不定长的数组，但是一旦创建后就不能修改元组的长度。元组创建的格式如下所示。

```
tuple = (元素1, 元素2, …)
```

元组的初始化示例如下：

```
tuple = ("apple", "banana", "grape", "orange")
```

上面这行代码创建了一个名为 tuple 的元组，该元组由 4 个元素组成，元素之间使用逗号分隔。如果需要定义一个空的元组，表达方式更简单。创建空的元组只需要一对空的圆括号。

```
tuple = ()
```

如果创建的元组只包含一个元素，通常会错误地忽略单元素后的逗号。Python 无法区分变量 tuple 是元组还是表达式，Python 误认为圆括号中的内容为表达式，因此 tuple[0]输出的结果并非期望的值，并且其类型也不是 tuple。错误的写法如下：

```
01    tuple = ("apple")              # 定义元组
02    print(tuple[0])                # 打印第一个元素
03    print (type(tuple))           # 打印定义的tuple的类型
```

运行这段代码并不会提示任何错误，代码将输出字母"a"，而不是期望的"apple"。并且其类型为<class 'str'>。正确的写法如下：

```
01    tuple = ("apple",)            # 定义元组，注意后面的逗号不可少
02    print (tuple[0])              # 打印第一个元素
03    print (type(tuple))          # 打印定义的tuple的类型
```

此时，将输出 tuple 元组中唯一的元素"apple"，并且类型为<class 'tuple'>。所以，创建一个唯一元素的元组，需要在元素的后面添加一个逗号，使 Python 能正确识别出元组中的元素。

> **注意**　元组是从0开始计数的，因此tuple[0]获得的是元组tuple中第1个元素。Python中其他的数据结构也遵循这个规则。

4.1.2　元组的访问

元组中元素的值通过索引访问，索引是一对方括号中的数字，索引也称为"下标"。元组的访问格式如下。

```
tuple[n]
```

其中，tuple[n]表示访问元组的第 n 个元素，索引 n 的值可以为 0、正整数或负整数。前面一节已经提到了元组的输出方法，例如：

```
print (tuple[1])
```

上面这行代码将输出字符串"banana"，print 语句表示输出，tuple[1]表示访问 tuple 的第 2 个元素。

可以把元组理解为数组，使用 C 或 Java 语言编程的读者应该不会陌生，数组的下标是从 0 开始计数，而元组中元素的访问也符合这个规则。

元组创建后其内部元素的值不能被修改，如果修改元组中的某个元素，运行时将报错。例如：

```
tuple[0] = "a"
```

对 tuple 元组中第 1 个元素进行赋值，运行代码后错误信息如下：

```
TypeError: 'tuple' object does not support item assignment
```

可见，元组中的元素并不支持赋值操作。

> **注意**　元组不能添加或删除任何元素。因此，元组不存在任何添加、删除元素的方法，元组也不存在任何其他方法。

元组的访问还有一些特殊的用法，这些用法对于获取元组的值非常方便，例如负数索引和分片索引。这两个特性是 Python 的特殊用法，C 或 Java 语言并不支持。负数索引从元组的尾部开始计数，最尾端的元素索引表示"-1"，次尾端的元素索引表示"-2"，依次类推。图 4-1 演示了负数索引与元素的对应关系，tuple[-1]的值为 value4，tuple[-2]的值为 value3。

分片（slice）是元组的一个子集，分片是从第 1 个索引到第 2 个索引（不包含第 2 个索引所指

向的元素）所指定的所有元素。分片索引可以为正数或负数，两个索引之间用冒号分隔。分片的格式如下所示：

```
tuple[m:n]
```

其中，m、n 可以是 0、正整数或负整数。

图 4-2 演示了分片索引与元素的对应关系，tuple[1:3]将返回(value2,value3,value4)。

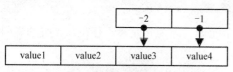

图 4-1　负数索引演示

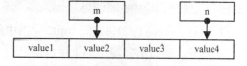

图 4-2　分片索引演示

下面这段代码将说明负数索引和分片索引的使用。

```
01   tuple = ("apple", "banana", "grape", "orange")        # 定义元组
02   print (tuple[-1])
03   print (tuple[-2])
04   tuple2 = tuple[1:3]           # 分片,第二个元素到第三个元素(不包括第四个)
05   tuple3 = tuple[0:-2]          # 分片,从第一个元素到倒数第二个元素(不包括倒数第二个)
06   tuple4 = tuple[2:-2]          # 分片,从第三个元素到倒数第二个元素(不包括倒数第二个)
07   print (tuple2)
08   print (tuple3)
09   print (tuple4)
```

【代码说明】

❑ 元组的索引可以用负数表示，第 2、3 行代码将分别输出"orange"和"apple"。

❑ 使用分片截取后，将得到一个新的元组。第 4 行到第 6 行代码分别创建了 3 个元组。

❑ tuple2 输出结果：('banana', 'grape')

❑ tuple3 输出结果：('apple', 'banana')

❑ tuple4 输出结果：('grape')

元组还可以由其他元组组成。例如，二元元组可以表示为：

```
tuple = (('t1', 't2'), ('t3', 't4'))
```

tuple 是一个二元元组，该元组由('t1', 't2')和('t3', 't4')组成。

下面的代码说明了元组间的包含关系以及元组中元素的访问。

```
01   fruit1 = ("apple", "banana")
02   fruit2 = ("grape", "orange")
03   tuple = (fruit1, fruit2)
04   print (tuple)
05   print ("tuple[0][1] =", tuple[0][1])
06   print ("tuple[1][1] =", tuple[1][1])
07   print ("tuple[1][1] =", tuple[1][2])
```

【代码说明】

❑ 第 3 行代码创建了一个复合元组 tuple，tuple 由元组 fruit1 和 fruit2 组成。元组 tuple 的输出结果：

```
(('apple', 'banana'), ('grape', 'orange'))
```

- tuple[0][1]表示访问 tuple 元组中第 1 个元组的第 2 个元素，即 fruit1 元组中的第 2 个元素，可以把 tuple 理解为二维数组。tuple[0][1]输出结果：

```
tuple[0][1] = banana
```

- tuple[1][1]表示访问 tuple 元组中第 2 个元组的第 2 个元素，即 fruit2 元组中的第 2 个元素。tuple[1][1]输出结果：

```
tuple[1][1] = orange
```

- 同理，tuple[1][2]将访问 fruit2 元组中的第 3 个元素，因为此元素不存在，元组的索引访问越界。运行后将输出如下错误信息：

```
IndexError: tuple index out of range
```

tuple 元组的存储结构如图 4-3 所示。

创建元组的过程，Python 称为"打包"。相反，元组也可以执行"解包"的操作。"解包"可以将包元组中的各个元素分别赋值给多个变量。这样，避免了使用循环遍历的方法获取每个元素的值，降低了代码的复杂性，使表达方式更自然。下面这个例子说明了元组"打包"和"解包"的过程。

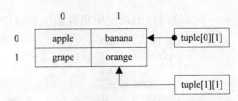

图 4-3   tuple 元组的存储结构

```
01    #打包
02    tuple = ("apple", "banana", "grape", "orange")
03    #解包
04    a, b, c, d = tuple
05    print (a, b, c, d)
```

【代码说明】

- 第 2 行代码创建了一个 tuple 元组，元组的创建即"打包"的过程。
- 第 4 行代码使用了一个赋值操作，等号的右边是 tuple 元组，等号的左边有 4 个变量，元组 tuple 中的 4 个元素分别赋值给这 4 个变量。
- 第 5 行代码输出 4 个变量的值，输出的结果如下：

```
apple banana grape orange
```

4.1.3   元组的遍历

元组的遍历是指通过循环语句依次访问元组中各元素的值。遍历元组需要用到两个函数 range()和 len()。range()和 len()都是 Python 的内建函数，这些函数可直接调用，不需要 import 语句导入模块。内建函数是 Python 自动导入的函数，相当于 Java 中的 lang 包。

len()计算出 tuple 元组中元素的个数，range()返回一个由数字组成的列表，关于列表的概念请参考 4.2 节。range()的声明如下所示。

```
range([start,] stop[, step]) -> list of integers
```

【代码说明】

- range()返回一个递增或递减的数字列表，列表的元素值由 3 个参数决定。
- 参数 start 表示列表开始的值，默认值为 0。

□ 参数 stop 表示列表结束的值，该参数不可缺少。

□ 参数 step 表示步长，每次递增或递减的值，默认值为 1。

例如，range(5)返回的列表为[0, 1, 2, 3, 4]。下面这段代码实现了二元元组的遍历。

```
01   tuple = (("apple", "banana"),("grape", "orange"),("watermelon",),("grapefruit",))
02   for i in range(len(tuple)):
03       print ("tuple[%d] :" % i, "" ,)
04       for j in range(len(tuple[i])):
05           print (tuple[i][j], "" ,)
06       print()
```

【代码说明】

□ 第 1 行代码创建了一个由 4 个子元组组成的二元元组 tuple。

□ 第 2 行到第 6 行代码遍历 tuple 元组，输出元组中各个元素的值。tuple 元组的遍历结果：

```
tuple[0] :  apple  banana
tuple[1] :  grape  orange
tuple[2] :  watermelon
tuple[3] :  grapefruit
```

此外，也可以直接使用 for...in 语句遍历元组，代码如下：

```
01   tuple = (("apple", "banana"),("grape", "orange"),("watermelon",),("grapefruit",))
02   for i in tuple:        # 遍历元组tuple
03       for j in i:        # 同样对子元组进行遍历
04           print(j)       # 依次打印出元素
```

【代码说明】

□ 第 1 行同样创建了一个元组。

□ 第 2 行开始遍历元组 tuple。

□ 第 3 行开始对各子元组进行遍历。

□ 第 4 行打印出元素。

遍历结果：

```
apple
banana
grape
orange
watermelon
grapefruit
```

4.2 列表结构

列表是 Python 中非常重要的数据类型，通常作为函数的返回类型。列表和元组相似，也是由一组元素组成，列表可以实现添加、删除和查找操作，元素的值可以被修改。

4.2.1 列表的创建

List（列表）是 Python 内置的一种数据结构。它由一系列元素组成，所有元素被包含在一对方括号中。列表创建后，可以执行添加或删除操作。使用过 Java 语言的读者可能想到了 Java

语言中的 List 接口，其中 ArrayList 类继承自 List 接口，实现了动态数组的功能，可以添加或删除任意类型的对象。Python 中列表的作用和 ArrayList 类相似，用法更灵活。列表创建的格式如下所示。

```
list = [元素1，元素2，…]
```

列表的添加可以调用 append()，该方法的声明如下所示。

```
append(object)
```

其中，object 可以是元组、列表、字典或任何对象。

列表的删除可以调用 remove()，该方法的声明如下所示。

```
remove(value)
```

该方法将删除元素 value。如果 value 不在列表中，Python 将抛出 ValueError 异常。下面这段代码演示了列表的创建、添加和删除。

```
01    list = ["apple", "banana", "grape", "orange"]     # 定义列表
02    print (list)
03    print (list[2])
04    list.append("watermelon")              # 在列表末尾添加元素
05    list.insert(1, "grapefruit")           # 向列表中插入元素
06    print (list)
07    list.remove("grape")                   # 从列表中移除grape
08    print (list)
09    list.remove("a")                       # 从列表中移除a，因为当前列表中并没有a，所以将抛出错误
10    print (list.pop())                     # 打印从列表中弹出的元素，即最后一个元素
11    print (list)
```

【代码说明】

❑ 第 1 行代码创建了一个 list 列表，该列表由 4 个元素的组成。

❑ 第 2 行代码输出 list 列表中的内容：

```
['apple', 'banana', 'grape', 'orange']
```

❑ 第 3 行代码输出 list 列表中的第 3 个元素 grape。

❑ 第 4 行代码调用 list 的 append()，append()追加了一个"watermelon"元素到列表的末尾。

❑ 第 5 行代码调用 insert()，insert()将元素插入指定的索引位置。这里将"grapefruit"插入 list 的第 2 个位置。此时的 list 列表如下：

```
['apple', 'grapefruit', 'banana', 'grape', 'orange', 'watermelon']
```

❑ 第 7 行代码调用了 remove()，移除"grape"元素，移除后的 list 列表如下：

```
['apple', 'grapefruit', 'banana', 'orange', 'watermelon']
```

❑ 第 9 行代码移除"a"元素，由于列表中不存在此元素，因此程序运行后提示如下错误：

```
ValueError: list.remove(x): x not in list
```

❑ 第 10 行代码调用了 pop()，pop()取出列表中最后一个元素，即"弹出"最后一个进入列表的元素"watermelon"。此时的 list 列表如下：

```
['apple', 'grapefruit', 'banana', 'orange']
```

如果list列表中存在两个相同的元素，此时调用remove()移除同名元素，将只删除list列表中靠前的元素。例如，如果list中存在两个"grape"元素，执行语句list.remove("grape")后，其中一个"grape"将被删除，而且此元素是首次出现的那个"grape"元素。

4.2.2　列表的使用

列表的使用与元组十分相似，同样支持负数索引、分片以及多元列表等特性，但是列表中的元素可修改，而且存在一些处理列表的方法。下面的代码说明了负数索引和分片的使用以及二元列表的遍历。

```
01  list = ["apple", "banana", "grape", "orange"]
02  print (list[-2])
03  print (list[1:3])
04  print (list[-3:-1])
05  list = [["apple", "banana"],["grape", "orange"],["watermelon"],["grapefruit"]]
06  for i in range(len(list)):                # 遍历列表
07      print ("list[%d] :" % i, "" ,)
08      for j in range(len(list[i])):
09          print (list[i][j], "" ,)
10      print()
```

【代码说明】

❑ 第 2 行代码输出结果：

```
grape
```

❑ 第 3 行代码输出结果：

```
['banana', 'grape']
```

❑ 第 4 行代码输出结果：

```
['banana', 'grape']
```

❑ 第 6 行到第 10 行代码遍历二元列表，输出 list 列表中各元素的值。list 列表中，各子列表的长度并不相同，这并不妨碍 list 列表的遍历。list 列表的输出结果如下：

```
list[0] :  apple  banana
list[1] :  grape  orange
list[2] :  watermelon
list[3] :  grapefruit
```

列表实现了连接操作的功能，列表的连接同样提供了两种方式，一种是调用 extend() 连接两个不同的列表，另一种是使用运算符 "+" 或 "+="。下面这段代码演示了列表的连接功能。

```
01  list1 = ["apple", "banana"]
02  list2 = ["grape", "orange"]
03  list1.extend(list2)              # list1连接list2
04  print (list1)
05  list3 = ["watermelon"]
06  list1 = list1 + list3            # 将list1与list3连接后赋给list1
07  print (list1)
08  list1 += ["grapefruit"]          # 使用+=给list1连接上["grapefruit"]
```

```
09    print (list1)
10    list1 = ["apple", "banana"] * 2
11    print (list1)
```

【代码说明】

❑ 第 3 行代码调用 extend()，输出结果：

```
['apple', 'banana', 'grape', 'orange']
```

❑ 第 6 行代码使用 "+" 运算符连接两个列表，输出结果：

```
['apple', 'banana', 'grape', 'orange', 'watermelon']
```

❑ 第 8 行代码使用 "+=" 运算符，输出结果：

```
['apple', 'banana', 'grape', 'orange', 'watermelon', 'grapefruit']
```

❑ 第 10 行代码使用 "*" 运算符，连接了两个相同的['apple', 'banana']元组，输出结果：

```
['apple', 'banana', 'apple', 'banana']
```

4.2.3　列表的查找、排序、反转

前面已经提到，list 列表可以进行添加、删除操作，此外 list 列表还提供了查找元素的方法。List 列表的查找提供了两种方式，一种是使用 index 方法返回元素在列表中的位置，另一种方法是使用关键字 "in" 来判断元素是否在列表中。下面这段代码演示了列表的查找。

```
01    list = ["apple", "banana", "grape", "orange"]
02    print (list.index("grape"))        # 打印grape的索引
03    print (list.index("orange"))       # 打印orange的索引
04    print ("orange" in list)           # 判断orange是否在列表中
```

【代码说明】

❑ 第 2 行代码返回元素 "grape" 对应的索引值，输出值为 2。

❑ 同理，第 3 行代码的输出值为 3。

❑ 第 4 行代码判断元素 "orange" 是否在 list 列表中，返回值为 True。

列表提供了排序和反转的方法，下面这段代码展示了列表的排序和反转。

```
01    list = ["banana", "apple", "orange", "grape"]
02    list.sort()                   # 排序
03    print ("Sorted list:", list)
04    list.reverse()                # 反转
05    print ("Reversed list:", list)
```

【代码说明】

❑ 第 2 行代码调用 sort()，元素按照首字母升序排序。排序后的结果：

```
Sorted list: ['apple', 'banana', 'grape', 'orange']
```

❑ 第 4 行代码调用 reverse()，反转列表中元素的排列顺序。反转后的结果：

```
Reversed list: ['orange', 'grape', 'banana', 'apple']
```

注意　在Python中，列表是由类list实现的。使用函数help(list)查看list类的定义，可以快速了解列表所包含的方法。Help函数同样适用于其他Python类。

表 4-1 列出了列表的常用方法。

表 4-1　列表的常用方法

方法名	描　　述
append(object)	在列表的末尾添加一个对象 object
insert(index,object)	在指定的索引 index 处插入一个对象 object
remove(value)	删除列表中首次出现的 value 值
pop([index])	删除索引 index 指定的值；如果 index 不指定，删除列表中最后一个元素
extend(iterable)	将 iterable 指定的元素添加到列表的末尾
index(value, [start, [stop]])	返回 value 出现在列表中的索引
sort(cmp=None, key=None, reverse=False)	列表的排序
reverse()	列表的反转

4.2.4　列表实现堆栈和队列

堆栈和队列是数据结构中常用的数据结构，列表可以用来实现堆栈和队列。

堆栈是指最先进入堆栈的元素最后才输出，符合"后进先出"的顺序。栈的插入、弹出是通过栈首指针控制的。插入一个新的元素，指针移到新元素的位置；弹出一个元素，指针移到下面一个元素的位置，即原堆栈倒数第 2 个元素的位置，该元素成为栈顶元素。

队列是指最先进入队列的元素最先输出，符合"先进先出"的顺序。队列的插入、弹出是分别通过队首指针和队尾指针控制的。插入一个新的元素，队尾指针移到新元素的位置；弹出一个元素，队首指针移到原队列中第 2 个元素的位置，该元素成为队列的第 1 个元素。

使用列表的 append()、pop()方法可以模拟这两个数据结构，append()、pop()的使用参见 4.2.1 小节。

首先分析一下堆栈的实现，调用 append()可以把一个元素添加到堆栈的顶部，调用 pop()方法把堆栈中最后一个元素弹出来。

假设有一个堆栈["apple", "grape", "grape"]，要向堆栈中添加一个新的元素"orange"。图 4-4 描述了列表实现堆栈的原理。

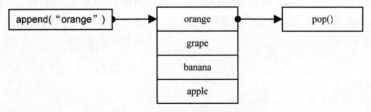

图 4-4　列表实现堆栈的原理

"apple"是列表中第 1 个进入的元素，所以置于堆栈的最底端。调用 append("orange")后，程序把"orange"元素插到堆栈的顶部。此时栈的指针移动到元素"orange"，栈中包含 4 个元素，"orange"置于堆栈的顶部。然后调用 pop()，弹出顶部的元素"orange"，栈的指针移到"grape"。

下面这段代码使用列表模拟了堆栈。

```
01    # 堆栈的实现
02    list = ["apple", "grape", "grape"]
03    list.append("orange")                     # 将orange压入堆栈
04    print (list)
05    print ("弹出的元素: ", list.pop())         # 从堆栈中弹出最后压入元素
06    print (list)
```

【代码说明】

☐ 第 2 行代码创建了一个堆栈 list。

☐ 第 3 行代码向堆栈中添加一个元素"orange"。

☐ 第 4 行代码输出添加新元素后堆栈中的内容。输出结果：

```
['apple', 'banana', 'grape', 'orange']
```

☐ 第 5 行代码弹出堆栈中最顶部的元素。输出结果：弹出的元素：

```
orange
```

☐ 第 6 行代码输出顶部元素被弹出后堆栈中的内容。输出结果：

```
['apple', 'banana', 'grape']
```

队列也是通过调用 append()和 pop()方法实现的。pop()的调用方式有所不同，通过调用 pop(0) 弹出队列最前面的元素。假设有一个队列["apple", "grape", "grape"]，要向队列中添加一个新的元素 "orange"。图 4-5 描述了列表实现队列的原理。

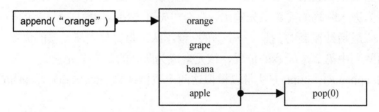

图 4-5　列表实现队列的原理

"apple"是列表中第 1 个进入的元素，所以置于队列的最前端。调用 append("orange")后，程 序把"orange"元素插到队列的尾部，队尾指针移到元素"orange"。此时列表中包含 4 个元素， "orange"置于队列的尾部。然后调用 pop(0)，弹出队列最前面的元素"apple"，队首指针移到元 素"banan"。从而实现了"先进先出"的队列结构。下面这段代码使用列表模拟了队列。

```
01    #队列的实现
02    list = ["apple", "grape", "grape"]
03    list.append("orange")                     # 队尾加入orange
04    print (list)
05    print ("弹出的元素: ", list.pop(0))        # 弹出第一个元素
06    print (list)
```

【代码说明】

☐ 第 2 行代码创建了一个队列 list。

☐ 第 3 行代码向队列中添加一个元素"orange"。

☐ 第 4 行代码输出添加新元素后队列中的内容。输出结果：

```
['apple', 'banana', 'grape', 'orange']
```

❑ 第 5 行代码弹出队列最前面的元素。输出结果：

```
弹出的元素: apple
```

❑ 第 6 行代码输出最前面的元素被弹出后队列中的内容。输出结果：

```
['banana', 'grape', 'orange']
```

堆栈和队列是数据结构这门课程探讨的内容，读者可以参考相关的书籍进一步学习。

4.3 字典结构

字典是 Python 中重要的数据类型，字典是由"键-值"对组成的集合，字典中的"值"通过"键"来引用。本节将介绍字典的定义、访问、排序等功能。

4.3.1 字典的创建

字典由一系列的"键-值"（key-value）对组成，"键-值"对之间用"逗号"隔开，并且被包含在一对花括号中。字典与 Java 语言中的 HashMap 类作用类似，都是采用"键-值"对映射的方式存储数据。例如，在开发内容管理系统时，通常把栏目编号作为"键"、栏目名称作为"值"存储在字典结构中，通过栏目编号引用栏目名称。

字典的创建和使用非常简单，创建字典的格式如下所示：

```
dictionary = {key1 : value1, key2 : value2, …}
```

其中，key1、key2 等表示字典的 key 值，value1、value2 等表示字典的 value 值。

如果需要创建一个空的字典，只需要一对花括号即可，代码如下所示：

```
dictionary = {}
```

下面的代码演示了字典的创建和访问。

```
01   dict = {"a" : "apple", "b" : "banana", "g" : "grape", "o" : "orange"}
02   print (dict)
03   print (dict["a"])                      # 打印键a对应的值
```

【代码说明】

❑ 第 1 行代码创建字典 dict，使用字母引用对应的值。

❑ 第 2 行代码输出字典的结果：

```
{'a': 'apple', 'b': 'banana', 'o': 'orange', 'g': 'grape'}
```

❑ 第 3 行代码通过索引"a"获取对应的值"apple"，输出的结果：

```
apple
```

> **注意**　字典的"键"是区分大小写的。例如，dict["a"]与dict["A"]分别指向不同的值，应区别对待。

创建字典时，可以使用数字作为索引。

```
dict = {1 : "apple", 2 : "banana", 3 : "grape", 4 : "orange"}
print (dict)
print (dict[2])
```

【代码说明】

❑ 第 1 行代码创建字典 dict，这里使用数字引用对应的值。

❑ 字典 dict 输出的结果：

```
{1: 'apple', 2: 'banana', 3: 'grape', 4: 'orange'}
```

❑ 第 3 行代码通过索引 2 获取对应的值 "banana"，输出的结果：

```
banana
```

前面多次使用了 print 函数输出结果，print() 的使用非常灵活，也可以在 print() 中使用字典。下面这行代码演示了字典在 print() 中的使用。

```
print ("%s, %(a)s, %(b)s" % {"a":"apple", "b":"banana"})
```

【代码说明】其中隐式地创建了字典 {"a":"apple", "b":"banana"}。这个字典用来定制 print() 中的参数列表。"%s" 输出这个字典的内容，"%(a)s" 获取字典中对应 key 值 "a" 的 value 值，"%(b)s" 获取字典中对应 key 值 "b" 的 value 值。输出结果：

```
{'a': 'apple', 'b': 'banana'}, apple, banana
```

4.3.2 字典的访问

字典的访问与元组、列表有所不同，元组和列表是通过数字索引来获取对应的值，而字典是通过 key 值获取相应的 value 值。访问字典元素的格式如下所示。

```
value = dict[key]
```

字典的添加、删除和修改非常简单，添加或修改操作只需要编写一条赋值语句，例如：

```
dict["x"] = "value"
```

如果索引 x 不在字典 dict 的 key 列表中，字典 dict 将添加一条新的映射 (x : value)；如果索引 x 在字典 dict 的 key 列表中，字典 dict 将直接修改索引 x 对应的 value 值。

字典与列表不同，字典并没有 remove() 操作。字典元素的删除可以调用 del() 实现，del() 属于内建函数，直接调用即可。列表可以调用 pop() 弹出列表中一个元素，字典也有一个 pop()，该方法的声明和作用与列表的 pop() 有些不同。pop() 的声明如下所示。

```
D.pop(k[,d]) -> v
```

pop() 必须指定参数才能删除对应的值。其中，参数 k 表示字典的索引，如果字典 D 中存在索引 k，返回值 v 等于 D[k]；如果字典 D 中没有找到索引 k，返回值为 d。

如果需要清除字典中所有的内容，可以调用字典的 clear()。下面这段代码演示了这些常用的操作。

```
01  #字典的添加、删除、修改操作
02  dict = {"a" : "apple", "b" : "banana", "g" : "grape", "o" : "orange"}
03  dict["w"] = "watermelon"
04  del(dict["a"])                    # 删除字典中键为a 的元素
05  dict["g"] = "grapefruit"          # 修改字典中键为g的值
06  print (dict.pop("b"))            # 弹出字典中键为b的元素
07  print (dict)
08  dict.clear()                      # 清除字典中所有元素
09  print (dict)
```

【代码说明】

❑ 第 2 行代码创建字典 dict，这里使用字母引用对应的值。

❑ 字典 dict 输出的结果：{'e': 'apple', 'b': 'banana', 'g': 'grape', 'o': 'orange'}

由于字典是无序的，因此字典中没有 append()、remove() 等方法。如果需要向字典插入新的元素，可以调用 setdefault()。这个方法的使用将在 4.3.3 小节介绍。

字典的遍历有多种方式，最直接的方式是通过"for…in…"语句完成遍历的任务。下面这段代码演示了字典的遍历操作。

```
01    #字典的遍历
02    dict = {"a" : "apple", "b" : "banana", "g" : "grape", "o" : "orange"}
03    for k in dict:
04        print ("dict[%s] =" % k,dict[k])
```

【代码说明】

❑ 第 3 行代码使用了"for…in…"语句循环访问字典 dict。值得注意的是变量 k 获取的是字典 dict 的 key 值，并没有直接获取 value 值。因此打印输出时，通过 dict[k] 来获取 value 值。

❑ 第 4 行代码依次输出的结果：

```
dict[a] = apple
dict[b] = banana
dict[o] = orange
dict[g] = grape
```

此外，还可以使用字典的 items() 实现字典的遍历操作，items() 返回一个由若干元组组成的列表。下面这段代码演示了 items() 的使用。

```
01    #字典items()的使用
02    dict = {"a" : "apple", "b" : "banana", "c" : "grape", "d" : "orange"}
03    print (dict.items())
```

【代码说明】本段程序将输出以下结果。

```
[('a', 'apple'), ('c', 'grape'), ('b', 'banana'), ('d', 'orange')]
```

可见，items() 把字典中每对 key 和 value 组成了一个元组，并把这些元组存放在列表中返回。下面将使用字典 items() 实现字典的遍历。

```
01    #调用items()实现字典的遍历
02    dict = {"a" : "apple", "b" : "banana", "g" : "grape", "o" : "orange"}
03    for (k, v) in dict.items():
04        print ("dict[%s] =" % k, v)
```

【代码说明】第 3 行代码中的变量 k 和 v 分别与字典 dict 中的 key 和 value 值对应，遍历输出的结果如下。

```
dict[a] = apple
dict[b] = banana
dict[o] = orange
dict[g] = grape
```

前面的代码都采用字符串作为字典的 value 值，元组、列表甚至字典都可以作为字典的 value

值。使用元组、列表或字典作为 value 值创建的字典，称为混合型字典。下面将说明如何访问混合型字典的内容。

混合型字典的创建格式如下所示。

```
dict = {"key1" : (tuple), "key2" : [list], "key3" : [dictionary] …}
```

下面这段代码演示了混合型字典的创建和访问。

```
01    #使用列表、字典作为字典的值
02    dict = {"a":("apple",), "bo":{"b" : "banana", "o" : "orange"}, "g" : ["grape","grapefruit"]}
03    print (dict["a"])
04    print (dict["a"][0])
05    print (dict["bo"])
06    print (dict["bo"]["o"])
07    print (dict["g"])
08    print (dict["g"][1])
```

【代码说明】

❑ 第 2 行代码创建了一个包含元组、列表和字典的混合型字典。

❑ 第 3 行代码返回嵌套的元组，输出结果：('apple',)

❑ 第 4 行代码使用了双下标访问元组的第 1 个元素，输出结果：apple

❑ 第 5 行代码返回嵌套的字典，输出结果：{'b': 'banana', 'o': 'orange'}

❑ 第 6 行代码使用双下标访问嵌套字典中 key 值 "o" 对应的 value 值，输出结果：orange

❑ 第 7 行代码返回嵌套的列表，输出结果：['grape', 'grapefruit']

❑ 第 8 行代码返回嵌套列表中的第 2 个元素的值，输出结果：grapefruit

4.3.3　字典的方法

前面已经使用了一些字典的方法，本节将详细介绍字典的常用方法，使用这些常用方法可以极大地提高编程效率。keys() 和 values() 分别返回字典的 key 列表和 value 列表。下面这段代码演示了 keys() 和 values() 的使用。

```
01    dict = {"a" : "apple", "b" : "banana", "c" : "grape", "d" : "orange"}
02    #输出key的列表
03    print (dict.keys())
04    #输出value的列表
05    print (dict.values())
```

【代码说明】

❑ 第 3 行代码返回由字典的 key 值组成的列表，输出结果：

```
['a', 'c', 'b', 'd']
```

❑ 第 5 行代码返回由字典的 value 值组成的列表，输出结果：

```
['apple', 'grape', 'banana', 'orange']
```

前面已经提到，要获取字典中某个 value 值，可以使用 dict[key] 的结构访问。另一种获取 value 值的办法是使用字典的 get()，get() 的声明如下：

```
D.get(k[,d]) -> D[k]
```

【代码说明】

- 参数 k 表示字典的键值，参数 d 可以作为 get() 的返回值，参数 d 可以默认，默认值为 None。
- get() 相当于一条 if…else…语句，如果参数 k 在字典 D 中，get() 将返回 D[k]；如果参数 k 不在字典 D 中，则返回参数 d。get() 的等价语句如下所示：

```
01  #get()的等价语句
02  D = {"key1" : "value1", "key2" : "value2"}
03  if "key1" in D:
04      print (D["key1"])
05  else:
06      print ("None")
```

【代码说明】 由于在字典 D 中查找到了 key 值"key1"，所以输出结果为"value1"。
下面的代码演示了 get() 的使用。

```
01  #字典中元素的获取方法
02  dict = {"a" : "apple", "b" : "banana", "c" : "grape", "d" : "orange"}
03  print (dict)
04  print (dict.get("c", "apple"))          # 使用get获取键为c的值，若不存在返回默认值apple
05  print (dict.get("e", "apple"))          # 使用get获取键为e的值，若不存在返回默认值apple
```

【代码说明】

- 第 4 行代码由于字典 dict 存在索引"c"，所以返回 key 值"c"对应的 value 值。输出结果：

```
grape
```

- 第 5 行代码由于字典 dict 中不存在索引"e"，所以返回默认值"apple"。输出结果：

```
apple
```

采用 get() 访问字典中的 value 值减少了代码的长度，而且表达方式容易理解，避免了使用 if 语句带来的维护代价。

如果需要添加新的元素到已经存在的字典中，可以调用字典的 update()。update() 把一个字典中的 key 和 value 值全部复制到另一个字典中，update() 相当于一个合并函数。update() 的声明如下所示：

```
D.update(E) -> None
```

把字典 E 的内容合并到字典 D 中，update() 的等价代码如下所示：

```
01  #udpate()的等价语句
02  D = {"key1" : "value1", "key2" : "value2"}
03  E = {"key3" : "value3", "key4" : "value4"}
04  for k in E:
05      D[k] = E[k]
06  print (D)
```

【代码说明】 第 4 行代码通过 for…in…循环语句访问字典 E，并把字典 E 中的内容逐个添加到字典 D 中。字典 D 更新后的结果：

```
{'key3': 'value3', 'key2': 'value2', 'key1': 'value1', 'key4': 'value4'}
```

如果字典 E 中含有与字典 D 中相同的键值，字典 E 的值将覆盖字典 D 中的值。例如：

```
01  #字典E中含有字典D中的key
```

```
02    D = {"key1" : "value1", "key2" : "value2"}
03    E = {"key2" : "value3", "key4" : "value4"}
04    for k in E:
05        D[k] = E[k]
06    print (D)
```

【代码说明】字典 D 和字典 E 都含有一个名为"key2"的键，但是对应的 value 值并不相同。字典 D 更新后的结果：

```
{'key2': 'value3', 'key1': 'value1', 'key4': 'value4'}
```

字典的 update()也存在同样的问题，如果某些 key 在目标字典中已经存在，则更新后新字典中的值将覆盖原有的值。下面的代码演示了 update()的使用。

```
01    #字典的更新
02    dict = {"a" : "apple", "b" : "banana"}
03    print (dict)
04    dict2 = {"c" : "grape", "d" : "orange"}
05    dict.update(dict2)              # 使用update方法更新dict
06    print (dict)
```

【代码说明】第 5 行代码调用 update()，把字典 dict2 的内容更新到字典 dict，字典 dict 原有的内容保持不变。字典 dict 的输出结果：

```
{'a': 'apple', 'c': 'grape', 'b': 'banana', 'd': 'orange'}
```

注意　字典不属于序列，所以字典没有顺序性。update()调用后，字典中各元素的排列顺序是无序。关于序列的概念将在4.4节介绍。

字典的 setdefault()可以创建新的元素并设置默认值。setdefault()的声明如下所示。

```
D.setdefault(k[,d]) -> D.get(k,d)
```

【代码说明】setdefault()与 get()的使用有些相似，参数 k 表示字典的键值，参数 d 表示 D[k] 的默认值。参数 d 可以省略，默认值为 None。如果参数 k 的值在字典 D 中，setdefault()将返回 get(k,d) 获得的结果；如果参数 k 的值不在字典 D 中，字典 D 将添加新的元素 D[k]，并调用 get(k,d)返回参数 d 的值。

下面的代码演示了 setdefault()的使用。

```
01    # 设置默认值
02    dict = {}
03    dict.setdefault("a")
04    print (dict)
05    dict["a"] = "apple"
06    dict.setdefault("a", "None")
07    print (dict)
```

【代码说明】

- 第 3 行代码添加了一个 key 值为"a"，且设置默认 value 值为 None。Setdefault("a")的返回值结果为 None。
- 第 4 行代码输出结果：{'a': None}
- 第 5 行代码更新 dict["a"]的值为"apple"。

- 第 6 行代码再次调用 setdefault()，设置默认的 value 值为 None。
- 第 7 行代码输出字典 dict 的内容，由于设置了 dict["a"]的值为 "apple"，即使再次调用 setdefault()也不会影响 value 值，所以 dict["a"]的值仍为 "apple"，而非 "default"。字典 dict 的输出结果：

```
{'a': 'apple'}
```

表 4-2 列出了字典中常用的一些方法。

表 4-2　字典的常用方法

方法名	描　　述	方法名	描　　述
items()	返回(key,value)元组组成的列表	keys()	返回字典中 key 的列表
iteritems()	返回指向字典的遍历器	values()	返回字典中 value 的列表
setdefault(k[,d])	创建新的元素并设置默认值	update(E)	把字典 E 中数据扩展到原字典中
pop(k[,d])	移除索引 k 对应的 value 值，并返回该值	copy()	复制一个字典中所有的数据
get(k[,d])	返回索引 k 对应的 value 值		

4.3.4　字典的排序、复制

前面已经提到，列表的排序可以使用 sorted()实现，字典的排序同样可以使用该函数。下面的代码演示了使用 sorted()实现字典的排序。

```
01    #调用sorted()排序
02    dict = {"a" : "apple", "b" : "grape", "c" : "orange", "d" : "banana"}
03    print (dict)
04    #按照key排序
05    print (sorted(dict.items(), key=lambda d: d[0]))
06    #按照value排序
07    print (sorted(dict.items(), key=lambda d: d[1]))
```

【代码说明】

- 第 3 行代码输出字典 dict 的结果如下。

```
{'a' : 'apple', 'b' : 'grape', 'c' : 'orange', 'd' : 'banana'}
```

- 第 5 行代码把 dict.items()作为需要排序的集合，items()前面已经提到，它可以用于字典的遍历，并返回 (key,value)元组组成的列表。参数 key 表示排序的 "依据"，d[0]表示 items() 中的 key，即按照 key 值进行排序。lambda 可以创建匿名函数，用于返回一些计算结果，lambda 的使用请参考第 5 章的内容。排序后的结果：

```
[('a', 'apple'), ('b', 'grape'), ('c', 'orange'), ('d', 'banana')]
```

- 第 7 行代码按照 dict.items()中的 value 值进行排序。排序后的结果：

```
[('a', 'apple'), ('d', 'banana'), ('b', 'grape'), ('c', 'orange')]
```

前面提到了 update()，这个方法把字典 A 的内容复制到字典 B 中，且字典 B 中原有的内容保持不变，从而实现了字典 B 的扩展。如果需要把字典 A 的内容复制到字典 B，并清除字典 B 中原有的内容，可以使用 copy()。copy()声明如下所示。

```
D.copy() -> a shallow copy of D
```

copy()实现了字典的浅拷贝操作，后面还会提到深拷贝的概念以及它们的区别，目前读者只需知道该方法的使用。下面这段代码演示了字典的复制操作。

```
01   #字典的浅拷贝
02   dict = {"a" : "apple", "b" : "grape"}
03   dict2 = {"c" : "orange", "d" : "banana"}
04   dict2 = dict.copy()              # 拷贝dict并赋给dict2
05   print (dict2)
```

【代码说明】第 4 行代码把字典 dict 的内容复制给 dict2。字典 dict2 的输出结果：

```
{'a': 'apple', 'b': 'grape'}
```

深拷贝能够拷贝对象内部所有的数据和引用，引用相当于 C 语言中指针的概念，Python 并不存在指针，但是变量的内存结构中通过引用来维护变量。而浅拷贝只是复制数据，并没有复制数据的引用，新的数据和旧的数据使用同一块内存空间。

例如，字典 B 浅拷贝字典 A 的数据，如果字典 B 的数据发生添加、删除或修改操作，字典 A 的数据也将发生变化；相反，如果字典 B 深拷贝字典 A 的数据，字典 B 的数据即使发生变化，也不会影响到字典 A。

深拷贝和浅拷贝可以应用于 Python 的任何对象，不只是限于字典。在 Python 中可以使用 copy 模块来实现对象的深拷贝和浅拷贝，deepcopy()用于深拷贝操作，copy()用于浅拷贝操作。

下面这段代码演示了浅拷贝和深拷贝的区别。

```
01   #字典的深拷贝
02   import copy
03   dict = {"a" : "apple", "b" : {"g" : "grape","o" : "orange"}}
04   dict2 = copy.deepcopy(dict)      # 深拷贝
05   dict3 = copy.copy(dict)          # 浅拷贝
06   dict2["b"]["g"] = "orange"
07   print (dict)
08   dict3["b"]["g"] = "orange"
09   print (dict)
```

【代码说明】

❏ 第 2 行代码导入了 copy 模块。在使用 deepcopy()和 copy()前，必须先导入 copy 模块。

❏ 第 4 行代码字典 dict2 深拷贝字典 dict。

❏ 第 5 行代码字典 dict3 浅拷贝字典 dict，copy.copy()的作用等价于 dict.copy()。

❏ 第 6 行代码改变了字典 dict2 中的数据。

❏ 第 7 行代码中字典 dict 并不会受字典 dict2 的影响，字典 dict 的数据保持不变。字典 dict 的输出结果：

```
{'a': 'apple', 'b': {'o': 'orange', 'g': 'grape'}}
```

❏ 第 8 行代码改变了字典 dict3 中的数据。

❏ 第 9 行代码中字典 dict 受字典 dict3 的数据改变的影响。字典 dict 的输出结果：

```
{'a': 'apple', 'b': {'o': 'orange', 'g': 'orange'}}
```

4.3.5 全局字典——sys.modules 模块

sys.modules 是一个全局字典，这个字典是 Python 启动后就加载在内存中的。每当程序员导入新的模块，sys.modules 都将记录这些模块。字典 sys.modules 对加载模块起到了缓存的作用。当某个模块第一次导入时，字典 sys.modules 将自动记录该模块。当第 2 次再导入此模块时，Python 会直接到字典中查找，从而加快了程序运行的速度。

字典 sys.modules 具有字典所拥有的一切方法，可以通过这些方法了解当前的环境加载了哪些模块。下面这段代码调用了字典的 keys()和 values()方法，keys()返回当前环境下加载的模块，values()返回这些模块引用路径。

```
01    import sys
02    print (sys.modules.keys())
03    print (sys.modules.values())
04    print (sys.modules["os"])
```

【代码说明】

❑ 第 2 行代码 keys()返回 sys 模块以及 Python 自动加载的模块。输出结果：

```
['copy_reg', 'sre_compile', 'locale', '_sre', '__main__', 'site', '__builtin__',
'operator', 'encodings', 'os.path', 'encodings.encodings', 'encodings.gbk', 'errno',
'encodings.codecs', 'sre_constants', 're', 'ntpath', 'UserDict',
'encodings._multibytecodec', 'nt', 'stat', 'zipimport', 'warnings', 'encodings.types',
'_codecs', '_multibytecodec', 'sys', 'codecs', 'types', '_types', '_codecs_cn', '_locale',
'signal', 'linecache', 'encodings.aliases', 'exceptions', 'sre_parse', 'os',
'encodings._codecs_cn']
```

❑ 第 3 行代码 values()返回的模块引用。

❑ 第 4 行代码返回索引"os"对应的引用。输出结果：

```
<module 'os' from 'D:\developer\python\lib\os.pyc'>
```

下面这段代码实现了导入模块的过滤。

```
01    import sys
02    d = sys.modules.copy()
03    import copy,string
04    print (zip(set(sys.modules) - set(d)))        # 使用zip进行modules的过滤
```

【代码说明】

❑ 第 2 行代码调用 copy()，把当前导入的模块信息保存到字典 d 中。

❑ 第 3 行代码导入模块 copy、string，此时的字典 sys.modules 包含了原有的模块和新导入的模块。

❑ 第 4 行代码调用 set()把字典 sys.modules、字典 d 存入 set 集合中，set 集合实现了减法运算符，set(sys.modules) - set(d)将返回字典 d 中没有、而字典 sys.modules 中存在的模块。然后调用 zip()对 set 集合"解包"，返回一个列表。该列表就是使用 import copy,string 语句导入的模块。输出结果：

```
[('copy',), ('strop',), ('string',)]
```

4.4　序列

序列是具有索引和切片能力的集合。元组、列表和字符串具有通过索引访问某个具体的值，或通过切片返回一段切片的能力，因此元组、列表和字符串都属于序列。下面这段代码演示了序列的索引功能。

```
01   #索引操作
02   tuple = ("apple", "banana", "grape", "orange")
03   list = ["apple", "banana", "grape", "orange"]
04   str = "apple"
05   print (tuple[0])
06   print (tuple[-1])
07   print (list[0])
08   print (list[-1])
09   print (str[0])
10   print (str[-1])
```

【代码说明】

❏ 第 5、6 行代码访问元组的第 1 个元素和最后一个元素。输出结果：

```
apple
orange
```

❏ 第 7、8 行代码访问列表的第 1 个元素和最后一个元素。输出结果：

```
apple
orange
```

❏ 第 9、10 行代码访问字符串的第 1 个字符和最后一个字符。输出结果：

```
a
e
```

下面这段代码演示了序列的分片功能。

```
01   #分片操作
02   tuple = ("apple", "banana", "grape", "orange")
03   list = ["apple", "banana", "grape", "orange"]
04   str = "apple"
05   print (tuple[:3])
06   print (tuple[3:])
07   print (tuple[1:-1])
08   print (tuple[:])
09   print (list[:3])
10   print (list[3:])
11   print (list[1:-1])
12   print (list[:])
13   print (str[:3])
14   print (str[3:])
15   print (str[1:-1])
16   print (str[:])
```

【代码说明】

❏ 第 5～8 行代码依次输出如下。

```
('apple', 'banana', 'grape')
('orange',)
('banana', 'grape')
('apple', 'banana', 'grape', 'orange')
```

❏ 第 9～12 行代码依次输出如下。

```
['apple', 'banana', 'grape']
['orange',]
['banana', 'grape']
['apple', 'banana', 'grape', 'orange']
```

❏ 第 13～16 行代码依次输出如下。

```
app
le
ppl
apple
```

注意 分片 seq[:3] 表示从序列第1个元素到第3个元素的值，分片 [:] 获得整个序列的值。

元组和列表都具有序列的特性，但是它们的区别也很明显。元组是只读的一组数据，而且元组没有提供排序和查找的方法。列表的数据可读写，而且提供丰富的操作方法，支持排序、查找操作。元组的数据通常具有不同的含义，例如坐标(x,y)可以表示为一个元组，x 轴坐标和 y 轴坐标的含义是不同的。列表的数据通常具有相同的含义，例如[(x1,y1),(x2,y2)]表示为一个列表，这个列表中有两组坐标值，每组坐标表示的意义是相同的，它们都表示直角坐标系中的某个位置。表 4-3 说明了元组和列表的区别。

表 4-3   元组和列表的区别

	支持负索引	支持分片	支持添加、删除、修改	支持排序、查找	数据的含义
元组	是	是	否	否	一组不同含义的数据组成
列表	是	是	是	是	一组相同含义的数据组成

4.5   小结

本章介绍了 Python 内置的几种数据结构，这些内置的数据结构是使用 Python 进行开发的基础。其中，重点讲解了使用列表实现堆栈和队列的原理以及实现过程，以及列表、字典中常用方法的使用。最后通过具体的例子阐述了元组、列表和序列之间的关系，描述了元组和列表的区别。

下一章将讲解函数的知识，函数的参数、返回值都非常频繁地使用本章这些数据结构。读者需要多理解本章的内容，为后面的学习打好基础。

4.6   习题

1. 给定列表 L，如[2,5,3,8,10,1]，对其进行升序排序并输出。

2. 给定字符串 s，如'123456'，将其逆序并输出。（提示：使用切片）

3. 给定字典 d，如{'a':1, 'b':2, 'c':3}，分别输出它的 key 与 value。向其中插入字典{'d':4}，并输出新的字典。

4. 求出 100 以内的所有素数，素数之间使用逗号隔开。

第 5 章　模块与函数

本章将介绍 Python 中模块和函数的概念。结构化程序设计可以把复杂的问题分解为若干个组件，针对组件定义实现模块和函数。本章将详细讨论 Python 模块和函数的特性。最后还将介绍 Python 的函数化程序设计。

本章的知识点：
- ❑ 模块的创建和使用
- ❑ 内置模块
- ❑ 常用模块
- ❑ 函数的创建和使用
- ❑ lambda 函数
- ❑ Generator 函数
- ❑ 函数化程序设计

5.1　Python 程序的结构

Python 的程序由包（package）、模块（module）和函数组成。模块是处理某一类问题的集合，模块由函数和类组成。包是由一系列模块组成的集合。图 5-1 描述了包、模块、类和函数之间的关系。

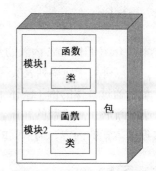

图 5-1　包、模块、类和函数
之间的关系

包就是一个完成特定任务的工具箱，Python 提供了许多有用的工具包，如字符串处理、图形用户接口、Web 应用、图形图像处理等。使用自带的这些工具包，可以提高程序员的开发效率，减少编程的复杂度，达到代码重用的效果。这些自带的工具包和模块安装在 Python 的安装目录下的 Lib 子目录中。

例如，Lib 目录中的 xml 文件夹。xml 文件夹就是一个包，这个包用于完成 XML 的应用开发。xml 包中有几个子包：dom、sax、etree 和 parsers。文件__init__.py 是 xml 包的注册文件，如果没有该文件，Python 将不能识别 xml 包。在系统字典表中定义了 xml 包。

> **注意**　包必须至少含有一个__init__.py 文件。__init__.py 文件的内容可以为空，它用于标识当前文件夹是一个包。

5.2　模块

模块是 Python 中重要的概念，Python 的程序是由一个个模块组成的。前面已经接触到了模块，一个 Python 文件就是一个模块。下面将介绍模块的概念和特性。

5.2.1　模块的创建

模块把一组相关的函数或代码组织到一个文件中。一个文件即是一个模块。模块由代码、函数或类组成。创建一个名为 myModule.py 的文件，即定义了一个名为 myModule 的模块。在 myModule 模块中定义一个函数 func() 和一个类 MyClass。MyClass 类中定义一个方法 myFunc()。

```
01    # 自定义模块
02    def func():
03        print ("MyModule.func()")
04
05    class MyClass:
06        def myFunc(self):
07            print ("MyModule.MyClass.myFunc()")
```

然后在 myModule.py 所在的目录下创建一个 call_myModule.py 的文件。在该文件中调用 myModule 模块的函数和类。

```
01    #调用自定义模块的类和函数
02    import myModule        # 导入 moudle
03
04    myModule.func()
05    myClass = myModule.MyClass()
06    myClass.myFunc()
```

【代码说明】
- 第 2 行代码导入模块 myModule。
- 第 4 行调用模块的函数。调用时需要加前缀 myModule，否则 Python 不知道 func() 所在的命名空间。输出结果：

```
myModule.func()
```

- 第 5 行代码创建类 MyClass 的实例 myClass。这里也需要使用前缀 myModule 调用类。
- 第 6 行调用类的方法 myFunc()。输出结果：

```
myModule.MyClass.myFunc()
```

> **注意**　myModule.py 和 call_myModule.py 必须放在同一个目录下，或放在 sys.path 所列出的目录下；否则，Python 解释器找不到自定义的模块。

当 Python 导入一个模块时，Python 首先查找当前路径，然后查找 lib 目录、site-packages 目录（Python\Lib\site-packages）和环境变量 PYTHONPATH 设置的目录。如果导入的模块没有找到，在以上路径搜索一下是否含有这个模块。可以通过 sys.path 语句搜索模块的查找路径。

5.2.2　模块的导入

在使用一个模块的函数或类之前，首先要导入该模块。前面已经多次使用模块的导入，模块的导入使用 import 语句。模块导入语句的格式如下所示。

```
import module_name
```

这条语句可以直接导入一个模块。调用模块的函数或类时，需要以模块名作为前缀，其格式如下所示。

```
module_name.func()
```

如果不想在程序中使用前缀符，可以使用 from…import…语句导入。from…import…语句的格式如下所示。

```
from module_name import function_name
```

2.2.3 小节比较了 import 语句和 from…import…语句的不同。导入模块下所有的类和函数，可以使用如下格式的 import 语句。

```
from module_name import *
```

此外，同一个模块文件支持多条 import 语句。例如，定义一个名为 myModule 的模块。该模块定义一个全局变量 count 和一个函数 func()。每次调用函数 func()，使变量 count 的值加 1。

```
01    count = 1
02
03    def func():
04        global count
05        count = count + 1
06        return count
```

多次导入 myModule 模块，查看变量 count 的结果。

```
01    import myModule
02    print("count =", myModule.func())
03    myModule.count = 10
04    print ("count =", myModule.count)
05
06    import myModule
07    print ("count =", myModule.func())
```

【代码说明】

❑ 第 1 行代码导入模块 myModule。
❑ 第 2 行代码调用模块中的函数 func()。此时变量 count 的值等于 2。输出结果：count = 2。
❑ 第 3 行代码给模块 myModule 中的变量 count 赋值，此时变量 count 的值等于 10。
❑ 第 4 行代码获取变量 count 的值。输出结果：count = 10。
❑ 第 6 行代码再次导入模块 myModule，变量 count 的初始值为 10。
❑ 第 7 行代码调用 func()，变量 count 的值加 1。输出结果：count = 11。

Python 中的 import 语句比 Java 的 import 语句更灵活。Python 的 import 语句可以置于程序中任意的位置，甚至可以放在条件语句中。在上面的代码段后添加如下语句：

```
01    # import置于条件语句中
02    if myModule.count > 1:
03        myModule.count = 1
04    else:
05        import myModule
06    print ("count =", myModule.count)
```

【代码说明】

☐ 第 2 行代码判断 myModule.count 的值是否大于 1。

☐ 第 3 行代码，如果 count 的值大于 1，则把变量 count 的值置为 1。由于前面代码段中变量 count 的值为 11，所以变量 count 的值被赋值为 1。

☐ 第 5 行代码，如果 count 的值小于等于 1，则导入 import 语句。

☐ 第 6 行代码输出变量 count 的值。输出结果：count = 1

5.2.3 模块的属性

模块有一些内置属性，用于完成特定的任务，如__name__、__doc__。每个模块都有一个名称，例如，__name__用于判断当前模块是否是程序的入口，如果当前程序正在被使用，__name__的值为 "__main__"。通常给每个模块都添加一个条件语句，用于单独测试该模块的功能。例如，创建一个模块 myModule。

```
01    if __name__ == '__main__':
02        print ('myModule作为主程序运行')
03    else:
04        print ('myModule被另一个模块调用')
```

【代码说明】 第 1 行代码判断本模块是否作为主程序运行。单独运行模块 myModule，输出结果如下所示。

```
myModule作为主程序运行
```

创建另一个模块 call_myModule。这个模块很简单，只要导入模块 myModule 即可。

```
01    import myModule
02    print (__doc__)
```

【代码说明】 运行模块 call_myModule，输出结果：

```
myModule被另一个模块调用
```

第 2 行代码调用了模块另一个属性__doc__。由于该模块没有定义文档字符串，所以输出结果为 None。输出结果：None

5.2.4 模块的内置函数

Python 提供了一个内联模块 buildin。内联模块定义了一些开发中经常使用的函数，利用这些函数可以实现数据类型的转换、数据的计算、序列的处理等功能。下面将介绍内联模块中常用的函数。

1．apply()

Python3 中移除了 apply 函数，所以不再可用了。调用可变参数列表的函数的功能只能使用在列表前添加*来实现。

2．filter()

filter()可以对某个序列做过滤处理，判断自定义函数的参数返回的结果是否为真来过滤，并一次性返回处理结果。filter()的声明如下所示。

```
class filter(object)
    filter(function or None, iterable) --> filter object
```

下面这段代码演示了 filter() 过滤序列的功能。从给定的列表中过滤出大于 0 的数字。

```
01    def func(x):
02        if x > 0:
03            return x
04
05    print (filter(func, range(-9, 10)))          # 调用filter函数,返回的是filter对象
06    print(list(filter(func, range(-9, 10)))      # 将filter对象转换为列表
```

【代码说明】第 5 行代码，使用 range() 生成待处理的列表，然后把该列表的值依次传入 func()。func 返回结果给 filter()，最后将结果 yield 成一个 iterable 对象返回，可以进行遍历。输出结果如下。

```
<filter object at 0x1022b2750>
```

直接打印出的是 filter 对象，无法看出其内容。第 6 行将其转换为列表。

> **注意**　filter() 中的过滤函数 func() 的参数不能为空。否则，没有可以存储 sequence 元素的变量，func() 也不能处理过滤。

3．reduce()

对序列中元素的连续操作可以通过循环来处理。例如，对某个序列中的元素累加操作。Python 提供的 reduce() 也可以实现连续处理的功能。在 Python2 中 reduce() 存在于全局空间中，可以直接调用。而在 Python3 中将其移到了 functools 模块中，所以使用之前需要先引入。reduce() 的声明如下所示。

```
reduce(func, sequence[, initial]) -> value
```

【代码说明】

❏ 参数 func 是自定义的函数，在函数 func() 中实现对参数 sequence 的连续操作。

❏ 参数 sequence 待处理的序列。

❏ 参数 initial 可以省略，如果 initial 不为空，则 initial 的值将首先传入 func() 进行计算。如果 sequence 为空，则对 initial 的值进行处理。

❏ reduce () 的返回值是 func() 计算后的结果。

下面这段代码实现了对一个列表的数字进行累加的操作。

```
01    def sum(x, y):
02        return x + y
03    form functools import reduce              # 引入reduce
04    print (reduce(sum, range(0, 10)))
05    print (reduce(sum, range(0, 10), 10))
06    print (reduce(sum, range(0, 0), 10))
```

【代码说明】

❏ 第 1 行代码，定义了一个 sum() 函数，该函数提供两个参数，执行累加操作。

❏ 第 4 行代码，对 0+1+2+3+4+5+6+7+8+9 执行累加计算。输出结果为 45。

❏ 第 5 行代码，对 10+0+1+2+3+4+5+6+7+8+9 执行累加计算。输出结果为 55。

❏ 第 6 行代码，由于 range(0, 0) 返回空列表，所以返回结果就是 10。输出结果为 10。

reduce() 还可以对数字进行乘法、阶乘等复杂的累计计算。

注意	如果用reduce()进行累计计算，必须在sum中定义两个参数，分别对应加法运算符两侧的操作数。

4．map()

第4章使用了 map() 对 tuple 元组进行"解包"操作，调用时设置 map() 的第一个参数为 None。map() 的功能非常强大，可以对多个序列的每个元素都执行相同的操作，并返回一个 map 对象。map() 的声明如下所示。

```
class map(object)
  map(func, *iterables) --> map object
```

【代码说明】

❑ 参数 func 是自定义的函数，实现对序列每个元素的操作。

❑ 参数 iterables 是待处理的序列，参数 iterables 的个数可以是多个。

❑ map() 的返回值是对序列元素处理后的列表。

下面这段代码实现了列表中数字的幂运算。

```
01    def power(x): return x ** x
02    print (map(power, range(1, 5)))                            # 打印map对象
03    print(list(map(power,range(1,5))))                         # 转换为列表输出
04    def power2(x, y): return x ** y
05    print (map(power2, range(1, 5), range(5, 1, -1)))          # 打印map对象
06    print(list(map(power2, range(1, 5), range(5, 1, -1))))     # 转换为列表输出
```

【代码说明】

❑ 第1行代码定义了一个 power() 函数，实现了数字的幂运算。

❑ 第2行代码把数字1、2、3、4依次传入函数 power 中，将计算结果 yield 成一个 iterable 对象，输出结果：

```
<map object at 0x1022b2750>
```

❑ 第3行代码将 map 对象转换为列表然后打印出来，输出结果：

```
[1, 4, 27, 256]
```

❑ 第4行代码，定义了一个 power2() 函数，计算 x 的 y 次幂。

❑ 第5行代码，提供了两个列表参数。依次计算 1^5、2^4、3^3、4^2，计算后的结果同样 yield 成一个 iterable 对象。输出结果：

```
<map object at 0x1022b2750>
```

❑ 第6行代码将 map 对象转换成为列表输出。输出结果：
```
[1, 16, 27, 16]
```

注意	如果map()中提供多个序列，则每个序列中的元素一一对应进行计算。如果每个序列的长度不相同，则短的序列后补充None，再进行计算。

常用内置函数一览表如表5-1所示。

表 5-1　内置模块的函数

函　数	描　述	函　数	描　述
abs(x)	返回 x 的绝对值	len(obj)	对象包含的元素个数
bool([x])	把一个值或表达式转换为 bool 类型。如果表达式 x 为值，返回 true；否则，返回 false	range([start,] end [, step])	生成一个列表并返回
delattr(obj,name)	等价于 del obj.name	reduce(func, sequence[,initial])	对序列的值进行累计计算
eval(s[, globals[, locals]])	计算表达式的值	round(x, n=0)	四舍五入函数
float(x)	把数字或字符串转换为 float 类型	set([iterable])	返回一个 set 集合
hash(object)	返回一个对象的 hash 值	sorted(iterable[,cmp[,key [, reverse]]])	返回一个排序后的列表
help([object])	返回内置函数的帮助说明	sum(iterable[, start=0])	返回一个序列的和
id(x)	返回一个对象的标识	type(obj)	返回一个对象的类型
input([prompt])	接收控制台的输入，并把输入的值转换为数字	zip(iter1 [,iter2 [...]])	把n个序列作为列表的元素返回
int(x)	把数字或字符串转换为整型		

5.2.5　自定义包

包就是一个至少包含 __init__.py 文件的文件夹。Python 包和 Java 包的作用是相同的，都是为了实现程序的重用，把实现一个常用功能的代码组合到一个包中，调用包提供的服务从而实现重用。例如，定义一个包 parent。在 parent 包中创建两个子包 pack 和 pack2。pack 包中定义一个模块 myModule，pack2 包中定义一个模块 myModule2。最后在包 parent 中定义一个模块 main，调用子包 pack 和 pack2，如图 5-2 所示。

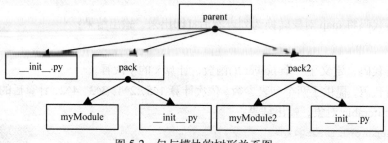

图 5-2　包与模块的树形关系图

包 pack 的 __init__.py 程序如下所示。

```
01   if __name__ == '__main__':
02       print ('作为主程序运行')
03   else:
04       print ('pack初始化')
```

这段代码初始化 pack 包，这里直接输出一段字符串。当 pack 包被其他模块调用时，将输出"pack初始化"。包 pack 的 myModule 模块如下所示。

```
01   def func():
02       print ("pack.myModule.func()")
03
04   if __name__ == '__main__':
05       print ('myModule作为主程序运行')
06   else:
07       print ('myModule被另一个模块调用')
```

当 pack2 包被其他模块调用时，将首先执行__init__.py 文件。pack2 包的__init__.py 程序如下。

```
01   if __name__ == '__main__':
02       print ('作为主程序运行')
03   else:
04       print ('pack2初始化')
```

包 pack2 的 myModule2 模块如下。

```
01   def func2():
02       print ("pack2.myModule2.func()")
03
04   if __name__ == '__main__':
05       print ('myModule2作为主程序运行')
06   else:
07       print ('myModule2被另一个模块调用')
```

下面的 main 模块调用了 pack、pack2 包中的函数。

```
01   from pack import myModule
02   from pack2 import myModule2
03
04   myModule.func()
05   myModule2.func2()
```

【代码说明】

❑ 第 1 行代码从 pack 包中导入 myModule 模块，myModule 模块被 main 模块调用，因此输出字符串"myModule 被另一个模块调用"。输出结果如下。

```
pack初始化
myModule被另一个模块调用
```

❑ 第 2 行代码从 pack2 包中导入 myModule2 模块。输出结果如下。

```
pack2初始化
myModule2被另一个模块调用
```

❑ 第 4 行代码调用 myModule 模块的函数 func()。输出结果如下。

```
pack.myModule.func()
```

❑ 第 5 行代码调用 myModule2 模块的函数 func2()。输出结果如下。

```
pack2.myModule2.func()
```

__init__.py 也可以用于提供当前包的模块列表。例如，在 pack 包的__init__.py 文件前面添加一行代码。

```
__all__ = ["myModule"]
```

__all__用于记录当前 pack 包所包含的模块。其中方括号中的内容是模块名的列表，如果模块数量超过 2 两个，使用逗号分开。同理，在 pack2 包也添加一行类似的代码。

```
__all__ = ["myModule2"]
```

这样就可以在 main 模块中一次导入 pack、pack2 包中所有的模块。修改后的 main 模块如下。

```
01    from pack import *
02    from pack2 import *
03
04    myModule.func()
05    myModule2.func2()
```

【代码说明】

❑ 第 1 行代码，首先执行 pack 包的 __init__.py 文件，然后在 __all__ 属性中查找 pack 包含有的模块。如果 pack 包的 __init__.py 文件不使用 __all__ 属性记录模块名，main 模块调用时将不能识别 myModule 模块。Python 将提示如下错误。

```
NameError: name 'myModule' is not defined
```

❑ 第 2 行代码与第 1 行代码的作用相同。

5.3 函数

函数就是一段可以重复多次调用的代码，通过输入的参数值，返回需要的结果。前面的例子已经多次使用了 Python 的内置函数，而且还自定义了一些函数。Python 的函数有许多新的特性，下面将一一介绍。

5.3.1 函数的定义

函数的定义非常简单，使用关键字 def 定义。函数在使用前必须定义，函数的类型即返回值的类型。Python 函数定义的格式如下所示。

```
01    def 函数名(参数1,参数2…):
02       …
03    return 表达式
```

函数名可以是字母、数字或下划线组成的字符串，但是不能以数字开头。函数的参数放在一对圆括号中，参数的个数可以有一个或多个，参数之间用逗号隔开，这种参数称为形式参数。括号后面以冒号结束，冒号下面就是函数的主体。

3.2.4 小节使用了字典实现 switch 语句，现在把这段代码封装到函数中。它涉及 3 个参数：两个操作数、一个运算符。修改后的代码如下所示。

```
01    # 函数的定义
02    from __future__ import division
03    def arithmetic(x, y, operator):
04       result = {
05          "+" : x + y,
06          "-" : x - y,
07          "*" : x * y,
08          "/" : x / y
09          }
```

【代码说明】

❑ 第 3 行代码定义函数 arichmetic()，x、y 是四则运算的两个操作数，operator 是运算符。这 3 个参数的值是从实际参数传递过来的。

□ 第 4 行到第 9 行代码是函数的主体，实现了操作数的运算。

arichmetic()已经创建成功，剩下的就是函数的调用的问题了。函数调用的格式如下所示。

函数名(实参1,实参2...)

函数的调用采用函数名加一对圆括号的方式，圆括号内的参数是传递给函数的具体值。图 5-3 说明了实际参数和形式参数的对应关系。

arichmetic()的调用如下所示。

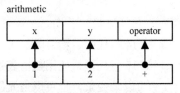

图 5-3 实际参数和形式参数的对应关系

```
01  # 函数的调用
02  print (arithmetic(1, 2, "+"))
```

【代码说明】arichmetic()写在 print 语句的后面，直接输出函数的返回值。输出结果为"3"。

注意 实际参数必须与形式参数一一对应，否则将出现错误计算。具有默认值的参数例外。

5.3.2 函数的参数

在 C、C++中，参数的传递有值传递和引用传递两种方式。而 Python 中任何东西都是对象，所以参数只支持引用传递的方式。Python 通过名称绑定的机制，把实际参数的值和形式参数的名称绑定在一起。即把形式参数传递到函数所在的局部命名空间中，形式参数和实际参数指向内存中同一个存储空间。

函数的参数支持默认值。当某个参数没有传递实际的值时，函数将使用默认参数计算。例如可以给 arichmetic()的参数都提供一个默认值。

```
01  # 函数的默认参数
02  def arithmetic(x=1, y=1, operator="+"):
03      result = {
04          "+" : x + y,
05          "-" : x - y,
06          "*" : x * y,
07          "/" : x / y
08      }
09      return result.get(operator)      # 返回计算结果
10
11  print (arithmetic(1, 2))
12  print (arithmetic(1, 2, "-"))
13  print (arithmetic(y=3, operator="-"))
14  print (arithmetic(x=4, operator="-"))
15  print (arithmetic(y=3, x=4, operator="-"))
```

【代码说明】

□ 第 2 行代码使用赋值表达式的方式定义参数的默认值。

□ 第 11 行代码，参数 x、y 的值分别赋值为 1、2，参数 operator 使用默认值"+"。输出结果为"3"。

□ 第 12 行代码，提供了 3 个实际参数，这 3 个值将分别覆盖形式参数的默认值。输出结果为"-1"。

- 第 13 行代码，指定参数 y、operator 的值。输出结果为"-2"。这里必须使用赋值表达式的方式传递参数；否则，Python 解释器将误认为 x=3、y="-"。因此下面的写法是错误的。

```
print (arithmetic(3, "-"))
```

- 第 14 行代码，指定参数 x、operator 的值。输出结果为"3"。
- 第 15 行代码，使用赋值表达式传递参数，可以颠倒参数列表的顺序。输出结果为"1"。

参数可以是变量，也可以是元组、列表等内置数据结构。

```
01  # 列表作为参数传递
02  def arithmetic(args=[], operator="+"):
03      x = args[0]
04      y = args[1]
05      result = {
06          "+" : x + y,
07          "-" : x - y,
08          "*" : x * y,
09          "/" : x / y
10      }
11
12  print (arithmetic([1, 2]))
```

【代码说明】

- 第 2 行代码把参数 x、y 合并为一个参数，通过 args 列表传递 x、y 的值。
- 第 3、4 行代码，从列表中取出参数值分别赋值给变量 x、y。
- 第 12 行代码，把列表[1,2]传递给 arichmetic()。输出结果为"3"。

由于参数实现了名称绑定的机制，在使用默认参数时，可能会出现预期之外的结果。

```
01  def append(args=[]):
02      args.append(0)
03      print (args)
04
05  append()
06  append([1])
07  append()
```

【代码说明】

- 第 1 行代码定义了一个 append()函数，参数是一个默认的列表。
- 第 2 行代码在列表中追加一个元素 0。
- 第 5 行代码调用 append()，使用默认的列表。输出结果为"[0]"。
- 第 6 行代码，传递了一个列表[1]，append()中追加一个元素 0。输出结果为"[1,0]"。
- 第 7 行代码再次调用 append()，此时使用的列表还是第一次调用的 args，因此 args 在原有的基础上将再次追加一个元素 0。输出结果为"[0,0]"。

为了避免这个问题，可以在 append()中添加一个条件判断语句。如果列表 args 中没有任何元素，则先把 args 列表置空，然后再添加元素。

```
01  def append(args=[]):
02      if len(args) <= 0:
03          args = []
04      args.append(0)
05      print (args)
```

```
06
07    append()
08    append([1])
09    append()
```

【代码说明】

❑ 第 2 行代码使用 len() 判断列表 args 的长度是否大于 0。如果小于等于 0，则把 args 置为空列表，即取消了函数参数的绑定。

❑ 第 4 行代码在列表中追加一个元素 0。

❑ 第 7 行代码调用 append()，使用默认的列表。输出结果为 "[0]"。

❑ 第 8 行代码，传递了一个列表 [1]，append() 中追加一个元素 0。输出结果为 "[1, 0]"。

❑ 第 9 行代码调用 append()，通过 len(args) 的判断，取消了参数的名字绑定。输出结果为 "[0]"。

在开发中，常常需要传递可变长度的参数。在函数的参数前使用标识符 "*" 可以实现这个要求。"*" 可以引用元组，把多个参数组合到一个元组中。

```
01    # 传递可变参数
02    def func(*args):
03        print args
04    func(1, 2, 3)
```

【代码说明】

❑ 第 2 行代码，在参数 args 前使用标识符 "*"。

❑ 第 3 行代码输出参数的值，由于参数使用了 "*args" 的形式，因此传入的实际参数被 "打包" 到一个元组中，输出结果为 "(1, 2, 3)"。

❑ 第 4 行代码调用函数 func()。其中的参数 "1"、"2"、"3" 成为 args 元组的元素。

Python 还提供另一个标识符 "**"。在形式参数前面添加 "**"，可以引用一个字典，根据实际参数的赋值表达式生成字典。例如，下面这段代码实现了在一个字典中匹配元组的元素。定义函数时，设计两个参数：一个是待匹配的元组，表示为 "*t"；另一个是字典，表示为 "*d"。函数调用时，实际参数分成两部分：一部分参数是若干个数字或字符串，另一部分参数是赋值表达式，如图 5-4 所示。

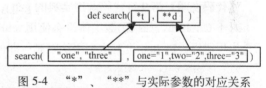

图 5-4　"*"、"**" 与实际参数的对应关系

```
01    # 传递可变参数
02    def search(*t, **d):
03        keys = d.keys()
04        values = d.values()
05        print(keys)
06        print (values)
07        for arg in t:
08            for key in keys.
09                if arg == key:
10                    print ("find:",d[key])
11
12    search("one", "three", one="1",two="2",three="3")
```

【代码说明】

❑ 第 2 行代码中的 "*t" 与第 12 行代码中的 "one"、"three" 对应。"one"、"three" 组

成一个元组 t。"**d"与"one="1", two="2", three="3""对应，生成一个字典{one: "1", two: "2", three: "3"}。

❏ 第 5 行代码输出结果：

```
['three', 'two', 'one']
```

❏ 第 6 行代码输出结果：

```
['3', '2', '1']
```

❏ 第 7 行到第 10 行代码在字典 d 中查找元组 t 中的值。如果找到，则输出。输出结果如下所示。

```
find: 1
find: 3
```

注意　"*"必须写在"**"的前面，这是语法规定。

5.3.3　函数的返回值

函数的返回使用 return 语句，return 后面可以是变量或表达式。下面完善一下 arithmetic()，添加 return 语句。代码如下：

```
01    from __future__ import division
02    def arithmetic(x, y, operator):
03        result = {
04            "+" : x + y,
05            "-" : x - y,
06            "*" : x * y,
07            "/" : x / y
08        }
09        return result.get(operator)      # 返回计算结果
```

【代码说明】 第 9 行代码调用字典的 get()，获得对应的表达式，并把计算后的结果返回。

对于 C、Java，如果函数主体没有使用 return 语句返回，而在赋值语句中调用函数，程序编译后会出现错误。Python 没有这个语法限制，即使函数没有返回值，仍然可以获得返回值。例如：

```
01    # 没有return语句的函数返回None
02    def func():
03        pass
04
05    print (func())
```

【代码说明】

❏ 第 2 行代码定义了一个函数 func()，函数的主体没有任何实现代码，pass 关键字相当于一个占位符。

❏ 第 5 行代码输出 func()的返回值，因为没有 return 语句，所以返回值为 None。输出结果为"None"。

None 是 Python 中的对象，不属于数字也不属于字符串。当函数中的 return 语句不带任何参数时，返回的结果也是 None。

```
01    def func():
02        return
```

```
03
04  print (func())
```

如果需要返回多个值，可以把这些值"打包"到元组中。在调用时，对返回的元组"解包"即可。下面这段代码实现了输入变量的反转。例如，输入 0、1、2，返回 2、1、0。

```
01  # return返回多个值
02  def func(x, y, z):
03      l = [x, y, z]
04      l.reverse()
05      numbers = tuple(l)
06      return numbers
07
08  x, y, z = func(0, 1, 2)
09  print (x, y, z)
```

【代码说明】

❑ 第 2 行代码定义了一个函数 func()，该函数对传入的 3 个参数反转后，返回这 3 个值。

❑ 第 3 行代码把 3 个参数"打包"到一个列表中。

❑ 第 4 行代码反转列表。

❑ 第 5 行代码把列表装到一个元组中。

❑ 第 6 行代码返回元组，即返回了 3 个数字。

❑ 第 8 行代码调用 func()，获得返回的元组，并"解包"到 3 个变量中。

❑ 第 9 行代码输出 3 个变量的值。

稍微改进一下代码，还可以得到第二种解决办法。

```
01  def func(x, y, z):
02      l = [x, y, z]
03      l.reverse()
04      a, b, c = tuple(l)
05      return a, b, c
06
07  x, y, z = func(0, 1, 2)
08  print (x, y, z)
```

【代码说明】

❑ 第 4 行代码"解包"元组，把反转后的值分别赋值给变量 a、b、c。

❑ 第 5 行代码，return 后可以跟逗号间隔的表达式，返回多个值。

❑ 第 7 行代码调用 func()，把 a、b、c 分别赋值给 x、y、z。

函数中可以使用多个 return 语句。例如，if…else…语句的各个分支中，返回不同的结果。

```
01  # 多个return语句
02  def func(x):
03      if x > 0:
04          return "x > 0"
05      elif x == 0:
06          return "x == 0"
07      else:
08          return "x < 0"
09
10  print (func(-2))
```

【代码说明】当传入的参数大于 0 时，返回"x > 0"；当传入的参数等于 0 时，返回"x == 0"；当传入的参数小于 0，返回"x < 0"。

> **注意** 多个return语句是不推荐的写法，过多的return语句往往造成程序复杂化，这时就需要对代码进行重构了。

如果程序中有多个 return 语句，可以通过增加一个变量的方法，减少 return 语句。

```
01   # 多个return语句的重构
02   def func(x):
03       if x > 0:
04           result = "x > 0"
05       elif x == 0:
06           result = "x == 0"
07       else:
08           result = "x < 0"
09       return result
10
11   print (func(-2))
```

【代码说明】
- 第 4、6、8 行代码，增加了一个变量 result，通过赋值语句来记录程序分支的状况。
- 第 9 行代码返回 result 的值，这样就使得每个分支的结果都可以调用同一个 return 语句返回。

5.3.4 函数的嵌套

函数的嵌套是指在函数的内部调用其他函数。C、C++只允许在函数体内部嵌套，而 Python 不仅支持函数体内嵌套，还支持函数定义的嵌套。例如，计算表达式(x + y)*(m - n)的值。可以把计算步骤分为 3 步，先计算表达式 x + y，然后计算表达式 m - n，最后计算前面两步结果的乘积。因此，可以设计 3 个函数。第一个函数 sum()计算 x + y 的值，第二个函数 sub()计算 m + n 的值，第三个函数计算前面两者的乘积，如图 5-5 所示。

下面这段代码演示了函数之间的调用操作。

```
01   # 嵌套函数
02   def sum(a, b):
03       return a + b
04   def sub(a, b):
05       return a - b
06   def func():
07       x = 1
08       y = 2
09       m = 3
10       n = 4
11       return sum(x, y) * sub(m, n)
12
13   print (func())
```

【代码说明】
- 第 2 行代码定义了函数 sum()，sum()带有两个参数 a、b。参数 a、b 用于计算表达式 x + y 的值。
- 第 3 行代码计算 a + b 的值，即返回 x + y 的结果。
- 第 4 行代码定义了函数 sub()，sub()带有两个参数 a、b。

❑ 第 5 行代码计算 a – b 的值，即返回 m – n 的结果。

❑ 第 11 行代码，在 return 语句中调用 sum()、sub()，并执行乘法运算。

❑ 第 13 行代码，调用函数 func()。输出结果如下所示。

```
-3
```

| 注意 | 函数嵌套的层数不宜过多。否则，容易造成代码的可读性差、不易维护等问题。一般函数的嵌套调用应控制在3层以内。 |

上面这段代码也可以换一种形式实现，即把函数 sum()、sub() 放到 func() 的内部，如图 5-6 所示。下面这段代码实现了在 func() 内部定义 sum()、sub()。

```
01    # 嵌套函数
02    def func():
03        x = 1
04        y = 2
05        m= 3
06        n = 4
07        def sum(a, b):          # 内部函数
08            return a + b
09        def sub(a, b):          # 内部函数
10            return a - b
11        return sum(x, y) * sub(m, n)
12
13    print (func())
```

【代码说明】

❑ 第 7 行代码，在 func() 内部定义了 sum()。

❑ 第 9 行代码，在 func() 内部定义了 sub()。

❑ 第 11 行代码，调用 sum() 和 sub()，然后执行乘法运算。输出结果为"-3"。

内部函数 sum()、sub() 也可以直接调用外部函数 func() 定义的变量，如图 5-7 所示。

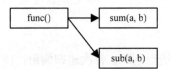
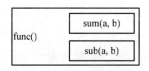
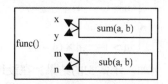

图 5-5　函数的嵌套　　　　图 5-6　在函数内部定义函数　　　图 5-7　内部函数引用外部函数的变量

下面这段代码实现了内部函数 sum()、sub() 引用外部函数 func() 的变量。

```
01    # 嵌套函数，直接使用外层函数的变量
02    def func():
03        x = 1
04        y = 2
05        m= 3
06        n = 4
07        def sum():              # 内部函数
08            return x + y
09        def sub():              # 内部函数
10            return m - n
11        return sum() * sub()
12
```

```
13   print (func())
```

【代码说明】

❑ 第 7 行代码，函数 sum()没有任何参数。

❑ 第 8 行代码，在 sum()内部调用外部变量 x、y。

❑ 第 9 行代码，函数 sub()也没有任何参数。

❑ 第 10 行代码，在 sub()内部调用外部变量 m、n。

❑ 第 11 行代码，计算 sum()*sub()的值。输出结果为"−3"

> **注意** 尽量不要在函数内部定义函数。这种方式不便于程序的维护，容易造成逻辑上的混乱。而且嵌套定义函数的层次越多，程序维护的代价就越大。

5.3.5 递归函数

递归函数可以在函数主体内直接或间接地调用自己，即函数的嵌套是函数本身。递归是一种程序设计方法，使用递归可以减少重复的代码，使程序变得简洁。递归的过程分为两个阶段——递推和回归。递归函数的原理如下。

第一阶段，递归函数在内部调用自己。每一次函数调用又重新开始执行此函数的代码，直到某一级递归程序结束。

第二阶段，递归函数从后往前返回。递归函数从最后一级开始返回，一直返回到第一次调用的函数体内。即递归逐级调用完毕后，再按照相反的顺序逐级返回。

> **注意** 递归函数需要编写递归结束的条件；否则，递归程序将无法结束。一般通过判断语句来结束程序。

计算阶乘是一个经典的递归实现。首先，回顾一下阶乘的计算公式。

$$n! \begin{cases} n = 1 & 1 \\ n > 1 & n \times (n-1) \times (n-2) \ldots \times 1 \end{cases}$$

例如，计算 5!的结果。在设计程序时，可以根据 n 是否等于 1 进行判断。每次递归调用，传入参数 n−1。直到 n=1 时，返回 1!等于 1。再依次返回 2!、3!、4!、5!的计算结果。图 5-8 演示了阶乘的计算过程。

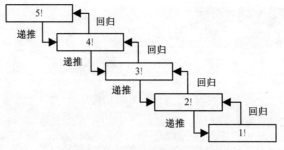

图 5-8　使用递归计算阶乘的过程

下面这段代码用递归实现了阶乘的计算过程。

```
01    # 计算阶乘
02    def refunc(n):
03        i = 1
04        if n > 1:                       # 递归的结束判断
05            i = n
06            n = n * refunc(n-1)          # 递推
07        print ("%d! =" %i, n)
08        return n                         # 回归
09
10    refunc(5)
```

【代码说明】

❑ 第 2 行代码定义了递归函数，递归函数的定义和普通函数没有什么区别。

❑ 第 3 行代码定义了一个变量 i，用于 print 语句的输出。

❑ 第 4 行代码，对传递的参数 n 进行判断。如果 n 大于 1，则函数可以继续递推下去；否则，
就返回当前计算的结果。

❑ 第 5 行代码把 n 的值赋值给 i，用 i 来记录当前递推的数字。

❑ 第 6 行代码调用函数 refunc() 自身，传递参数 n-1。

❑ 第 7 行代码输出阶乘的计算结果。

❑ 第 8 行代码返回每一级阶乘的计算结果。

❑ 第 10 行代码调用递归函数 refunc。每次递归的输出结果如下所示。

```
1! = 1
2! = 2
3! = 6
4! = 24
5! = 120
```

> **注意**　每次调用递归函数都会复制函数中所有的变量，再执行递归函数。程序需要较多的存储空间，对程序的性能会有一定的影响。因此，对于没有必要进行递归的程序，最好用其他的方法进行改进。

可以使用前面提到的 reduce() 快速实现阶乘的运算。

```
01    # 使用reduce计算阶乘
02    From functools import reduce        # Python3中reduce不再全局中，必须手动引入
03    print ("5! =", reduce(lambda x, y: x * y, range(1, 6)))
```

使用 recude() 只需要一行代码就可以计算出 5!。

5.3.6　lambda 函数

lambda 函数用于创建一个匿名函数，函数名未和标识符进行绑定。使用 lambda 函数可以返回
一些简单的运算结果。lambda 函数的格式如下所示。

```
lambda 变量1,变量2… ：表达式
```

其中，变量列表用于表达式的计算。lambda 属于函数，因此变量列表后需要一个冒号。通常
把 lambda 赋值给一个变量，变量就可作为函数使用。例如：

```
01    # 赋值
02    func = lambda变量1,变量2… : 表达式
03    # 调用
04    func()
```

这样就把 lambda 和变量 func 绑定在一起了，变量 func 的名称就是函数名。lambda 函数可以消除内部函数。例如，可以把 5.3.4 小节中计算(x + y)*(m − n)的程序进行一番改造，把其中的函数 sum()、sub()用 lambda 函数来替代。

```
01    # lambda
02    def func():
03        x = 1
04        y = 2
05        m= 3
06        n = 4
07        sum = lambda x, y : x + y
08        print (sum)
09        sub = lambda m, n : m - n
10        print (sub)
11        return sum(x, y) * sub(m, n)
12
13    print (func())
```

【代码说明】
❑ 第 7 行代码定义了 lambda 函数，实现计算表达式 x + y，并把 lambda 函数赋值给变量 sum。
❑ 第 8 行代码输出变量 sum 的值，sum 保存了 lambda 函数的地址。输出结果如下所示。

```
<function <lambda at 0x00B4D3B0>
```

❑ 第 9、10 行代码的作用与第 7、8 行原理相同。
❑ 第 11 行代码计算 sum()与 sub()的乘积。输出结果为"-3"。

注意　lambda也称为表达式。lambda中只能使用表达式，不能使用判断、循环等多重语句。

前面这个例子把 lambda 赋值给一个变量使用，也可以把 lambda 直接作为函数使用。

```
01    # lambda的函数用法
02    print ((lambda x: -x)(-2))
```

【代码说明】第 2 行代码定义了匿名函数 lambda x: -x，用于返回数字的绝对值。函数的参数为-2，输出结果为"2"。

5.3.7　Generator 函数

生成器（Generator）的作用是一次产生一个数据项，并把数据项输出。Generator 函数可以用在 for 循环中遍历。Generator 函数每次返回一个数据项的特性，使得迭代器的性能更佳。Generator 函数的定义如下所示。

```
01    def 函数名(参数列表):
02        …
03        yield 表达式
```

Generator 函数的定义和普通函数的定义没有什么区别，只要在函数体内使用 yield 生成数据项即可。Generator 函数可以被 for 循环遍历，而且可以通过 next()方法获得 yield 生成的数据项。下

面这段代码演示了 Generator 函数的使用。

```
01    # 定义Generator函数
02    def func(n):
03        for i in range(n):
04            yield i
05    # 在for循环中输出
06    for i in func(3):
07        print (i)
08    # 使用next()输出
09    r =  func(3)
10    print (r.next())
11    print (r.next())
12    print (r.next())
13    print (r.next())
```

【代码说明】

❑ 第 2 行代码定义了 Generator 函数，参数 n 表示一个数字，该函数依次生成 0 到 n 个数字。

❑ 第 4 行代码调用 yield 生成数字。

❑ 第 6 行代码遍历函数 func()，依次输出 yield 生成的数字。输出结果：

```
0
1
2
```

❑ 第 9 行代码把 func() 赋值给变量 r。

❑ 第 10 行到第 12 行代码，输出 r.next() 的值。输出结果：

```
0
1
2
```

❑ 第 13 行代码再次调用 r.next()。由于 n 的值等于 3，生成 3 个数字后，已经没有数据可生成。Python 解释器抛出异常 StopIteration。

yield 关键字与 return 关键字的返回值和执行原理都不相同。yield 生成值并不会中止程序的执行，返回值后程序继续往后执行。return 返回值后，程序将中止执行。下面这段代码演示了 yield 和 return 的区别。

```
01    # yield与return区别
02    def func(n):
03        for i in range(n):
04            return i
05    def func2(n):
06        for i in range(n):
07            yield i
08
09    print (func(3))
10    f = func2(3)
11    print (f)
12    print (f.next())
13    print (f.next())
```

【代码说明】

❑ 第 4 行代码直接返回 i 的值，循环语句将被中止，整个程序到此结束。

- 第 7 行代码循环生成 n 个数字，循环语句不会被中止。
- 第 9 行代码的输出结果为"0"。
- 第 11 行代码，yield 并没有返回任何值，而是返回了函数 func2() 的地址。输出结果：

```
<generator object at 0x00B4C5D0>
```

- 第 12 行代码，调用 f.next() 才能获得返回值。输出结果为"0"。
- 第 13 行代码的输出结果为"1"。

Generator 函数可以返回元素的值，而序列也可以获取元素的值。但是两者还是存在很大的区别。Generator 函数一次只返回一个数据项，占用更少的内存。每次生成数据都要记录当前的状态，便于下一次生成数据。数据的访问是通过 next() 方法实现的。当访问越界时，Generator 函数会抛出异常 StopIteration。序列一次返回所有的数据，元素的访问是通过索引完成的。当访问越界时，序列提示 list index out of range 错误。

当程序需要较高的性能或一次只需要一个值进行处理时，使用 Generator 函数。当需要一次获取一组元素的值时，使用序列。

5.4　小结

本章介绍了包、模块和函数之间的逻辑关系、Python 程序的组成结构、模块和函数的使用。重点讲解了模块的内置函数、常用模块的使用、函数的特性等知识。Python 的参数传递使用引用传递的方式，并且支持返回多个值。递归函数是经常使用到的函数调用方法，Python 中还可以使用 Generator 函数替代改造递归函数，提高递归的性能。lambda 函数是一个非常实用的工具，它可以定义一些小函数，用于表达式或函数返回值中非常方便。

实际应用中，许多任务都是由若干个函数组成的。这些函数把任务细化，实现明确的功能，最后把这些函数组合起来形成一个完整的模块。Python 的标准库提供了很多实用的模块和包，下一章将用到字符串模块和正则表达式模块，讲解 Python 中字符串的特性、正则表达式的概念，以及这些模块的使用。

5.5　习题

1. import 和 from 都可以用来引入模块，在什么情况下没法使用 from？
2. 使用 from 比使用 import 有哪些优点？又有哪些缺点？
3. 下面的代码片段的输出结果是什么？

```
01   s = lambda x,y : x+y
02   print (s('aa','bb'))
```

4. 写一个根据日期计算是星期几的模块，在程序中引入并使用这个模块。

第6章 字符串与正则表达式

本章将介绍 Python 中字符串和正则表达式的概念。字符串是开发应用中常用的数据类型，字符串的处理是实际应用中经常面对的问题。Python 提供了功能强大的字符串模块，本章将详细介绍字符串模块中函数的使用。正则表达式专门用于匹配应用中的数据，能够简化字符串的处理程序，Python 提供了模块匹配正则表达式。最后将介绍字符串函数和正则表达式的应用场合。

本章的知识点：

- ❑ 字符串的格式化
- ❑ 字符串的截取、合并、过滤等操作
- ❑ 字符串的查找
- ❑ 正则表达式的语法
- ❑ Python 的正则表达式模块

6.1 常见的字符串操作

字符串是 Python 的一种基本类型，字符串的操作包括字符串的格式化、字符串的截取、过滤、合并、查找等操作。下面将一一介绍这些内容。

6.1.1 字符串的格式化

C 语言使用函数 printf()、sprintf()格式化输出结果，Python 也提供了类似的功能。Python 将若干值插入带有"%"标记的字符串中，从而可以动态地输出字符串。字符串的格式化语法如下所示。

```
"%s" % str1
"%s %s" % (str1, str2)
```

【代码说明】第 1 行代码使用一个值格式化字符串。第 2 行代码使用多个值格式化字符串，用于替换的值组成一个元组。

下面这段代码演示了字符串的格式化操作。

```
01    # 格式化字符串
02    str1 = "version"
03    num = 1.0
04    format = "%s" % str1
05    print (format)
06    format = "%s %d" % (str1, num)
07    print (format)
```

【代码说明】

☐ 第 4 行代码用变量 str1 的值替换字符串中的%s。

☐ 第 5 行代码输出结果是 "version"。

☐ 第 6 行代码分别用变量 str1、num 的值替换%s 和%d 的值。%d 表示替换的值为整型。

☐ 第 7 行代码输出结果为 "version 1"。

> **注意** 如果要格式化多个值，元组中元素的顺序必须和格式化字符串中替代符的顺序一致，否则，可能出现类型不匹配的问题。如果将上例中的%s和%d调换位置，将抛出如下异常：

```
TypeError: int argument required
```

使用%f 可以格式化浮点数的精度，根据指定的精度做 "四舍五入"。示例如下：

```
01    # 带精度的格式化
02    print ("浮点型数字：%f" % 1.25)        # 以浮点数格式打印
03    print ("浮点型数字：%.1f" % 1.25)      # 精确到小数点后1位
04    print ("浮点型数字：%.2f" % 1.254)     # 精确到小数点后2位
```

【代码说明】

☐ 第 2 行代码格式化浮点数 1.25。默认情况下，将输出小数点后 6 位数字。输出结果：

```
浮点型数字：1.250000
```

☐ 第 3 行代码格式化小数点后 1 位数字，"四舍五入" 后的结果为 1.3。输出结果：

```
浮点型数字：1.3
```

☐ 第 4 行代码格式化小数点后 2 位数字。输出结果：

```
浮点型数字：1.25
```

此外，Python 还提供了对八进制、十六进制等数字进行格式化的替代符。表 6-1 列出了 Python 中格式化字符串的替代符及其含义。

表 6-1　Python 格式化字符串的替代符及其含义

符　号	描　　述	符号	描　　述
%c	格式化字符及其 ASCII 码	%f	格式化浮点数字，可指定小数点后的精度
%s	格式化字符串	%e	用科学计数法格式化浮点数
%d	格式化整型	%E	作用同%e，用科学计数法格式化浮点数
%u	格式化无符号整型	%g	根据值的大小决定使用%f 或%e
%o	格式化无符号八进制数	%G	作用同%g，根据值的大小决定使用%f 或%e
%x	格式化无符号十六进制数	%p	用十六进制数格式化变量的地址
%X	格式化无符号十六进制数（大写）		

> **注意** 如果要在字符串中输出 "%"，需要使用 "%%"。

前面使用了元素格式化多个值，也可以用字典格式化多个值，并指定格式化字符串的名称。下面这段代码说明了字典格式化字符串的用法。

```
01    # 使用字典格式化字符串
02    print ("%(version)s: %(num).1f" % {"version": "version", "num": 2})
```

【代码说明】第 2 行代码定义了一个匿名字典，该字典中的两个 value 值分别对应字符串中的
%(version)s 和%(num).1f。输出结果：version: 2.0

Python 可以实现字符串的对齐操作，类似 C 语言中的"%[[+ / -]n]s"。此外，还提供了字符串
对齐的函数。

```
01    # 字符串对齐
02    word = "version3.0"
03    print (word.center(20))
04    print (word.center(20, "*"))
05    print (word.ljust(0))
06    print (word.rjust(20))
07    print ("%30s" % word)
```

【代码说明】

□ 第 3 行代码调用 center()输出变量 word 的值。变量 word 两侧各输出 5 个空格。输出结果：

```
     version3.0
```

□ 第 4 行代码调用 center()输出变量 word 的值，并指定第 2 个参数的值为"*"。变量 word
两侧各输出 5 个"*"。输出结果：

```
*****version3.0*****
```

□ 第 5 行代码调用 ljust()输出变量 word 的值，ljust()输出结果左对齐。输出结果：

```
version3.0
```

□ 第 6 行代码调用 rjust()输出变量 word 的值，rjust()输出结果右对齐。参数 20 表示一共输出
20 个字符，"version3.0"占 10 个字符，左边填充 10 个空格。输出结果：

```
     version3.0
```

□ 第 7 行代码，"%30s"表示先输出 30 个空格，再输出变量 word 的值，类似于 word.rjust(30)
的作用。输出结果：

```
     version3.0
```

6.1.2　字符串的转义符

计算机中存在可见字符与不可见字符。可见字符是指键盘上的字母、数字和符号。不可见字符
是指换行、回车等字符，对于不可见字符可以使用转义字符来表示。Python 中转义字符的用法和
Java 相同，都是使用"\"作为转义字符。下面这段代码演示了转义字符的使用。

```
01    # 输出转义字符
02    path = "hello\tworld\n"
03    print (path)
04    print (len(path))
05    path = r"hello\tworld\n"
06    print (path)
07    print (len(path))
```

【代码说明】

❑ 第 2 行代码，在"hello"和"world"之间输出制表符，在字符串末尾输出换行符。

❑ 第 3 行代码输出结果：

```
hello world
```

❑ 第 4 行代码输出字符串的长度，其中的"\t"、"\n"各占一个字符。输出结果为 12。

❑ 第 5 行代码，忽略转义字符的作用，直接输出字符串原始的内容。

❑ 第 6 行代码输出结果：

```
hello\tworld\n
```

❑ 第 7 行代码输出字符串的长度。输出结果为"14"。

> **注意**　Python 的制表符只占 1 个字符，而不是 2 个或 4 个字符。

Python 支持的转义字符如表 6-2 所示。

表 6-2　Python 的转义字符及其含义

符　号	描　　述	符　号	描　　述
\'	单引号	\v	纵向制表符
\"	双引号	\r	回车符
\a	发出系统响铃声	\f	换页符
\b	退格符	\o	八进制数代表的字符
\n	换行符	\x	十进制数代表的字符
\t	横向制表符	\000	终止符，\000 后的字符串全部忽略

> **注意**　如果要在字符串中输出"\"，需要使用"\\"。

Python 还提供了函数 strip()、lstrip()、rstrip() 去掉字符串中的转义符。

```
# strip()去掉转义字符
word = "\thello world\n"
print ("直接输出:", word)
print ("strip()后输出:", word.strip())
print ("lstrip()后输出:", word.lstrip())
print ("rstrip()后输出:", word.rstrip())
```

【代码说明】

❑ 第 3 行代码直接输出字符串。输出结果：

```
直接输出: hello world
```

❑ 第 4 行代码调用 strip() 去除转义字符。输出结果：

```
strip()后输出: hello world
```

❑ 第 5 行代码调用 lstrip() 去除字符串前面的转义字符"\t"，字符串末尾的"\n"依然存在。输出结果：

```
lstrip()后输出: hello world
```

❑ 第 6 行代码调用 rstrip() 去除字符串末尾的转义字符 "\n"，字符串前面的 "\t" 依然存在。
输出结果：

```
rstrip()后输出:    hello world
```

6.1.3　字符串的合并

与 Java 语言一样，Python 使用 "+" 连接不同的字符串。Python 会根据 "+" 两侧变量的类型，决定执行连接操作或加法运算。如果 "+" 两侧都是字符串类型，则进行连接操作；如果 "+" 两侧都是数字类型，则进行加法运算；如果 "+" 两侧是不同的类型，将抛出异常。

```
TypeError: cannot concatenate 'str' and 'int' objects
```

下面的代码演示了字符串的连接方法。

```
01   # 使用"+"连接字符串
02   str1 = "hello "
03   str2 = "world "
04   str3 = "hello "
05   str4 = "China "
06   result = str1 + str2 + str3
07   result += str4
08   print (result)
```

【代码说明】

❑ 第 6 行代码，把变量 str1、str2、str3 的值连接起来，并把结果存放在变量 result 中。

❑ 第 7 行代码，使用运算符 "+=" 连接变量 result 和 str4。

❑ 第 8 行代码输出结果：

```
hello world hello China
```

可见，使用 "+" 对多个字符串进行连接稍显烦琐。Python 提供了函数 join() 连接字符串，join() 配合列表实现多个字符串的连接十分方便。

```
01   # 使用join()连接字符串
02   strs = ["hello ", "world ", "hello ", "China "]
03   result = "".join(strs)
04   print (result)
```

【代码说明】

❑ 第 2 行代码用列表取代变量，把多个字符串存放在列表中。

❑ 第 3 行代码调用 join()，每次连接列表中的一个元素。

❑ 第 4 行代码输出结果：

```
hello world hello China
```

前面学习了 reduce() 函数，reduce() 的作用就是对某个变量进行累计。这里可以对字符串进行累计连接，从而实现多个字符串进行连接的功能。

```
01   # 使用reduce()连接字符串
02   from functools import reduce
03   import operator
04   strs = ["hello ", "world ", "hello ", "China "]
```

```
05    result = reduce(operator.add, strs, "")
06    print (result)
```

【代码说明】

☐ 第 3 行代码导入模块 operator，利用方法 add() 实现累计连接。

☐ 第 5 行代码调用 reduce() 实现对空字符串""的累计连接，每次连接列表 strs 中的一个元素。

☐ 第 6 行代码输出结果：

```
hello world hello China
```

6.1.4　字符串的截取

字符串的截取是实际应用中经常使用的技术，被截取的部分称为"子串"。Java 中使用函数 substr() 获取子串，C# 使用函数 substring() 获取子串。而 Python 由于内置了序列，可以通过前面介绍的索引、切片获取子串，也可以使用函数 split() 来获取。字符串也属于序列，下面这段代码使用序列的索引获取子串。

```
01    # 使用索引截取子串
02    word = "world"
03    print (word[4])
```

【代码说明】第 3 行代码，访问字符串第 5 个字符的值。输出结果为"d"。

通过切片可以实现对字符串有规律的截取。切片的语法格式如下所示。

```
string[start : end : step]
```

【代码说明】其中 string 表示需要取子串的源字符串变量。[start : end : step] 表示从 string 的第 start 个索引位置开始到第 end 个索引之间截取子串，截取的步长是 step。即每次截取字符 string[start+step]，直到第 end 个索引。索引从 0 开始计数。

下面这段代码演示了使用切片截取子串的功能。

```
01    # 特殊切片截取子串
02    str1 = "hello world"
03    print (str1[0:3])
04    print (str1[::2])
05    print (str1[1::2])
```

【代码说明】

☐ 第 3 行代码，截取字符串中第 1 个字符到第 3 个字符之间的部分。输出结果为"wor"。

☐ 第 4 行代码，[::2] 切片省略了开始和结束字符。从字符串的第 1 个字符开始，以 2 为步长逐个截取字符。输出结果为"hlowrd"。

☐ 第 5 行代码，切片中的数字 1 表示从字符串的第 2 个字符开始取字符，数字 2 表示以 2 为步长逐个截取字符。输出结果为"el ol"。

如果要同时截取多个子串，可以使用函数 split() 实现。函数 split() 的声明如下所示。

```
split([char] [,num])
```

【代码说明】

☐ 参数 char 表示用于分割的字符，默认的分割字符是空格。

- 参数 num 表示分割的次数。如果 num 等于 2，将把源字符串分割为 3 个子串。默认情况下，将根据字符 char 在字符串中出现的个数来分割子串。
- 函数的返回值是由子串组成的列表。

下面这段代码演示了 split() 的使用。

```
01    # 使用split()获取子串
02    sentence = "Bob said: 1, 2, 3, 4"
03    print ("使用空格取子串:", sentence.split())
04    print ("使用逗号取子串:", sentence.split(","))
05    print ("使用两个逗号取子串:", sentence.split(",", 2))
```

【代码说明】

- 第 3 行代码根据空格来获取子串。字符串 sentence 中有 5 个空格，将返回由 6 个子串组成的列表。输出结果：

```
使用空格取子串: ['Bob', 'said:', '1,', '2,', '3,', '4']
```

- 第 4 行代码根据逗号来获取子串。字符串 sentence 中有 3 个空格，将返回由 4 个子串组成的列表。输出结果：

```
使用逗号取子串: ['Bob said: 1', ' 2', ' 3', ' 4']
```

- 第 5 行代码根据逗号来分割字符串，并把字符串 sentence 分割为 3 个子串。输出结果：

```
使用两个逗号取子串: ['Bob said: 1', ' 2', ' 3, 4']
```

字符串连接后，Python 将分配新的空间给连接后的字符串，源字符串保持不变。

```
01    str1 = "a"
02    print (id(str1))
03    print (id(str1 + "b"))
```

【代码说明】

- 第 2 行代码输出 str1 的内部标识。输出结果为"12144224"。
- 第 3 行代码，进行字符串连接，新的字符串将获得新的标识。输出结果为"12486880"。

6.1.5　字符串的比较

Java 使用 equals() 比较两个字符串的内容，Python 直接使用"=="">"!="操作符比较两个字符串的内容。如果比较的两个变量的类型不相同，比较的内容也不相同。下面这段代码演示了 Python 中字符串的比较。

```
01    # 字符串的比较
02    str1 = 1
03    str2 = "1"
04    if str1 -- str2:
05        print ("相同")
06    else:
07        print ("不相同")
08    if str(str1) == str2:
09        print ("相同")
10    else:
11        print ("不相同")
```

【代码说明】

☐ 第 2 行代码定义了 1 个数字类型的变量 str1。

☐ 第 3 行代码定义了 1 个字符串类型的变量 str2。

☐ 第 4 行代码比较 str1 和 str2 的值。由于 str1 和 str2 的类型不同，所以两者的内容也不相同。输出结果为"不相同"。

☐ 第 8 行代码，把数字型的变量 str1 转换为字符串类型，数字 1 被转换为字符串"1"。然后再与 str2 进行比较。输出结果为"相同"。

如果要比较字符串中的一部分内容，可以先截取子串，再使用"=="操作符进行比较。如果要比较字符串的开头或结尾部分，更方便的方法是使用 startswith()或 endswith()函数。startswith()的声明如下所示。

```
startswith(substring, [,start [,end]])
```

【代码说明】

☐ 参数 substring 是与源字符串开头部分比较的子串。

☐ 参数 start 表示开始比较的位置。

☐ 参数 end 表示比较结束的位置，即在 start:end 范围内搜索子串 substring。

☐ 如果字符串以 substring 开头，则返回 True；否则，返回 False。

endswith()的参数和返回值类似 startswith()，不同的是 endswith()从源字符串的尾部开始搜索。下面这段代码演示了 startswith()和 endswith()的使用。

```
01   # 比较字符串的开始和结束处
02   word = "hello world"
03   print ("hello" == word[0:5])
04   print (word.startswith("hello"))
05   print (word.endswith("ld", 6))
06   print (word.endswith("ld", 6, 10))
07   print (word.endswith("ld", 6, len(word)))
```

【代码说明】

☐ 第 3 行代码先获取子串[0:5]，再与"hello"进行比较。输出结果为"True"。

☐ 第 4 行代码调用 startswith()。比较字符串变量 word 的开头部分"hello"。输出结果为"True"。

☐ 第 5 行代码，从字符串变量 word 的结尾到 word[6]之间搜索子串"ld"。输出结果为"True"。

☐ 第 6 行代码，从"分片"word[6:10]中搜索子串"ld"。由于搜索的字符不包括位置 10 所在的字符，所以在 word[6:10]中搜索不到子串"ld"。输出结果为"False"。

☐ 第 7 行代码，从"分片"word[6:len(word)]中搜索子串"ld"，len(word)的值为 11。输出结果为"True"。

> **注意** startswith()、endswith()相当于分片 [0:n]，n 是源字符串中最后一个索引。startswith()、endswith()不能用于比较源字符串中任意一部分的子串。

6.1.6 字符串的反转

字符串反转是指把字符串中最后一个字符移到字符串第一个位置，按照倒序的方式依次前移。

Java 中使用 StringBuffer 类处理字符串，并通过循环对字符串进行反转。例如，下面这段 Java 代码实现了一个字符串反转的函数。

```
01    //Java实现字符串反转
02    public static String reverse(String s)
03    {
04        int length = s.length();
05        StringBuffer result=new StringBuffer(length);
06        for(int i = length - 1;i >= 0;i--)
07            result.append(s.charAt(i));
08        return result.toString();
09    }
```

Python 没有提供对字符串进行反转的函数，也没有类似 charAt()这样的函数。但是可以使用列表和字符串索引来实现字符串的反转，并通过 range()进行循环。

```
01    # 循环输出反转的字符串
02    def reverse(s):
03        out = ""
04        li = list(s)
05        for i in range(len(li), 0, -1):
06            out += "".join(li[i-1])
07        return out
```

【代码说明】
❏ 第 2 行代码定义了一个函数 reverse()，参数 s 表示需要反转的字符串。
❏ 第 3 行代码定义了一个返回变量 out，用于存放字符串反转后的结果。
❏ 第 4 行代码创建了一个列表 li，字符串 s 中的字符成为列表 li 的元素。
❏ 第 5~6 行代码从列表中的最后一个元素开始处理，依次连接到变量 out 中。
❏ 第 7 行代码返回变量 out 的值。
函数 reverse()的调用形式如下所示。

```
print (reverse("hello"))
```

【代码说明】输出 reverse()的返回值，输出结果为"olleh"。
不难发现，Python 的实现代码更简短，而且更容易理解。用户还可以通过列表的 reverse()函数实现字符串的反转，实现的代码将进一步简化。

```
01    # 使用list的reverse()
02    def reverse(s):
03        li = list(s)
04        li.reverse()
05        s = "".join(li)
06        return s
```

【代码说明】
❏ 第 4 行代码调用列表的 reverse()实现了 for...in...循环的功能。
❏ 第 5 行代码调用 join()把反转后列表 li 的元素依次连接到变量 s 中。
Python 的列表是对字符串进行处理的常用方式，灵活使用列表等内置数据结构处理字符串，能够简化编程的复杂度。利用序列的"切片"实现字符串的反转最为简洁，reverse()函数的主体只

励志照亮人生　编程改变命运

需要一行代码即可。

```
01   def reverse(s):
02       return s[::-1]
```

【代码说明】-1 表示从字符串最后一个索引开始倒序排列。

6.1.7　字符串的查找和替换

Java 中字符串的查找使用函数 indexOf()，返回源字符串中第 1 次出现目标子串的索引。如果需要从右往左查找可以使用函数 lastIndexOf()。Python 也提供了类似功能的函数，函数 find()与 indexOf()的作用相同，rfind()与 lastIndexOf()的作用相同。find()的声明如下所示。

```
find(substring [, start [ ,end]])
```

【代码说明】

❑ 参数 substring 表示待查找的子串。

❑ 参数 start 表示开始搜索的索引位置。

❑ 参数 end 表示结束搜索的索引位置，即在分片[start:end]中查找。

❑ 如果找到字符串 substring，则返回 substring 在源字符串中第 1 次出现的索引。否则，返回 -1。

rfind()的参数与 find()相同，不同的是 rfind()从字符串的尾部开始查找子串。下面这段代码演示了 find()、rfind()的使用。

```
01   # 查找字符串
02   sentence = "This is a apple."
03   print (sentence.find("a"))
04   sentence = "This is a apple."
05   print (sentence.rfind("a"))
```

【代码说明】

❑ 第 3 行代码使用函数 find()，从 sentence 的头部开始查找字符串 "a"。输出结果为 "8"。

❑ 第 5 行代码使用函数 rfind()，从 sentence 的尾部开始查找字符串 "a"。输出结果为 "10"。

Java 使用 replaceFirst()、replaceAll()实现字符串的替换。replaceFirst()用于替换源字符串中第 1 次出现的子串，replaceAll()用于替换源字符串中所有出现的子串。这两个函数通过正则表达式来查找子串。而 Python 使用函数 replace()实现字符串的替换，该函数可以指定替换的次数，相当于 Java 函数 replaceFirst()和 replaceAll()的合并。但是 replace()不支持正则表达式的语法。replace()的声明如下所示。

```
replace(old, new [, max])
```

【代码说明】

❑ 参数 old 表示将被替换的字符串。

❑ 参数 new 表示替换 old 的字符串。

❑ 参数 max 表示使用 new 替换 old 的次数。

❑ 函数返回一个新的字符串。如果子串 old 不在源字符串中，则函数返回源字符串的值。

下面这段代码演示了 replace()的使用。

```
01    # 字符串的替换
02    sentence = "hello world, hello China"
03    print (sentence.replace("hello", "hi"))
04    print (sentence.replace("hello", "hi", 1))
05    print (sentence.replace("abc", "hi"))
```

【代码说明】

❑ 第 3 行代码把 sentence 中的"hello"替换为"hi"。由于没有给出参数 max 的值，所以 sentence 中的"hello"都将被"hi"替换。输出结果：

```
hi world, hi China
```

❑ 第 4 行代码，参数 max 的值为 1，所以 sentence 中第 1 次出现的"hello"被"hi"替换，后面的出现的子串"hello"保持不变。输出结果：

```
hi world, hello China
```

❑ 第 5 行代码，由于 sentence 中没有子串"abc"，所以替换失败。replace()返回 sentence 的值。输出结果：

```
hello world, hello China
```

注意　replace()先创建变量sentence的拷贝，然后在拷贝中替换字符串，并不会改变变量sentence的内容。

6.1.8　字符串与日期的转换

在开发中，经常把日期类型转换为字符串类型使用。字符串与日期的转换是工作中频繁遇到的问题。Java 提供了 SimpleDateFormat 类实现日期到字符串的转换。Python 提供了 time 模块处理日期和时间。函数 strftime() 可以实现从时间到字符串的转换。strftime() 的声明如下所示。

```
strftime(format[, tuple]) -> string
```

【代码说明】

❑ 参数 format 表示格式化日期的特殊字符。例如，"%Y-%m-%d"相当于 Java 中的"yyyy-MM-dd"。
❑ 参数 tuple 表示需要转换的时间，用元组存储。元组中的元素分别表示年、月、日、时、分、秒。
❑ 函数返回一个表示时间的字符串。

参数 format 格式化日期的常用标记如表 6-3 所示。

表6-3　格式化日期的常用标记

符　号	描　　述	符　号	描　　述
%a	英文星期的简写	%d	日期数，取值在 1~31 之间
%A	英文星期的完整拼写	%H	小时数，取值在 00~23 之间
%b	英文月份的简写	%I	小时数，取值在 01~12 之间
%B	英文月份的完整拼写	%m	月份，取值在 01~12 之间
%c	显示本地的日期和时间	%M	分钟数，取值在 01~59 之间

（续）

符　号	描　述	符　号	描　述
%j	显示从本年第 1 天开始到当天的天数	%x	本地的当天日期
%w	显示今天是星期几，0 表示星期天	%X	本地的当天时间
%W	显示当天属于本年的第几周，以星期一作为一周的第一天进行计算	%y	年份，取值在 00～99 之间
		%Y	年份完整的数字

字符串到时间的转换需要进行两次转换，需要使用 time 模块和 datetime 类，转换过程分为如下 3 个步骤。

1）调用函数 strptime()把字符串转换为一个的元组，进行第 1 次转换。strptime()的声明如下所示。

```
strptime(string, format) -> struct_time
```

【代码说明】

❏ 参数 string 表示需要转换的字符串。

❏ 参数 format 表示日期时间的输出格式。

❏ 函数返回一个存放时间的元组。

2）把表示时间的元组赋值给表示年、月、日的 3 个变量。

3）把表示年、月、日的 3 个变量传递给函数 datetime()，进行第 2 次转换。datetime 类的 datetime() 函数如下所示。

```
datetime(year, month, day[, hour[, minute[, second[, microsecond[,tzinfo]]]]])
```

【代码说明】

❏ 参数 year、month、day 分别表示年、月、日，这 3 个参数必不可少。

❏ 函数返回 1 个 datetime 类型的变量。

下面这段代码演示了时间到字符串、字符串到时间的转换过程。

```
01    import time,datetime
02
03    # 时间到字符串的转换
04    print (time.strftime("%Y-%m-%d %X", time.localtime()))
05    # 字符串到时间的转换
06    t = time.strptime("2008-08-08", "%Y-%m-%d")
07    y, m, d = t[0:3]
08    print (datetime.datetime(y, m, d))
```

【代码说明】

❏ 第 4 行代码中，函数 localtime()返回当前的时间，strftime 把当前的时间格式转化为字符串类型。输出结果：

```
2008-02-14 13:52:11
```

❏ 第 6 行代码，把字符串"2008-08-08"转换为一个元组返回。

❏ 第 7 行代码，把元组中前 3 个表示年、月、日的元素赋值给 3 个变量。

❏ 第 8 行代码，调用 datetime()返回时间类型。输出结果：

```
2008-08-08 00:00:00
```

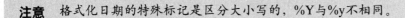

注意 格式化日期的特殊标记是区分大小写的，%Y与%y不相同。

6.2 正则表达式应用

正则表达式用于搜索、替换和解析字符串。正则表达式遵循一定的语法规则，使用非常灵活，功能强大。使用正则表达式编写一些逻辑验证非常方便，例如电子邮件地址格式的验证。Python提供了 re 模块实现正则表达式的验证。

6.2.1 正则表达式简介

正则表达式是用于文本匹配的工具，它在源字符串中查找与给定的正则表达式相匹配的部分。一个正则表达式是由字母、数字和特殊字符（括号、星号、问号等）组成。正则表达式中有许多特殊的字符，这些特殊字符是构成正则表达式的要素。表 6-4 说明了正则表达式中特殊字符的含义。

表 6-4 正则表达式中的特殊字符

符 号	描 述	符 号	描 述
^	正则表达式的开始字符	\b	匹配单词的开始和结束
$	正则表达式的结束字符	\B	匹配不是单词开始和结束的位置
\w	匹配字母、数字、下划线	.	匹配任意字符，包括汉字
\W	匹配不是字母、数字、下划线的字符	[m]	匹配单个字符串
\s	匹配空白字符	[m1m2…n]	匹配多个字符串
\S	匹配不是空白的字符	[m-n]	匹配 m 到 n 区间内的数字、字母
\d	匹配数字	[^m]	匹配除 m 以外的字符串
\D	匹配非数字的字符	()	对正则表达式进行分组，一对圆括号表示一组

其中，匹配符"[]"可以指定一个匹配范围，例如 [ok] 将匹配包含"o"或"k"的字符。同时"[]"可以与\w、\s、\d 等标记等价。例如，[0-9a-zA-Z_] 等价于\w，[^0-9] 等价于\D。

注意 ^与[^m]中的"^"的含义并不相同，后者的"^"表示"除了……"的意思。

如果要匹配电话号码，需要形如"\d\d\d\d-\d\d\d\d\d\d\d"这样的正则表达式。其中出现了 11 次"\d"，表达方式烦琐。而且某些地区的电话号码是 8 位数字，区号也有可能是 3 位或 4 位数字，因此这个正则表达式就不能满足要求了。正则表达式作为一门小型的语言，还提供了对表达式的一部分进行重复处理的功能。例如，"*"可以对正则表达式的某个部分重复匹配多次。这种匹配符号称为限定符。表 6-5 列出了正则表达式中常用的限定符。

表 6-5 正则表达式中的常用限定符

符 号	描 述	符 号	描 述
*	匹配零次或多次	{m}	重复 m 次
+	匹配一次或多次	{m, n}	重复 m 到 n 次，其中 n 可以省略，表示 m 到任意次
?	匹配一次或零次		

利用{}可以控制字符重复的次数。例如，\d{1,4}表示 1～3 位数字。前面提到的电话号码，可以采用如下的正则表达式。

```
\d{3}-\d{8} | \d{4}-\d{7}
```

【代码说明】 该表达式匹配区号为 3 位的 8 位数电话号码或区号为 4 位的 7 位数电话号码。

在书写电话号码时，区号和本地号码之间采用"-"间隔，也有的在区号两侧加圆括号分隔。这个需求也可以使用正则表达式实现。

```
[\(  ]?\d{3}[\)-]?\d{8}|[\(  ]?\d{4}[\)-]?\d{7}
```

【代码说明】 "[\(-]?"表示最多只能取"（"或"-"其中之一，因此该表达式支持"-"或"()"两种分隔区号的方式，同时也支持把区号和本地电话号码连在一起书写，例如：010-12345678、01012345678、(010)12345678。

> **注意**　　"（"和"）"是正则表达式中的特殊字符，如果要把它们作为普通字符处理，需要在前面添加转义字符"\"。

如果要对正则表达式进行嵌套，就需要使用分组"()"。例如，对 3 位数字重复 3 次，可以使用如下的正则表达式表示。

```
(\d\d\d){2}
```

如果对字符串"123456789"进行匹配，则匹配到子串"123456"。如果正则表达式写为如下的形式，将匹配到不同的结果。

```
\d\d\d{2}
```

该表达式相当于"\d\d\d\d"，匹配的结果为"1234"和"5678"。

正则表达式的每个分组会自动拥有一个组号。从左往右第 1 个出现的圆括号为第 1 个分组，表示为"\1"；第 2 个出现的圆括号为第 2 个分组，表示为"\2"，依次类推。组号可以用于重复匹配某个分组。例如，对字符串"abc"重复两次可以表示为如下的正则表达式。

```
(abc)\1
```

如果对字符串"abcabcab"进行匹配，则匹配的结果为"abcabc"。

默认情况下，正则表达式将匹配最长的字符串作为结果。可以通过在限定符后面添加"？"的方式，获取最短匹配的结果。例如，对字符"a"到字符"c"之间的字符进行匹配。

```
a.*c
```

如果对字符串"abcabc"进行匹配，则匹配结果为源字符串"abcabc"，即最长匹配。如果把正则表达式改为如下的方式，则将进行最短匹配。

```
a.*?c
```

在"*"后添加了一个"?"，匹配结果为"abc"和"abc"。当匹配到第 1 个字符"c"后，匹配立刻中断，并返回匹配结果。然后继续进行新的匹配，即返回了第 2 个"abc"。限定符与"?"组合还有一些其他的用法，如表 6-6 所示。

表 6-6　限定符与?的组合

符　号	描　述	符　号	描　述
*?	匹配零次或多次，且最短匹配	(?#...)	正则表达式中的注释
+?	匹配一次或多次，且最短匹配	(?P<name>...)	给分组命名，name 表示分组的名称
??	匹配一次或零次，且最短匹配	(?P=name)	使用名为 name 的分组
{m,n}?	重复 m 次，且最短匹配		

注意　表中的(?P<name>...)和(?P=name)是Python中的写法，其他的符号在各种编程语言中都是通用的。

6.2.2　使用 re 模块处理正则表达式

Python 的 re 模块具有正则表达式匹配的功能。re 模块提供了一些根据正则表达式进行查找、替换、分隔字符串的函数，这些函数使用一个正则表达式作为第一个参数。re 模块常用的函数如表 6-7 所示。

表 6-7　re 模块的常用函数

函　数	描　述
findall(pattern, string, flags=0)	根据 pattern 在 string 中匹配字符串。如果匹配成功，返回包含匹配结果的列表；否则，返回空列表。当 pattern 中有分组时，返回包含多个元组的列表，每个元组对应 1 个分组。flags 表示规则选项，规则选项用于辅助匹配。表 6-8 列出了可用的规则选项
sub(pattern,repl,string,count=0)	根据指定的正则表达式，替换源字符串中的子串。pattern 是一个正则表达式，repl 是用于替换的字符串，string 是源字符串。如果 count 等于 0，则返回 string 中匹配的所有结果；如果 count 大于 0，则返回前 count 个匹配结果
subn(pattern,repl,string,count=0)	作用和 sub()相同，返回一个二元的元组。第 1 个元素是替换结果，第 2 个元素是替换的次数
match(pattern,string,flags=0)	根据 pattern 从 string 的头部开始匹配字符串，只返回第 1 次匹配成功的对象；否则，返回 None
search(pattern, string, flags=0)	根据 pattern 在 string 中匹配字符串，只返回第 1 次匹配成功的对象。如果匹配失败，返回 None
compile(pattern, flags=0)	编译正则表达式 pattern，返回 1 个 Pattern 对象
split(pattern, string, maxsplit=0)	根据 pattern 分隔 string，maxsplit 表示最大的分隔数
escape(pattern)	匹配字符串中的特殊字符，如*、+、?等

注意　函数match()必须从字符串的第0个索引位置处开始搜索。如果第0个索引位置的字符不匹配，match()的匹配失败。

re 模块的一些函数中都有一个 flags 参数，该参数用于设置匹配的附加选项。例如，是否忽略大小写、是否支持多行匹配等。表 6-8 列出了 re 模块的规则选项。

表 6-8　re 模块的规则选项

选　项	描　述
I 或 IGNORECASE	忽略大小写
L 或 LOCALE	字符集本地化，用于多语言环境

（续）

选　项	描　述
M 或 MULTILINE	多行匹配
S 或 DOTALL	使"."匹配包括"\n"在内的所有字符
X 或 VERBOSE	忽略正则表达式中的空白、换行，方便添加注释
U 或 UNICODE	\w、\W、\b、\B、\d、\D、\s 和 \S 都将使用 Unicode

re 模块定义了一些常量来表示这些选项，使用前导符"re."加选项的简写或名称的方式表示某个常量。例如，re.I 或 re. IGNORECASE 表示忽略大小写。

正则表达式中有 3 种间隔符号："^"、"$"和"\b"。"^"匹配字符串首部的子串，"$"匹配结束部分的子串，而"\b"用于分隔单词。下面这段代码展示了这些间隔符在 Python 中的使用。

```
01  import re
02  # ^与$的使用
03  s = "HELLO WORLD"
04  print (re.findall(r"^hello", s))
05  print (re.findall(r"^hello", s, re.I))
06  print (re.findall("WORLD$", s))
07  print (re.findall(r"wORld$", s, re.I))
08  print (re.findall(r"\b\w+\b", s))
```

【代码说明】

❑ 第 4 行代码匹配以"hello"开始的字符串。由于变量 s 中的"HELLO"采用的是大写，所有匹配失败。输出结果为"[]"。

❑ 第 5 行代码添加了辅助参数 flags，re.I 表示匹配时忽略大小写。输出结果为"['HELLO']"。

❑ 第 6 行代码匹配以"WORLD"结尾的字符串。输出结果为"['WORLD']"。

❑ 第 7 行代码匹配以"WORLD"结尾的字符串，并忽略大小写。输出结果为"['WORLD']"。

❑ 第 8 行代码匹配每个英文单词。输出结果为"['HELLO', 'WORLD']"。

前面介绍了 replace()实现字符串的替换，同样可以使用 re 模块的 sub()实现替换的功能。下面这段代码演示了 sub()替换字符串的功能。

```
01  import re
02
03  s = "hello world"
04  print (re.sub("hello", "hi", s))
05  print (re.sub("hello", "hi", s[-4:]))
06  print (re.sub("world", "China", s[-5:]))
```

【代码说明】

❑ 第 4 行代码的输出结果为"hi world"。

❑ 第 5 行代码在分片 s[-4:]范围内替换"hello"，即在字符串"orld"中替换"hello"。由于没有找到匹配的子串，所有 sub()返回 s[-4:]。输出结果为"orld"。

❑ 第 6 行代码在分片 s[-5:]范围内替换"world"，即把字符串"world"替换为"China"。输出结果为"China"。

注意 sub()先创建变量s的拷贝，然后在拷贝中替换字符串，并不会改变变量s的内容。

subn()的功能与 sub()相同,但是多返回 1 个值,即匹配后的替换次数。下面这段代码演示了 subn()对字符串的替换以及正则表达式中特殊字符的使用。

```
01    import re
02    # 特殊字符的使用
03    s = "你好 WORLD2"
04    print ("匹配字母数字: " + re.sub(r"\w", "hi", s))
05    print ("替换次数: " + str(re.subn(r"\w", "hi", s)[1]))
06    print ("匹配非字母数字的字符: " + re.sub(r"\W", "hi", s))
07    print ("替换次数: " + str(re.subn(r"\W", "hi", s)[1]))
08    print ("匹配空白字符: " + re.sub(r"\s", "*", s))
09    print ("替换次数: " + str(re.subn(r"\s", "*", s)[1]))
10    print ("匹配非空白字符: " + re.sub(r"\S", "hi", s))
11    print ("替换次数: " + str(re.subn(r"\S", "hi", s) [1]))
12    print ("匹配数字: " + re.sub(r"\d", "2.0", s))
13    print ("替换次数: " + str(re.subn(r"\d", "2.0", s)[1]))
14    print ("匹配非数字: " + re.sub(r"\D", "hi", s))
15    print ("替换次数: " + str(re.subn(r"\D", "hi", s)[1]))
16    print ("匹配任意字符: " + re.sub(r".", "hi", s))
17    print ("替换次数: " + str(re.subn(r".", "hi", s)[1]))
```

【代码说明】

❑ 第 4 行代码, "\w" 并不能匹配汉字。输出结果:

匹配字母数字: 你好 hihihihihihi

❑ 第 5 行代码输出替换次数。替换次数存放在 subn()返回元组的第 2 个元素中。字符串 "WORLD2" 有 6 个字符,所以被替换为 6 个 "hi"。输出结果:

替换次数: 6

❑ 第 6 行代码替换非字母、数字、下划线的字符。输出结果:

匹配非字母数字的字符: hihihihihihiWORLD2

❑ 第 7 行代码,汉字 "你好" 和后面的空格被替换为 5 个 "hi",每个汉字占 2 个字符。输出结果:

替换次数: 5

❑ 第 8 行代码匹配空白字符,空格、制表符等都属于空白字符。输出结果:

匹配空白字符: 你好*WORLD2

❑ 第 9 行代码,由于只有一个空格,所以替换次数为 1。输出结果:

替换次数: 1

❑ 第 10 行代码替换非空格字符。输出结果:

匹配非空白字符: hihihihi hihihihihihi

❑ 第 11 行代码,除空格外字符串共占用了 10 个字符。输出结果:

替换次数: 10

❑ 第 12 行代码替换数字。输出结果:

匹配数字: 你好 WORLD2.0

❑ 第 13 行代码把数字 2 替换为 "2.0"。输出结果:

替换次数：1

❏ 第 14 行代码替换每个英文字符。输出结果：

匹配非数字：hihihihihihihihihihi2

❏ 第 15 行代码替换了 10 个非数字字符。输出结果：

替换次数：10

❏ 第 16 行代码，"."替换任意字符。输出结果：

匹配任意字符：hihihihihihihihihihi

❏ 第 17 行代码，所有 11 个字符均被替换。输出结果：

替换次数：11

前面提到了解析电话号码的正则表达式，下面通过 Python 程序来实现电话号码的匹配。

```
01    import re
02    # 限定符的使用
03    tel1 = "0791-1234567"
04    print (re.findall(r"\d{3}-\d{8}|\d{4}-\d{7}", tel1))
05    tel2 = "010-12345678"
06    print (re.findall(r"\d{3}-\d{8}|\d{4}-\d{7}", tel2))
07    tel3 = "(010)12345678"
08    print (re.findall(r"[\( ]?\d{3}[\)-]?\d{8}|[\( ]?\d{4}[\)-]?\d{7}", tel3))
```

【代码说明】

❏ 第 4 行代码匹配区号为 3 位的 8 位数电话号码或区号为 4 位的 7 位数电话号码。输出结果为 "['0791-1234567']"。

❏ 第 6 行代码匹配区号为 3 位的 8 位数电话号码或区号为 4 位的 7 位数电话号码，区号和电话号码之间用 "-" 连接。输出结果为 "['010-12345678']"。

❏ 第 8 行代码匹配区号为 3 位的 8 位数电话号码或区号为 4 位的 7 位数电话号码，区号和电话号码之间可以采用 3 种方式书写。一是直接使用 "-" 连接，二是在区号两侧添加圆括号再连接电话号码，三是区号和电话号码连在一起书写，输出结果为 "['(010)12345678']"。

正则表达式的解析非常费时。如果多次使用 findall() 的方式匹配字符串，搜索效率可能比较低。如果多次使用同一规则匹配字符串，可以使用 compile() 进行预编译，compile 函数返回 1 个 pattern 对象。该对象拥有一系列方法用于查找、替换或扩展字符串，从而提高字符串的匹配速度。表 6-9 列出了 pattern 对象的属性和方法。

表 6-9　pattern 对象的属性和方法

方　　法	描　　述
pattern	获取当前使用的正则表达式
findall (string [, start [,end]])	查找所有符合 pattern 对象匹配条件的结果，返回 1 个包含匹配结果的列表。参数 string 表示待查找的源字符串，参数 start 表示搜索开始的位置，参数 end 表示搜索结束的位置
finditer (string [, start [,end]])	返回 1 个包含匹配结果的地址
match (string [, start [,end]])	用法同 re.match()
search (string [, start [,end]])	用法同 re.search()

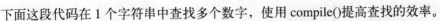

下面这段代码在 1 个字符串中查找多个数字，使用 compile() 提高查找的效率。

```
01    import re
02    # compile()预编译
03    s = "1abc23def45"
04    p = re.compile(r"\d+")
05    print (p.findall(s))
06    print (p.pattern)
```

【代码说明】

❏ 第 4 行代码返回 1 个正则表达式对象 p，匹配变量 s 中的数字。

❏ 第 5 行代码调用 p 的 findall() 方法，匹配的结果存放在列表中。输出结果为 "['1', '23', '45']"。

❏ 第 6 行代码输出当前使用的正则表达式。输出结果为 "\d+"。

函数 compile() 通常与 match()、search()、group() 一起使用，对含有分组的正则表达式进行解析。正则表达式的分组从左往右开始计数，第 1 个出现的圆括号标记为第 1 组，依次类推。此外还有 0 号组，0 号组用于存储匹配整个正则表达式的结果。match() 和 search() 将返回 1 个 match 对象，match 对象提供了一系列的方法和属性来管理匹配的结果。表 6-10 列出了 match 对象的方法和属性。

表 6-10　match 对象的方法和属性

属性和方法	描　　述
pos	搜索的开始位置
endpos	搜索的结束位置
string	搜索的字符串
re	当前使用的正则表达式的对象
lastindex	最后匹配的组索引
lastgroup	最后匹配的组名
group(index=0)	某个分组的匹配结果。如果 index 等于 0 表示匹配整个正则表达式
groups()	所有分组的匹配结果，每个分组的结果组成 1 个列表返回
groupdict()	返回组名作为 key，每个分组的匹配结果作为 value 的字典
start([group])	获取组的开始位置
end([group])	获取组的结束位置
span([group])	获取组的开始和结束位置
expand(template)	使用组的匹配结果来替换模板 template 中的内容，并把替换后的字符串返回

下面这段代码演示了对正则表达式分组的解析。

```
01    import re
02    # 分组
03    p = re.compile(r"(abc)\1")
04    m = p.match("abcabcabc")
05    print (m.group(0))
06    print(m.group(1))
07    print (m.group())
08
09    p = re.compile(r"(?P<one>abc)(?P=one)")
10    m = p.search("abcabcabc")
11    print (m.group("one"))
```

```
12    print (m.groupdict().keys())
13    print (m.groupdict().values())
14    print (m.re.pattern)
```

【代码说明】

❑ 第 3 行代码定义了 1 个分组"(abc)"，在后面使用"\1"再次调用该分组。即 compile()返回 1 个包含 2 个分组的正则表达式对象 p。

❑ 第 4 行代码，p.match()对字符串"abcabcab"进行搜索，返回 1 个 match 对象 m。

❑ 第 5 行代码调用 match 对象的 group(0)方法，匹配 0 号组。输出结果为"abcabc"。

❑ 第 6 行代码调用 match 对象的 group(1)方法，匹配 1 号组。输出结果为"abc"。

❑ 第 7 行代码，默认情况下，返回分组 0 的结果。输出结果为"abcabc"。

❑ 第 9 行代码，给分组命名，"?P<one>"中的"one"表示分组的名称。"(?P=one)"调用分组"one"，相当于"\1"。

❑ 第 11 行代码输出分组"one"的结果。输出结果为"abc"。

❑ 第 12 行代码获取正则表达式中分组的名称。输出结果为"['one']"。

❑ 第 13 行代码获取正则表达式中分组的内容。输出结果为"['abc']"。

❑ 第 14 行代码获取当前使用的正则表达式。输出结果为"(?P<one>abc)(?P=one)"。

如果使用 match()匹配的源字符串"abcabcabc"改为"bcabcabc"，则 Python 将提示如下错误。

```
AttributeError: 'NoneType' object has no attribute 'group'
```

这种情况可以用 search()替换 match()，search()可以匹配出正确的结果。

6.3　小结

本章讲解了 Python 中字符串的操作，包括字符串的格式化、合并、截取、比较、查找、替换等操作。对比了 Python 与 Java 对字符串操作处理的异同，重点讲解了字符串的几种截取方法、字符串与日期类型之间的转换、正则表达式的语法以及 Python 的 re 模块。正则表达式是文本匹配的工具，通常用于对规则数据的验证，例如电话号码、电子邮件地址等。re 模块提供了 sub()、findall()、search()、complic()等函数对正则表达式进行解析，结合 pattern 对象、match 对象可以更好地处理和控制正则表达式和匹配结果。

下一章将介绍文件的处理，包括文件的创建、读写、删除等基本操作，并讲解对目录进行控制、遍历等内容。文件和目录的处理是系统开发的重要课程，也是开发中经常面对的内容。

6.4　习题

1．存在字符串"I,love,python"，取出 love 并输出。

2．存在字符串"aabbccddee"，将 dd 替换为 ff。

3．存在字符串"ab2b3n5n2n67mm4n2"，编程实现下面要求：

1）使用 re 取出字符串中所有的数字，并组合成一个新的字符串输出。

2）统计字符串中字母 n 出现的次数。

3）统计每个字符出现的次数，使用字典输出，如{'a':1,'b':2}。

第 7 章　使用 Python 处理文件

数据的存储可以使用数据库，也可以使用文件。数据库保持了数据的完整性和关联性，而且使数据更安全、可靠。使用文件存储数据则非常简单、易用，不必安装数据库管理系统等运行环境。文件通常用于存储应用软件的参数或临时性数据。Python 的文件操作和 Java 的文件操作十分相似，Python 提供了 os、os.path 等模块处理文件。

本章的知识点：
- ❑ 文件的创建、读写和修改
- ❑ 文件的复制、删除和重命名
- ❑ 文件内容的搜索和替换
- ❑ 文件的比较
- ❑ 配置文件的读写
- ❑ 目录的创建和遍历
- ❑ 文件和流

7.1　文件的常见操作

文件通常用于存储数据或应用系统的参数。Python 提供了 os、os.path、shutil 等模块处理文件，其中包括打开文件、读写文件、复制和删除文件等函数。

7.1.1　文件的创建

Python3 中移除了全局的 file()函数，还保留了 open()函数。文件的打开或创建可以使用函数 open()。该函数可以指定处理模式，设置打开的文件为只读、只写或可读写状态。open()的声明如下所示。

```
open(file, mode='r', buffering=-1, encoding=None,
        errors=None, newline=None, closefd=True, opener=None) -> file object
```

【代码说明】
- ❑ 参数 file 是被打开的文件名称。如果文件 file 不存在，open()将创建名为 name 的文件，然后再打开该文件。
- ❑ 参数 mode 是指文件的打开模式。文件的打开模式如表 7-1 所示。
- ❑ 参数 buffering 设置缓存模式。0 表示不缓存；1 表示行缓冲；如果大于 1 则表示缓冲区的大小，以字节为单位。
- ❑ open()返回 1 个 file 对象，file 对象可以对文件进行各种操作。

表 7-1 文件的打开模式

参数	描　　述
r	以只读的方式打开文件
r+	以读写的方式打开文件
w	以写入的方式打开文件。先删除文件原有的内容，再重新写入新的内容。如果文件不存在，则创建 1 个新的文件
w+	以读写的方式打开文件。先删除文件原有的内容，再重新写入新的内容。如果文件不存在，则创建 1 个新的文件
a	以写入的方式打开文件，在文件的末尾追加新的内容。如果文件不存在，则创建 1 个新的文件
a+	以读写的方式打开文件，在文件的末尾追加新的内容。如果文件不存在，则创建 1 个新的文件
b	以二进制模式打开文件。可与 r、w、a、+结合使用
U	支持所有的换行符号。"\r"、"\n"、"\r\n" 都表示换行

注意　对于图片、视频等文件必须使用"b"的模式读写。

file 类用于文件管理，可以对文件进行创建、打开、读写、关闭等操作。file 类的常用属性和方法如表 7-2 所示。

表 7-2　file 类的常用属性和方法

属性和方法	描　　述
closed	判断文件是否关闭。如果文件被关闭，返回 True
encoding	显示文件的编码类型
mode	显示文件的打开模式
name	显示文件的名称
newlines	文件使用的换行模式
file(name[, mode[, buffering]])	以 mode 指定的方式打开文件。如果文件不存在，则先创建文件，再打开该文件。buffering 表示缓存模式。0 表示不缓存；1 表示行缓冲；如果大于 1 则表示缓冲区的大小
flush()	把缓存区的内容写入磁盘
close()	关闭文件
read([size])	从文件中读取 size 个字节的内容，作为字符串返回
readline([size])	从文件中读取 1 行，作为字符串返回。如果指定 size，表示每行每次读取的字节数，依然要读完整行的内容
readlines([size])	把文件中的每行存储在列表中返回。如果指定 size，表示每次读取的字节数
seek(offset[, whence])	把文件的指针移动到一个新的位置。offset 表示相对于 whence 的位置。whence 用于设置相对位置的起点，0 表示从文件开头开始计算；1 表示从当前位置开始计算；2 表示从文件末尾开始计算。如果 whence 省略，offset 表示相对文件开头的位置
tell()	返回文件指针当前的位置
next()	返回下一行的内容，并将文件的指针移到下一行
truncate([size])	删除 size 个字节的内容
write(str)	把字符串 str 的内容写入文件
writelines(sequence_of_strings)	把字符串序列写入文件

文件的处理一般分为以下 3 个步骤：

1）创建并打开文件，使用 file()函数返回 1 个 file 对象。

2）调用 file 对象的 read()、write()等方法处理文件。

3）调用 close()关闭文件，释放 file 对象占用的资源。

注意	close()方法是必要的。虽然Python提供了垃圾回收机制，清理不再使用的对象，但是手动释放不再需要的资源是一种良好的习惯。同时也显式地告诉Python的垃圾回收器：该对象需要被清除。

下面这段代码演示了文件的创建、写入和关闭操作。

```
01    # 创建文件
02    context = '''hello world'''

03    f = open('hello.txt', 'w')          # 打开文件
04    f.write(context)                     # 把字符串写入文件
05    f.close()                            # 关闭文件
```

【代码说明】

❏ 第 3 行代码调用 open()创建文件 hello.txt，设置文件的访问模式为"w"。open()返回文件对象 f。

❏ 第 4 行代码把变量 context 的值写入文件 hello.txt。

❏ 第 5 行代码调用对象 f 的 close()方法，释放对象 f 占用的资源。

后面讲解的文件读写、删除和复制等操作也将遵循这 3 个步骤。

7.1.2　文件的读取

文件的读取有多种方法，可以使用 readline()、readlines()或 read()函数读取文件。下面将一一介绍这些函数读取文件的实现方法。

1.　按行读取方式 readline()

readline()每次读取文件中的一行，需要使用永真表达式循环读取文件。但当文件指针移动到文件的末尾时，依然使用 readline()读取文件将出现错误。因此程序中需要添加 1 个判断语句，判断文件指针是否移动到文件的尾部，并且通过该语句中断循环。下面这段代码演示了 readline()的使用。

```
01    # 使用readline()读文件
02    f = open("hello.txt")
03    while True:
04        line = f.readline()
05        if line:
06            print (line)
07        else:
08            break
09    f.close()
```

【代码说明】

❏ 第 3 行代码使用了"Ture"作为循环条件，构成 1 个永真循环。

❏ 第 4 行代码调用 readline()，读取 hello.txt 文件的每一行。每次循环依次输出如下结果。

```
hello world
hello China
```

❏ 第 5 行代码，判断变量 line 是否为真。如果为真，则输出当前行的内容；否则，退出循环。

如果把第 4 行代码改为如下语句，读取的方式略有不同，但读取的内容完全相同。

```
line = f.readline(2)
```

该行代码并不表示每行只读取 2 个字节的内容，而是指每行每次读 2 个字节，直到行的末尾。

2．多行读取方式 readlines()

使用 readlines()读取文件，需要通过循环访问 readlines()返回列表中的元素。函数 readlines()可一次性读取文件中多行数据。下面这段代码演示了 readlines()读取文件的方法。

```
01    # 使用readlines()读文件
02    f = file('hello.txt')
03    lines = f.readlines()
04    for line in lines:                # 一次读取多行内容
05      print (line)
06    f.close()
```

【代码说明】
- ❑ 第 3 行代码调用 readlines()，把文件 hello.txt 中所有的内容存储在列表 lines 中。
- ❑ 第 4 行代码循环读取列表 lines 中的内容。
- ❑ 第 5 行代码输出列表 lines 每个元素的内容，即文件 hello.txt 每行的内容。
- ❑ 第 6 行代码手动关闭文件。

3．一次性读取方式 read()

读取文件最简单的方法是使用 read()，read()将从文件中一次性读出所有内容，并赋值给 1 个字符串变量。下面这段代码演示了 read()读取文件的方法。

```
01    # 使用read()读文件
02    f = open("hello.txt")
03    context = f.read()
04    print (context)
05    f.close()
```

【代码说明】
- ❑ 第 3 行代码调用 read()，把文件 hello.txt 中所有的内容存储在变量 context 中。
- ❑ 第 4 行代码输出所有文件内容。

可以通过控制 read()参数的值，返回指定字节的内容。

```
01    f = open("hello.txt")
02    context = f.read(5)              # 读取文件前5个字节内容
03    print (context)
04    print (f.tell())                 # 返回文件对象当前指针位置
05    context = f.read(5)              # 继续读取5个字节内容
06    print (context)
07    print (f.tell())                 # 输出文件当前指针位置
08    f.close()
```

【代码说明】
- ❑ 第 2 行代码调用 read(5)，读取 hello.txt 文件中前 5 个字节的内容，并存储到变量 context 中。此时文件的指针移到第 5 个字节处。
- ❑ 第 3 行代码输出变量 context 的结果，输出的结果为 "hello"。

- ❏ 第 4 行代码调用 tell()，输出当前文件指针的位置：5。
- ❏ 第 5 行代码再次调用 read(5)，读取第 6 个字节到第 10 个字节的内容。
- ❏ 第 6 行代码输出结果为"worl"。
- ❏ 第 7 行代码输出当前文件指针的位置：10。

> **注意**　file对象内部将记录文件指针的位置，以便下次操作。只要file对象没有执行close()方法，文件指针就不会释放。

7.1.3　文件的写入

文件写入的实现同样具有多种方法，可以使用 write()、writelines()方法写入文件。7.1.1 小节使用了 write()方法把字符串写入文件，writelines()方法可以把列表中存储的内容写入文件。下面这段代码演示了如何将列表中的元素写入文件。

```
01   # 使用writelines()写文件
02   f = file("hello.txt", "w+")
03   li = ["hello world\n", "hello China\n"]
04   f.writelines(li)
05   f.close()
```

【代码说明】
- ❏ 第 2 行代码使用"w+"的模式创建并打开文件 hello.txt。
- ❏ 第 3 行代码定义了 1 个列表 li。li 中存储了 2 个元素，每个元素代表文件中的 1 行，"\n"用于换行。
- ❏ 第 4 行代码调用 writelines()，把列表 li 的内容写入文件中。文件中的内容如下所示。

```
hello world
hello China
```

上述两个方法在写入前会清除文件中原有的内容，再重新写入新的内容，相当于"覆盖"的方式。如果需要保留文件中原有的内容，只是追加新的内容，可以使用模式"a+"打开文件。下面这段代码演示了文件的追加操作。

```
01   # 追加新的内容到文件
02   f = file("hello.txt", "a+")          # 写入方式为追加a+
03   new_context = "goodbye"
04   f.write(new_context)
05   f.close()
```

【代码说明】
- ❏ 第 2 行代码使用模式"a+"打开文件 hello.txt。
- ❏ 第 4 行代码调用 write()方法，hello.txt 文件的原有内容保持不变，把变量 new_context 的内容写入 hello.txt 文件的末尾。此时 hello.txt 中的内容如下所示。

```
hello world
hello China
goodbye
```

使用 writelines()写文件的速度更快。如果需要写入文件的字符串非常多，可以使用 writelines()

提高效率。如果只需要写入少量的字符串，直接使用 write()即可。

7.1.4 文件的删除

文件的删除需要使用 os 模块和 os.path 模块。os 模块提供了对系统环境、文件、目录等操作系统级的接口函数。表 7-3 列出了 os 模块常用的文件处理函数。

表 7-3 os 模块常用的文件处理函数

函　　数	描　　述
access(path, mode)	按照 mode 指定的权限访问文件
chmod(path, mode)	改变文件的访问权限。mode 用 UNIX 系统中的权限代号表示
open(filename, flag [, mode=0777])	按照 mode 指定的权限打开文件。默认情况下，给所有用户读、写、执行的权限
remove(path)	删除 path 指定的文件
rename(old, new)	重命名文件或目录。old 表示原文件或目录，new 表示新文件或目录
stat(path)	返回 path 指定文件的所有属性
fstat(path)	返回打开的文件的所有属性
lseek(fd, pos, how)	设置文件的当前位置，返回当前位置的字节数
startfile(filepath [, operation])	启动关联程序打开文件。例如，打开的是一个 html 文件，将启动 IE 浏览器
tmpfile()	创建一个临时文件，文件创建在操作系统的临时目录中

注意 os模块的open()函数与内建的open()函数的用法不相同。

文件的删除需要调用 remove()函数实现。要删除文件之前需要先判断文件是否存在，若存在则删除文件，否则不进行任何操作。表 7-4 列出了 os.path 模块常用的函数。

表 7-4 os.path 模块常用的函数

函　数	描　述	函　数	描　述
abspath(path)	返回 path 所在的绝对路径	isabs(s)	测试路径是否是绝对路径
dirname(p)	返回目录的路径	isdir(path)	判断 path 指定的是否是目录
exists(path)	判断文件是否存在	isfile(path)	判断 path 指定的是否是文件
getatime(filename)	返回文件的最后访问时间	split(p)	对路径进行分隔，并以列表的方式返回
getctime(filename)	返回文件的创建时间	splitext(p)	从路径中分割文件的扩展名
getmtime(filename)	返回文件最后的修改时间	splitdrive(p)	从路径中分割驱动器的名称
getsize(filename)	返回文件的大小	walk(top, func, arg)	遍历目录数，与 os.walk()的功能相同

下面这段代码演示了文件的删除操作。

```
01    import os
02
03    file("hello.txt", "w")
04    if os.path.exists("hello.txt"):
05        os.remove("hello.txt")
```

【代码说明】

❏ 第 3 行代码创建文件 hello.txt。

❏ 第 4 行代码调用 os.path 模块的 exists()判断文件 hello.txt 是否存在。

❑ 第 5 行代码调用 remove()删除文件 hello.txt。

7.1.5　文件的复制

file 类并没有提供直接复制文件的方法，但是可以使用 read()、write()方法，同样可以实现复制文件的功能。下面这段代码把 hello.txt 的内容复制给 hello2.txt。

```
01    # 使用read()、write()实现复制
02    # 创建文件hello.txt
03    src = file("hello.txt", "w")
04    li = ["hello world\n", "hello China\n"]
05    src.writelines(li)
06    src.close()
07    # 把hello.txt复制到hello2.txt
08    src = open("hello.txt", "r")
09    dst = open("hello2.txt", "w")
10    dst.write(src.read())
11    src.close()
12    dst.close()
```

【代码说明】

❑ 第 8 行代码以只读的方式打开文件 hello.txt。

❑ 第 9 行代码以只写的方式打开文件 hello2.txt。

❑ 第 10 行代码，通过 read()读取 hello.txt 的内容，然后把这些内容写入 hello2.txt。

shutil 模块是另一个文件、目录的管理接口，提供了一些用于复制文件、目录的函数。copyfile()函数可以实现文件的复制，copyfile()函数的声明如下所示。

```
copyfile(src, dst)
```

【代码说明】

❑ 参数 src 表示源文件的路径，src 是字符串类型。

❑ 参数 dst 表示目标文件的路径，dst 是字符串类型。

❑ 该函数把 src 指向的文件复制到 dst 指向的文件。

文件的剪切可以使用 move()函数实现，该函数的声明如下所示。

```
copyfile(src, dst, *, follow_symlinks=True)
```

move()的参数和 copyfile()相同，移动一个文件或目录到指定的位置，并且可以根据参数 dst 重命名移动后的文件。下面这段代码使用 shutil 模块实现文件的复制。

```
01    # shutil模块实现文件的复制
02    import shutil
03
04    shutil.copyfile("hello.txt","hello2.txt")
05    shutil.move("hello.txt","../")
06    shutil.move("hello2.txt","hello3.txt")
```

【代码说明】

❑ 第 4 行代码调用 copyfile()，把 hello.txt 的内容复制给 hello2.txt。

❑ 第 5 行代码调用 move()，把 hello.txt 复制到当前目录的父目录，然后删除 hello.txt。相当于把文件 hello.txt 剪切下来再粘贴到父目录。

❑ 第 6 行代码调用 move()，把 hello2.txt 移动到当前目录，并命名为 hello3.txt。hello2.txt 将被删除。

7.1.6 文件的重命名

os 模块的函数 rename()可以对文件或目录进行重命名。下面这段代码演示了文件重命名的操作。如果当前目录存在名为 hello.txt 的文件，则重命名为 hi.txt；如果存在 hi.txt 的文件，则重命名为 hello.txt。

```
01    # 修改文件名
02    import os
03    li = os.listdir(".")
04    print (li)
05    if "hello.txt" in li:
06        os.rename("hello.txt", "hi.txt")
07    elif "hi.txt" in li:
08        os.rename("hi.txt", "hello.txt")
```

【代码说明】

❑ 第 3 行代码调用 listdir()返回当前目录的文件列表，其中"."表示当前目录。

❑ 第 4 行代码输出当前目录包含的文件，rename_file.py 是本段程序的文件。输出结果如下所示。

```
['rename_file.py', 'hello.txt']
```

❑ 第 5 行代码判断当前目录中是否存在文件 hello.txt。如果存在，则把 hello.txt 重命名为 hi.txt。

❑ 第 7 行代码判断当前目录中是否存在文件 hi.txt。如果存在，则把 hi.txt 重命名为 hello.txt。

在实际应用中，通常需要把某一类文件修改为另一种类型，即修改文件的后缀名。这种需求可以通过函数 rename()和字符串查找的函数实现。下面这段代码把后缀名为 html 的文件修改为以 htm 为后缀名的文件。

```
01    # 修改后缀名
02    import os
03    files = os.listdir(".")
04    for filename in files:
05        pos = filename.find(".")
06        if filename[pos + 1:] == "html":
07            newname = filename[:pos + 1] + "htm"
08            os.rename(filename,newname)
```

【代码说明】

❑ 第 3 行代码调用 listdir()，返回当前目录的文件列表 files。这样可以对当前目录中的多个文件进行重命名。

❑ 第 4 行代码循环列表 files，获取当前目录中的每个文件名。

❑ 第 5 行代码调用 find()查找文件名中"."所在的位置，并把值赋给变量 pos。

❑ 第 6 行代码判断文件的后缀名是否为 html。pos + 1 表示"."后的位置。

❑ 第 7 行代码重新组合新的文件名，以 htm 作为后缀名。filename[:pos + 1]表示从 filename 的开头位置到"."这段分片。

❑ 第 8 行代码调用 rename 重命名文件。

为获取文件的后缀名，这里先查找"."所在的位置，然后通过分片 filename[pos + 1:]截取后缀名。这个过程可以使用 os.path 模块的函数 splitext()实现。splitext()返回 1 个列表，列表中的第 1 个元素表示文件名，第 2 个元素表示文件的后缀名。修改后的代码如下所示。

```
01    import os
02    files = os.listdir(".")
03    for filename in files:
04        li = os.path.splitext(filename)
05        if li[1] == ".html":
06            newname = li[0] + ".htm"
07            os.rename(filename,newname)
```

【代码说明】
- ❑ 第 4 行代码调用 splitext()对文件名进行解析，返回文件名和后缀名组成的列表。
- ❑ 第 5 行代码，通过 li[1]判断文件是否以 html 结尾。
- ❑ 第 6 行代码重新组合新的文件名，li[0]表示不带后缀的文件名。

glob 模块用于路径的匹配，返回符合给定匹配条件的文件列表。glob 模块的主要函数就是 glob()，该函数返回符合同一匹配条件的多个文件。上面的例程需要判断文件是否为 html 后缀，也可以使用 glob()直接匹配文件名称。

```
glob.glob("*.html")
```

【代码说明】该行代码返回 html 格式的文件。输出结果如下所示。

```
['hello.html', 'hi.html']
```

glob 可以对路径做更多的匹配。例如，下面这段代码可以匹配 C 盘中以 w 开头的目录中所有的文本文件。

```
glob.glob("c:\\w*\\*.txt")
```

注意　glob()的参数满足正则表达式的语法。

7.1.7　文件内容的搜索和替换

文件内容的搜索和替换可以结合前面学习的字符串查找和替换来实现。例如，从 hello.txt 文件中查找字符串"hello"，并统计"hello"出现的次数。hello.txt 文件如下所示。

```
1 hello world
3 hello hello China
```

下面这段代码从 hello.txt 中统计字符串"hello"的个数。

```
01    # 文件的查找
02    import re
03
04    f1 = file("hello.txt", "r")
05    count = 0
06    for s in f1.readlines():
07        li = re.findall("hello", s)
08        if len(li) > 0:
09            count = count + li.count("hello")
10    print ("查找到" + str(count) + "个hello")
11    f1.close()
```

【代码说明】

❑ 第 5 行代码定义变量 count，用于计算字符串 "hello" 出现的次数。

❑ 第 6 行代码每次从文件 hello.txt 中读取 1 行到变量 s。

❑ 第 7 行代码调用 re 模块的函数 findall() 查询变量 s，把查找的结果存储到列表 li 中。

❑ 第 8 行代码，如果列表中的元素个数大于 0，则表示查找到字符串 "hello"。

❑ 第 9 行代码调用列表的 count() 方法，统计当前列表中 "hello" 出现的次数。

❑ 第 10 行代码输出结果：

```
查找到3个hello
```

下面这段代码把 hello.txt 中的字符串 "hello" 全部替换为 "hi"，并把结果保持到文件 hello2.txt 中。

```
01    # 文件的替换
02    f1 = file("hello.txt", "r")
03    f2 = file("hello2.txt", "w")
04    for s in f1.readlines():
05        f2.write(s.replace("hello", "hi"))
06    f1.close()
07    f2.close()
```

【代码说明】

❑ 第 4 行代码从 hello.txt 中读取每行内容到变量 s 中。

❑ 第 5 行代码先使用 replace() 把变量 s 中的 "hello" 替换为 "hi"，然后把结果写入文件 hello2.txt 中。文件 hello2.txt 的内容如下所示。

```
1 hi world
3 hi hi China
```

7.1.8　文件的比较

Python 提供了模块 difflib，现实对序列、文件的比较。如果要比较两个文件，列出两个文件的异同，可以使用 difflib 模块的 SequenceMatcher 类实现。其中的方法 get_opcodes() 可以返回两个序列的比较结果。调用方法 get_opcodes() 前，需要先生成 1 个 SequenceMatcher 对象。SequenceMatcher() 的声明如下所示。

```
class SequenceMatcher( [isjunk[, a[, b]]])
```

其中，isjunk 表示比较过程中是否匹配指定的字符或字符串，a、b 表示待比较的两个序列。生成序列比较对象后，调用该对象的 get_opcodes() 方法，将返回 1 个元组（tag, i1, i2, j1, j2）。tag 表示序列分片的比较结果。i1、i2 表示序列 a 的索引，j1、j2 表示序列 b 的索引。表 7-5 列出了 get_opcodes() 返回元组（tag, i1, i2, j1, j2）的含义。

表 7-5　get_opcodes() 返回元组（tag, i1, i2, j1, j2）的含义

tag 的值	处 理 过 程	tag 的值	处 理 过 程
Replace	a[i1:i2] 被 [j1:j2] 替换	Insert	b[j1:j2] 插入 a[i1:i1] 位置处，此时的 i1 等于 i2
Delete	a[i1:i2] 分片将被删除，此时 j1 等于 j2	equal	a[i1:i2] 等于 b[j1:j2]

注意	SequenceMatcher(None，a，b)创建序列比较对象，将以a作为参考标准进行比较；SequenceMatcher(None, b, a)创建序列比较对象，则以b作为参考标准进行比较。

例如，有两个文本文件 hello.txt 与 hi.txt，现要获得两个文件的异同。hello.txt 文件的内容如下所示。

```
hello world
```

hi.txt 文件的内容如下所示。

```
hi hello
```

下面这段代码以 hello.txt 文件为参照，实现了两个文件的比较，并返回比较结果。

```
01   import difflib
02
03   f1 = file("hello.txt", "r")
04   f2 = file("hi.txt", "r")
05   src = f1.read()
06   dst = f2.read()
07   print (src)
08   print (dst)
09   s = difflib.SequenceMatcher( lambda x: x == "", src, dst)
10   for tag, i1, i2, j1, j2 in s.get_opcodes():
11       print ("%s src[%d:%d]=%s dst[%d:%d]=%s" % \
12       (tag, i1, i2, src[i1:i2], j1, j2, dst[j1:j2]))
```

【代码说明】

❑ 第 9 行代码生成 1 个序列匹配的对象 s，其中 lambda x: x == ""表示忽略 hi.txt 中的换行符。如果 hi.txt 中有多余的换行，并不会作为不同点返回。

❑ 第 10 行代码调用方法 get_opcodes()获取文件 hello.txt 与 hi.txt 的比较结果。

❑ 第 11、12 行代码输出比较结果。如果 hello.txt 与 hi.txt 的内容需要完全一致，在 hello.txt 的开始处插入字符串"hi"，并删除 hello.txt 中的字符串"world"，hello.txt 的内容分片[0:5] 与 hi.txt 的内容分片[3:8]相同。比较结果如下所示。

```
insert src[0:0]= dst[0:3]=hi
equal src[0:5]=hello dst[3:8]=hello
delete src[5:11]= world dst[8:8]=
```

7.1.9　配置文件的访问

在应用程序中通常使用配置文件定义一些参数。例如，数据库配置文件用于记录数据库的字符串连接、主机名、用户名、密码等信息。Windows 的 ini 文件就是一种传统的配置文件，ini 文件由多个块组成，每个块由有多个配置项组成。例如，以下 ODBC.ini 文件中记录了 Windows 环境下各种数据库存储系统的 ODBC 驱动信息。

```
[ODBC 32 bit Data Sources]
MS Access Database=Microsoft Access Driver (*.mdb) (32 λ)
Excel Files=Microsoft Excel Driver (*.xls) (32 λ)
dBASE Files=Microsoft dBase Driver (*.dbf) (32 λ)
[MS Access Database]
Driver32=C:\WINDOWS\system32\odbcjt32.dll
[Excel Files]
Driver32=C:\WINDOWS\system32\odbcjt32.dll
```

```
[dBASE Files]
Driver32=C:\WINDOWS\system32\odbcjt32.dll
```

　　其中每个方括号表示一个配置块，配置块下的多个赋值表达式就是配置项。Python 标准库的 configparser 模块用于解析配置文件。ConfigParser 模块的 ConfigParser 类可读取 ini 文件的内容。下面这段代码从 ODBC.ini 文件中读取每个配置块、配置项的标题和配置的内容。

```
01    # 读配置文件
02    import configparser
03
04    config = configparser.ConfigParser()
05    config.read("ODBC.ini")
06    sections = config.sections()                        # 返回所有的配置块
07    print ("配置块: ", sections)
08    o = config.options("ODBC 32 bit Data Sources")      # 返回所有的配置项
09    print ("配置项: ", o)
10    v = config.items("ODBC 32 bit Data Sources")
11    print ("内容: ", v)
12    # 根据配置块和配置项返回内容
13    access = config.get("ODBC 32 bit Data Sources", "MS Access Database")
14    print (access)
15    excel = config.get("ODBC 32 bit Data Sources", "Excel Files")
16    print (excel)
17    dBASE = config.get("ODBC 32 bit Data Sources", "dBASE Files")
18    print (dBASE)
```

【代码说明】

- ❑ 第 4 行代码创建 1 个 ConfigParser 对象 config。
- ❑ 第 5 行代码读取 ODBC.ini 文件。
- ❑ 第 6 行代码调用 sections()返回配置块的标题。
- ❑ 第 7 行代码输出配置块的标题。输出结果如下所示。

```
配置块: ['ODBC 32 bit Data Sources', 'Excel Files', 'dBASE Files', 'MS Access Database']
```

- ❑ 第 8 行代码调用 options()返回 "ODBC 32 bit Data Sources" 块下各配置项的标题。
- ❑ 第 9 行代码输出配置项的标题。输出结果如下所示。

```
配置项: ['ms access database', 'dbase files', 'excel files']
```

- ❑ 第 10 行代码调用 items()返回 "ODBC 32 bit Data Sources" 块下各配置项的内容。
- ❑ 第 11 行代码输出配置项的内容。输出结果如下所示。

```
内容: [('ms access database', 'Microsoft Access Driver (*.mdb) (32 \xce\xbb)'), ('dbase files', 'Microsoft dBase Driver (*.dbf) (32 \xce\xbb)'), ('excel files', 'Microsoft Excel Driver (*.xls) (32 \xce\xbb)')]
```

- ❑ 第 13~18 行代码调用 get()方法分别获取 "ODBC 32 bit Data Sources" 块下每个配置项的内容。

　　配置文件的写入操作也很简单。首先调用 add_section()方法添加 1 个新的配置块，然后调用 set() 方法，设置配置项目，最后写入配置文件 ODBC.ini 即可。

```
01    # 写配置文件
02    import configparser
03    config = configparser.ConfigParser()
04    config.add_section("ODBC Driver Count")             # 添加新的配置块
05    config.set("ODBC Driver Count", "count", 2)          # 添加新的配置项
```

```
06   f = open("ODBC.ini", "a+")
07   config.write(f)
08   f.close()
```

【代码说明】

❑ 第 4 行代码调用 add_section()添加配置块。

❑ 第 5 行代码调用 set()添加配置项，并设置其内容。

❑ 第 6 行代码以 "a+" 模式打开文件 ODBC.ini，追加新的配置。

❑ 第 7 行代码写配置文件。

配置文件的修改需要先读取 ODBC.ini 文件，然后调用 sct()方法设置指定配置块下某个配置项的值，最后写入配置文件 ODBC.ini。下面这段代码在 ODBC.ini 文件中修改了配置块 "ODBC Driver Count"。

```
01   # 修改配置文件
02   import configparser
03   config = configparser.ConfigParser()
04   config.read("ODBC.ini")
05   config.set("ODBC Driver Count", "count", 3)        # 修改配置项
06   f = open("ODBC.ini", "r+")
07   config.write(f)
08   f.close()
```

【代码说明】

❑ 第 4 行代码读配置文件 ODBC.ini。

❑ 第 5 行代码调用 set()修改 "ODBC Driver Count" 下的配置项 "count" 的值为 3。

❑ 第 6 行代码以 "r+" 打开配置文件 ODBC.ini。

❑ 第 7 行代码写配置文件。

如果要删除某个配置块，调用 remove_section()方法，传递需要删除的配置块名作为参数。如果要删除指定配置块下的某个配置项，调用 remove_option()方法，传递需要删除的配置块名和配置项名作为参数。下面这段代码先删除 ODBC.ini 文件中配置项 "count"，然后删除配置块 "ODBC Driver Count"。

```
01   # 删除配置文件
02   import configparser
03   config = configparser.ConfigParser()
04   config.read("ODBC.ini")
05   config.remove_option("ODBC Driver Count", "count")    # 删除配置项
06   config.remove_section("ODBC Driver Count")            # 删除配置块
07   f = open("ODBC.ini", "w+")
08   config.write(f)
09   f.close()
```

【代码说明】

❑ 第 5 行代码调用 remove_option()删除 "ODBC Driver Count" 下的配置项 "count"。

❑ 第 6 行代码调用 remove_section()删除 "ODBC Driver Count" 配置块。

❑ 第 7 行代码以 "w+" 模式写配置文件。

7.2　目录的常见操作

Python 的 os 模块和 os.path 模块同样提供了一些针对目录操作的函数。

7.2.1　创建和删除目录

os 模块同样提供了一些针对目录进行操作的函数。表 7-6 列出了 os 模块中常用的目录处理函数。

表 7-6　os 模块常用的目录处理函数

函　　　数	描　　　述
mkdir(path [, mode=0777])	创建 path 指定的 1 个目录
makedirs(name, mode=511)	创建多级目录，name 表示为 "path1/path2/…"
rmdir(path)	删除 path 指定的目录
removedirs(path)	删除 path 指定的多级目录
listdir(path)	返回 path 指定目录下所有的文件名
getcwd()	返回当前的工作目录
chdir(path)	改变当前目录为 path 指定的目录
walk(top, topdown=True, onerror=None)	遍历目录树

目录的创建和删除可以使用 mkdir()、makedirs()、rmdir()、removedirs()实现。

```
01    import os
02
03    os.mkdir("hello")
04    os.rmdir("hello")
05    os.makedirs("hello/world")
06    os.removedirs("hello/world")
```

【代码说明】

❑ 第 3 行代码创建 1 个名为 "hello" 的目录。

❑ 第 4 行代码删除目录 "hello"。

❑ 第 5 行代码创建多级目录，先创建目录 "hello"，再创建子目录 "world"。

❑ 第 6 行代码删除目录 "hello" 和 "world"。

> **注意**　如果需要一次性创建、删除多个目录，应使用函数 makedirs()和 removedirs()。而 mkdir()或 rmdir()一次只能创建或删除一个目录。

7.2.2　目录的遍历

目录的遍历有两种实现方法：递归函数、os.walk()。这两种方法的实现原理和步骤各不相同，下面一一介绍这些方法的使用。

1. 递归函数

对于目录的遍历可以通过递归函数实现。5.3.5 小节讲解了递归函数，递归函数可以在函数主体内直接或间接地调用函数本身。下面这段代码对第 7 章中的源代码目录进行遍历，输出该目录下所有的文件名称。

```
01    # 递归遍历目录
02    import os
03    def VisitDir(path):
04        li = os.listdir(path)
```

```
05        for p in li:
06            pathname = os.path.join(path, p)
07            if not os.path.isfile(pathname):
08                VisitDir(pathname)
09            else:
10                print (pathname)
11
12   if __name__ == "__main__":
13       path = r"D:\developer\python\example\07"
14       VisitDir(path)
```

【代码说明】

❏ 第 3 行代码定义了名为 VisitDir() 的函数，该函数以目录路径作为参数。

❏ 第 4 行代码返回当前路径下所有的目录名和文件名。

❏ 第 6 行代码调用 os.path 模块的函数 join()，获取文件的完整路径，并保存到变量 pathname。

❏ 第 7 行代码判断 pathname 是否为文件。如果 pathname 表示目录，则递归调用 VisitDir() 继续遍历底层目录。否则，直接输出文件的完整路径。遍历输出结果如下所示。

```
D:\developer\python\example\07\7.1.1\create_file.py
D:\developer\python\example\07\7.1.1\hello.txt
D:\developer\python\example\07\7.1.2\hello.txt
D:\developer\python\example\07\7.1.2\read_file.py
D:\developer\python\example\07\7.1.3\write_file.py
D:\developer\python\example\07\7.1.3\hello.txt
D:\developer\python\example\07\7.1.4\delete_file.py
D:\developer\python\example\07\7.1.5\copy_file.py
D:\developer\python\example\07\7.1.5\hello3.txt
D:\developer\python\example\07\7.1.6\rename_file.py
D:\developer\python\example\07\7.1.6\alter_extension.py
D:\developer\python\example\07\7.1.6\hi.txt
D:\developer\python\example\07\7.1.6\hello.html
D:\developer\python\example\07\7.1.6\hi.html
D:\developer\python\example\07\7.1.7\find_file.py
D:\developer\python\example\07\7.1.7\hello.txt
D:\developer\python\example\07\7.1.7\hello3.txt
D:\developer\python\example\07\7.1.8\difflib.py
D:\developer\python\example\07\7.1.8\hello.txt
D:\developer\python\example\07\7.1.8\hi.txt
D:\developer\python\example\07\7.1.9\config_file.py
D:\developer\python\example\07\7.1.9\ODBC.INI
D:\developer\python\example\07\7.2.1\make_remove_dir.py
D:\developer\python\example\07\7.2.2\visitdir.py
```

❏ 第 14 行代码调用 VisitDir() 作为程序的起点，遍历 D:\developer\python\example\07 下所有目录。

2．os.walk()

os 模块也提供了同名函数 walk()，该函数是 Python2.3 开始发布的。os.walk() 可用于目录的遍历，功能类似于 os.path 模块的函数 walk()。os.walk() 不需要回调函数，更容易使用。os.walk() 的函数声明如下所示。

```
walk(top, topdown=True, onerror=None, followlinks=False)
```

【代码说明】

❏ 参数 top 表示需要遍历的目录树的路径。

❑ 参数 topdown 默认值为 True，表示首先返回目录树下的文件，然后再遍历目录树的子目录。topdown 的值为 False，则表示先遍历目录树的子目录，返回子目录中的文件，最后返回根目录下的文件。

❑ 参数 onerror 默认值为 None，表示忽略文件遍历时产生的错误。如果不为空，则提供一个自定义函数提示错误信息后继续遍历或抛出异常中止遍历。

❑ 该函数返回 1 个元组，该元组有 3 个元素。这 3 个元素分别表示每次遍历的路径名、目录列表和文件列表。

下面这段代码使用了 os.walk() 遍历目录 D:\developer\python\example\07。

```
01   import os
02
03   def VisitDir(path):
04       for root,dirs,files in os.walk(path):
05           for filepath in files:
06               print (os.path.join(root, filepath))
07
08   if __name__=="__main__":
09       path = r"D:\developer\python\example\07"
10       VisitDir(path)
```

使用 os 模块的函数 walk() 只要提供 1 个参数 path，即待遍历的目录树的路径。os.walk() 实现目录遍历的输出结果和递归函数实现目录遍历的输出结果相同。

注意　os.path.walk() 在 Python3 中已经被移除。

7.3　文件和流

读写数据的方式有多种，如文件的读写、数据库的读写。为了有效地表示数据的读写，把文件、外设、网络连接等数据传输抽象地表示为流。数据的传输就好像流水一样，从一个容器流到另一个容器。程序中数据的传输也是如此。

7.3.1　Python 的流对象

Python 隐藏了流机制，在 Python 的模块中找不到类似 Stream 的类。Python 把文件的处理和流关联在一起，流对象实现了 File 类的所有方法。sys 模块提供了 3 种基本的流对象——stdin、stdout、stderr。这 3 个对象分别表示标准输入、标准输出和错误输出。流对象可以使用 File 类的属性和方法，流对象的处理方式和文件的处理方式相同。

1. stdin

对象 stdin 表示流的标准输入。下面这段代码就是通过流对象 stdin 读取文件 hello.txt 的内容。

```
01   import sys
02
03   sys.stdin = open("hello.txt", "r")
04   for line in sys.stdin.readlines():
05       print (line)
```

【代码说明】 第 3 行代码调用 open()时，在赋值表达式的左侧使用 sys.stdin 替换文件对象。可见，流对象的使用方法和文件对象相同。

2．stdout

对象 stdout 表示流的标准输出。前面的程序都是把程序运行后的结果输出到控制台，这里通过 stdout 对象重定向输出，把输出的结果保存到文件中。

```
01   import sys
02
03   sys.stdout = open(r"./hello.txt", "a")
04   print ("goodbye")
05   sys.stdout.close()
```

【代码说明】

❑ 第 3 行代码调用 open()以追加模式打开当前目录下的文件 hello.txt，并把 hello.txt 设置为终端输出设备。默认的终端输出设备是系统的控制台。
❑ 第 4 行代码向文件 hello.txt 输出字符串"goodbye"。
❑ 第 5 行代码关闭对象 sys.stdout。

3．stderr

日志文件通常用于记录应用程序每次操作的执行结果。日志文件中的记录便于维护人员了解当前系统的状况，甚至可用于数据的恢复。例如，数据库日志文件。Python 的 stderr 对象用于记录、输出异常信息，通过 stderr 对象可以实现日志文件的功能。例如，当前目录中的文件 hello.txt 内容为空，则在日志文件 error.log 中记录异常信息。如果文件 hello.txt 的内容不为空，则在日志文件 error.log 中记录正确的信息。下面这段代码实现了这部分功能。

```
01   import sys,time
02
03   sys.stderr = open("record.log", "a")
04   f = open(r"./hello.txt","r")
05   t = time.strftime("%Y-%m-%d %X", time.localtime())
06   context = f.read()
07   if context:
08       sys.stderr.write(t + " " + context)
09   else:
10       raise Exception, t + " 异常信息"
```

【代码说明】

❑ 第 3 行代码调用 open()以追加模式打开当前目录下的日志文件 record.log。record.log 成为记录日志的设备。
❑ 第 4 行代码读取文件 hello.txt。
❑ 第 5 行代码获取当前的系统时间。
❑ 第 6 行代码读取文件 hello.txt 的内容，并赋给变量 context。
❑ 第 7 行代码判断文件 hello.txt 的内容是否为空。
❑ 第 8 行代码，如果文件的内容不为空，则向 record.log 文件记录当前时间和 hello.txt 的内容。

```
2008-02-24 19:30:09 goodbye
```

❑ 第 10 行代码，如果文件的内容为空，则抛出异常，并在 record.log 文件中记录当前时间和异常信息。输出结果：

```
Traceback (most recent call last):
  File "stderr.py", line 12, in <module>
    raise Exception, t + " 异常信息"
Exception: 2008-02-24 17:56:46 异常信息
```

7.3.2 模拟 Java 的输入、输出流

Java 的 java.io 包提供了一系列处理流的类，根据数据流动的方向分为输入流和输出流。例如，InputStream 类、OutputStream 类。通过第 5.3.7 节学习的 Generator 函数，可以很方便地构造出流的实现函数。下面这段代码模拟 Java 的输入、输出流读写文本文件。首先调用函数 FileInputStream()读取文件 hello.txt 的内容，然后调用函数 FileOutputStream()把 FileInputStream()读取的内容写入文件 hello2.txt 中。

```
01    # 文件输入流
02    def FileInputStream(filename):
03        try:
04            f = open(filename)
05            for line in f:
06                for byte in line:
07                    yield byte
08        except StopIteration, e:
09            f.close()
10            return
11
12    # 文件输出流
13    def FileOutputStream(inputStream, filename):
14        try:
15            f = open(filename, "w")
16            while True:
17                byte = inputStream.next()
18                f.write(byte)
19        except StopIteration, e:
20            f.close()
21            return
22
23    if   name   == "__main__":
24        FileOutputStream(FileInputStream("hello.txt"), "hello2.txt")
```

【代码说明】

❑ 第 2 行代码定义了函数 FileInputStream()。该函数采用 Generator 函数的风格设计，模拟 Java 的 FileInputStream 类的工作方式。

❑ 第 4 行代码以只读的方式打开 hello.txt。

❑ 第 5 行代码读取文件的每行数据。

❑ 第 6 行代码读取每个字节数据。

❑ 第 7 行代码使用 yield 关键字，返回每个字节数据。

❑ 第 13 行代码定义了函数 FileOutputStream()。该函数模拟 Java 的 FileOutputStream 类的工作方式，读取输入流的数据并写入文件 hello2.txt。

❑ 第 15 行代码以写入的方式打开 hello2.txt。

❑ 第 17 行代码获取 FileInputStream()中 yield 关键字产生的字节。

❑ 第 18 行代码把每个字节写入 hello2.txt 中。

注意 文件处理中可能遇到各种非正常的情况，使用try…except语法捕获异常，可以提高程序的健壮性。

7.4 文件处理示例——文件属性浏览程序

本节将运用前面学习的内容，设计一个浏览文件属性的程序。通过给定的目录路径查看文件的名称、大小、创建时间、最后修改日期和最后访问日期。设计一个函数 showFileProperties(path)，path 表示目录的路径，该函数可以查看 path 目录下所有文件的属性。showFileProperties() 的实现大致分为如下 3 个步骤。

1）遍历 path 指定的目录，获取每个子目录的路径。

2）遍历子目录下的所有文件，并返回文件的属性列表。

3）分解属性列表，对属性列表的值进行格式化输出。

步骤 1 可以采用 7.2.2 小节的思路实现目录的遍历。步骤 2 通过 os 模块的函数 stat() 返回文件的属性列表，该属性列表包括文件的大小、创建时间、最后修改时间、最后访问时间等信息。步骤 3 通过列表的索引获取文件的各个属性。对于文件的时间属性，调用 time 模块的函数 localtime() 返回时间类型，并结合字符串的格式化输出文件的时间属性。下面这段代码调用函数 showFileProperties()，列出了 D:\developer\python\example\07\7.2.2 路径下所有文件的属性。

```
01   def showFileProperties(path):
02       '''显示文件的属性。包括路径、大小、创建日期、最后修改时间，最后访问时间'''
03       import time,os
04       for root,dirs,files in os.walk(path,True):
05           print ("位置: " + root)
06           for filename in files:
07               state = os.stat(os.path.join(root, filename))
08               info = "文件名: " + filename + " "
09               info = info + "大小: " + ("%d" % state[-4]) + " "
10               t = time.strftime("%Y-%m-%d %X", time.localtime(state[-1]))
11               info = info + "创建时间: " + t + " "
12               t = time.strftime("%Y-%m-%d %X", time.localtime(state[-2]))
13               info = info + "最后修改时间: " + t + " "
14               t = time.strftime("%Y-%m-%d %X", time.localtime(state[-3]))
15               info = info + "最后访问时间: " + t + " "
16               print (info)
17
18   if __name__ == "__main__":
19       path = r"D:\developer\python\example\07\7.2.2"
20       showFileProperties(path)
```

【代码说明】

❑ 第 4 行代码调用函数 os.walk() 对 path 指定的路径进行遍历。

❑ 第 5 行代码输出 path 路径下每个子目录的路径。输出结果如下所示。

位置: D:\developer\python\example\07\7.2.2

❑ 第 6 行代码对每个子目录进行遍历，返回文件名称。

❑ 第 7 行代码调用 os.stat() 返回文件的属性列表。

❑ 第 9 行代码，state[-4] 表示文件的大小。

- 第 10 行代码调用 time 模块的 strftime()把时间类型转换为字符串。其中 state[-1]表示文件的创建时间。
- 第 12 行代码，state[-2]表示文件的最后修改时间。
- 第 14 行代码，state[-3]表示文件的最后访问时间。
- 第 16 行代码输出文件的属性信息。输出的内容如下所示。

```
文件名：visitdir.py 大小：392 创建时间：2008-2-22 10:46:49 最后修改时间：2008-2-22 11:9:26 最后访问时间：2008-2-24 0:0:0
文件名：os_path_walk.py 大小：335 创建时间：2008-2-15 17:1:44 最后修改时间：2008-2-24 12:32:28 最后访问时间：2008-2-24 0:0:0
文件名：os_walk.py 大小：321 创建时间：2008-2-22 12:45:5 最后修改时间：2008-2-22 14:42:22 最后访问时间：2008-2-24 0:0:0
```

> **注意**　os.stat()的参数必须是绝对路径。因此，需要先调用os.path.join(root, filename)连接文件的路径和文件名。

7.5　小结

本章介绍了 Python 文件编程方面的知识。讲解了文件的打开、读取、写入、删除等操作的实现，以及针对目录的编程，包括目录的创建、删除、遍历等。重点介绍了目录的遍历，并采用了递归函数以及 os.walk()两种方法实现目录的遍历。结合开发中经常使用的配置文件，讲解了对配置文件的配置项进行添加、删除、修改等操作。Python 对流机制实现了很好的封装，程序员对文件的编程就是通过流的方式处理的。介绍了 Python 中常见的流对象，并实现了流的重定向。最后结合目录的遍历、时间的处理、字符串的格式化等知识点，实现了查看文件属性的程序。

下一章将介绍 Python 面向对象的技术。Python 作为一门面向对象的语言，简化了类的创建和调用，其中许多特性都可以通过符合和约定实现。面向对象的技术将数据和功能封装起来，合理地组织对象之间的关系，便于程序的维护和扩展。

7.6　习题

文件 test.txt 中包含以下内容：

```
今年是2014年。

2014年你好。

2014年再见。
```

1）读取该文件，并输出所有内容。

2）去掉文件内容中的换行。

3）计算出文件的长度。

4）使用欧冠 2015 替换 2014。

5）创建另一个文件 test2.txt，写入本文件的内容。

第 8 章　面向对象编程

面向对象的程序设计提供了一种新的思维方式,软件设计的焦点不再是程序的逻辑流程,而是软件或程序中的对象以及对象之间的关系。使用面向对象的思想进行程序设计,能够更好地设计软件架构,维护软件模块,并易于框架和组件的重用。

Python 支持面向过程、面向对象、函数式编程等多种编程范式。Python 不强制我们使用任何一种编程范式,我们可以使用过程式编程编写任何程序,在编写小程序(少于 500 行代码)时,基本上不会有问题。但对于中等和大型项目来说,面向对象将给我们带来很多优势。本章将结合面向对象的基本概念和 Python 语法的特性讲解面向对象的编程。

本章的知识点:
- ❏ 类和对象
- ❏ 属性和方法
- ❏ 继承和组合
- ❏ 类的多态性
- ❏ 类的访问权限
- ❏ 设计模式的应用

8.1　面向对象的概述

面向对象是一种方法学。面向对象是一种描述业务问题、设计业务实体和实体之间关系的方法。面向对象技术已经成为当今软件设计和开发领域的主流技术。面向对象主要用于软件开发的分析和设计阶段,通常使用 UML(统一建模语言)进行建模。

统一建模语言并不是软件设计开发的方法,而是一种描述软件开发过程的图形化标记。UML 使用若干种模型图来描述软件开发中的每个重要步骤。

1．用例图

用例图描述系统使用者与系统之间的交互关系。用例图通常用于系统的分析阶段,分析系统中主要的流程。用例图用于描述不同的业务实体,以及实体之间的关系。

2．活动图

活动图是对用例图的补充,用于分析复杂的用例,表示用例中的逻辑行为。活动图类似于传统的数据流程图,可以描述业务的流程,帮助分析人员确定用例中的交互及其关系。

3．状态图

状态图用于对系统的行为进行建模,用于分析和设计阶段之间的过渡时期。状态图和活动图有些相似，状态图是对单个对象的描述，强调对象内部状态的变迁过程。

4．类图

类图包括属性、操作以及访问权限等内容。类图用于系统设计阶段，根据系统用例提炼出系统中的对象。类图是面向对象设计的核心，通过类图可以表示抽象、继承、多态等面向对象特性。能够表现系统的架构设计及系统中对象之间的层次关系。

5．序列图和协助图

序列图和协助图都可以用于描述系统中对象之间的行为，是对系统具体行为的设计。序列图和协助图通常用于类图设计完成后的一个步骤。序列图是对用例的具体实现，通过消息的方式描述系统中对象的生命周期和控制流程；而协助图侧重于对消息的建模，描述系统对象之间的交互关系。

6．组件图和部署图

组件图用于描述系统组件之间的交互，类和组件之间的依赖关系。部署图用于描述系统的部署及组件之间的配置。

这些图形标记都可以使用 UML 建模工具绘制，例如，visio、Rational Rose。使用这些建模工具可以准确、快速地描述系统的行为。visio 是 Office 系列的工具之一，使用简单，容易上手。而Rational Rose 功能强大，具有通过模型生成各种语言的代码，以及对代码更新来同步模型等特性。使用 Rational Rose 能更好地管理对象，但是 Rational Rose 软件庞大，必须学习每种图形的绘制方法。建模工具只是辅助系统分析、设计的手段，系统分析人员甚至可以使用手写的方式来描述系统的模型，重要的是能够清晰、准确地分析和设计，而不是软件工具的优劣。

8.2 类和对象

在面向对象的设计中，程序员可以创建任何新的类型，这些类型可以描述每个对象包含的数据和特征，这种类型称为类。类是一些对象的抽象，隐藏了对象内部复杂的结构和实现。类由变量和函数两部分构成，类中的变量称为成员变量，类中的函数称为成员函数。

8.2.1 类和对象的区别

类和对象是面向对象中的两个重要概念，初学者经常把类和对象混为一谈。类是对客观世界中事物的抽象，而对象是类实例化后的实体。例如，同样的汽车模型可以制造出不同的汽车，每辆汽车就是一个对象，汽车模型则为一个类。车牌号可以标识每辆汽车，不同的汽车有不同的颜色和价格，因此车牌号、颜色、价格是汽车的属性。图 8-1 描述了类和对象的关系。

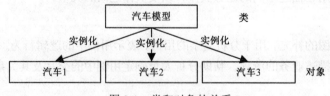

图 8-1 类和对象的关系

汽车模型是对汽车特征和行为的抽象，而汽车是实际存在的事物，是客观世界中实实在在的实体。因此，根据类的定义可以构造出许多对象。现实生活中可以看到很多这样的例子，如，按照零件模型可以制造出多个零件，按照施工图纸可以建造出多栋楼房。

8.2.2　类的定义

Python 使用 class 关键字定义一个类，类名的首字符一般要大写。当程序员需要创建的类型不能用简单类型来表示时，则需要定义类，然后利用定义的类创建对象。类把需要使用的变量和方法组合在一起，这种方式称为封装。由于历史原因，我们会发现定义类有以下两种方式。

```
01    # 继承自object
02    class Class_name(object):
03        …
04    # 不显式继承object
05    class Class_name :
06        …
```

这是因为在 Python2.2 版本之前，type 和 object 还没有统一。使用 class Class_name(object) 来声明的类称为新式类，它的 type 是<type 'type'>。而使用 class Class_name 来声明的类，其 type 为<type 'classobj'>。而到了 3.X，object 已经默认作为所有类的基类，所以这两种写法就没有区别了，读者可以选择自己喜欢的风格使用。感兴趣的读者可以使用 type(Class_name)查看输出的结果。

注意　本书中采用第二种声明方法。

类必须用关键字 class 定义，关键字 class 后面是类名。类的主体由一系列的属性和方法组成。下面这段代码创建了一个简单的水果类，水果具有成长的行为，因此定义了 1 个方法 grow()。

```
01    # 类的创建
02    class Fruit::
03        def __init__(self):              # __init__ 为类的构造函数，后面会详细介绍
04            self.name = name
05            self.color = color
06        def grow(self):                  # 定义grow函数，类中的函数称为方法
07            print "Fruit grow ..."
```

【代码说明】第 2 行代码定义了一个名为 Fruit 的类。第 3 行是构造函数，定义了名称和颜色两个属性。第 6 行在类 Fruit 中创建了 1 个函数 grow()。类的函数至少有 1 个参数 self，self 参数的含义会在后面的内容中介绍。

注意　类的方法必须有1个self参数。但是在方法调用时，可以不传递这个参数。

8.2.3　对象的创建

创建对象的过程称为实例化。当一个对象被创建后，包含 3 个方面的特性：对象的句柄、属性和方法。对象的句柄用于区分不同的对象，当对象被创建后，该对象会获取一块存储空间，存储空间的地址即为对象的标识。对象的属性和方法与类的成员变量和成员函数相对应。

```
01   if __name__ == "__main__":
02       fruit = Fruit()                    # 实例化
03       fruit.grow()                       # 调用grow()方法
```

【代码说明】第 2 行代码对 Fruit 类进行实例化，Python 的实例化与 Java 不同，并不需要 new 关键字。Python 的实例化与函数的调用相似，使用类名加圆括号的方式。第 3 行代码，调用 Fruit 类的 grow()方法。输出结果：

```
Fruit grow ...
```

8.3　属性和方法

类由属性和方法组成。类的属性是对数据的封装，而类的方法则表示对象具有的行为。类通常由函数（实例方法）和变量（类变量）组成。Python 的构造函数、析构函数、私有属性或方法都是通过名称约定区分的。此外，Python 还提供了一些有用的内置方法，简化了类的实现。

8.3.1　类的属性

类的属性一般分为私有属性和公有属性，如 C++、C#、Java 等面向对象的语言都有定义私有属性的关键字。而 Python 中没有这类关键字，默认情况下所有的属性都是"公有的"，这样对类中属性的访问将没有任何限制，并且都会被子类继承，也能从子类中进行访问。这肯定不是我们想要的。Python 使用约定属性名称来达到这样数据封装的目的。如果属性的名字以两个下划线开始，就表示为私有属性；反之，没有使用双下划线开始的表示公有属性。类的方法也同样使用这样的约定。

注意　Python没有保护类型的修饰符。

Python 的属性分为实例属性和静态属性。实例属性是以 self 作为前缀的属性。__init__方法即 Python 类的构造函数，详细用法请参考 8.3.4 小节。如果__init__方法中定义的变量没有使用 self 作为前缀声明，则该变量只是普通的局部变量。类中其他方法定义的变量也只是局部变量，而非类的实例属性。

C#、Java 中有一类特殊的属性称为静态变量。静态变量可以被类直接调用，而不被实例化对象调用。当创建新的实例化对象后，静态变量并不会获得新的内存空间，而是使用类创建的内存空间。因此，静态变量能够被多个实例化对象共享。在 Python 中静态变量称为类变量，类变量可以在该类的所有实例中被共享。下面这段代码演示了实例变量和类变量的区别。

```
01   class Fruit:
02       price = 0                          # 类属性
03
04       def __init__(self):
05           self.color = "red"             # 实例属性
06           zone = "China"                 # 局部变量
07
08   if __name__ == "__main__":
09       print(Fruit.price)                 # 使用类名调用类变量
10       apple = Fruit()                    # 实例化apple
11       print(apple.color)                 # 打印apple实例的颜色
```

```
12      Fruit.price = Fruit.price + 10              # 将类变量加10
13      print ("apple's price:" + str(apple.price))  # 打印apple实例的price
14      banana = Fruit()                            # 实例化banana
15      print ("banana's price:" + str(banana.price)) # 打印banana实例的price
```

【代码说明】

❏ 第 2 行代码定义了公有的类属性 price，并设置初始值为 0。

❏ 第 5 行代码定义了公有的实例属性 color，并设置值为"red"。实例属性前需要使用前缀 self 声明。

❏ 第 6 行代码定义了局部变量 zone，该变量不能被 Fruit 的实例化对象使用。如果实例化对象直接引用 zone，Python 将抛出错误：AttributeError: Fruit instance has no attribute 'zone'。

❏ 第 9 行代码输出类属性 price 的值。输出结果为"0"。

❏ 第 10 行代码对 Fruit 类实例化，生成对象 apple。

❏ 第 11 行代码输出实例属性 color 的值。输出结果为"red"。

❏ 第 12 行代码设置类属性 price 的值为 10。

❏ 第 13 行代码输出 apple 对象的属性 price 的值。输出结果为"apple's price:10"。

❏ 第 14 行代码对 Fruit 类实例化，生成对象 banana。

❏ 第 15 行代码输出 banana 对象的属性 price 的值。输出结果为"banana's price:10"。

注意　Python的类和对象都可以访问类属性，而Java中的静态变量只能被类调用。

类的外部不能直接访问私有属性。如果把 color 属性改为私有属性__color，当执行如下语句时，Python 解释器将不能识别属性__color。

```
print fruit.__color
```

Python 解释器将提示如下错误。

```
AttributeError: Fruit instance has no attribute '__color'
```

Python 提供了直接访问私有属性的方式，可用于程序的测试和调试。私有属性访问的格式如下所示。

```
instance._classname__attribute
```

【代码说明】 instance 表示实例化对象；classname 表示类名；attribute 表示私有属性。

对 Fruit 类做一些修改，并采用上述格式调用私有属性。

```
01  # 访问私有属性
02  class Fruit:
03      def __init__(self):
04          self.__color = "red"          # 私有变量使用双下划线开始的名称
05
06  if __name__ == "__main__":
07      apple = Fruit()                   # 实例化apple
08      print( apple._Fruit__color)       # 调用类的私有变量
```

【代码说明】 第 4 行代码定义了私有属性__color。第 8 行代码输出私有属性__color 的值。输出结果为"red"。

上述代码的主程序可以直接访问 Fruit 的属性 color，这种直接暴露数据的做法是不提倡的。因为这种方式可以随意地更改实例属性的值，会导致程序数据安全方面的问题。这种访问方式主要用于开发阶段的测试或调试时使用。通常的做法是定义相关的 get 方法获取实例属性的值。例如，在 Fruit 类中定义 getColor()方法。下一节将介绍方法的定义和使用。

> **注意**　Python对类的属性和方法的定义次序并没有要求。合理的方式是把类属性定义在类中最前面，然后再定义私有方法，最后定义公有方法。

类提供了一些内置属性，用于管理类的内部关系。例如，__dict__、__bases__、__doc__等。下面这段代码演示了常见内置属性的用法。

```
01   class Fruit:
02      def __init__(self):
03         self.__color = "red"          # 定义私有变量
04
05   class Apple(Fruit):                  # Apple继承了Fruit
06      """This is doc"""                 # doc文档
07      pass
08
09   if __name__ == "__main__":
10      fruit = Fruit()
11      apple = Apple()
12      print(Apple.__bases__ )           # 输出基类组成的元组
13      print(apple.__dict__)             # 输出属性组成的字典
14      print(apple.__module__)           # 输出类所在的模块名
15      print( apple.__doc__)             # 输出doc文档
```

【代码说明】

❑ 第 12 行代码输出 Apple 类的父类组成的元组。由于 Python 支持多重继承，所以可能存在多个父类。输出结果：

```
(<class __main__.Fruit>,)
```

❑ 第 13 行代码输出 apple 对象中属性组成的字典。输出结果：

```
{'_Fruit__color': 'red'}
```

❑ 第 14 行代码，当前运行的模块名即为 "__main__"。输出结果：

```
__main__
```

❑ 第 15 行代码输出类 Apple 的 heredoc（here 文档）。输出结果：

```
"This is doc"
```

8.3.2　类的方法

类的方法也分为公有方法和私有方法。私有方法不能被模块外的类或方法调用，私有方法也不能被外部的类或函数调用。C#、Java 中的静态方法使用关键字 static 声明，而 Python 使用函数 staticmethod()或@ staticmethod 修饰器把普通的函数转换为静态方法。Python 的静态方法并没有和类的实例进行名称绑定，要调用只需使用类名作为它的前缀即可。下面这段代码演示了类的方法和静态方法的使用。

```
01   class Fruit:
```

```
02          price = 0                                        # 类变量
03
04          def __init__(self):
05              self.__color = "red"                         # 定义私有变量
06
07          def getColor(self):
08              print(self.__color)                          # 打印私有变量
09
10          @ staticmethod                                   # 使用@staticmethod修饰器静态方法
11          def getPrice():
12              print(Fruit.price)
13
14          def __getPrice():                                # 定义私有函数
15              Fruit.price = Fruit.price + 10
16              print(Fruit.price)
17
18          count = staticmethod(__getPrice)                 # 使用staticmethod方法定义静态方法
19
20      if __name__ == "__main__":
21          apple = Fruit()                                  # 实例化apple
22          apple.getColor()                                 # 使用实例调用静态方法
23          Fruit.count()                                    # 使用类名调用静态方法
24          banana = Fruit()
25          Fruit.count()
26          Fruit.getPrice()
```

【代码说明】

❑ 第 7 行代码定义了公有方法 getColor()，获取属性__color 的值。

❑ 第 10 行代码使用@ staticmethod 指令声明方法 getPrice 为静态方法。

❑ 第 11 行代码定义 getPrice()，该方法没有 self 参数。

❑ 第 14 行代码定义了方法__getPrice()，该方法并没有提供参数 self。

❑ 第 18 行代码调用 staticmethod()把__getPrice()转换为静态方法，并赋值给变量 count。count()
即为 Fruit 类的静态方法。

❑ 第 22 行代码调用 fruit 对象的方法 getColor()，返回属性__color 的值。

❑ 第 23 行代码调用静态方法 count()。由于创建了对象 apple，所以静态属性 price 执行一次
加 10 的运算。输出结果为"10"。

❑ 第 25 行代码，由于创建了对象 banana，静态方法 count()被第 2 次调用。静态属性 price 的
值为 20。输出结果为"20"。

❑ 第 26 行代码，调用静态方法 getPrice()。输出结果为"20"。

类的外部不能直接访问私有方法。Python 解释器同样不能识别方法__getPrice()。Python 解释器将提示错误：AttributeError: Fruit instance has no attribute '__getPrice'。

上述代码的 getColor()方法中有 1 个 self 参数，该参数是区别方法和函数的标志。类的方法至少需要 1 个参数，调用方法时不必给该参数赋值。通常这个特殊的参数被命名为 self，self 参数表示指向实例对象本身。self 参数用于区分函数和类的方法。self 参数等价于 Java、C#中的 this 关键字，但 self 必须显式使用，因为 Python 是动态语言，没有提供声明变量的方式，这样就无法知道在方法中要赋值的变量是不是局部变量或是否需要保存成实例属性。当调用 Fruit 类的 getColor()

方法时，Python 会把函数的调用转换为 grow(fruit)。Python 自动完成了对象 fruit 的传递任务。

Python 中还有一种方法称为类方法。类方法是将类本身作为操作对象的方法。类方法可以使用函数 classmethod()或@classmethod 修饰器定义。而与实例方法不同的是，把类作为第一个参数(cls)传递。把上述程序的静态方法修改为类方法，修改后的代码如下：

```
01    @ classmethod                              # 使用@classmethod修饰器定义类方法
02    def getPrice(cls):
03        print(cls.price)
04
05    def __getPrice(cls):
06        cls.price = cls.price + 10
07        print(cls.price)
08
09    count = classmethod(__getPrice)            # 使用classmethod方法定义类方法
```

可见，类方法的使用和静态方法是十分相似的。如果某个方法需要被其他实例共享，同时又需要使用当前实例的属性，则定义为类方法。

> **注意** self参数的名称可以是任意合法的变量名。建议使用self作为参数名，便于程序的阅读和程序的统一。而对于类方法，约定使用cls作为参数名。

8.3.3　内部类的使用

Java 可以在类的内部定义类，Python 同样存在这种语法。例如，前面提到的汽车模型。汽车由门、车轮等部件组成，可以设计出汽车、门、车轮等 3 个类。而门、车轮是汽车的一部分，因此把门、车轮表示的类放到汽车的内部。这种在某个类内部定义的类称为内部类。内部类中的方法可以使用两种方法调用。

第一种方法是直接使用外部类调用内部类，生成内部类的实例，再调用内部类的方法。调用格式如下所示。

```
object_name = outclass_name.inclass_name()
object_name.method()
```

其中 outclass_name 表示外部类的名称，inclass_name()表示内部类的名称，object_name 表示内部类的实例。

第二种方法是先对外部类进行实例化，然后再实例化内部类，最后调用内部类的方法。调用格式如下所示。

```
out_name = outclass_name()
in_name = out_name.inclass_name()
in_name.method()
```

其中 out_name()表示外部类的实例，in_name 表示内部类的实例。

下面这段代码演示了内部类的使用。

```
01    class Car:
02        class Door:                            # 内部类
03            def open(self):
04                print("open door")
```

```
05      class Wheel:                        # 内部类
06          def run(self):
07              print("car run")
08
09  if __name__ == "__main__":
10      car = Car()                         # 实例化car
11      backDoor = Car.Door()               # 内部类的实例化方法一
12      frontDoor = Car.Door()              # 内部类的实例化方法二
13      backDoor.open()
14      frontDoor.open()
15      wheel = Car.Wheel()
16      wheel.run()
```

【代码说明】

❑ 第 2 行代码定义了内部类 Door。

❑ 第 3 行代码定义了 Door 类的方法 open()。

❑ 第 5 行代码定义了内部类 Wheel。

❑ 第 6 行代码定义了 Wheel 类的方法 run()。

❑ 第 10 行代码创建 Car 类的实例 car。

❑ 第 11 行代码创建 Door 类的实例 backDoor。这里使用类名前导的方式创建。

❑ 第 12 行代码创建 Door 类的实例 frontDoor。这里使用对象名前导的方式创建。

❑ 第 13、14 行代码调用 open() 方法，输出结果为 "open door"。

❑ 第 15 行代码创建 Wheel 类的实例 wheel。

❑ 第 16 行代码调用 run()，输出结果为 "car run"。

注意 内部类并不适合描述类之间的组合关系，而应把 Door、Wheel 类的对象作为类的属性使用。内部类容易造成程序结构的复杂，不提倡使用。

8.3.4   __init__ 方法

构造函数用于初始化类的内部状态，为类的属性设置默认值。C#、Java 的构造函数是与类同名的方法，而 Python 的构造函数名为 __init__。__init__ 方法除了用于定义实例变量外，还用于程序的初始化。__init__ 方法是可选的，如果不提供 __init__ 方法，Python 将会给出 1 个默认的 __init__ 方法。下面这段代码对 Fruit 类进行初始化。

```
01  class Fruit:
02      def __init__(self, color):              # 初始化属性__color
03          self.__color = color
04          print(self.__color)
05
06      def getColor(self):
07          print(self.__color)
08
09      def setColor(self, color):
10          self.__color = color
11          print(self.__colo)r
12
13  if __name__ == "__main__":
```

```
14        color = "red"
15        fruit = Fruit(color)                    # 带参数的构造函数
16        fruit.getColor()
17        fruit.setColor("blue")
```

【代码说明】

❑ 第 2 行代码，__init__ 是类 Fruit 的初始化函数，即构造函数。该函数根据参数 color 的值初始化属性 __color。

❑ 第 3 行代码，对 Fruit 类的属性 __color 进行赋值，需要前缀 self。否则，Python 解释器将认为 __color 是 __init__() 中的局部变量。

❑ 第 4 行代码输出赋值后的属性 __color。输出结果为 "red"。

❑ 第 9 行代码定义方法 setColor()，设置属性 __color 的值。如果初始化后需要改变属性 __color 的值，则调用 setColor() 方法。

❑ 第 15 行代码生成 fruit 对象。这里将调用函数 __init__()，并传递变量 color 的值。

❑ 第 16 行代码调用方法 getColor()，返回属性 __color 的值。输出结果为 "red"。

❑ 第 17 行代码调用方法 setColor()，重新设置属性 __color 的值。输出结果为 "blue"。

Python 可以随时调用 __init__() 函数，而 C#、Java 则不能直接调用构造函数。

```
fruit.__init__(color)
```

Java 程序员应该非常熟悉上面的代码，其中获取数据使用 get 方法，而设置数据使用 set 方法。

注意　__init__ 方法和传统的开发语言一样不能返回任何值。

8.3.5　__del__ 方法

析构函数用于释放对象占用的资源。Python 提供了析构函数 __del__()。析构函数可以显示释放对象占用的资源，是另一种释放资源的方法。析构函数也是可选的。如果程序中不提供析构函数，Python 会在后台提供默认的析构函数。由于 Python 中定义了 __dels__() 的实例将无法被 Python 循环垃圾收集器（gc）收集，所以建议只在需要时才定义 __del__。下面这段代码演示了 Python 的函数 __del__() 的使用方法。

```
01    class Fruit:
02        def __init__(self, color):            # 初始化属性 __color
03            self.__color = color
04            print(self.__color)
05
06        def __del__(self):                    # 析构函数
07            self.__color = ""
08            print ("free ...")
09
10        def grow(self):
11            print("grow ...")
12
13    if __name__ == "__main__":
14        color = "red"
15        fruit = Fruit(color)                    # 带参数的构造函数
16        fruit.grow()
```

【代码说明】

❑ 第 6 行代码定义了析构函数__del__()。参数 self 对于析构函数同样不可缺少。

❑ 第 16 行代码调用方法 grow()。当程序执行完方法 grow()后，对象 fruit 将超出其作用域，Python 会结束对象 fruit 的生命周期。输出结果为"free ..."。

如果要显示的调用析构函数，可以使用 del 语句。在程序的末尾添加如下语句。

```
del fruit                        # 执行析构函数
```

对于 C++语言，析构函数是必须的。程序员需要为对象分配内存空间，同时也要手动释放内存。使用 Python 编写程序可以不考虑后台的内存管理，直接面对程序的逻辑。

8.3.6　垃圾回收机制

Java 中并没有提供析构函数，而是采用垃圾回收机制清理不再使用的对象。Python 也采用垃圾回收机制清除对象，Python 提供了 gc 模块释放不再使用的对象。垃圾回收的机制有许多种算法，Python 采用的是引用计数的方式。当某个对象在其作用域内引用计数为 0 时，Python 就会自动清除该对象。垃圾回收机制很好地避免了内存泄漏的发生。函数 collect()可以一次性收集所有待处理的对象。下面这段代码使用 gc 模块显式地调用垃圾回收器。

```
01  import gc
02
03  class Fruit:
04      def __init__(self, name, color):            # 初始化name、color属性
05          self.__name = name
06          self.__color = color
07
08      def getColor(self):
09          return self.__color                     # 返回color
10
11      def setColor(self, color):
12          self.__color = color                    # 定义color
13
14      def getName(self):
15          return self.__name                      # 返回name
16
17      def setColor(self, name):
18          self.__name = name                      # 定义name
19
20  class FruitShop:                                # 水果店类
21      def __init__(self):
22          self.fruits = []
23
24      def addFruit(self, fruit):                  # 添加水果
25          fruit.parent = self                     # 把Fruit类关联到FruitShop类
26          self.fruits.append(fruit)
27
28  if __name__ == "__main__":
29      shop = FruitShop()
30      shop.addFruit(Fruit("apple", "red"))
31      shop.addFruit(Fruit("banana", "yellow"))
```

```
32        print(gc.get_referrers(shop))                    # 打印出shop关联的所有对象
33        del shop
34        print(gc.collect())                              # 显式地调用垃圾回收器
```

【代码说明】

❑ 第 4 行代码，在__init__方法中定义了两个属性。__name 表示水果的名称，__color 表示水果的颜色。

❑ 第 20 行代码定义了 FruitShop 类，表示水果店。

❑ 第 22 行代码为 FruitShop 类定义了属性 fruits。fruits 是 1 个列表，用于存放水果店中的水果。

❑ 第 24 行代码定义了方法 addFruit()，把对象 fruit 添加到 fruits 列表中。

❑ 第 25 行代码，设置 fruit 对象的 parent 属性为 self。即把 FruitShop 实例化对象的引用关联到添加的 fruit 对象上。

❑ 第 30、31 行代码，向 shop 对象中添加两个 fruit 对象。

❑ 第 32 行代码，调用函数 get_referrers()列出 shop 对象关联的所有对象。输出结果：

```
[{'_Fruit__name': 'apple', '_Fruit__color': 'red', 'parent': <__main__.FruitShop object
at 0x1018da6d0>}, {'_Fruit__name': 'apple', '_Fruit__color': 'yellow', 'parent':
<__main__.FruitShop object at 0x1018da6d0>}, {'__doc__': None, '__cached__': None,
'__package__': None, 'FruitShop': <class '__main__.FruitShop'>, '__file__': 'gc.py',
'__name__': '__main__', '__builtins__': <module 'builtins' (built-in)>, 'shop':
<__main__.FruitShop object at 0x1018da6d0>, '__loader__':
<_frozen_importlib.SourceFileLoader object at 0x100622f50>,
 'Fruit': <class '__main__.Fruit'>, 'gc': <module 'gc' (built-in)>}]
```

❑ 第 33 行代码，删除 shop 对象，但是 shop 对象关联的其他对象并没有释放。

❑ 第 34 行代码，调用函数 collect()释放 shop 对象关联的其他对象，collect()返回结果表示释放的对象个数。输出结果为"7"。

注意　垃圾回收器在后台执行，对象被释放的时间是不确定的。如果要设置调用垃圾回收器，可以使用gc模块的函数实现。

8.3.7　类的内置方法

Python 类定义了一些专用的方法，这些专用方法丰富了程序设计的功能，用于不同的应用场合。前面提到的__init__()、__del__()就是类的内置方法。表 8-1 列出了类常用的内置方法。

表 8-1　类常用的内置方法

内置方法	描　　述
__init__(self,...)	初始化对象，在创建新对象时调用
__del__(self)	释放对象，在对象被删除之前调用
__new__(cls, *args, **kwd)	实例的生成操作
__str__(self)	在使用 print 语句时被调用
__getitem__(self,key)	获取序列的索引 key 对应的值，等价于 seq[key]

（续）

内置方法	描　　述
__len__(self)	在调用内联函数 len()时被调用
__cmp__(src, dst)	比较两个对象 src 和 dst
__getattr__(s, name)	获取属性的值
__setattr__(s, name, val)	设置属性的值
__delattr__(s, name)	删除 name 属性
__call__(self, *args)	把实例对象作为函数调用
__gt__(self, other)	判断 self 对象是否大于 other 对象
__lt__(self, other)	判断 self 对象是否小于 other 对象
__ge__(self, other)	判断 self 对象是否大于或等于 other 对象
__le__(self, other)	判断 self 对象是否小于或等于 other 对象
__eq__(self, other)	判断 self 对象是否等于 other 对象

1. __new__()

__new__()在__init__()之前被调用，用于创建实例对象。利用这个方法和类属性的特性可以实现设计模式中的单例模式。单例模式是指创建唯一对象，单例模式设计的类只能实例化 1 个对象。下面这段代码实现了单例模式。

```
01    class Singleton(object):
02        __instance = None                              # 定义实例
03
04        def __init__(self):
05            pass
06
07        def __new__(cls, *args, **kwd):                 # 在__init__之前调用
08            if Singleton.__instance is None:            # 生成唯一实例
09                Singleton.__instance = object.__new__(cls, *args, **kwd)
10            return Singleton.__instance
```

【代码说明】

❑ 第 2 行代码定义了私有的类属性__instance，初始值为 None。__instance 的值是第 1 次创建的实例，以后的实例化操作都将共享这个属性。因此，就达到了创建唯一实例的目的。

❑ 第 7 行代码重新实现了方法__new__()。

❑ 第 8 行代码判断当前的实例是否为 None，如果为 None，则调用父类 object 的__new__()方法，生成 1 个唯一实例。

❑ 第 10 行代码返回唯一实例。

2. __getattr__()、__setattr__()和__getattribute__()

当读取对象的某个属性时，Python 会自动调用__getattr__()方法。例如，fruit.color 将转换为fruit.__getattr__(color)。当使用赋值表达式对属性进行设置时，Python 会自动调用__setattr__()方法。__getattribute__()的功能与__getattr__()类似，用于获取属性的值。但是__getattribute__()能提供更好的控制，使代码更健壮。下面这段代码演示了获取和设置 color、price 属性的方法。

```
01   class Fruit(object):
02       def __init__(self, color = "red", price = 0):
03           self.__color = color
04           self.__price = price
05
06       def __getattribute__(self, name):              # 获取属性的方法
07           return object.__getattribute__(self, name)
08
09       def __setattr__(self, name, value):            # 设置属性的方法
10           self.__dict__[name] = value
11
12   if __name__ == "__main__":
13       fruit = Fruit("blue", 10)
14       print(fruit.__dict__.get("_Fruit__color"))     # 获取color属性的值
15       fruit.__dict__["_Fruit__price"] = 5             # 使用__dict__进行赋值
16       print(fruit.__dict__.get("_Fruit__price"))     # 获取price属性的值
```

【代码说明】

❑ 第 6 行代码实现了__getattribute__()方法，name 表示属性名。

❑ 第 9 行代码实现了__setattr__()，设置属性的值。name 表示属性名，value 表示待设置的值。

❑ 第 10 行代码，__dict__字典是类的内置属性，用于记录类定义的属性。字典中的 key 表示类名，value 表示属性的值。

❑ 第 14 行代码获取 color 属性的值，因为 color 是私有属性，所以字典的索引表示为"_Fruit__color"。输出结果为"blue。"

❑ 第 15 行代码设置 price 属性的值。

❑ 第 16 行代码获取 price 属性的值。输出结果为"5"。

去掉上述代码中__getattribute__()、__setattr__()的实现代码并不会影响输出结果。但是这些方法可以实现对属性的控制，根据属性名做不同的处理。

> **注意** Python中并不存在__setattribute__()方法。

3. __getitem__()

如果类中把某个属性定义为序列，可以使用__getitem__()输出序列属性中的各个元素。假设水果店中销售多种水果，可以通过__getitem__()方法获取水果店中的每种水果。下面的代码演示了__getitem__()的使用。

```
01   class FruitShop:
02       def __getitem__(self, i):        # 获取水果店的水果
03           return self.fruits[i]
04
05   if __name__ == "__main__":
06       shop = FruitShop()
07       shop.fruits = ["apple","banana"]  # 给fruits赋值
08       print(shop[1])
09       for item in shop:                 # 输出水果店的水果
10           print(item, end="")
```

【代码说明】

❑ 第 2 行代码实现了__getitem__()方法，返回序列 fruits 中的每个元素。

❑ 第7行代码给序列属性fruits赋值，fruits属性被保存在__dict__字典中。

❑ 第8行代码输出结果为"banana"。

❑ 第9行代码遍历水果店中的水果，输出结果为"apple banana"。

4．__str__()

__str__()用于表示对象代表的含义，返回1个字符串。实现了__str__()方法后，可以直接使用print语句输出对象，也可以通过函数str()触发__str__()的执行。这样就把对象和字符串关联起来，便于某些程序的实现，可以用这个字符串来表示某个类。下面这段代码把__doc__字符串的内容作为对象fruit描述。

```
01   class Fruit:
02      '''Fruit类'''
03      def __str__(self):            # 定义对象的字符串表示
04         return self.__doc__         # 返回heredoc
05
06   if __name__ == "__main__":
07      fruit = Fruit()
08      print(str(fruit))             # 调用__str__
09      print(fruit)                  # 与第8行代码结果相同
```

【代码说明】

❑ 第2行代码为Fruit类定义了文档字符串。

❑ 第3行代码实现了__str__()，并返回Fruit类的文档字符串。

❑ 第8行代码调用内置函数str()，即可触发__str__()方法。输出结果为"Fruit类"。

❑ 第9行代码直接输出对象fruit，返回__str__()方法的值。输出结果为"Fruit类"。

> **注意**　__str__()必须使用return语句返回。如果__str__()不返回任何值，执行print语句将出错。

5．__call__()

在类中实现__call__()方法，可以在对象创建时直接返回__call__()的内容。使用该方法可以模拟静态方法。下面这段代码演示了__call__()的使用。

```
01   class Fruit:
02      class Growth:                 # 内部类
03         def __call__(self):
04            print("grow ...")
05
06      grow = Growth()               # 返回__call__的内容
07
08   if __name__ == '__main__':
09      fruit = Fruit()
10      fruit.grow()                  # 使用实例调用
11      Fruit.grow()                  # 使用类名调用
```

【代码说明】

❑ 第2行代码定义了内部类Growth。

❑ 第3行代码实现了__call__()方法。

❑ 第6行代码调用Growth()，此时将类Growth作为函数返回。即为外部类Fruit定义方法

grow()，grow()将执行__call__()内的代码。

- 第 10 行代码调用 grow()，输出结果为"grow …"。
- 第 11 行代码，也可以直接使用 Fruit 类调用 gorw()方法，Fruit 类的 grow()相当于静态方法。输出结果为"grow…"。

8.3.8　方法的动态特性

Python 作为动态脚本语言，编写的程序具有很强的动态性。可以动态添加类的方法，把某个已经定义的函数添加到类中。添加新方法的语法格式如下所示。

```
class_name.method_name = function_name
```

其中 class_name 表示类名，method_name 表示新的方法名，function_name 表示 1 个已经存在的函数，函数的内容即为新的方法的内容。下面这段代码演示了方法的动态添加。

```
01  # 动态添加方法
02  class Fruit:
03      pass
04
05  def add(self):              # 定义在类外的函数
06      print("grow ...")
07
08  if __name__ == "__main__":
09      Fruit.grow = add        # 动态添加add函数
10      fruit = Fruit()
11      fruit.grow()
```

【代码说明】

- 第 2 行代码，定义了 Fruit 类，Fruit 类没有定义任何方法。
- 第 5 行代码定义了函数 add()。
- 第 9 行代码把函数 add()添加到 Fruit 类中，方法名为 grow。
- 第 11 行代码输出方法 grow()的内容。输出结果为"grow ..."。

利用 Python 的动态特性，还可以对已经定义的方法进行修改。修改方法的语法格式如下所示。

```
class_name.method_name = function_name
```

其中 class_name 表示类名，method_name 表示已经存在的方法名，function_name 表示 1 个已经存在的函数，该赋值表达式表示将函数的内容更新到方法。下面这段代码演示了方法的动态修改。

```
01  # 动态更新方法
02  class Fruit():
03      def grow(self):
04          print("grow ...")
05
06  def update():
07      print ("grow ......")
08
09  if __name__ == "__main__":
10      fruit = Fruit()
11      fruit.grow()
12      fruit.grow = update     # 将grow方法更新为update()
```

```
13      fruit.grow()
```

【代码说明】

❑ 第 3 行代码，在类 Fruit 中定义了方法 grow()。

❑ 第 6 行代码定义了函数 update()。

❑ 第 11 行代码调用方法 grow()，输出结果为 "grow..."。

❑ 第 12 行代码更新方法 grow()，把 grow() 更新为函数 update()，方法名不变。

❑ 第 13 行代码再次调用方法 grow()，输出结果为 "grow......"。

8.4　继承

继承是面向对象的重要特性之一。通过继承可以创建新类，目的是使用或修改现有类的行为。原始的类称为父类或超类，新类称为子类或派生类。继承可实现代码的重用。

8.4.1　使用继承

当类设计完成以后，就可以考虑类之间的逻辑关系。类之间存在继承、组合、依赖等关系，可以采用 UML 工具表示类之间的关系。例如，有两个子类 Apple、Banana 继承自父类 Fruit，父类 Fruit 中有 1 个公有的实例变量和 1 个公有的方法。可以用类图来描述这 3 个类之间的关系。图 8-2 表示了 Fruit 类和 Apple、Banana 类之间的继承关系。

公有实例变量和方法用 "+" 表示。Apple、Banana 类可以继承 Fruit 类的实例变量 color 和方法 grow()。

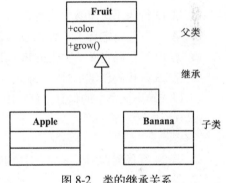

图 8-2　类的继承关系

继承可以重用已经存在的数据和行为，减少代码的重复编写。Python 在类名后使用一对括号表示继承的关系，括号中的类即为父类。如果父类定义了 __init__ 方法，子类必须显式调用父类的 __init__ 方法。如果子类需要扩展父类的行为，可以添加 __init__ 方法的参数。下面这段代码演示了继承的实现。

```
01    class Fruit:                                     # 基类
02        def __init__(self, color):
03            self.color = color
04            print("fruit's color : %s" % self.color)
05
06        def grow(self):
07            print("grow ...")
08
09    class Apple(Fruit):                              # 继承了Fruit类
10        def __init__(self, color):                   # 子类的构造函数
11            Fruit.__init__(self, color)              # 显式调用父类的构造函数
12            print("apple's color : %s" % self.color)
13
14    class Banana(Fruit):                             # 继承Fruit类
15        def __init__(self, color):                   # 子类的构造函数
```

```
16            Fruit.__init__(self, color)          # 显式调用父类的构造函数
17            print("banana's color : %s" % self.color)
18
19      def grow(self):
20            print("banana grow ...")
21
22  if __name__ == "__main__":
23      apple = Apple("red")
24      apple.grow()                              # 调用grow方法
25      banana = Banana("yellow")
26      banana.grow()                             # 调用grow方法
```

【代码说明】

❑ 第1行代码定义了父类 Fruit。

❑ 第2行代码在 __init__ 方法中定义了公有的属性 color。

❑ 第6行代码定义了公有的方法 grow()。

❑ 第9行代码定义了子类 Apple，Apple 继承了 Fruit。

❑ 第11行代码调用了父类 Fruit 的 __init__ 方法进行初始化。

❑ 第12行代码使用继承父类 Fruit 的属性 color。

❑ 第14行代码定义了子类 Banana，Banana 继承了 Fruit。

❑ 第19行代码定义了和父类 Fruit 同名的方法 grow()，该方法覆盖了 Fruit 类的 grow()。

❑ 第23行代码创建了对象 apple。由于 Apple 的 __init__ 方法调用了 Fruit 的 __init__ 方法，所以先输出父类中的信息，再输出子类中的信息。输出结果如下所示。

```
fruit's color : red
apple's color : red
```

❑ 第24行代码调用了 apple 对象的 grow()。由于 Apple 类继承了 Fruit 类，所以直接输出父类方法 grow()中的信息。输出结果如下所示。

```
grow ...
```

❑ 第25行代码创建了对象 banana。输出结果如下所示。

```
fruit's color : yellow
banana's color : yellow
```

❑ 第26行代码，由于 Banana 类的 grow()覆盖了 Fruit 类的 grow()，所以这里输出 Banana 类的方法 grow()中的信息。输出结果：

```
banana grow ...
```

还可以使用 super 类的 super()调用父类的 __init__ 方法。super()的声明如下所示。

```
super(type, obj)
```

其中 type 是某个类，obj 是 type 类的实例化对象。super()可以绑定 type 类的父类。下面这段代码使用 super()调用父类的 __init__ 方法。

```
01  # 使用super()调用父类
02  class Fruit(object):              # 定义基类,继承自object,python3.X中这不是必须的
03      def __init__(self):
04            print("parent")
```

```
05
06   class Apple(Fruit):
07       def __init__(self):
08           super(Apple, self).__init__()        # 使用super()调用父类，更直观
09           print("child")
10
11   if __name__ == "__main__":
12       Apple()
```

【代码说明】

❑ 第 8 行代码在 Apple 类的__init__()中调用 super()，此时的 self 对象是 Apple 类的实例。

❑ 第 12 行代码创建 Apple 类的实例。输出结果如下所示。

```
parent
child
```

注意　super类的实现代码继承了object，因此Fruit类必须继承object，如果不继承object，使用super()将出现错误。

8.4.2　抽象基类

使用继承之后，子类可以重用父类中的属性和方法，并且可以对继承的方法进行重写。例如，Apple、Banana 都继承了 Fruit 类，Apple、Banana 类都具有父类的 grow()方法。Fruit 类是对水果的抽象，不同的水果有不同的培养方法，因此生成的情况也是不同的。Fruit 类的 grow()是所有水果行为的抽象，并不知道如何生长。因此，grow()方法应该是一个空方法，即抽象方法。

抽象基类是对一类事物的特征行为的抽象，由抽象方法组成。在 Python3 中可以使用 abc 模块，这个模块中有一个元类 ABCMeta 和修饰器 @abstractmethod。抽象基类不能被直接实例化。以下例子演示了怎么实现一个抽象基类。

```
01   from abc import ABCMeta, abstractmethod        # 引入所需的module
02   class Fruit(metaclass=ABCMeta):                # 抽象类
03       @abstractmethod                            # 使用@abstractmethod修饰器定义抽象函数
04       def grow(self):
05           pass
06
07   class Apple(Fruit):
08       def grow(self):                            # 子类中必须重写抽象函数
09           print("Apple growing")
10
11   if __name__ == "__main__":
12       apple = Apple()
13       apple.grow()
```

【代码说明】

❑ 第 1 行代码从 abc 模块引入元类 ABCMeta 和修饰器 @abstractmethod。

❑ 第 2 行代码定义 Fruit 类，括号内使用 metaclass=ABCMeta 定义该类为抽象类。

❑ 第 3~5 行代码使用@stractmethod 定义了抽象方法 grow()，没有任何内容。

❑ 第 7~9 行代码定义了 Apple 类，继承抽象基类 Fruit。同时同样定义了 grow()方法。

　　　　　　　　　　　励志照亮人生　编程改变命运

最终代码输出的结果如下：

```
Apple growing
```

在上述代码的最后添加如下代码，对 Fruit 类进行实例化。

```
fruit = Fruit()
```

程序将抛出如下异常信息。

```
TypeError: Can't instantiate abstract class Fruit with abstract methods grow
```

Python 对面向对象的语法做了简化，去掉了面向对象中许多复杂的特性。例如，类的属性和方法的限制符——public、private、protected。Python 提倡语法的简单、易用性，这些访问权限靠程序员的自觉遵守，而不强制使用。

8.4.3 多态性

继承机制说明子类具有父类的公有属性和方法，而且子类可以扩展自身的功能，添加新的属性和方法。因此，子类可以替代父类对象，这种特性称为多态性。由于 Python 的动态类型，决定了 Python 的多态性。例如，Apple、Banana 类继承了 Fruit 类，因此 Apple、Banana 具有 Fruit 类的共性。Apple、Banana 的实例可以替代 Fruit 对象，同时又呈现出各自的特性。

在 FruitShop 类中定义 sellFruit()方法，该方法提供参数 fruit。SellFruit()根据不同的水果类型返回不同的结果。下面这段代码的 sellFruit()根据多态性的特性，作出不同的处理。

```
01    class Fruit:                                    # 父类 Fruit
02        def __init__(self, color = None):
03            self.color = color
04
05    class Apple(Fruit):                             # 继承Fruit的子类Apple
06        def __init__(self, color = "red"):
07            Fruit.__init__(self, color)
08
09    class Banana(Fruit):                            # 继承Fruit的子类Banana
10        def __init__(self, color = "yellow"):
11            Fruit.__init__(self, color)
12
13    class FruitShop:
14        def sellFruit(self, fruit):
15            if isinstance(fruit, Apple):            # 判断参数fruit的类型
16                print("sell apple")                 # 根据类型做特殊的处理
17            if isinstance(fruit, Banana):
18                print("sell banana")
19            if isinstance(fruit, Fruit):
20                print("sell fruit")
```

【代码说明】

❑ 第 14 行代码在 FruitShop 类中定义了 sellFruit()，参数 fruit 接收 Apple、Banana 类的实例。

❑ 第 15~20 行代码分别判断参数 fruit 的类型。如果 fruit 的类型是 Apple，则返回"sell apple"；如果 fruit 的类型是 Banana，则返回"sell banana"；如果 fruit 的类型是 Fruit，则返回"sell fruit"。

下面这段代码分别向 sellFruit()传递 apple、banana 对象，返回一部分相同的结果和一部分不同

的结果。

```
01   if __name__ == "__main__":
02       shop = FruitShop()
03       apple = Apple("red")
04       banana = Banana("yellow")
05       shop.sellFruit(apple)          # 参数的多态性，传递apple对象
06       shop.sellFruit(banana)         # 参数的多态性，传递banana对象
```

【代码说明】

❑ 第 5 行代码调用 sellFruit()，并传递了 apple 对象。输出结果：

```
sell apple
sell fruit
```

❑ 第 6 行代码调用 sellFruit()，并传递了 banana 对象。输出结果：

```
sell banana
sell fruit
```

Python 的多态性的表达方式比 Java 等强类型语言方便很多。Java 实现 sellFruit()，需要把其中的参数 fruit 定义为 Fruit 类型。而 Python 不再需要考虑参数的类型了。

8.4.4　多重继承

Python 支持多重继承，即 1 个类可以继承多个父类。多重继承的语法格式如下所示。

```
class_name(parent_class1, parent_class2…)
```

其中 class_name 是类名，parent_class1 和 parent_class2 是父类名。例如，西瓜一般被认为是水果，但是西瓜实质上是一种蔬菜。因此，西瓜既具有水果的特性，又具有蔬菜的特性。水果和蔬菜就可以作为西瓜的父类，西瓜（Watermelon）继承了水果类（Fruit）和蔬菜类（Vegetable）。图 8-3 表示了 Watermelon 类和 Fruit、Vegetable 类之间的多重继承关系。

可见 Watermelon 类同时具有了 Fruit 类的 grow()和 Vegetable 类的 plant()。下面这段代码实现了 Watermelon 类的多重继承。

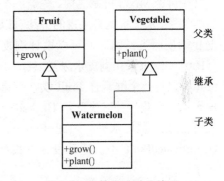

图 8-3　类的多重继承关系

```
01   class Fruit:
02       def __init__(self):
03           print("initialize Fruit")
04
05       def grow(self):                     # 定义grow()方法
06           print ("grow ...")
07
08   class Vegetable(object):
09       def __init__(self):
10           print("initialize Vegetable")
11
12       def plant(self):                    # 定义plant方法
```

励志照亮人生　编程改变命运

```
13          print("plant ...")
14
15   class Watermelon(Vegetable, Fruit):      # 多重继承, 同时继承Vegetable和Fruit
16      pass
17
18   if __name__ == "__main__":
19      w = Watermelon()                      # 多重继承的子类, 拥有父类的一切公有属性
20      w.grow()
21      w.plant()
```

【代码说明】

❑ 第 15 行代码定义了 Watermelon 类, 并同时继承 Fruit 和 Vegetable 类。输出结果为"initialize Vegetable"。

❑ 第 20 行代码调用 grow(), 输出结果为"grow ..."。

❑ 第 21 行代码调用 plant(), 输出结果为"plant ..."。

作为一般规则, 在大多数程序中最好避免多重继承, 但是多重继承有时有利于定义所谓的混合类（Mixin）。

| 注意 | 由于Watermelon继承了Vegetable、Fruit类, 因此Watermelon将继承__init__()。但是Watermelon只会调用第1个被继承的类的__init__, 即Vegetable类的__init__()。|

8.4.5 Mixin 机制

在讨论 Mixin 机制之前, 先看一个水果分类的例子。水果根据去果皮的方法可以分为削皮和剥皮两类。因此, 可以设计削皮水果类（HuskedFruit）和剥皮水果类（DecorticatedFruit）, 这两个继承自 Fruit 类。苹果属于削皮水果, 因此 Apple 类继承 HuskedFruit 类; 而香蕉属于剥皮水果, 因此 Banana 类继承 DecorticatedFruit 类。这种设计方式如图 8-4 所示。

下面这段代码实现了如图 8-4 所示的继承关系。

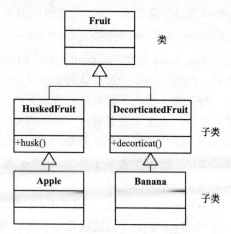

图 8-4　水果分类的设计

```
01   class Fruit:                             # 父类
02      def __init__(self):
03         pass
04
05   class HuskedFruit(Fruit):                # 削皮水果
06      def __init__(self):
07         print("initialize HuskedFruit")
08
09      def husk(self):                       # 削皮方法
10         print("husk ...")
11
```

```
12  class DecorticatedFruit(Fruit):                    # 剥皮水果
13      def __init__(self):
14          print("initialize DecorticatedFruit")
15
16      def decorticat(self):                          # 剥皮方法
17          print("decorticat ...")
18
19  class Apple(HuskedFruit):
20      pass
21
22  class Banana(DecorticatedFruit):
23      pass
```

如果按照季节对水果进行分类，整个继承结构将发生变化。例如，把水果分为夏季水果和冬季水果，这时程序代码将需要作出一些修改。首先要创建新的类型，夏季水果和冬季水果的实现类；然后在继承结构中添加一层，并把它们分别作为削皮水果和剥皮水果的子类。如果对水果再进行新的分类，整个继承结构将增加许多的层次，使代码实现变得十分复杂，而且不易维护。Mixin 机制可以改变这个复杂的局面。图 8-5 表示了 Mixin 机制实现的继承结构。

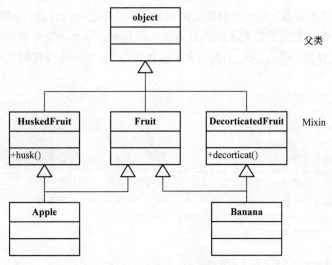

图 8-5　Mixin 的继承结构

可见，Mixin 机制把 Fruit 类、HuskdFruit 类、DecorticateFruit 类放在同 1 个层次，具体的水果类使用多重继承的方式继承所属的分类。下面这段代码实现了如图 8-5 所示的继承结构。

```
01  class Fruit(object):                               # 水果
02      def __init__(self):
03          pass
04
05  class HuskedFruit(object):                         # 削皮水果
06      def __init__(self):
07          print("initialize HuskedFruit")
08
09      def husk(self):                                # 削皮方法
10          print("husk ...")
11
```

```
12    class DecorticatedFruit(object):              # 剥皮水果
13        def __init__(self):
14            print("initialize DecorticatedFruit")
15
16        def decorticat(self):                      # 剥皮方法
17            print("decorticat ...")
18
19    class Apple(HuskedFruit, Fruit):               # 是水果，并且是削皮水果
20        pass
21
22    class Banana(DecorticatedFruit, Fruit):        # 是水果，并且是剥皮水果
23        pass
```

　　Mixin 的方法把继承的体系结构分为 3 层，父类 object 层、水果分类层和水果层。Mixin 减少了继承的层次，同时把依赖关系移到了分类层。如果要对水果进行新的分类，只要在第 2 层中添加新的类型，然后在多重继承中添加新的类即可。

8.5　运算符的重载

　　运算符用于表达式的计算，而对于自定义的对象似乎并不能进行计算。运算符的重载可以实现对象之间的运算。Python 把运算符和类的内置方法关联起来，每个运算符都对应 1 个函数。例如，__add__()表示加号运算符"+"，__gt__()表示大于运算符">"。下面这段代码实现了对运算符"+"、">"的重载。

```
01    class Fruit:
02        def __init__(self, price = 0):
03            self.price = price
04
05        def __add__(self, other):                  # 重载加号运算符
06            return self.price + other.price
07
08        def __gt__(self, other):                   # 重载大于运算符
09            if self.price > other.price:
10                flag = True
11            else:
12                flag = False
13            return flag
14
15    class Apple(Fruit):
16        pass
17
18    class Banana(Fruit):
19        pass
```

【代码说明】

❏ 第 5 行代码对加号运算符进行重载，使 Fruit 对象的 price 属性进行加法运算。

❏ 第 8 行代码对大于运算符进行重载，比较 price 属性的大小。如果 self 的 price 属性大于 other 的 price 属性，则返回 True；否则返回 False。

下面这段代码对 Fruit 实例化对象使用重载后的运算符"+"、">"。

```
01   if __name__ == "__main__":
02       apple = Apple(3)
03       print("苹果的价格: ", apple.price)
04       banana = Banana(2)
05       print("香蕉的价格: ", banana.price)
06       print(apple > banana)                 # >号为重载后的运算符
07       total = apple + banana                # +号为重载后的运算符
08       print("合计: ", total)
```

【代码说明】

❑ 第 3 行代码输出 apple 对象的 price 属性。输出结果:

苹果的价格: 3

❑ 第 5 行代码输出 banana 对象的 price 属性。输出结果:

香蕉的价格: 2

❑ 第 6 行代码根据 price 属性的大小,比较 apple 对象和 banana 对象。输出结果:

True

❑ 第 7 行代码对 apple 对象和 banana 对象执行加法运算。

❑ 第 8 行代码输出结果:

合计: 5

这样就实现了对象的加法运算和比较运算。对象的加法实际上是对 price 属性相加,而对象的比较也是对 price 属性进行比较。

C++支持<<、>>等流操作符,Python 可以对流操作符进行重载,实现类似 C++的流操作。下面这段代码实现了对运算符<<的重载。

```
01   import sys                                # 引入sys
02
03   class Stream:
04       def __init__(self, file):
05           self.file=file
06
07       def __lshift__(self, obj):            # 对运算符<<进行重载
08           self.file.write(str(obj))
09           return self
10
11   class Fruit(Stream):
12       def __init__(self, price = 0, file = None):
13           Stream.__init__(self, file)
14           self.price = price
15
16   class Apple(Fruit):
17       pass
18
19   class Banana(Fruit):
20       pass
```

【代码说明】

❑ 第 3 行代码定义了 Stream 类,该类实现了对<<运算符的重载。

❑ 第 4 行代码，Stream 类的 __init__()定义了属性 file，接受流对象。

❑ 第 7 行代码对运算符<<进行重载，调用 file 属性的 write()把对象 obj 的内容写入指定设备。

❑ 第 11 行代码定义了 Fruit 类，并继承 Stream 类，使 Fruit 类的对象能够使用运算符<<。

下面这段代码创建了 apple、banana 对象，并使用运算符<<输出 price 属性的值。

```
01    if __name__ == "__main__":
02        apple = Apple(2, sys.stdout)              # apple对象可作为流输出
03        banana = Banana(3, sys.stdout)
04        endl = "\n"
05        apple<<apple.price<<endl                   # 使用重载后的<<运算符
06        banana<<banana.price<<endl
```

【代码说明】

❑ 第 2 行代码把 apple 对象作为流输出，输出结果到控制台中。

❑ 第 3 行代码把 banana 对象作为流输出，输出结果到控制台中。

❑ 第 4 行代码定义结束符。

❑ 第 5 行代码输出结果为"2"。

❑ 第 6 行代码输出结果为"3"。

8.6　Python 与设计模式

设计模式（design pattern）是面向对象程序设计的解决方案，是复用性程序设计的经验总结。本节讲解 Python 与设计模式。

8.6.1　设计模式简介

设计模式的概念最早起源于建筑设计大师 Christopher Alexander 关于城市规划和建筑设计的著作《建筑的永恒方法》，尽管该著作是针对建筑领域的，但是其思想也适用于软件开发领域。设计模式是对实际项目中软件设计的不断总结，经过了一次次修改、重构而形成的解决方案。因此合理使用设计模式可以设计出优秀的软件。设计模式的目标是形成典型问题的解决方案，设计出可复用的软件结构。设计模式是与语言无关的，任何语言都可以实现设计模式。

设计模式根据使用目的不同而分为创建型模式（creational pattern）、结构型模式（structural pattern）和行为型模式（behavioral patterns）。

创建型模式提出了对象创建的解决方案，以及数据封装的方法。降低了创建对象时代码实现的复杂度，使对象的创建能满足特定的要求。例如，工厂模式、抽象工厂模式、单例模式、生成器模式等。

结构型模式描述了对象之间的体系结构，通过组合、继承等方式改善体系结构，降低体系结构中组件的依赖性。例如，适配器模式、桥模式、组合模式、装饰器模式、外观模式等。

行为型模式描述了对象之间的交互和各自的职责，有助于实现程序中对象的通信和流程的控制。例如，迭代器模式、解释器模式、中介者模式、观察者模式等。

Python 是一种简单、灵活的动态语言，Python 简化了面向对象语法的复杂性，但却没有降低面向对象的特性。使用 Python 同样可以实现各种设计模式，而且实现过程比较简单。

8.6.2 设计模式示例——Python 实现工厂方法

在工厂方法模式中，工厂方法用于创建产品，并隐藏了产品对象实例化的过程。工厂方法根据不同的参数生成不同的对象。因此，客户程序只需要知道工厂类和产品的父类，并不需要知道产品的创建过程，以及返回的产品类型。例如，定义 Factory 类创建不同的 Fruit 对象。Apple 类和 Banana 类继承自 Fruit 类，Apple 和 Banana 可以看作是具体的产品。根据输入的字符串命令，返回 Fruit 对象。如图 8-6 所示描述了工厂方法的类图。

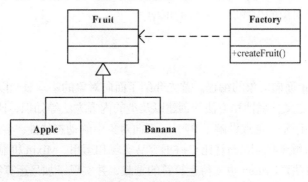

图 8-6　工厂方法的类图

下面这段代码实现了工厂方法。

```
01   class Factory:                            # 工厂类
02       def createFruit(self, fruit):         # 工厂方法
03           if fruit == "apple":              # 如果是apple则返回类Apple
04               return Apple()
05           elif fruit == "banana":           # 如果是banana则返回类Banana
06               return Banana()
07
08   class Fruit:
09       def __str__(self):
10           return "fruit"
11
12   class Apple(Fruit):
13       def __str__(self):
14           return "apple"
15
16   class Banana(Fruit):
17       def __str__(self):
18           return "banana"
19
20   if __name__ == "__main__":
21       factory = Factory()
22       print(factory.createFruit("apple")  )   # 创建apple对象
23       print(factory.createFruit("banana"))     # 创建banana对象
```

【代码说明】

❑ 第 1 行代码定义了工厂类 Factory，Factory 类生成 Fruit 对象。

❑ 第 2 行代码定义工厂方法 createFruit()，根据字符串类型 fruit 的值生成不同的 Fruit 对象。

如果 fruit 的值为"apple"，则调用 Apple()，返回 Apple 类的实例；如果 fruit 的值为"banana"，则调用 Banana()，返回 Banana 类的实例。

❑ 第 21 行代码创建了 Factory 类的实例 factory。

❑ 第 22 行代码输出结果为"apple"。

❑ 第 23 行代码输出结果为"banana"。

工厂方法包含了前面讲解的面向对象的方法，使用了继承、封装等特性。工厂方法的缺点是在添加新产品时，需要编写新的具体产品类，而且还要修改工厂方法的实现。工厂方法模式的应用非常广泛，通常用于设计对象的生成以及系统的框架。

8.7 小结

本章介绍了 Python 面向对象的编程。首先介绍了面向对象的基本概念以及 UML 建模语言。讲解了 Python 中类的定义、属性和方法的创建以及类的内置方法等知识，比较了 Python 与 Java 等语言面向对象的实现区别。重点讲解了 Python 面向对象中的动态特性、多重继承和 Mixin 机制。Python 再次引入了多重继承机制，而且比 C++更容易实现和运用。Mixin 机制优化了多重继承的设计，是一种新的设计方法。Python 也支持运算符的重载，并实现了加号运算符和流运算符的重载。最后介绍了 Python 对设计模式的支持，实现了常见的工厂类。

下一章将介绍 Python 的异常处理和程序调试技术。异常和错误的处理一直是程序设计语言面对的一个课题。Python 作为一门健壮的脚本语言，提供了丰富的异常类和错误类。同时，将使用 Pycharm 工具和原生的 Python IDE 讲解程序的调试，以及常见问题的处理。

8.8 习题

1．怎么查看一个类的所有属性？

2．为什么创建类函数的时候需要添加 self 变量？可以使用其他变量如 this 代替 self 吗？

3．怎么理解 Python 中一切皆对象？

4．汽车、轮船、火车等都属于交通工具。联系实际情况，编写类 Traffic，并继承它实现类 Car、Ship 和 Train。

第 9 章　异常处理与程序调试

本章将介绍 Python 的异常处理。Python 标准库的每个模块都使用了异常，异常在 Python 中除了可以捕获错误，还有一些其他用途。当程序中出现异常或错误时，最后的解决办法就是调试程序。Python 的 IDE 工具提供了不同程度的程序调试。PyCharm 的程序调试功能比较强大，本章将结合具体的例子讲解程序的调试，包括断点、单步等调试方法。

本章的知识点：
- ❑ try…except 语句
- ❑ raise 语句
- ❑ assert 语句
- ❑ 自定义异常
- ❑ 程序调试

9.1　异常的处理

异常是任何语言必不可少的一部分。Python 提供了强大的异常处理机制，通过捕获异常可以提高程序的健壮性。异常处理还具有释放对象、中止循环的运行等作用。

9.1.1　Python 中的异常

异常（Exception）是指程序中的例外、违例情况。异常机制是指当程序出现错误后，程序的处理方法。异常机制提供了程序正常退出的安全通道。当出现错误后，程序执行的流程发生改变，程序的控制权转移到异常处理器，如序列的下标越界、打开不存在的文件、空引用异常等。当异常被引发时，如果没有代码处理该异常，异常将被 Python 接收处理。当异常发生时，Python 解释器将输出一些相关的信息并终止程序的运行。

在 Python3 中，BaseException 是所有异常类的基类，所有的内置异常都是它的派生类。Exception 是除了 SystemExit、GeneratorExit 和 KeyboardInterrupt 之外的所有内置异常的基类，用户自定义的异常也应该继承它。它包括以下异常：

- ❑ StopItertion，当迭代器中没有数据项时触发，由内置函数 next()和迭代器的__next__()方法触发。
- ❑ ArithmeticError，算法异常的基类，包括 OverflowError（溢出异常）、ZeroDivisionError（零除异常）和 FloatingPointError（失败的浮点数操作）。
- ❑ AssertionError，assert 语句失败时触发。

- AttributeError，属性引用和属性赋值异常。
- BufferError，缓存异常，当一个缓存相关的操作不能进行时触发。
- EOFError，文件末尾，使用内置函数 input()时生成，表示到达文件末尾。但是如 read()和 readline()等大多数 I/O 操作将返回一个空字符串来表示 EOF，而不是引发异常。
- ImportError，导入异常，当 import 语句或者 from 语句无法在模块中找到相应文件名称时触发。
- LookupError，当使用映射或者序列时，如果键值或者索引无法找到的时候触发。它是 KeyError（映射中未找到键值）和 IndexError（序列下标超出范围）的基类。
- MemoryError，内存错误，当操作超出内存范围时触发。
- NameError，名称异常，在局部或者全局空间中无法找到文件名称时触发。
- OSError，当一个系统函数返回一个系统相关的错误时触发。在 Python3.3 中，Environment-Error、IOError、WindowsError、VMSError、socket.error、select.error 和 mmap.error 也整合进了 OSError。
- ReferenceError，引用异常，当底层的对象被销毁后访问弱引用时触发。
- RuntimeError，包含其他分类中没有被包括进去的一般错误。
- SyntaxError，语法错误，在 import 时也可能触发。
- SystemError，编译器的内部错误。
- TypeError，类型异常，当操作或者函数应用到不合适的类型时触发。
- ValueError，值异常，当操作或者函数的类型正确，但是值不正确时触发。
- Warning，警告，Python 中有一个 warnings 模块，用来通知程序员不支持的功能。

Python 内的异常使用继承结构创建，这种设计方式非常灵活。可以在异常处理程序中捕获基类异常，也可以捕获各种子类异常。Python 使用 try…except 语句捕获异常，异常类型定义在 try 子句的后面。

> **注意**　如果在except子句后将异常类型设置为Exception，异常处理程序将捕获除程序中断外的所有异常。因为Exception类是其他异常类的基类。Python3中移除了StandardError，使用Exception代替。

9.1.2　try…except 的使用

try…except 语句用于处理问题语句，捕获可能出现的异常。try 子句中的代码块放置可能出现异常的语句，except 子句中的代码块处理异常。当异常出现时，Python 会自动生成 1 个异常对象。该对象包括异常的具体信息，以及异常的种类和错误位置。例如，当以下代码读取 1 个不存在的文件时，解释器将提示异常。

```
open("hello.txt", "r")
```

异常信息如下所示。

```
FileNotFoundError: [Errno 2] No such file or directory: 'hello.txt'
```

当 hello.txt 不存在时，程序出现了例外，解释器提示 FileNotFoundError 异常。为了使程序更友好，可以添加 try…except 语句捕获 FileNotFoundError 异常。修改后的程序代码如下所示。

```
01    try:
02        open("hello.txt", "r")                    # 尝试读取一个不存在的文件
03        print ("读文件")
04    except FileNotFoundErrorr:                     # 捕获FileNotFoundError异常
05        print ("文件不存在")
06    except:                                        # 其他异常情况
07        print ("程序异常")
```

【代码说明】

❑ 第 1 行代码使用 try 语句，open("hello.txt", "r")是可能出现问题的语句。

❑ 第 2 行代码，由于文件 hello.txt 不存在，Python 引发异常，程序直接跳转到第 4 行代码。

❑ 第 3 行代码，此行代码将不会执行。

❑ 第 4 行代码，文件不存在，触发了 FileNotFoundError 异常。

❑ 第 5 行代码输出结果为"文件不存在"。

❑ 第 6 行代码，如果 try 语句中出现了其他异常，将跳转到此处。由于引发了 IOError 异常，所以 except 下面的代码块也不会执行。

try...except 语句后还可以添加 1 个 else 子句。当 try 子句中的代码发生异常时，程序直接跳转到 except 子句；反之，程序将执行 else 子句。例如，执行除法运算时，当除数为 0，将抛出 ZeroDivisionError 异常。

```
01    try:
02        result = 10/0
03    except ZeroDivisionError:                      # 捕获除数为0的异常
04        print ("0不能被整除")
05    else:                                          # 若没有触发异常则执行以下代码
06        print (result)
```

【代码说明】

❑ 第 2 行代码执行表达式 10/0。

❑ 第 3 行代码，捕获除数为 0 的异常。

❑ 第 4 行代码，由于除数为 0，输出结果："0 不能被整除"。

❑ 第 5 行代码，else 子句中的代码块将不会被执行。如果第 2 行代码的表达式为 10/2，则异常不会发生，else 子句将被执行。

Python 与 Java 处理异常的模式相似，异常处理语句也可以嵌套。

```
01    try:
02        s = "hello"
03        try:                                       # 嵌套异常
04            print (s[0] + s[1])
05            print (s[0] - s[1])
06        except TypeError:
07            print ("字符串不支持减法运算")
08    except:
09        print ("异常")
```

【代码说明】

❑ 第 3 行代码嵌套了 1 个 try 子句。

❑ 第 5 行代码，字符串 s 的元素执行减法运算。由于字符串对象不支持减法运算，所以该语

句将引发异常。

❑ 第 6 行代码，捕获类型错误异常，输出结果："字符串不支持减法运算"。

注意　如果外层try子句中的代码块引发异常，程序将直接跳转到外层try对应的excpet子句，而内部的try子句的代码块将不会被执行。

try…except 嵌套语句通常用于释放已经创建的系统资源。

9.1.3　try…finally 的使用

try…except 语句后还可以添加 1 个 finally 子句，finally 子句的作用与 Java 中的 finally 子句类似。无论异常是否发生，finally 子句都会被执行。所有 finally 子句通常用于关闭因异常而不能释放的系统资源。9.1.2 一节中的第 1 段代码捕获了打开不存在文件的异常，但是并没有显示的关闭打开的文件资源。在这段代码中添加 finally 子句，修改后的代码如下所示。

```
01   # finally错误的用法
02   try:
03       f = open("hello.txt", "r")
04       print ("读文件")
05   except FileNotFoundError:          # 捕获FileNotFoundError异常
06       print ("文件不存在")
07   finally:                           # 其他异常情况
08       f.close()
```

【代码说明】

❑ 第 3 行代码，在 try 子句中打开文件 hello.txt，并返回引用 f。变量 f 只在 try 语句内有效，属于局部变量。

❑ 第 5 行代码捕获到 IOError 异常，输出结果："文件不存在"。

❑ 第 8 行代码，在 finally 子句中关闭打开的资源。该语句中的变量 f 并不是 try 语句中的 f，因此解释器认为变量 f 没有定义。Python 提示如下异常：

```
NameError: name 'f' is not defined
```

因此需要把文件的打开操作置于 try 语句的外层，使变量 f 具有全局性，同时也要捕获文件打开的异常。这种情况就可以使用异常嵌套的语句，每个 try 子句都必须有 1 个 except 子句或 finally 子句与之对应。修改后的代码如下所示。

```
01   try:
02       f = open("hello.txt", "r")
03       try:
04           print (f.read(5))
05       except:
06           print ("读取文件错误")
07       finally:                        # finally子句一般用于释放资源
08           print ("释放资源")
09           f.close()
10   except FileNotFoundError:
11       print ("文件不存在")
```

【代码说明】

❏ 第 2 行代码在外层的 try 子句中打开文件 hello.txt。

❏ 第 4 行代码，读取文件 hello.txt，并放置在内层 try 子句中。

❏ 第 5 行代码，如果读取文件出现例外，将输出"读取文件错误"。

❏ 第 7 行代码，释放资源。由于变量 f 定义在外层的 try 子句中，因此内层的 finally 子句可以使用变量 f。无论文件读取的异常是否发生，f.close()语句都将被执行。

注意　由于Python动态语言的特殊性，如果要在某个代码块中使用同一级其他代码块中定义的变量，可以考虑嵌套的方式或全局变量来实现。

9.1.4　使用 raise 抛出异常

当程序中出现错误时，Python 会自动引发异常，也可以通过 raise 语句显示的引发异常。一旦执行了 raise 语句，raise 语句后的代码将不能被执行。下面这段代码演示了 raise 语句的使用方法。

```
01   try:
02       s = None
03       if s is None:
04           print ("s是空对象")
05           raise NameError
06       print (len(s))
07   except TypeError:
08       print ("空对象没有长度")
```

【代码说明】

❏ 第 2 行代码创建了变量 s，该变量的值为空。

❏ 第 3 行代码判断变量 s 的值是否为空。如果为空，则抛出异常 NameError。

❏ 第 6 行代码，由于引发了 NameError 异常，所以该行代码以及后面的代码将不会被执行。

如果去掉第 5 行代码，程序执行到第 6 行代码时将引发 TypeError 异常。None 对象不能使用函数 len()调用。Raise 语句通常用于抛出自定义异常。因为自定义异常并不在 Python 的控制范围内，不会被 Python 自动抛出，应使用 raise 语句手工抛出。

9.1.5　自定义异常

Python 允许程序员自定义异常类型，用于描述 Python 异常体系中没有涉及的异常情况。自定义异常必须继承 Exception 类。自定义异常按照命名规范以 Error 结尾，显式地告诉程序员该类是异常类。自定义异常使用 raise 语句引发，而且只能通过手工方式触发。下面这段代码演示了自定义异常的使用。

```
01   from __future__ import division
02
03   class DivisionException(Exception):          # 自定义异常
04       def __init__(self, x, y):
05           Exception.__init__(self, x, y)
06           self.x = x
07           self.y = y
```

```
08
09    if __name__ == "__main__":
10        try:
11            x = 3
12            y = 2
13            if x % y > 0:
14                print (x / y)
15                raise DivisionException(x, y)        # 抛出异常
16        except DivisionException, div:
17            print ("DivisionException: x / y = %.2f" % (div.x / div.y))
```

【代码说明】

❑ 第 3 行代码定义了自定义异常 DivisionException，该异常继承自 Exception。

❑ 第 4 行代码在构造函数 __init__() 中调用基类的 __init__() 初始化。

❑ 第 6、7 行代码定义两个属性，x 表示被除数，y 表示除数。

❑ 第 13 行代码判断 x 除以 y 的余数是否大于 0。如果大于 0，则表示 x 不能整除 y，将手工抛出自定义异常 DivisionException。

❑ 第 15 行代码，由于引发了 DivisionException 异常，所以 except 子句也将被执行。

❑ 第 16 行代码，div 表示 DivisionException 类的实例对象。

❑ 第 17 行代码调用 div 的属性 x 除以属性 y。输出结果：

```
DivisionException: x / y = 1.50
```

如果注释了第 15 行代码，DivisionException 异常将不会被触发。

9.1.6　assert 语句的使用

assert 语句用于检测某个条件表达式是否为真。assert 语句又称为断言语句，即 assert 认为检测的表达式永远为真。if 语句中的条件判断都可以使用 assert 语句检测。例如，检测某个元组中元素的个数是否大于 1。如果 assert 语句断言失败，会引发 AssertionError 异常。

```
01    t = ("hello",)
02    assert len(t) >= 1
03    t = ("hello")
04    assert len(t) == 1
```

【代码说明】

❑ 第 1 行代码定义了包含元素 "hello" 的元组 t。

❑ 第 2 行代码检测元组 t 的元素个数是否大于或等于 1。该行代码断言成功。

❑ 第 3 行代码定义了 1 个序列 t。由于圆括号中唯一的元素后没有逗号，Python 把该序列作为字符串处理。

❑ 第 4 行代码检测序列 t 的元素个数是否等于 1。该行代码断言失败，序列 t 的长度应为 5。assert 引发的异常信息如下所示。

```
Traceback (most recent call last):
  File "assert.py", line 8, in <module>
    assert len(t) == 1
AssertionError
```

assert 语句还可以传递提示信息给 AssertionError 异常。当 assert 语句断言失败时，提示信息将打印到控制台。下面这段代码检测月份的输入范围。

```
01   # 带message的assert语句
02   month = 13
03   assert 1 <= month <= 12, "month errors"
```

【代码说明】

❑ 第 2 行代码定义变量 month，并赋值为 13。

❑ 第 3 行代码，当 assert 语句断言失败，则传递字符串 "month errors" 给 AssertionError 异常。assert 引发的异常信息如下所示。

```
Traceback (most recent call last):
  File "assert.py", line 12, in <module>
    assert 1 <= month <= 12, "month errors"
AssertionError: month errors
```

注意　Python支持形如 "m <= x <= n" 的表达式，等价于表达式 "x >= m and x<=n"。新的表达方式更符合习惯用法。

9.1.7　异常信息

当程序出现错误时，Python 都会输出相关的异常信息，并指出错误的行号和错误的程序代码。例如，执行除数为 0 的除法运算，将抛出 ZeroDivisionError 异常。

```
01   def fun():                        # 除法运算
02       a = 10
03       b = 0
04       return a / b
05
06   def format():                     # 格式化输出
07       print ("a / b = " + str(fun()))
08
09   if __name__ == "__main__":
10       format()
```

上述代码先在主程序中调用 format()，然后在 format() 中调用 fun()。这段代码将输出如下所示的异常信息。

```
Traceback (most recent call last):
  File "traceback.py", line 13, in <module>
    format()
  File "traceback.py", line 10, in format
    print "a / b = " + str(fun())
  File "traceback.py", line 7, in fun
    return a / b
ZeroDivisionError: integer division or modulo by zero
```

程序执行时，Python 将产生 traceback 对象，记录异常信息和当前程序的状态。traceback 对象先记录主程序的状态，然后记录 format() 中的状态，最后记录 fun() 中的状态。当 fun() 出现异常时，

traceback 对象将输出记录的信息。因此，异常信息应从下往上阅读，最后 1 次出现的行号通常就是错误的发生处。从上述输出信息可以发现第 7 行代码出现了异常。图 9-1 说明了程序的执行顺序和异常的输出顺序。

由于程序中没有使用 try...except 捕获异常，程序将中断执行。可参考 9.1.2 节捕获 ZeroDivisionError 异常。异常捕获后，程序不会输出任何信息。为了便于程序员调试程序，需要输出相关的异常信息。在 Python 中可以直接输出异常实例的内容。

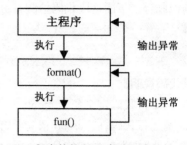

图 9-1 程序的执行顺序和异常的输出顺序

```
01    import sys
02
03    try:
04        x = 10 / 0
05    except Exception as ex:
06        print (ex)
07        print (sys.exc_info())
```

【代码说明】

❑ 第 4 行代码将出现异常，程序跳转到第 6 行代码。

❑ 第 6 行代码直接输出 Exception 类的实例 ex。输出结果为 division by zero。

❑ 第 7 行代码调用 sys 模块的 exc_info()输出异常的类型、traceback 对象等信息。输出结果：

```
division by zero
(<class 'ZeroDivisionError'>, ZeroDivisionError('division by zero',), <traceback object
at 0x102ba2e60>)
```

9.2 使用自带 IDLE 调试程序

IDLE 是 Python 自带的一个简易的 IDE，具有程序调试的功能，并且提供交互环境和脚本文件调试两种模式。打开 IDLE 后默认是一个交互环境，可以直接编写 Python 代码并且能实时查看输出，如图 9-2 所示。单击【Debug】|【Debugger】会弹出 Debug Control 调试界面，如图 9-3 所示。界面上有 5 个按钮，分别为 Go（运行）、Step（单步调试）、Over（跳过）、Out（跳出）和 Quit（退出）。4 个可选项，用于显示调试时的 Stack（堆栈）、Source（源码）、Locals（局部变量）和 Globals（全局变量）。

在单击 Debug 打开时，交互界面会显示 DEBUG ON，表示此时在调试状态下，当关闭 Debugger 时，交互界面会显示 DEBUG OFF 表示此时已经关闭调试状态。

下面以 9.1.7 节的除法程序为例，分别从交互环境和脚本两种情况介绍 IDLE 的调试功能。

首先打开 IDLE，然后在交互环境中输入以下代码：

```
01    def fun():
02        a = 10
03        b = 0
04        return a / b
05    def format():
06        print ("a / b = " + str(fun()))
```

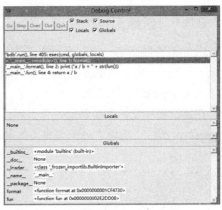

图 9-2　IDLE 交互环境　　　　　　　　　　图 9-3　Debug Control 界面

　　输入完成后，打开 Debugger，并作相应的设置，主要是勾选想要查看的内容。这里将 4 个选项全部勾选。在交互环境 Python Shell 中运行想要执行的代码，此时会发现 Debug Control 中有了相应的变化，第一块源码区显示的是当前执行到的源码，局部变量 Locals 此时还没有数据，显示 None，全局变量 Globals 显示当前加载进的所有全局变量。此时便可以根据需要来进行程序调试了。单击 Go 会执行完整个程序并输出最后的结果。单击 Step 可以一步步地执行代码，并在 Debug Control 中查看各步骤的执行过程，包括当前执行的内部源码、各个变量的当前值等。Over 和 Out 在调试循环时很有用，分别用于进入和跳出循环，此处不作介绍。当调试完成时可以在交互环境中看到最终的结果。

> **注意**　如果不单击Quit退出，该程序一直在执行中。

　　而通常我们需要调试的是 Python 脚本文件，IDLE 同样支持，并且支持设置断点等。单击【File】|【New File】或者按快捷键 Ctrl+N 打开新文件，在新文件中编写代码，然后保存。此处保存为 traceback.py，如图 9-4 所示。

　　在文件中想要设置断点的地方右击，然后选择【Set Breakpoint】便可以再次设置断点，该行将会变为黄色背景。设置好断点之后，回到交互环境，首先使用 import 语句将该文件导入，该文件被视为一个 Python 模块，注意不需要带上后缀名。

图 9-4　保存为 tranceback.py 文件

```
import traceback
```

　　同样的，打开 Debugger，此时脚本文件中的所有内容都被引入了。之后的操作与前面所述相同。

9.3　使用 Easy Eclipse for Python 调试程序

　　PythonWin 调试程序的操作与常用开发工具的使用习惯不同。在 Dug 命令行中才能查看程序中变量的值，使用起来不够方便。Eclipse 作为"万能"开发工具支持多种语言，包括 C、Java、PHP、Python 等。可喜的是在 Eclipse 开发环境中可以调试 Python 程序。下面将以前面讲解的 traceback.py 程序为例，说明 Eclipse 中程序的调试功能。

励志照亮人生　编程改变命运

9.3.1　新建工程

Eclipse 安装后第一次运行将提示工作空间的路径设置，工作空间就是存放 Eclipse 新建工程的目录，如图 9-5 所示。笔者在 Easy Eclipse for Python 的根目录下创建了一个目录 Workspace，该目录即为 Eclipse 的工程目录。

在调试程序之前需要新建一个工程。单击【File】|【New】|【Project】菜单选项，弹出【New Project】对话框，选中 Pydev 项目中的 Pydev Project，如图 9-6 所示。

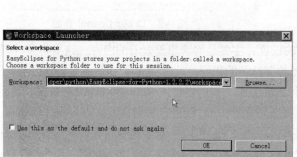

图 9-5　工作空间的路径设置　　　　　　　　图 9-6　新建 Pydev Project（1）

然后单击【Next】按钮，显示如图 9-7 所示的对话框。在该对话框中可以设置工程属性，包括工程名、存储位置、使用的 Python 标准库等信息。在【Project name】文本框中输入工程名称 Debug。Project contents 选项用于设置工程的存储路径。勾选 Use default 复选框后，单击【Browse】按钮可以更改工程的存储位置。在 Project type 选项中选择 python2.5，读者可根据机器中安装的 Python 库的版本选择。选中最后的复选框表示 Debug 工程创建后会生成一个 src 目录，该目录即为 Python 的源代码目录。

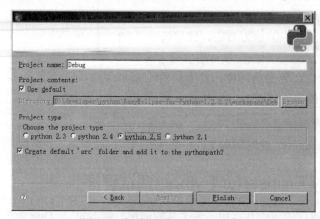

图 9-7　新建 Pydev Project（2）

最后单击【Finish】按钮，完成 Debug 工程的创建。在 src 目录下新建 Pydev Module，文件命名为 trace.py。trace.py 中的代码为 9.2 节的调试程序。

9.3.2　配置调试

在调试程序之前，需要设置 Python 解释器的路径，并导入 Python 环境变量下包含的库文件。打开【Window】|【Preferences】菜单，弹出如图 9-8 所示的【Preferences】对话框。【Preferences】对话框可以对 Eclipse 的开发环境和各种插件进行设置，其中节点 Pydev 就是 Python 插件的设置项。

展开节点 Pydev 后选中 Interpreter Python 子节点。然后单击【New…】按钮，加入 python25.exe、pythonw25.exe 所在的路径。最后单击【Apply】按钮，Eclipse 将自动加载 Python 环境变量下包含的库文件。

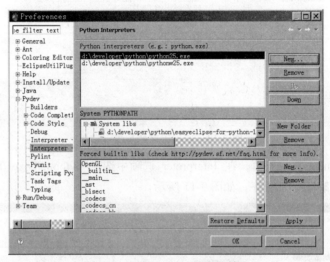

图 9-8　【Preferences】对话框

下面设置文件 trace.py 的调试参数，单击【Run】|【Debug…】命令，弹出如图 9-9 所示的【Debug】对话框。

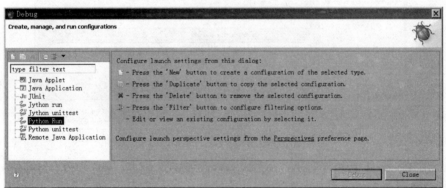

图 9-9　【Debug】对话框

选中其中的 Python Run 选项，该选项用于调试 Python 程序。单击左上角的"新建"图标，将会在 Python Run 下生成一个新的配置项，如图 9-10 所示。Name 表示调试项的名称，读者可以根据需要自定义，这里填写为 trace。【Main】标签页下的 Project 表示需要调试的工程，这里填写前面创建的工程 trace。Main Medule 选项表示需要调试的 Python 文件。单击【Apply】按钮后，将自动带出环境变量 PYTHONPATH 中的路径。

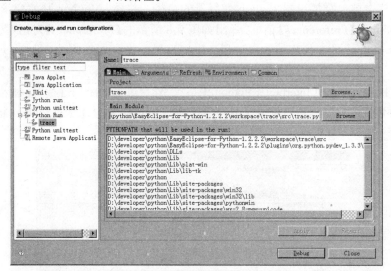

图 9-10　调试程序的配置（1）

切换到【Arguments】标签页，在 Interpreter 选项中选择 python25.exe 的路径作为解释器，pythonw25.exe 用于解释 GUI 程序，如图 9-11 所示。

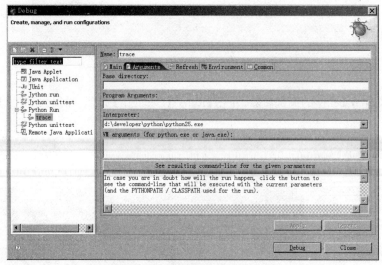

图 9-11　调试程序的配置（2）

最后单击【Debug】按钮就可以把 trace.py 切换到调试模式下。程序中没有设置任何断点，此时的调试并不能查看程序运行的状态，下面将在程序中添加断点。

9.3.3　设置断点

在文件 trace.py 的第 10 行代码处设置断点，然后单击 Eclipse 工具栏中的 Debug 按钮启动调试程序。trace.py 的调试模式设置成功后，将在 Debug 按钮的下拉菜单中出现 trace 子菜单，如图 9-12

所示。单击 trace 子菜单也可以启动调试程序。

　　当程序运行到断点处时，Eclipse 将自动切换到 Debug 窗口下。【Breakpoints】标签页显示了当前程序中的断点信息，如图 9-13 所示。

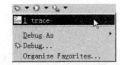

图 9-12　启动调试程序　　　　　　　　　图 9-13　trace.py 的 Debug 调试窗口

　　其中【Debug】标签页显示 trace.py 的主线程。【Outline】标签页显示当前程序中定义的函数，trace.py 中定义了 fun() 和 format() 这两个函数。【Console】标签页用于显示控制台的输出，例如 print 语句的输出和异常的显示。按 F5 键进行单步调试，函数 format() 将调用函数 fun()。切换到【Variables】标签页可以查看程序中变量的值。当程序单步运行到第 7 行时，可以查看到变量 a、b 此刻的值，如图 9-14 所示。

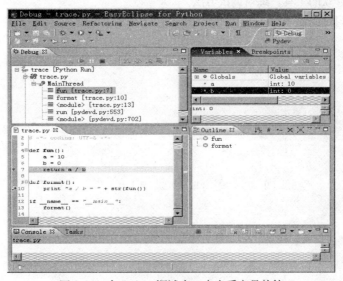

图 9-14　在 Debug 调试窗口中查看变量的值

按 F8 键程序将从函数 fun()返回函数 format()的 print 语句，此时【Console】标签页并没有任何异常输出。继续按 F5 键进行单步调试，【Console】标签页将输出如图 9-15 所示的异常。

图 9-15　异常信息的输出

单击【Console】标签页最后一处的链接，Eclipse 将直接定位到异常发生的源点。把变量 b 的值改为非零值即可修正异常。

9.4　小结

本章介绍了 Python 中异常的处理，重点讲解了 Python3.3 异常的组织结构以及 try…except、try…finally、raise、assert 语句的使用。Python 中的 traceback 对象可以记录异常信息和当前程序的状态。当异常发生时，traceback 对象将输出异常信息。异常信息应从下往上阅读，可以快速地定位出错的行号。最后讲解了程序调试的一般步骤以及断点设置、单步、跳出等调试方法。结合 ZeroDivisionError 异常讲解了自带 IDLE、Eclipse 等 IDE 工具的调试功能。当程序出现问题后，调试是解决问题的常用手段。熟练使用 IDE 工具进行调试可以提高程序开发的效率。

9.5　习题

1. 选择自己喜欢的工具，练习调试方法。
2. 把前面学习过的例子，都用本章学习的方法增加异常处理。

第 10 章　Python 数据库编程

本章将介绍 Python 的数据库编程。日常开发中 90%的应用都需要使用数据库，数据库为数据提供了安全、可靠、完整的存储方式。Python 提供了多种连接数据库的手段，包括 ODBC、DAO、ADO，以及 Python 的专用模块等方式。Python 的 shelve 模块可以模拟小型数据库，支持以字典的方式访问数据库。SQLite 是一种嵌入式的数据库，通常作为 Python 的 GUI 程序的后台数据库。本章将介绍 SQLite 数据库的基本语法和操作方法等方面的内容。

本章的知识点：
- ❑ ODBC 的连接方式
- ❑ DAO 的连接方式
- ❑ ADO 的连接方式
- ❑ 访问 Oracle 数据库的各种方法
- ❑ MySQL 数据库的访问
- ❑ SQLite 数据库的使用

10.1　Python 环境下的数据库编程

Python 提供了多种连接数据库的手段，包括 ODBC、DAO、ADO，以及 Python 的专用模块等方式。Python 提供了连接 Oracle、MySQL 等数据库的专用模块。ADO 和 Python 的专用模块是比较常用的访问方法。

10.1.1　通过 ODBC 访问数据库

ODBC（Open DataBase Connectivity）是微软建立的一组规范，ODBC 提供了一组对数据库访问的应用程序编程接口，通过这些接口函数可以完成数据库的各种操作。ODBC 的应用程序不依赖于任何数据库，所有的数据库操作都由对应的数据库 ODBC 驱动程序完成。ODBC 在大多数的数据库上都可以使用，例如文件系统、Access、SQLServer、Oracle 数据库均可用 ODBC 进行访问。程序员可以直接将 SQL 语句发送给 ODBC 处理，ODBC 统一了数据库的处理方式。下面以连接 Access 数据库为例说明 ODBC 的连接方式。

单击【开始】|【程序】命令，找到并打开 Access 数据库。在 Access 中创建表 address，表结构如图 10-1 所示。

在访问 addresses 数据库之前，需要先创建数据源，建立 Access 和 ODBC 的连接。单击【开始】|【设置】|【控制面板】命令，打开【管理工具】|【创建新数据源】窗口，选择 Microsoft Access Driver (*.mdb)选项，如图 10-2 所示。

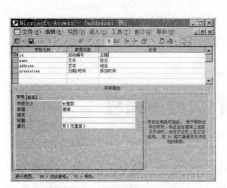

图 10-1　表 address 的结构

图 10-2　创建 Access 数据源

单击【完成】按钮，弹出如图 10-3 所示的对话框。在【数据源名】项中输入数据库的名称，即 address。然后单击【选择…】按钮。弹出【选择数据库】对话框，找到 addresses.mdb 的文件路径，如图 10-4 所示。

图 10-3　选择 ODBC 数据源

图 10-4　选择 Access 数据库

最后单击【确定】按钮即完成了 ODBC 连接的配置。这样在程序中就可以正常调用 addresses 数据库了。ODBC 连接数据主要是使用 odbc ()返回的 curser 对象对数据集合进行操作。下面这段代码查询表 address，并返回查询的结果集。

```
01    import odbc, dbi                              # 导入ODBC模块和驱动程序
02    import time
03
04    db = odbc.odbc('addresses/scott/tiger')        # 打开数据库连接
05    curser = db.cursor()                           # 产生cursor游标
06    curser.execute("select * from address order by id desc")
07    for col in curser.description:                 # 显示行描述
08        print (col[0], col[1])
09    result = curser.fetchall()
10    for row in result:                             # 输出各字段的值
11        print (row)
12        print (row[1], row[2])
13        timeTuple = time.localtime(row[3])
14        print (time.strftime('%Y/%m/%d', timeTuple))
```

【代码说明】

❏ 第 1 行代码导入 odbc、dbi 模块，使程序能找到数据源中设置的 Access 数据库。

❏ 第 4 行代码连接 Access 数据库 addresses.mdb。其中 addresses 表示数据库名称，scott 表示数据源的用户名，tiger 表示数据源的密码。

❏ 第 5 行代码返回 Access 数据库的游标对象 curser，该游标对象可以查询、添加、删除和修

改数据库。

❑ 第 6 行代码调用 curser 对象的 execute()方法查询表 address 的内容。

❑ 第 7 行代码遍历 curser 对象 description 属性。

❑ 第 8 行代码输出表 address 的字段名称和字段类型。输出结果如下所示。

```
id NUMBER
name STRING
address STRING
createtime DATE
```

❑ 第 9 行代码调用 curser 对象的 fetchall()方法，返回结果集对象 result。

❑ 第 10 行代码遍历 result 结果集。

❑ 第 11 行代码输出表 address 每行的内容。输出结果如下所示。

```
(3,'\xcd\xf5\xce\xe5','\xb1\xb1\xbe\xa9\xb6\xab\xb3\xc7\xc7\xf8', <DbiDate object at 0x00BBB0C0>)
(2,'\xc0\xee\xcb\xc4','\xb1\xb1\xbe\xa9\xb3\xaf\xd1\xf4\xc7\xf8', <DbiDate object at 0x00BBB0A0>)
(1,'\xd5\xc5\xc8\xfd','\xb1\xb1\xbe\xa9\xba\xa3\xb5\xed\xc7\xf8',<DbiDate object at 0x00BBB0D0>)
```

❑ 第 12 行代码输出 name、address 字段的值。输出结果如下所示。

```
王五  北京东城区
李四  北京朝阳区
张三  北京海淀区
```

❑ 第 13 行代码调用 localtime()方法把字段 createtime 转换为元组。

❑ 第 14 行代码调用 strftime()方法把元组格式化为字符串输出。输出结果如下所示。

```
2014/03/12
2014/02/06
2014/01/09
```

10.1.2　使用 DAO 对象访问数据库

DAO（Data Access Object）是常见的一种连接数据库的方式。DAO 具有面向对象的接口，提供了 Microsoft Jet 数据库引擎，可以直接连接到数据库，操作方式和 ODBC 相似。DAO 适用于小型应用程序或小范围本地使用。DAO 模型是设计关系数据库系统结构的对象类的集合。DAO 提供了管理一个关系型数据库系统所需操作的属性和方法，包括创建数据库、定义表、字段和索引，以及查询、添加、删除、修改等操作。

Python 的扩展模块 win32com.client 实现了 DAO 的连接方式。DAO 的连接方式不需要类似 ODBC 的配置操作，可以在 Python 程序中直接连接数据库。下面这段代码通过 DAO 的方式连接 Access 数据库 addresses，并演示了 DAO 查询和插入等操作数据库的方法。

```
01    import win32com.client
02
03    engine = win32com.client.Dispatch("DAO.DBEngine.36")      # 实例化数据库引擎
04    db = engine.OpenDatabase("addresses.mdb")                 # 打开数据库连接
05    rs = db.OpenRecordset("address")                          # 根据表名返回结果集对象
06    rs = db.OpenRecordset("select * from address")            # 通过SQL语句返回数据集对象
07    # 插入数据
08    db.Execute("""
09    insert into address(name, address, createtime)
10    values('赵涛', '上海虹口', '2008-3-25')
11    """)
```

```
12    while not rs.EOF:                                          # 输出表address中的数据
13        print ((rs.Fields("address").Value).encode('gb2312')) # 转为gb2312编码后输出
14        rs.MoveNext()
```

【代码说明】

- ❑ 第 1 行代码导入 win32com.client 模块。该模块调用 win32 的接口访问数据。
- ❑ 第 3 行代码实例化数据库引擎，返回对象 engine。
- ❑ 第 4 行代码访问数据库 addresses.mdb，返回数据库连接 db。
- ❑ 第 5 行代码根据表名返回结果集对象 rs。
- ❑ 第 6 行代码根据 SQL 语句返回数据集对象 rs。该 rs 对象的内容和第 5 行代码 rs 对象的内容相同。
- ❑ 第 8 行代码调用 db 对象的 Execute()方法执行插入操作。
- ❑ 第 12 行代码遍历结果集对象 rs，如果 rs 中的记录指针移到表 address 的尾部，则退出循环。
- ❑ 第 13 行代码获取字段 address 的值，由于 address 字段中包含中文，输出时需要进行编码转换。Python 提供了 encode()方法进行编码转换，把字符串的字符集转换为"gb2312"即可。输出结果如下所示。

```
北京海淀区
北京朝阳区
北京东城区
上海虹口
```

- ❑ 第 14 行代码调用 MoveNext()方法，把记录指针移动到下一行。

注意　不同版本的Access数据对应的数据库引擎可能不同。如果数据库是Access97，则使用 DAO.DBEngine.35作为引擎。

10.1.3　使用 ActiveX Data Object 访问数据库

ActiveX Data Objects (ADO)是微软提供的连接数据库的接口。ADO 的访问速度比 DAO 更快。ADO 可以支持多种数据库，例如 Oracle、SQL Server、Access、MySQL 等。同时 ADO 可以应用于文本文件、Word、Excel 等文件类型的数据源。ADO 的连接方式需要设置连接字符串，连接字符串是由连接数据库的参数组成的。例如，连接 oracle 数据库的连接字符串可以表示为 Provider=OraOLEDB.Oracle; PLSQLRSet=1;Password=tiger;UserID=scott。参数 Provider 表示数据源名称，参数 PLSQLRSet 表示返回 PLSQL 结果集，参数 Password 表示访问数据库的密码，参数 UserID 表示访问数据库的账户。

下面以访问 oracle 数据库示例表 emp、dept 为例说明 ADO 连接方式的使用。表 emp、dept 是 scott 账户下的表。使用 PL/SQL Developer 连接 oracle 数据库，登录的用户名为 scott，密码为 tiger。要求从表 emp、dept 中查询薪水大于 2500 元的员工姓名、工作、薪水、所在部门和部门管理者等信息。由于需要列出部门管理者的姓名，所以需要使用自连接，即 from 语句中需要两个表 emp。员工中只有公司老板没有管理者而且薪水大于 2500 元，所以需要使用外连接才能显示出这条记录。SQL 语句如图 10-5 所示。

下面这段代码通过 ADO 的连接方式实现了上述的查询。

```
01    import win32com.client
02
03    conn = win32com.client.Dispatch('ADODB.Connection')  # 实例化数据库连接对象
```

```
04    dsn='Provider=OraOLEDB.Oracle;PLSQLRSet=1;Password=tiger;UserID=scott;
05    DataSource=ORCL'
06    conn.Open(dsn)                                          # 打开Oracle数据库
07    rs = win32com.client.Dispatch('ADODB.Recordset')
08    sql = """select a.ename 姓名,a.job 工作,a.sal 薪水,c.dname 部门,b.ename 管理者
09           from emp a,emp b,dept c
10           where a.sal > 2500
11           and a.deptno = c.deptno
12           and a.mgr = b.empno(+)
13           order by a.sal"""
14    rs.Open(sql, conn)                                      # 返回查询的结果集
15    rs.MoveFirst()
16    li = list()
17    while not rs.EOF:
18        d = dict()
19        for x in range(rs.Fields.Count):                    # 把每行数据存储在一个字典中
20            key = rs.Fields.Item(x).Name
21            value = rs.Fields.Item(x).Value
22            d.setdefault(key, value)                         # 建立字段名和字段值的对应关系
23        li.append(d)                                         # 把每个字典存储在列表中
24        print (rs.Fields("薪水").Value, rs.Fields("工作").Value, \
25            rs.Fields("部门").Value, rs.Fields("姓名").Value, \
26            rs.Fields("管理者").Value)
27        rs.MoveNext()
28    for d in li:                                             # 输出列表中的内容
29        for key in d.keys():
30            print (key.encode("gb2312"), d.get(key),)
31        print()
32    conn.Close()                                             # 关闭连接
```

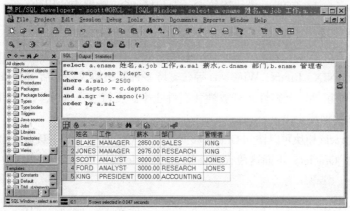

图 10-5　查询薪水大于 2500 元的员工信息

【代码说明】

❑ 第 3 行代码实例化数据库引擎，返回连接对象 conn。

❑ 第 4 行代码表示 Oracle 数据库的连接字符串。

❑ 第 6 行代码建立 Oracle 数据库的连接。

❑ 第 7 行代码创建结果集对象 rs。

❑ 第 8 行代码查询工资大于 2500 元的员工信息。

❑ 第 14 行代码获取查询的结果集。

❑ 第 15 行代码把记录指针移动到结果集的第 1 行。

❑ 第 19~22 行代码遍历每行数据的字段，建立字段名和字段值的对应关系，并存储到 1 个字典中。

❑ 第 23 行代码把每行记录对应的字典存储到列表中。

❑ 第 24 行代码输出结果集的内容，Fields() 方法通过字段名获取字段对象。输出结果如下所示。

```
2850 MANAGER SALES BLAKE KING
2975 MANAGER RESEARCH JONES KING
3000 ANALYST RESEARCH SCOTT JONES
3000 ANALYST RESEARCH FORD JONES
5000 PRESIDENT ACCOUNTING KING None
```

❑ 第 28~31 行代码遍历列表中的每个字典，输出列表中的内容。输出结果如下所示。

```
薪水 2850 工作 MANAGER 部门 SALES 姓名 BLAKE 管理者 KING
薪水 2975 工作 MANAGER 部门 RESEARCH 姓名 JONES 管理者 KING
薪水 3000 工作 ANALYST 部门 RESEARCH 姓名 SCOTT 管理者 JONES
薪水 3000 工作 ANALYST 部门 RESEARCH 姓名 FORD 管理者 JONES
薪水 5000 工作 PRESIDENT 部门 ACCOUNTING 姓名 KING 管理者 None
```

❑ 第 32 行代码关闭数据库连接。

> **注意**　由于SQL语句中的别名使用了中文，所以需要调用encode()方法转换一下。

10.1.4　Python 连接数据库的专用模块

Python 提供了连接数据库的专用模块，不同的数据库可以使用相应的专用模块访问数据库。下面将介绍 cx_Oracle、MySQLdb 模块连接 Oracle、MySQL 数据库的用法。

1. cx_Oracle 模块

Oracle 是一种适用于大中型和微型计算机的关系数据库管理系统。Oracle 数据库可运行在多种操作系统上，包括 UNIX、Linux、Windwos 等，支持多种网络协议，包括 TCP/IP、DECnet、LU6.2 等，具有良好的可移植性、兼容性、开放性和高吞吐率。支持 Oracle9i、Oracle10g、Oracle11g 等不同版本的 Oracle 数据库。

Python 的 cx_Oracle 模块可以访问 Oracle 数据库，cx_Oracle 模块的下载地址为 http://www.python.net/crew/atuining/cx_Oracle/。下面这段代码使用 cx_Oracle 模块连接 Oracle9.2 数据库。

```
01   import cx_Oracle
02
03   connection = cx_Oracle.connect("scott", "tiger", "ORCL") # 连接Oracle数据库
04   cursor = connection.cursor()                             # 获取cursor对象操作数据库
05   sql = """select a.ename 姓名,a.job 工作,a.sal 薪水,c.dname 部门,b.ename 管理者
06        from emp a,emp b,dept c
07        where a.sal > 2500
08        and a.deptno = c.deptno
09        and a.mgr = b.empno(+)
10        order by a.sal"""
11   cursor.execute(sql)
12   for x in cursor.fetchall():
13       for value in x:
14           print (value,)
```

```
15    print()
16    cursor.close()
17    connection.close()
```

【代码说明】

❑ 第 1 行代码导入 Oracle 的专用模块 cx_Oracle。

❑ 第 3 行代码连接 Oracle 数据库。

❑ 第 4 行代码创建游标对象 cursor，该对象可执行 SQL 语句。

❑ 第 11 行代码执行 SQL 语句，查询工资大于 2500 元的员工信息。

❑ 第 12～15 行代码返回查询的结果集，并输出结果集的内容。输出结果如下所示。

```
BLAKE MANAGER 2850.0 SALES KING
JONES MANAGER 2975.0 RESEARCH KING
SCOTT ANALYST 3000.0 RESEARCH JONES
FORD ANALYST 3000.0 RESEARCH JONES
KING PRESIDENT 5000.0 ACCOUNTING None
```

❑ 第 16 行代码关闭游标对象。

❑ 第 17 行代码关闭数据库连接。

2. MySQLdb 模块

MySQL 是一个小型关系型数据库管理系统。MySQL 是一个开源软件，体积小、速度快，广泛应用在 Internet 上的中小型网站中。MySQL 支持 UNIX、Linux、Mac OS、Windows 等多种操作系统。可支持多种编程语言进行开发，例如，C、C++、Java、Perl、PHP、Python、Ruby 等。提供 TCP/IP、ODBC、JDBC 等多种数据库连接方式。支持多种编码集，如 UTF-8、GB2312、Unicode 等。

MySQLdb 模块操作 MySQL 数据库非常方便。本书使用的是 MySQL5.0，读者可以到 http://download.mysql.cn/ 下载所需版本的 MySQL 数据库。在使用 MySQLdb 模块访问数据库之前，先创建一个数据库。phpMyAdmin 是一个开源的 MySQL 数据库管理软件，读者也可以到 http://download.mysql.cn/ 下载最新的 phpMyAdmin。下面在 phpMyAdmin 中创建一个数据库，如图 10-6 所示。

输入数据库名称，并选择字符集 utf8_unicode_ci 后单击【创建】按钮，数据库 addressbookdb 创建成功。然后在 phpMyAdmin 中创建地址表 address，如图 10-7 所示。

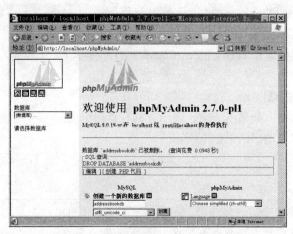

图 10-6　创建数据库 addressbookdb

图 10-7　创建地址表 address

> **注意**　如果MySQL数据库中包含中文字符，需要在创建数据库时选择utf8_unicode_ci字符集，否则Python程序执行插入操作将出现异常。异常信息如下所示。

```
(1406, "Data too long for column 'name' at row 1")
```

下面这段代码实现了 Python 对 MySQL 数据库的插入和查询操作。

```python
01    import os, sys
02    import MySQLdb
03    # 连接数据库
04    try:
05        conn = MySQLdb.connect(host='localhost',user='root',passwd='',db='ADDRESSBOOKDB')
06    except Exception, e:
07        print (e)                                    # 打印错误
08        sys.exit()
09    cursor = conn.cursor()
10    sql = "insert into address(name, address) values (%s, %s)"
11    values = (("张三", "北京海淀区"), ("李四", "北京海淀区"), ("王五", "北京海淀区"))
12    try:
13        cursor.executemany(sql, values)              # 插入多条数据
14    except Exception, e:
15        print (e)                                    # 打印错误
16    sql = "select * from address"
17    cursor.execute(sql)                              # 查询数据
18    data = cursor.fetchall()
19    if data:
20        for x in data:
21            print (x[0], x[1])
22    cursor.close()                                   # 关闭游标
23    conn.close()                                     # 关闭数据库
```

【代码说明】

❑ 第 2 行代码导入 MySQL 的专用模块 MySQLdb。

❑ 第 5 行代码调用 connect()方法连接 addressesdb 数据库，用户名为 root，密码为空，主机地址为 localhost。返回数据库连接对象 conn。

❑ 第 6 行代码，如果数据库不存在，则抛出异常，并调用 sys.exit()中断程序的执行。异常信息如下所示。

```
(1049, "Unknown database 'addressbookdb'")
```

❑ 第 9 行代码调用 cursor()返回游标对象 cursor。

❑ 第 10~15 行代码插入多条记录。游标对象 cursor 的 executemany()方法可以一次性插入多条记录。

❑ 第 18 行代码查询表 address，返回结果集 data。

❑ 第 19 行代码判断结果集 data 是否为空。如果不为空，表示查询有返回记录。

❑ 第 21 行代码输出结果集 data 的内容。输出结果如下所示。

```
李四  北京海淀区
王五  北京海淀区
张三  北京海淀区
```

> **注意**　如果存储到MySQL数据库的字符串中含有特殊字符，如单引号，可以使用MySQLdb模块的函数escape_string()进行转义，然后再存储到数据库中。

10.2　使用 Python 的持久化模块读写数据

Python 的标准库提供了几种持久化模块。这些模块可以模拟数据库的操作，把数据保存在指定的文件中，例如 dbhash、anydbm、shelve 等模块。

shelve 模块是 Python 的持久化对象模块，该模块与 anydbm 模块的用法相似。但是 shelve 模块返回字典的 value 值支持基本的 Python 类型，例如字符串、数字，也支持元组、列表和字典等特殊类型。shevle 模块的 open() 与 dbhash 模块的 open() 使用方法相似。下面这段代码演示了 shelve 模块的使用。

```
01    import shelve
02
03    addresses = shelve.open('addresses')
04    addresses['1'] = ['Tom', 'Beijing road', '2008-01-03']
05    addresses['2'] = ['Jerry', 'Shanghai road', '2008-03-30']
06    if addresses.has_key('2'):
07        del addresses['2']
08    print (addresses)
09    addresses.close()
```

【代码说明】

- ❏ 第 3 行代码打开 addresses 数据库，如果 addresses 数据库不存在，则创建该数据库。当前目录下会创建一个名为 addresses 的文件。open() 方法返回一个 shelve 对象 addresses。
- ❏ 第 4、5 行代码添加两条数据。addresses 对象的操作方式和字典相同。
- ❏ 第 6 行代码判断 addresses 对象中是否存在关键字"2"。如果存在，则删除对应的数据。
- ❏ 第 8 行代码输出 addresses 对象的内容，输出结果如下所示。

```
{'1': ['Tom', 'Beijing road', '2008-01-03']}
```

- ❏ 第 9 行代码关闭数据库连接。

注意　shelve 模块返回字典的 key 值只支持字符串类型。

10.3　嵌入式数据库 SQLite

SQLite 是一个开源的嵌入式数据库引擎，体积小巧，可应用于 Windows、Linux 等多种操作系统，可以被安装在个人计算机、掌上设备、播放器等不同设备中。SQLite 实现了可配置、事务管理、数据文件的跨平台等特性，已经成为应用最多的一种数据库系统。

10.3.1　SQLite 的命令行工具

SQLite 是非常著名的开源嵌入式数据库。SQLite 可以嵌入应用程序中，并且提供了 SQL 接口访问数据。读者可以从 SQLite 官方网址 http://www.sqlite.org 下载 SQLite 数据库。SQLite 数据库提供了 DOS 命令行工具，该工具也可以在 http://www.sqlite.org 下载。运行命令行工具，在命令行中创建表 test，如图 10-8 所示。

由于之前没有创建数据库，创建表 test 后，SQLite 会自动创建一个临时文件存储。可以使用 .database 命令查看该文件的路径。如果是 Windows 操作系统，一般在 C:\Documents and Settings\abc\Local

Settings\Temp 路径下。表 test 创建成功后可以使用.schema 命令查看表 test 的结构，如图 10-9 所示。

图 10-8　创建表 test　　　　　　　　　　图 10-9　查看表结构

下面向表 test 中输入两条记录，然后查询表 test 的内容，如图 10-10 所示。

> **注意**　SQLite命令行的每行语句以分号结束，对于复杂的SQL语句可以换行书写。

图 10-10 所示记录的显示方式与常见的方式差异很大。一般每条记录会显示在一行中，并且每列数据对齐显示。SQLite3 提供了显示模式的选择，可以使用.mode 命令设置数据的显示模式，如图 10-11 所示。

图 10-10　插入数据并查询结果　　　　　图 10-11　设置数据的显示模式

> **注意**　表test存储在内存中，如果关闭当前的命令行窗口，表test所占用的资源也会被释放。再次打开命令行窗口查询表test将提示错误信息。错误信息如下所示。

```
SQL error: no such table: test
```

SQLite 的命令行还提供了许多实用的操作，读者可以通过.help 命令查看这些具体的命令。命令行工具的功能有限，而且操作不够方便。例如，当某个表的数据量很大时，查看结果集就比较困难。SQLite 有许多第三方的数据库客户端工具，如 SQLitespy、SQLiteManager。下面将使用 SQLiteManager 创建存储个人地址簿的数据库，SQLiteManager 的下载地址为 http://www.sqlabs.net/sqlitemanager.php。SQLiteManager 可以创建、删除数据库、表、视图等数据库对象，提供查询操作、查询分析，以及修改表结构等功能。

运行 SQLiteManager 后，可以选择打开或创建数据库，如图 10-12 所示。单击【Continue】按钮，弹出保存对话框，指定数据库名称和存储路径，如图 10-13 所示。

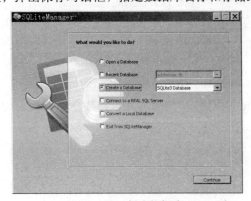 

图 10-12　创建数据库　　　　　　　　　图 10-13　指定数据库的名称和存储路径

完成数据库的创建后，进入 SQLiteManager 的主界面。然后创建表 address，创建后的表结构如图 10-14 所示。单击工具栏中的 SQL 图标，查询表 address 的内容，如图 10-15 所示。

图 10-14　创建表 address

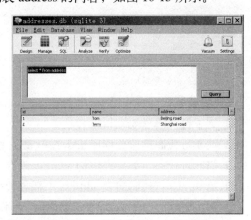

图 10-15　查询表 address 的内容

10.3.2　使用 sqlite3 模块访问 SQLite 数据库

Python3 已经自带了 sqlite3 模块。如果要使用 SQLite 数据库，需要导入 sqlite3 模块。连接 SQLite 数据库可以分为以下 6 步。

1）导入 sqlite3 模块。

2）调用 connect()创建数据库连接，返回连接对象 conn。

3）调用 conn.execute()方法创建表结构并插入数据。如果设置了手动提交，需要调用 conn.commit()提交插入或修改的数据。

4）调用 conn.cursor()方法返回游标，通过 cur.execute()方法查询数据库。

5）调用 cur.fetchall()、cur.fetchmany()或 cur.fetchone()返回查询结果。

6）关闭 cur 和 conn。

下面这段代码创建了数据库 addresses，并创建表 address。然后向表 address 中插入数据，并查询数据。

```
01   import sqlite3
02
03   # 连接数据库
04   conn = sqlite3.connect("D:/developer/python/example/10/addresses.db")
05   # 创建表
06   conn.execute("create table if not exists address(id integer primary key autoincrement, name
07   varchar(128), address varchar(128))")
08   # 插入数据
09   conn.execute("insert into address(name, address) values ('Tom', 'Beijing road')")
10   conn.execute("insert into address(name, address) values ('Jerry', 'Shanghai road')")
11   # 手动提交数据
12   conn.commit()
13   # 获取游标对象
14   cur = conn.cursor()
15   # 使用游标查询数据
16   cur.execute("select * from address")
17   # 获取所有结果
```

```
18    res = cur.fetchall()
19    print ("address: ", res)
20    for line in res:
21        for f in line:
22            print (f,)
23        print()
24    # 关闭连接
25    cur.close()
26    conn.close()
```

【代码说明】

❑ 第 1 行代码导入 sqlite3 模块。

❑ 第 4 行代码连接数据库 addresses.db。如果 addresses.db 不存在，则创建该数据库文件。

❑ 第 6 行代码，如果表结构 address 不存在，则创建表 address。

❑ 第 9、10 行代码向表 address 中插入数据。

❑ 第 12 行代码手动提交数据。在调用 execute() 方法之前设置数据库的事务级别 conn.isolation_level=""，这样可以不用调用 commit() 方法提交数据。

❑ 第 14 行代码调用 cursor() 方法，返回游标对象 cur。对象 cur 用于查询数据。

❑ 第 16 行代码调用对象 cur 的 execute() 查询表 address。

❑ 第 18 行代码调用对象 cur 的 fetchall() 返回表 address 的所有数据，并把数据存储在对象 res 中。

❑ 第 19 行代码输出结果集对象 res。输出结果如下所示。

```
address: [(1, u'Tom', u'Beijing road'), (2, u'Jerry', u'Shanghai road')]
```

❑ 第 20～23 行代码循环输出结果集对象 res。

```
1 Tom Beijing road
2 Jerry Shanghai road
```

❑ 第 25 行代码关闭游标对象 cur。

❑ 第 26 行代码关闭数据库连接对象 conn。

10.4　小结

木章介绍了 Python 的数据库编程，重点讲解了 Python 连接数据库的几种方式，包括 ODBC、DAO、ADO 和专用模块。结合各种连接方式，演示了 Python 连 Access、MySQL、Oracle 等数据库的方法。Python 提供了对持久化的支持，提供了 shevle、pickle 等模块。这些模块可以创建 DBM 类型的数据库，并返回字典类型的对象。最后介绍了嵌入式数据库 SQLite，该数据库和 Python3 一起发布，适合于桌面应用程序的数据库。

下一章将介绍使用 Python 进行 GUI 开发。

10.5　习题

1. 根据自己的需求，练习相应的使用 Python 连接数据库进行操作的方法。

2. 创建一个 Access 数据库，然后练习使用 Python 读取出里面的数据。

第二篇
Python 的 GUI 程序设计

第 11 章　Python 的 GUI 开发

GUI 开发是一种关系到用户和计算机交互的技术，直接影响终端用户的使用感受以及 GUI 软件的使用效率。Python 作为一种"胶水性"的语言，提供了众多 GUI 开发库的绑定，适合快速开发 GUI。目前大部分的开发库还不支持 Py3k，并且库的更新速度不是很快。所以，如果使用的是 Py3k，可选择的开发库就不是很多了。本章将对一些常见的 GUI 开发库作简单的介绍。

本章的知识点：
❑ 认识 Python 内置的 Tkinter GUI 库
❑ 认识 PyQT GUI 库
❑ 使用 GUI 库开发 Python 程序

11.1　Python 的 GUI 开发选择

使用 Python 语言，可以通过多种 GUI 开发库来进行 GUI 开发。这些开发库中包含有内置在 Python 发行版中的 Tkinter，以及非常强大的 PyQT 等。此外，如果使用的是 Py2k，还有如 wxPython、PyGTK、PMW 等开发库可以选择，遗憾的是大部分的开发库更新比较缓慢，目前支持 Py3k 的开发库还不是很多。本章将具体使用 Python 内置的 Tkinter 开发进行介绍。

11.1.1　认识 Python 内置的 GUI 库 Tkinter

Tkinter 是 Python 发行版本中的标准 GUI 库，可以通过此访问 Tkinter 的 GUI 操作。这是一种小巧的 GUI 开发库，开发速度快，在小型应用中仍有不少的应用。Tkinter 可以运行在多种系统平台下，包括 Linux、Windows 和 Macintosh 等。从版本号 8.0 开始，Tkinter 在各个系统平台下提供了一样的外观。这种特性使得使用 Tkinter 模块构造的应用在不同的系统平台下看起来都是一样的。

在 Tkinter 中包含有大量的模块，其中 Tkinter 的接口是在名为_tkinter 的二进制模块中。在此模块中包含对 Tkinter 的底层访问接口，一般作为共享库或者 DLL 而存在，或者是静态链接到 Python 的解释器中。但是一般情况下在实际应用程序中不应该使用这些接口。为此，Tkinter 开发库提供了另外一些访问接口。这其中最重要的包括有 Tkinter 和 Tkconstants 模块。实际上，前一个模块将会自动导入后一个模块。因为 Tkinter 模块已经在 Python 的发行版本中内置，所以在使用 Tkinter 开发库的时候，只需将其导入即可。下面是两种导入 Tkinter 模块的方式。

```
01   In [1]: import tkinter
02
03   In [2]: from tkinter import *
```

注意 这里使用了IPython的shell，本书中有相关的介绍。

【代码说明】
- 在 In[1]中直接导入了 Tkinter，所有的 Tkinter 开发库符号可以在此名字空间下使用。
- 在 In[2]中将 Tkinter 模块下的所有符号都进行了导入，从而可以直接使用。

11.1.2　使用 Tkinter 进行开发

下面代码是一个使用 Tkinter 开发库的示例。

```
01   In [1]: from tkinter import *
02
03   In [2]: root = Tk()
04   In [3]: word = Label(root, text="Hello, world!")
05
06   In [4]: word.pack()
07
08   In [5]: root.mainloop()
```

【代码说明】
- 第 1 行代码，将 Tkinter 模块中的符号都导入进来。这其中包括使用 Tkinter 接口的必需符号等。
- 第 3 行代码，为了能够初始化 Tkinter，首先需要创建一个 Tk 的根部件。实际上此窗口部件是一个普通的窗口，包括一个标题栏和窗口管理器所提供的窗口装饰部分，如最大化按钮等。在一个 Tkinter 开发的应用程序中，只需要创建一个根窗口部件即可，而且此部件的创建必须是在其他的窗口部件创建之前。在 In[2]中，直接使用 Tk 就可以构建一个这样的部件了。
- 第 4 行代码，在 In[3]中创建了一个标签部件，并赋值给 word 变量。其中，第一个参数为此部件的父部件，这里为刚刚创建的根窗口。一个标签部件可以显示文本，或者图标，甚至是图像。在这里，使用了 text 的关键字来显示文本"Hello, world!"。
- 第 6 行代码，在 In[4]中，调用了 word 的 pack 方法。此标签将会根据自身文本的大小来自适应地加入根窗口部件中。
- 第 8 行代码，在上面的步骤中，已经创建了一个最简单的 Tkinter 窗口。可以通过调用根窗口部件的 mainloop 方法来使得 Tkinter 进入其事件循环。在调用此方法后，系统将会显示刚刚创建的窗口。此窗口将会一直显示直到用户手工将其关闭。实际上，在事件循环中，将会处理下面的 3 类事件。首先是用户提交的响应，包括键盘按键和鼠标单击等；其次是窗口系统的事件响应，包括窗口的放大缩小和重绘等；最后是 Tkinter 本身的事件响应，包括窗口排列（通过 pack 方法）等。

上面操作后显示的窗口如图 11-1 所示。

从图 11-1 中可以看出，此窗口中仅仅包含一个简单的文本

图 11-1　最简单的 Tkinter 窗口

标签部件。上方的标题栏中默认是 tk。并且含有当前系统的窗口装饰，包括最大化、最小化和关闭按钮。同样的，可以拖动边缘改变窗口的大小。实际上，图 11-1 在高度上就进行了拉伸。同时可以看到，这里的文本标签并没有相应地改变位置。

在 Tkinter 开发库中，也提供了适合于大型软件开发的方式。可以使用类来将不同的窗口部件组合起来，从而形成一个更大的窗口部件。同时，不同的窗口部件还包含不同的事件响应。下面的示例代码中显示了这些内容的组合。

```
01    #filename: tkinter_1.py
02    from tkinter import *
03
04    class App:                                  #自定义了一个App类
05        def __init__(self, master):             #定义窗体
06            frame = Frame(master)
07            frame.pack()
08
09            self.hello = Button(frame, text="Hello",
10                    command=self.hello)
11            self.hello.pack(side=LEFT)
12
13            self.quit = Button(frame, text="Quit", fg="red",
14                    command=frame.quit)
15            self.quit.pack(side=RIGHT)
16
17        def hello(self):
18            print ("Hello,world!")
19
20    root = Tk()
21    root.wm_title("Hello")                      #设置标题
22    root.wm_minsize(200, 200)                   #设置窗口大小
23
24    app = App(root)
25
26    root.mainloop()
```

【代码说明】

❑ 第 2 行代码首先导入了使用 Tkinter 中的所有符号。

❑ 在第 4 行代码中定义了一个 App 类。在此类的构造函数中，自定义了一个窗口部件。在此窗口部件中，包含有一个 Frame，而在每个 Frame 中则包含有两个命令按钮。在每个按钮的创建中，通过 command 关键字来指定了当用户单击时执行的代码。

❑ 第 9 行代码，第一个按钮指定了一个自定义的处理函数，也就是打印出特定的字符串。

❑ 第 13 行代码，第二个按钮则是调用了系统定义的方法，将退出整个事件循环。然后将这些按钮分别加入到 Frame 中去，在加入时使用了 side 参数，这指明了窗口部件的加入位置。

实际上，pack 方法还支持更多的参数。

```
In [6]: help(Button.pack)
Help on method pack_configure in module Tkinter:

pack_configure(self, cnf={}, **kw) unbound Tkinter.Button method
    Pack a widget in the parent widget. Use as options:
    after=widget - pack it after you have packed widget
    anchor=NSEW (or subset) - position widget according to
```

```
                    given direction
        before=widget - pack it before you will pack widget
    expand=bool - expand widget if parent size grows
    fill=NONE or X or Y or BOTH - fill widget if widget grows
    in=master - use master to contain this widget
    ipadx=amount - add internal padding in x direction
    ipady=amount - add internal padding in y direction
    padx=amount - add padding in x direction
    pady=amount - add padding in y direction
    side=TOP or BOTTOM or LEFT or RIGHT - where to add this widget.
```

【代码说明】

从上面可以看出，pack 方法支持不少参数，用来进行自定义设置。例如可以通过设置 expand 的值来确定是否扩展。

- ❑ 第 20 行代码，在创建了一个 App 类后，使用 Tk 方法创建了一个根窗口部件。接下来的两行代码则分别设置了窗口的标题和大小。
- ❑ 第 24～26 行代码中，首先通过将刚生成的 root 对象传递给 App 类，从而生成了所需的自定义窗口。最后调用 mainloop 进入事件循环。

运行上面的代码，得到如图 11-2 的效果。

图 11-2　更复杂的 Tkinter 窗口

在图 11-2 中首先单击 Hello 按钮，可以看到在控制台上将会打印出相应的字符串。这是在 App 类中 hello 方法中定义的。单击多次则会打印出多条信息。最后单击 Quit 按钮，则将会退出事件循环，控制权将会重新回到 shell 中。运行和输出结果：

```
run tkinter_1.py
Hello,world!
Hello,world!
```

在 Tkinter 中，也提供了众多的窗口部件可以选择。同时，由于其是在 Python 标准发行版中内置的，所以一些 Python 语言的工具也是使用 Tk 来实现的。如在 Python 目录下的 tools/scripts 目录中，包含一个名为 redemo.py 的脚本文件。此工具可以用来对正则表达式进行检测，其图形化的实现方式采用的就是 Tkinter，运行时如图 11-3 所示。

由于 Tkinter 的这种灵巧方便，使得其在小型应用中还在广泛的使用。为了能够更好地使用 Tkinter，已有一些封装可以使用，如 Pmw 和 Tix 等。通过使用这些高层的封装库，可以更容易地对 Tkinter 进行操作，从而加速 GUI 开发。

图 11-3　正则表达式分析器

11.1.3　认识 PyQT GUI 库

QT 作为一种和 GTK 竞争的图形界面开发库，同样有着丰富的窗口部件类库。QT 是 Trolltech 公司所开发的，现在已经扩展为一个跨平台的应用开发框架，其网址为 http://trolltech.com/products。这里主要关注于其作为图形开发库的部分。Linux 系统平台下另一个桌面环境 KDE 就是基于 QT

的。PyQT 使得可以使用 Python 来访问 QT 图形开发库接口。可以从 http://www.riverbankcom puting.co.uk/ software/pyqt/网址下载对应版本的模块。

可以通过编译源码来安装 PyQT 框架，但是一般不需要。在 Linux 系统下，可以直接从源中安装已经编译好的二进制模块。同样的，在 Windows 系统平台下，可以使用已经设置好的安装程序来安装。图 11-4 显示了 PyQT 的安装过程。

从图 11-4 中可以看到，PyQT 模块的安装不仅仅包含 PyQT 模块，而且还包含 QT 的运行库以及一些相关的开发工具。如可以使用 QT Designer 工具可视化地构建 QT 的图形界面程序。

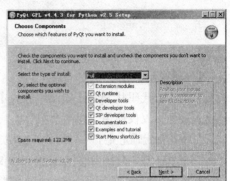

图 11-4　PyQT 的安装截图

在 PyQT 中所包含的组件如表 11-1 所示。

表 11-1　PyQT 的组件

组件名称	功　　能	组件名称	功　　能
QtCore	Qt 的实现核心部分，包含有事件循环和信号机制等	QtSql	Qt 的 SQL 语言支持
QtGui	Qt 的 GUI 类库	QtSvg	可以显示 SVG 类型的文件
QtHelp	Qt 的帮助文档	QtTest	Qt 的单元测试框架
QtNetwork	包含有 Qt 的网络部分实现	QtWebkit	Qt 的浏览器引擎实现
QtOpenGL	Qt 的 OpenGL 支持	QtXml	Qt 的 XML 处理时限，包括 SAX 和 DOM
QtScript	Qt 的 JavaScript 脚本支持	QtXmlPatterns	Qt 的 Xquery 和 Xpath 实现

对于简单的图形界面，一般会用到 QtCore 和 QtGui 组件。但是对于复杂的应用程序，则还需要用到下面的其他组件。

11.1.4　使用 PyQT GUI 库进行开发

下面是一个简单的 PyQT 程序的代码。

```
01    #filename: qt_1.py
02    #encoding=utf-8
03    import sys
04    from PyQt4 import QtCore, QtGui
05
06    class MyWidget(QtGui.QWidget):                #实现自定义的窗口部件
07        def __init__(self, parent=None):
08            QtGui.QWidget.__init__(self, parent)
09
10            self.setFixedSize(200, 120)
11
12            self.quit = QtGui.QPushButton("Quit", self)
13            self.quit.setGeometry(62, 40, 75, 30)
14            self.quit.setFont(QtGui.QFont("Times", 18, QtGui.QFont.Bold))
15
16            #关联信号
17            self.connect(self.quit, QtCore.SIGNAL("clicked()"),
18                    QtGui.qApp, QtCore.SLOT("quit()"))
19
```

```
20    app = QtGui.QApplication(sys.argv)
21
22    widget = MyWidget()
23    widget.show()
24
25    sys.exit(app.exec_())
```

【代码说明】

❑ 第 4 行代码从 PyQt4 模块中导入了 QtCore 和 QtGui 模块。也就是说，在这个简单的应用程序中，仅仅使用了这两个组件。

❑ 第 6 行代码定义了一个 MyWidget 类。此类是从 Qwidget 类中继承的。在其构造函数中，构造了一个自定义的窗口部件。此窗口中仅仅包含一个命令按钮，并通过相关方法设置了字体等属性。

❑ 第 17 行代码调用了 connect 方法将信号和处理函数关联了起来。

❑ 第 20~24 行代码，首先通过调用 Qapplication 类构建了一个 Qt 的应用，将命令行输入 sys.argv 作为其参数。然后生成了 MyWidget 的一个对象实例，此时将会生成具体的窗口。调用 show 命令将其显示出来。最后调用 exec_方法进入事件循环。

执行上面的代码段，可以看到如图 11-5 的显示。虽然在图 11-5 中只是一个简单的 PyQT 窗口，但是实际上使用 PyQT 可以构建很复杂的图形用户界面。图 11-6 中显示了 PyQT 中绘制的各种图形。如果需要迅速地构建 GUI 应用程序，PyQT 是一个很好的选择。

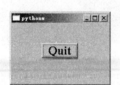

图 11-5 PyQT 的窗口

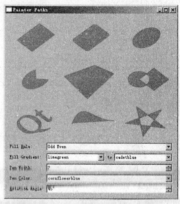

图 11-6 PyQT 中绘制的图形

11.2 小结

本章介绍了目前支持 Py3k 的两大流行的 GUI 开发库，其中 Tkinter 是 Python 内置的，安装 Python 后即可用它进行开发，并且兼容各大操作系统。PyQT 是一组非常强大的 GUI 开发库，并且拥有好用的设计工具，使用它能够很快地完成 GUI 程序的开发。下一章将具体介绍使用 Tkinter 进行 GUI 程序的开发。

11.3 习题

1. 说出目前 Python3.x 常用的 GUI 库。

2. 使用 Python 内置的 Tkinter 开发一个简单的 UI，设计一个只有一个 OK 按钮的界面。

第 12 章　GUI 编程与 Tkinter 相关组件介绍

本章将首先简单介绍图形界面编程（GUI），然后介绍 Tkinter 的常用组件。Tk 是 Python 默认的工具集，也是我们将会使用到的最基本的工具集。Thinter 是 Tk 的 Python 接口，通过 Tkinter 我们可以方便地调用 Tk 来进行图形界面开发。Tk 跟其他的开发库相比，不是最强大的，模块工具也不是非常的丰富。但是，它非常简单，所提供的功能开发一般的应用也完全够用了，并且能在大部分平台上运行。Python 自带的 IDLE 也是用 Tkinter 开发的。

本章的知识点：
❑ 了解 GUI 程序开发
❑ 学习 Tkinter 的主要组件

12.1　GUI 程序开发简介

在开始进行 Python GUI 开发之前，先介绍一下什么是 GUI 程序开发。我们使用过大量的客户端程序，这些都属于图形界面（GUI）程序。正如我们看到的，在一个界面上拥有很多的功能块，包括窗口、标签、按钮、输入框、菜单等。像图像处理（PS）或者画画一样，我们首先需要有一块空白的画布，然后在这块画布上划分出不同的区域，放上不同的模块，最后完成每一个模块的功能。

开发 GUI 程序时，首先我们得拥有底层的根窗口对象，在其基础上创建一个个小窗口对象。每一个窗口都是一个容器，我们可以将所需要的组件置于其中。每种 GUI 开发库都拥有大量的组件，一个 GUI 程序就是由各种不同功能的组件组成的，而根窗口对象则包括了所有的组件。

组件本身也可以作为一个容器，它可以包含其他的组件，如下拉框。这种包含其他组件的称为父组件，反过来，包含在其他组件中的组件称为子组件。这是一种相对的概念，对于有着多层包含的情况，某组件的父组件一般指的是直接包含它的组件。

构建出了 GUI 程序的每一个组件，程序的界面就完成了。但是现在它只能看不能用，接下来需要给每一个组件添加对应的功能。

用户在使用 GUI 程序时，会进行各种操作，如鼠标移动，按下以及松开鼠标按键，按下键盘按键等，这些均称为事件。每个组件对应着一些行为，如在文本框中输入文本，单击按钮等，这些也称为事件。GUI 程序启动的时候就一直监听着这些事件，当某个事件发生的时候，就进行对应的处理并返回相应的结果。所以说，GUI 程序是由这一整套的事件所驱动的，这个过程称为事件驱动处理。

一个事件发生后，GUI 程序捕获该事件、做出对应的处理并返回结果的过程称为回调。比如计算器程序，单击了"等于="按钮之后，便产生了一个事件，需要计算最终的结果，程序便开始对算式进行计算，并返回最终的结果，显示出来。这个计算并显示最终结果的过程就称为回调。

当为程序需要的每一个事件都添加完相应的回调处理之后，整个 GUI 程序就完成了。

12.2 Tkinter 与主要组件

Tkinter 中提供了比较丰富的控件，完全能够满足基本的 GUI 程序的需求。本节将介绍一些常用和主要的控件，并提供示例代码。如果想了解每种组件的详细用法，可以参考官方的文档。

12.2.1 在程序中使用 Tkinter

我们知道，Tkinter 是 Tk 的一个 Python 接口，可以利用 Tkinter 模块来引用 Tk 构建 GUI 程序。要创建和运行 GUI 程序，需要以下 5 步：

1）导入 Tkinter 模块。
2）创建一个顶层窗口。
3）在顶层窗口的基础上构建所需要的 GUI 模块和功能。
4）将每一个模块与底层程序代码关联起来。
5）执行主循环。

Tk 使用了一种包管理器来管理所有的组件，当定义完组件之后，需要调用 pack()方法来控制组件的显示方式，如果不调用 pack()方法，组件将不会显示，所以，一定要记住调用 pack()方法。可以给 pack()传递不同的参数来控制显示方式。

在交互环境下，编写 Tkinter 的测试代码时，运行过 Tk()之后即进入了主循环，可以看到顶层窗口。而若是运行 py 文件，一定要调用 mainloop()方法来进入主循环，否则看不到运行结果。

12.2.2 顶层窗口

在使用 Tkinter 前，必须先引入 Tkinter，可以使用以下两种方法引入。

方法一：

```
import tkinter as tk
```

这段代码引入 tkinter，并重命名为 tk。这样并没有引入任何组件，在使用的时候需要使用 tk 前缀，如果需要引入按钮，则写为 tk.Button。

这么写的好处是不用一次性引入所有的组件，只在需要的时候引入对应的组件，减小了初始化的时候的系统开销。缺点是，每次使用组件时都需要使用 tk.显式引入，编写起来不够简洁方便。

方法二：

```
from tkinter import *
```

这段代码将 tkinter 中的所有组件一次性引入，之后的代码便可以直接使用各个组件了。为了方便，本书将采用这种写法。读者可以根据实际情况进行选择。

顶层窗口对象可以使用函数 Tk()来创建。

```
01   from tkinter import *
02   root = Tk()
03   root.title("顶层窗口")          # 给窗口自定义名称，否则默认显示tk
04   root.mainloop()                # 进入主循环，否则运行时将一闪而过看不到界面
```

运行以上的代码，便创建了一个顶层窗口，如图 12-1 所示。

图 12-1 显示的是 OSX 系统下创建的一个顶层窗口，Tkinter 会调用系统本身的窗口样式，所有在不同的系统下会拥有与该系统一致的界面。目前创建的是一个空窗口，什么都没有添加，所以是空白的。

12.2.3　标签

标签组件可以用来显示图片和文本，通过在文本中添加换行符来控制换行，也可以通过控制组件的大小来自动换行。

使用标签（Label）可以用来给一些组件添加所显示的文本。下面使用 Label 编写一个 Hello World 程序，在程序主体中显示 Hello World。

```
01    from tkinter import *
02    root = Tk()
03    label = Label(root, text="Hello World")      # 定义标签
04    label.pack()     # 调用pack方法
05    root.mainloop()
```

运行结果如图 12-2 所示。

图 12-1　顶层窗口

图 12-2　Hello World 程序运行结果

12.2.4　框架

框架（Frame）相对于其他组件来说，它只是个容器，因为它没有方法，但是它可以捕获键盘和鼠标的事件来进行回调。

框架一般用作包含一组控件的主体，并且可以定制外观（这点跟后面将要说到的按钮一样）。以下是一组定义了不同样式的框架。

```
01    from tkinter import *
02    root = Tk()
03    root.title("顶层窗口")
04    for relief in [RAISED, SUNKEN, FLAT, RIDGE, GROOVE, SOLID]:
05        f = Frame(root, borderwidth=2, relief=relief)      # 定义框架
06        # 定义标签，并且使用side参数设定排列方式
07        Label(f, text=relief, width=10).pack(side=LEFT)
08        # 显示框架，并设定向左排列，x和y轴的宽度均为5个像素
09        f.pack(side=LEFT, padx=5, pady=5)
10    root.mainloop()
```

这段代码的运行结果如图 12-3 所示。可以看到一列并排的框架，并且每种框架都有对应的不同样式。需要注意的是，如果需要显示浮雕的效果必须将宽度 borderwidth 设置为大于或等于 2 的值。

图 12-3　不同样式的框架

12.2.5 按钮

其实严格地说来，按钮（Button）可以被认为是可以捕获键盘和鼠标事件，并且做出相关反应的标签。可以为每一个按钮绑定一个回调程序，用于处理不同的需求。按钮可以禁用，禁用之后的按钮不能进行单击等任何操作。如果将按钮放进 TAB 群中，就可以使用 TAB 键来进行跳转和定位。

以下是一个按钮的基本示例。结果界面如图 12-4 所示。

```
01   from tkinter import *
02   root = Tk()
03   root.title("顶层窗口")
04   # 使用state参数来设定按钮的状态
05   Button(root, text="禁用", state=DISABLED).pack(side=LEFT)
06   Button(root, text="取消").pack(side=LEFT)
07   Button(root, text="确定").pack(side=LEFT)
08   Button(root, text="退出", command=root.quite).pack(side=RIGHT) # 绑定了退出的回调
09   root.mainloop()
```

由图 12-4 可以看出，"禁用"按钮的样式与其他的不同，它是不能进行任何操作的。在我们单击"退出"按钮的时候，程序会退出，而单击"取消"和"确定"按钮则没有任何反应。看代码可以发现我们为"退出"按钮绑定了回调 root.quit，这是系统的内置回调，表示退出整个主循环，自然整个程序就退出了。而由

图 12-4 基本按钮

于没有为"取消"和"确定"按钮绑定任何回调，所以单击这两个按钮没有任何事情发生。

12.2.6 输入框

一个 GUI 程序，接收用户的输入几乎是必不可少的。输入框（Entry）组件就是用来接收用户输入的最基本的组件。可以为其设置默认值，也可以禁止用户输入。如果禁止了，用户就不能改变输入框中的值了。

当用户输入的内容一行显示不下的时候，输入框会自动生成滚动条。

以下代码是一个简单的输入框示例，结果界面如图 12-5 所示。

```
01   from tkinter import *
02   root = Tk()
03   root.title("顶层窗口")
04
05   f1 = Frame(root)  # 定义框架
06   Label(f1, text="标准输入框: ").pack(side=LEFT, padx=5, pady=10)
07   e1 = StringVar()  # 定义输入框内容
08   Entry(f1, width=50, textvariable=e1).pack(side=LEFT)  # 基本的输入框
09   e1.set('输入框默认内容')  # 设置一般输入框默认内容
10   f1.pack()
11
12   f2 = Frame(root)  # 定义框架
13   e2 = StringVar()
14   Label(f2, text='禁用输入框: ').pack(side=LEFT, padx=5, pady=10)
15   Entry(f2, width=50, textvariable=e2, state=DISABLED).pack(side=LEFT) #禁用的输入框
16   e2.set('不可修改的内容')  # 设置禁用的输入框内容
17   f2.pack()
```

```
18
19   root.mainloop()
```

图 12-5 中有两个输入框：标准的输入框与禁用状态下的输入框。很容易看出其差别。禁用的输入框用户不能进行输入操作。但是两种输入框中的内容都可以在回调方法中获取。

12.2.7　单选按钮

单选按钮（Radiobutton）是一组排他性的选择框，只能从该组中选择一个选项，当选择了其中一项之后便会取消其他选项的选择。

与按钮组件一样，单选按钮可以使用图像或者文本。要想使用单选按钮，必须将这一组单选按钮与一个相同的变量关联起来，由用户为这个变量选择不同的值。

以下是单选按钮的例子。

```
01   from tkinter import *
02   root = Tk()
03   root.title("顶层窗口")
04   foo = IntVar()  # 定义变量
05   for text, value in [('red', 1), ('green', 2), ('black', 3), ('blue', 4), ('yellow', 5)]:
06       r = Radiobutton(root, text=text, value=value, variable=foo)
07       r.pack(anchor=W)
08   foo.set(2)  # 设定默认选项
09
10   root.mainloop()
```

效果如图 12-6 所示，是经典的单选按钮组件样式。

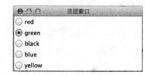

图 12-5　输入框

图 12-6　单选按钮

12.2.8　复选按钮

与单选按钮相对的是复选按钮（Checkbutton）。复选按钮之间没有互斥作用，可以一次选择多个。同样的，每一个按钮都需要跟一个变量相关联，并且每一个复选按钮关联的变量都是不一样的。如果像单选按钮一样，关联的是同一个按钮，则当选中其中一个的时候，会将所有的按钮都选上。可以给每一个复选按钮绑定一个回调，当该选项被选择的时候，执行该回调。

以下是基本复选按钮的示例。效果如图 12-7 所示。

```
01   from tkinter import *
02   root = Tk()
03   root.title("顶层窗口")
04   l = [('red', 1), ('green', 2), ('black', 3), ('blue', 4), ('yellow', 5)]  # 设定按钮的值
05   for text, value in l:
06       foo = IntVar()
07       c = Checkbutton(root, text=text, variable=foo)
08       c.pack(anchor = W)
09   root.mainloop()
```

图 12-7 所示的是基本的复选按钮，用户可以一次选择多个选项。

复选按钮是可以有状态的，默认是正常状态 NOMAL。如果想设置某个复选按钮不能被选，可以使用 state 参数进行设定。

```
01    from tkinter import *
02    root = Tk()
03    root.title("顶层窗口")
04    l = [('red', 1, NORMAL), ('green', 2, NORMAL), ('black', 3, DISABLED), ('blue', 4, NORMAL),
05    ('yellow', 5, DISABLED)]
06    for text, value, status in l:
07        foo = IntVar()
08        c = Checkbutton(root, text=text, variable=foo, state=status)    # 使用state设定按钮
09    状态
10        c.pack(anchor = W)
11    root.mainloop()
```

效果如图 12-8 所示。将第 3 和第 5 个按钮的状态设置为 DISABLED，这样用户将不能选择这个选项，界面上的显示也明显不同。

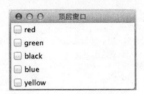

图 12-7　复选按钮

图 12-8　可禁用的复选按钮

12.2.9　消息

很多时候，我们需要给用户发送消息，一般内容较多，如帮助信息等。消息（Message）控件提供了显示多行文本的方法，并且可以设置字体和背景色。Message 组件提供了一个标准的方法，可以非常方便地实现这项功能。

以下是一个简单的示例。

```
01    from tkinter import *
02    root = Tk()
03    root.title("顶层窗口")
04    Message(root, text="这是帮助文档！这是帮助文档这是帮助文档这是帮助文档
05    这是帮助文档这是帮助文档"
06            "这是帮助文档这是帮助文档这是帮助文档这是帮助文档这是帮助文档这是帮助文档
07    这是帮助文档这是帮助文档"
08            "这是帮助文档这是帮助文档这是帮助文档这是帮助文档这是帮助文档这是帮助文档
09    这是帮助文档这是帮助文档",
10            bg='blue', fg='ivory', relief=GROOVE).pack(padx=10, pady=10)
11    root.mainloop()
```

效果如图 12-9 所示。可以为消息设定背景色，并且多行文本的展示也非常方便。

图 12-9　消息组件

12.2.10　滚动条

滚动条（Scrollbar）组件可以添加至任何一个组件，一些组件在界面显示不下的时候会自动添加滚动条，但是可以使用滚

动条组件来对其进行控制。

下面的代码是一个典型的滚动条示例。

```
01    from tkinter import *
02    root = Tk()
03    root.title("顶层窗口")
04    l = Listbox(root, height=6, width=15)        # 设定一个列表组件，列表组件在下一小节介绍
05    scroll = Scrollbar(root, command=l.yview)    # 定义滚动条，并绑定一个回调
06    l.configure(yscrollcommand=scroll.set)
07    l.pack(side=LEFT)
08    scroll.pack(side=RIGHT, fill=Y)
09    for item in range(20):
10        l.insert(END, item)
11    root.mainloop()
```

效果如图 12-10 所示。在列表组件的右侧有一个滚动条，可以使用拖动该滚动条向下滚动，这样可以控制组件的大小，而不用一次性将所有选项显示出来。

12.2.11　列表框

在上一节的滚动条组件中，就使用了列表框（Listbox）来进行演示。列表框组件可以让用户选择其中一项。本节介绍一个基本列表框组件的使用方法。

```
01    from tkinter import *
02    root = Tk()
03    root.title("顶层窗口")
04    l = Listbox(root, width=15)
05    l.pack()
06    for item in ['apple', 'orange', 'peach', 'banana', 'melon']:
07        l.insert(END, item)
08    root.mainloop()
```

如图 12-11 所示是最基本的列表框，用户可以并且只能从中选择一个选项。

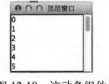

图 12-10　滚动条组件　　　　　　　　图 12-11　基本列表框

12.3　Tkinter 所有组件简介

上一节简单介绍了最基本的 Tkinter 组件。其实 Tkinter 中包含了 15 种主要的组件，所有使用 Tkinter 开发的 GUI 程序都是由这些组件组合而成的，如表 12-1 所示。

本节将简明扼要地介绍每一种组件，开发者可以根据需要进行选择和组合，并参考官方文档和帮助文档来完成更高级的定制，进而完成一个 GUI 程序的开发。

表 12-1　Tkinter 组件简介

组　件	功　能
Button	按钮。类似标签，但提供额外的功能，例如鼠标掠过、按下、释放以及键盘操作事件
Canvas	画布。提供绘图功能（直线、椭圆、多边形、矩形），可以包含图形或位图
Checkbutton	选择按钮。一组方框，可以选择其中的任意个（类似 HTML 中的 checkbox）
Radiobutton	单选按钮。一组按钮，其中只有一个可被"按下"（类似 HTML 中的 radio）
Entry	文本框。单行文字域，用来收集键盘输入（类似 HTML 中的 text）
Frame	框架。包含其他组件的纯容器
Label	标签。用来显示文字或图片
Listbox	列表框。一个选项列表，用户可以从中选择
Menu	菜单。单击后弹出的一个选项列表，用户可以从中选择
Menubutton	菜单按钮。用来包含菜单的组件（有下拉式、层叠式等）
Message	消息框。类似于标签，但可以显示多行文本
Scale	进度条。线性"滑块"组件，可设定起始值和结束值，显示当前位置的精确值
Scrollbar	滚动条。对其支持的组件（文本域、画布、列表框、文本框）提供滚动功能
Text	文本域。多行文字区域，可用来收集（或显示）用户输入的文字（类似 HTML 中的 textarea）
Toplevel	顶级。类似框架，但提供一个独立的窗口容器

12.4　小结

　　本章首先介绍了 GUI 编程，然后使用 Tkinter 开发库介绍了怎么使用 Python 进行 GUI 程序的开发。组件是 GUI 程序开发的基石，是构成 GUI 程序的最小组成。本章介绍了 Tkinter 库中最基本组件的使用方法，给读者一个抛砖引玉的提示作用。

　　由于目前 Python 在 GUI 程序方面的使用较少，只用于制作一些简单的 GUI 工具，学习起来也比较迅速，所以，本书不作详细介绍。有需要的读者可以参照本章，然后借助文档和帮助来完成一个 GUI 程序的开发。

12.5　习题

　　1．不看书中的示例，自己开发一个下图所示的界面。

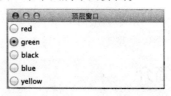

　　2．说出 Label 和 Button 的区别。

第三篇
Python 的 Web 开发

第 13 章　Python 的 HTML 应用

随着互联网的发展，HTML 随着 HTTP 协议已经成为了一种最热门和最重要的语言之一。熟练地掌握 HTML 语言，才能对现在的各种网页结构有清晰的认识。Python 的标准库中提供了众多处理 HTML 的模块。

本章的知识点：

❏ HTML 的标签
❏ URL 的处理，包括解析、拼合和分解等
❏ URL 的编解码
❏ urllib 模块的使用

13.1　HTML 介绍

HTML 是 Hyper Text Markup Language（超文本标记语言）的缩写，这是一种标记语言。这种语言提供了在互联网资源之间自由访问的方法。

13.1.1　HTML 的历史

HTML 最初是由 Tim Berners-Lee 在欧洲量子物理实验室创建的。1982 年，Tim Berners-Lee 为使世界各地的物理学家能够方便地进行合作研究，建立了 HTML。这时候 HTML 以纯文本格式为基础，可以使用任何文字编辑器处理。最初仅有少量标记（TAG），简单且易于掌握、运用。随着 HTML 使用率的增加和 Internet 的发展，人们对于 HTML 规范标准的需求也在增加。

HTML 是由国际组织万维网联盟（W3C）来维护的。HTML 4.0 加入了很多特定浏览器的元素和属性，但是同时也开始清理其标准，把一些元素和属性标记为过时的，建议不再使用它们。HTML 的未来和 CSS 结合会更好。

HTML5 是新一代的 HTML 标准，即是 HTML 的一个新的版本，也是使 Web 站点和应用更加多样化和功能更强大的一整套技术。HTML5 的特色如下：

❏ 使用了语义化标签，增加了一些标签来更恰当地描述内容。

- 具有本地离线和本地存储的功能。
- <video>和<audio>这样的多媒体标签立刻使多媒体成了 Web 中的"一等公民"。
- 赫赫有名的<canvas>元素在 Web 页面中提供了一块画布，供用户进行各类的图像操作。
- 能处理各种的输入和输出设备。

2013 年 5 月 6 日公布了 HTML5.1 的正式草案。它是 Web 的未来。

如果需要了解 HTML 更详细的信息，可以访问 http://www.w3c.org，可以在该网站上获得最新的 HTML 规范。

13.1.2　SGML、HTML、XHTML、HTML5 的关系

为了能够解决早期网络环境下文档共享的问题，一种称作标准通用标记语言 SGML（Standard Generalized Markup Language）的专用语言被发明出来，于 1986 年被 ISO 组织发布为国际标准。SGML 将重点放在一个文档中的组成部分上，从而使得信息的接收者可以不受信息发送者的约束。实际上这是一种通用的文档结构描述标记语言，主要用来定义文献模型的逻辑和物理类结构。

一个 SGML 语言程序由 3 部分组成，包括语法定义、文件类型定义 DTD（Definition Type Document）和文件实例。语法定义中定义了文件类型定义和文件实例的语法结构；文件类型定义中定义了文件实例的结构和组成结构的元素类型；而文件实例是 SGML 语言程序的主体部分。

虽然早期的 HTML 使用和 SGML 之间并没有直接关系，但是随着其复杂度的增加，使得其已经成为了 SGML 的一种派生语言。因为在 SGML 的实际使用中，每一个特定的 DTD 都定义了一类文件。其用途很广，包括科研、金融等行业都可以使用，而将用于万维网的语言称为 HTML 语言。SGML 是标志语言的标准，也就是说所有标志语言都是依照 SGML 制定的，当然包括 HTML。在 Python 中，处理 HTML 的库有的是基于处理 SGML 的库的，也是因为这个原因。

HTML 的特点是能够处理结构化文档结构、字形字体、版面布局、链接等超文本文档结构，可以使浏览器阅读和重新格式化 HTML 页面。互联网的发展使得其成为了一种最有名的 SGML 格式。也是同样的由于其快速的发展，使得现在的 HTML 语言规范非常臃肿，内容和格式表现都放在一起，不利于文档的分析操作，因此，XHTML 被提出来了。

XHTML（Extensible Hypertext Markup Language）是 HTML 和 XML 的结合（XML 将在下章进行介绍）。简单地说，由于 SGML 过了复杂，在实际中很多的特性都用不到，XML 则是 SGML 的简化版，省略了其中复杂且不常用的部分。

XHTML 是一个基于 XML 的标记语言，看起来与 HTML 基本相似，只有一些小的但重要的区别。这是一个比 HTML 更加严格的语言，其中使用了许多的 XML 规则。本质上说，XHTML 是一个过渡技术，结合了 XML 的强大功能及 HTML 的简单特性。虽然现在 XHTML 给 HTML 设计者带来了一些困难，但是这是以后网页编制的标准。在 Python 对于 HTML 的处理中，如果使用了 XHTML，将会使得运行更加流畅。

HTML5 是定义了 HTML 标准的最新演进。目前主流的浏览器均已支持 HTML5 标准，由于标准不完全统一，有很多细小的区别。但不可否认的是，未来将是 HTML5 的世界。

13.1.3　HTML 的标签

HTML 是由许多元素构成的。元素是一个 HTML 文档结构的基本组成部分。元素的例子包括

页头 head、表格 table、段落 p 和列表 li 等。浏览器将输出 HTML 组成中的各个元素。元素中可以包含文本、链接、图片等。

HTML 文档使用 TAG 标签来表示各种元素。标签由一个左尖括号 （<）和一个右尖括号（>）包围的标签名组成。标签一般是成对出现的，用来指出标签作用的范围。结束标签和起始标签相似，只是在结束标签括号中的标签名以斜杠 (/) 开头。在 HTML 的规范中，有些标签并没有结束标签。实际上，在浏览器解析的时候，会自动将其加上结束标签后再进行处理。虽然如此，还是推荐使用符合 W3C 规范的网页书写方式。

HTML 的标签大部分都含有许多属性，这些属性主要用来指定标签元素的相关信息。例如指定超链接的 URL 地址。属性都是放在开始标签中的。每个标签都有自己特定的属性。由于 HTML 标准的发展，使得各个浏览器对于标签和属性的支持差异也很大。在书写 HTML 文档的时候，为了能够适应特定的浏览器，需要查询特定浏览器的标签和属性支持情况。

HTML 规范中的标签众多，其中有部分已经不再继续使用了。但是总的说来，现在的规范中主要还包括这样几种类型的标签：结构性标签、呈现性标签、超文本链接标签和框架页面标签。除此之外，HTML 文档中可以使用 "<!—这是注释 -->" 的方式来加入注释信息。

13.1.4　HTML 的框架组成

HTML 文件可以使用任何文本编辑器来编辑。虽然可以在浏览器中看到 HTML 包含有图片或者文本格式，但是实际上 HTML 文档本身只是很普通的文本文件。当然使用 "所见即所得" 的网页编辑器会有助于加速网页开发，但是这不是必需的。一个比较简单的 HTML 文件如下所示。

```
01    <!DOCTYPE html>
02    <html>
03        <head>
04            <title>标题栏: 第一个HTML页面</title>
05        </head>
06        <body>
07            <h2>第一个HTML页面</h2>
08            Hello, <b>World</b>
09            <!-- 这是注释 -->
10            <p>
11                可以从
12                <a href="http://www.w3c.org">W3C</a>
13                网站上找到HTML的语言规范
14            <br>&copy;2009
15        </body>
16    </html>
```

在任意文本编辑器中输入上面的 HTML 源文件，并保存为 first.html。确保文件是使用的原始文本来保存的，而不是隐藏的其他格式，如 Windows 下的 doc 格式等。打开 IE 浏览器，输入 HTML 文件的地址，即可查看网页内容。

注意到，HTML 文件开始于<html>并结束于</html>标签。所有的其他 HTML 内容都将在此 HTML 文件之间。虽然 HTML 和 XHTML 标准要求每个 HTML 文档都需要在外部有一个<html>标签，但是现在大部分的浏览器在没有此标签的情况下，也能够正常显示。

除了框架网页外，所有的 HTML 和 XHTML 文件包含两个部分：head 和 body 部分。可以将文档的一些相关信息放在 head 中，而将文档的内容放在 body 段中。body 段的内容将会在浏览器中得到显示，所以网页编制者大部分时间都是在处理 body 段中的内容。

在 head 段中包含几个不同的标签，用来指示一个特殊的文档信息。例如在 first.html 中，使用了<title>标签，可以用来显示文档的标题信息。每种浏览器都有一定的 head 段标签支持，有些标签甚至还可以使得 HTML 文档产生动画效果。

在上面的 HTML 文档中出现的标签还有<h2>、<b>、<a>、<p>和
等。在这个简单的 HTML 文档中，除了没有出现框架标签外，其他的如结构性标签、呈现性标签、超链接标签和注释都出现了。对于每种标签，浏览器都会做一定的解释。例如对于<h2>标签，浏览器使用了加大一号字体进行显示；而对于<p>标签，则在页面上进行了换行。

HTML 文档的最大创新和核心是超文本。超文本使得用户可以通过单击超链接来转到另一个相关的页面。通过这种跳转方式，用户可以获取感兴趣的资源，包括 HTML 文档或者其他的多媒体资源。超链接使得 Internet 可以通过一次鼠标单击实现。

13.2　URL 的处理

统一资源定位符（Universal Resource Locator，URL）是 Internet 上用来定位资源的基础。本节首先描述其概念，然后进一步对在 Python 中如何解析 URL 和获取 URL 资源进行介绍。和本节有关系的两个模块是 urlparse 和 urllib 模块，分别用作 URL 的解析、拼合和其资源的获取。

13.2.1　统一资源定位符 URL

HTML 利用 URL 来定位 Internet 上的 HTML 文档信息。在 Internet 上的每个文档和资源都有着唯一的一个 URL。URL 的语法定义如下：

```
协议://授权/路径?查询
```

这里，协议部分给出了信息的交换方式，比较常用的协议如表 13-1 所示。

表 13-1　常用的协议

协议名称	协议含义	协议名称	协议含义
http	超文本传送协议	mailto	电子邮件
https	使用安全套接层的超文本传送协议	file	本地计算机上的文件
ftp	文件传输协议	telnet	Telnet 协议

当前 Internet 上用得最多的还是 http 协议。各种协议的使用频率依照表中的排列顺序依次递减。注意，file 协议主要用于显示本地计算机上的文件，如前面的 first.html 文件。

授权部分包括服务器的名称或者其 IP 地址。如果还有端口号的话，则需要使用冒号分隔开来。路径部分包含有 HTML 稳定的具体路径信息，一般来说使用"/"符号进行分隔。查询部分一般是将动态查询所需要的参数传递给服务器上的数据库进行查询。

一种包含有授权的 URL 的语法如下：

```
协议://用户名@密码:子域名.域名.顶级域名:端口号/目录/文件名.文件后缀?参数=值#标志
```

上面是一个比较完整的 URL。一般的 URL 都是在上面的基础上的一些简化。下面是一些 URL

示例。

- ❑ http://www.w3.org/2005/10/Process-20051014/activities.html
- ❑ ftp://ftp.test.com/pub/index.txt
- ❑ first.html
- ❑ ../images/logo.jpg

在上面的示例 URL 中，前面两个使用的是绝对地址，这是因为这两个地址都是上面 URL 语法的一个简化。两个 URL 都包含有协议、服务器地址等信息。对于这样的 URL，浏览器知道使用什么样的协议和去哪里获取相关的信息。而在后面两个 URL 中则没有指定访问协议，甚至没有指定服务器地址。对于这样的 URL，称为相对 URL。当浏览器遇到这样的 URL 时，会将协议默认为 http，而将服务器地址设置为当前地址。

统一资源定位符一般来说是区分大小写的，但是服务器的管理员可以设置是否对此加以区分。所以有些服务器在收到不同大小写的查询时给出相同的回复。但是，在实际操作和网页编写中，最好还是区分大小写。

在 HTML 文档中，通过 <a> 标签来定义一个超链接，在其 href 属性中可以定义一个目的 URL。而在 <a> 标签中的内容将会作为单击的对象。对于一般的浏览器，都会将这些超链接显示为一定的格式，通常的做法是在下面加上下划线并使用不同的颜色。

13.2.2　URL 的解析

Python 中用来对 URL 字符串进行解析的模块是 urllib.parse。在 Python2 中为 urlparse 模块，Python3 将其放进了 url 中。除了 urlparse 方法外，其他主要使用的方法还包括 urljoin、urlsplit 和 urlunsplit 等。在上一小节中，对 URL 的语法进行了介绍。这可以用于 URL 的解析中。在 Python 语言中，urlparse 对于 URL 的定义是采用的六元组，如下所示。

```
scheme://netloc/path;parameters?query#fragment
```

此元组中的每个值都是字符串，如果在 URL 中不存在的话则为空值。这里，有些组成部分没有进一步区分，如网络地址部分并没有进一步区分服务器地址和端口地址，而仅仅都是作为一个字符串来表示。

在这里解析 URL 的时候，所有的 % 转义符都不会被处理。另外，分隔符将会去掉，除了在路径当中的第一个起始斜线以外。

表 13-2 描述了使用 urlparse 方法返回的对象的属性。

表 13-2　urlparse 方法返回对象中的属性

属　　性	索引值	值	如果不包含的值	属　　性	索引值	值	如果不包含的值
scheme	0	协议	空字符串	fragment	5	分片部分	空字符串
netloc	1	服务器地址	空字符串	username		用户名	None
path	2	路径	空字符串	password		密码	None
params	3	参数	空字符串	hostname		主机名	None
query	4	查询部分	空字符串	port		端口	None

在这里，实际上 netloc 属性值是包含了后面的 4 个属性值的。

urlparse 方法还有两个可选的参数，scheme 和 allow_fragments。scheme 主要是用来为不包含协议部分的 URL 指定默认协议，此参数的默认值为空字符串。allow_fragments 则用来指示是否可以对地址进行分片，此参数的默认值为 True。

下面是一些使用 urlparse 来解析 URL 的例子。注意，这里使用了 IPython 工具，将会在第 18 章进行介绍。

```
01   In [1]: from urllib.parse import urlparse
02
03   In [2]: r =  #此处因为排版而断行
04   urlparse ('http://alice:secret@www.hostname.com:80/%7Ealice/python.cgi?query=text#sample')
05
06   In [3]: r
07   Out[3]: ParseResult(scheme='http', netloc='alice:secret@www.hostname.com:80',
08   path='/%7Ealice/python.cgi', params='', query='query=text', fragment='sample')
09
10   In [4]: r.scheme
11   Out[4]: 'http'
12
13   In [5]: r.netloc
14   Out[5]: 'alice:secret@www.hostname.com:80'
15
16   In [6]: r.path
17   Out[6]: '/%7Ealice/python.cgi'
18
19   In [7]: r.params
20   Out[7]: ''
21
22   In [8]: r.query
23   Out[8]: 'query=text'
24
25   In [9]: r.fragment
26   Out[9]: 'sample'
27
28   In [10]: r.username
29   Out[10]: 'alice'
30
31   In [11]: r.password
32   Out[11]: 'secret'
33
34   In [12]: r.hostname
35   Out[12]: 'www.hostname.com'
36
37   In [13]: r.port
38   Out[13]: 80
39
40   In [14]: r.geturl()
41   Out[14]: 'http://alice:secret@www.hostname.com:80/%7Ealice/python.cgi?query=text#sample'
42
43   In [15]: r2= urlparse ("www.python.org/about","http")
44   In 16]: r2
45   Out[16]: ParseResult(scheme='http', netloc='', path='www.python.org/about', params='',
query='', fragment='')
```

【代码说明】

❑ 在 In[1]中，使用 from...impot 语句导入了 urlparse 模块，这是所有需要使用其模块中的方法时所必须要做的一个步骤。

- ❑ 在 In[2]中，采用此模块中的 urlparse 方法来对指定的 URL 进行解析，并赋值给 r 变量。
- ❑ In[3]中打印了 r 的原始值。可以看到，这里出现了一个 ParseResulit 对象。具体的属性值的含义可以参见表 13-2。
- ❑ 在 In[4]～In[13]中分别输出了各个 URL 的组成部分的信息。特别的是，网络地址中包括用户名、密码、主机名和端口 4 部分。
- ❑ In[14]中提供了一个从 URL 六元组得到其 URL 信息的方法。
- ❑ 在 In[15]和 In[16]中，使用了 default_scheme 参数。可以看到，当 URL 中不包含有协议的时候，将会自动使用此值。

13.2.3　URL 的拼合

由于 URL 可以分成多个部分，所以这一小节介绍如何对 URL 进行分解。当提供了 URL 中的绝对地址和相对地址的时候，可以使用 urlparse 模块中的 urljoin 来将其组合起来。urljoin 方法的参数包括两个，一个是绝对地址，另外一个则是相对地址。直接调用此函数，将会拼合产生一个 URL 字符串。

```
01  In [1]: from urllib.parse import urljoin,urlsplit,urlunsplit    # 导入urljoin以及
后面将使用的urlsplit、urlunsplit
02  In [2]: r = urljoin( "http://www.zeroc.com","ice.html")
03
04  In [3]: r
05  Out[3]: 'http://www.zeroc.com/ice.html'
```

在 In[2]中输入参数中包含有绝对 URL 和相对 URL。返回值在 In[3]输出，可以看到已经将两者拼合起来了。

从上面可以看到，urljoin 方法的使用是很简单的，仅仅是将两个类型的 URL 组成一个完整的 URL。但是实际上，由于对输入的参数并没有限制，所以还是有一些需要注意的地方。

1）当输入的参数都是空字符串的时候，返回的拼合 URL 也是空字符串。

```
01  In [3]: r = urljoin("","")
02
03  In [4]: r
04  Out[4]: ''
```

在 In[3]中，urljoin 的两个参数都是空字符串。接下来可以看到得到的 URL 输出也是一个空字符串。

2）当在相对 URL 中如果有协议字段的话，则优先使用相对 URL 中的协议，否则使用绝对 URL 中的协议字段。

```
01  In [5]: r = urljoin("http://www.python.org","ftp://www.python.org/faq")
02
03  In [6]: r
04  Out[6]: 'ftp://www.python.org/faq'
05
06  In [7]: r = urljoin("http://www.python.org","www.python.org/faq")
07
08  In [8]: r
09  Out[8]: 'http://www.python.org/www.python.org/faq'
```

【代码说明】

- ❑ 在 In[5]中 urljoin 方法中的两个参数中，都包含绝对地址。而两者的协议字段并不相同，一

个是 http，另一个是 ftp。在 In[6]的输出中，可以看到生成 URL 中的协议采用了后面相对
地址中的协议值。

❑ 在 In[7]和 In[8]中可以看到，当相对字符串中不包含有协议的时候，就会将所有的字符串认
为是一个路径信息，从而将字符串的值和绝对 URL 的值结合起来了。

3）当绝对 URL 和相对 URL 中都含有服务器地址且不相同的时候，将采用相对 URL 地址的服
务器地址和路径。

```
01   In [9]: r = urljoin("http://www.python.org","http://www.python.com/faq")
02
03   In [10]: r
04   Out[10]: 'http://www.python.com/faq'
```

在上面注意到，需要拼合的两个字符串中的服务器地址是不同的。在输出中看到拼合后的 URL
采用了相对 URL 中的服务器地址。

13.2.4　URL 的分解

和 urlparse 方法类似，urlsplit 方法可以用来对 URL 进行分解。其函数原型和 urlparse 类似，同
样接收一个字符串，然后给出一个五元组。和 urlparse 方法的结果相比是这里的结果少了 param 参
数，从而从六元组变成了五元组。下面是一个简单的例子。

```
01   In [11]: r = urlsplit("http://www.python.org:80/faq.cgi?src=fie")
02
03   In [12]: r
04   Out[12]: SplitResult(scheme='http', netloc='www.python.org:80', path='/faq.cgi',
query='src=file', fragment='')
```

这里演示了 urlsplit 的用法，可以看到，和 urlparse 基本类似，只是最后生成的是一个 SipitResulit
对象，去除了 param 输出值。这也反映了网络的变化情况。

而 urlunsplit 方法则是 urlsplit 的反向方法，是将通过 urlsplit 生成的 SplitResult 对象组合成一个 URL
字符串。这两个方法组合在一起使得可以有效地格式化 URL，特殊字符可以在这个过程中得到转换。

```
01   In [20]: r = urlunsplit(("http","www.python.org","faq","",""))
02
03   In [21]: r
04   Out[21]: 'http://www.python.org/faq'
05
06   In [22]: r = urlunsplit(urlsplit("http://www.python.org/faq?"))
07
08   In [23]: r
09   Out[23]: 'http://www.python.org/faq'
```

【代码说明】

❑ 在 In[20]和 In[21]中主要演示了 urlunsplit 方法的使用。注意，urlunsplit 方法中的参数是一
个 SplitResult 对象。在 Out[21]中显示了最后得到的结果。这个过程基本上是 urlsplit 的反
向过程。

❑ 在 In[22]和 In[23]中，可以看到 Out[23]中的输出相对于原来的输入区别在于，结果对 URL
进行了格式化。这里的变化主要是删除了后面的"?"字符。

下面是一个集中使用这 3 个 urlparse 中的方法的例子。这个代码片段的目的是将部分绝对地址

和相对地址组成 URL，并通过判断 URL 的协议类型来进一步处理。对于 file 类型的文件，处理将忽略。而对于 ftp 类型的文件，则将其改成 http 协议。

```
01    #filename urlparse_1.py
02    from urllib.parse import urlparse, urljoin, urlunsplit
03    abs_urls = ["http://www.python.org","ftp://www.linux.org","http://www.gtk.org","file://"]
04    rel_url = "faq.html"
05
06    for abs_url in abs_urls:
07        url = urljoin(abs_url, rel_url)      #拼合URL
08        expected_url = url
09        scheme, netloc, path, query, fragment = urlsplit(url) #分解URL
10
11        if scheme or scheme == "file":
12            print (url,"====> None")
13            continue
14
15        if scheme is not "ftp":
16            expected_url = urlunsplit(('http', netloc, path, query, fragment))
17        print (url,"====>",expected_url)
```

【代码说明】

❏ 第 2 行代码，使用 urlparse 模块中的函数都需要在文件开始导入 urlparse 模块。

❏ 第 3 行和第 4 行代码中定义了一个绝对地址的集合和一个相对地址，在后面将进行处理。

❏ 第 6 行代码，在 for 循环中，将针对绝对地址集合中的每个绝对地址进行其中的处理。首先是使用 urljoin 将特定的绝对地址和相对地址拼合成一个 URL 字符串；接着是使用 urlsplit 方法将此字符串 URL 分解成为一个 SplitResult 对象。

❏ 第 11 行代码，分解成一个 SplitResult 对象后，后面有两个 if 判断。第一个是判断协议字段是否存在或者是否为 file 类型协议，如果是的话则将此忽略。这种判断在实际中常发生在不需要处理本地文件的时候；第二个主要是判断协议是否是 ftp 协议，如果是的话，则将其用 http 协议来代替。在后面的处理中，使用 urlunsplit 来将特定的 SplitResult 对象组成一个 URL。

❏ 第 17 行代码将此转换输出。

这段代码运行的结果如下所示。

```
In [1]: run urlparse_1.py
http://www.python.org/faq.html ====> http://www.python.org/faq.html
ftp://www.linux.org/faq.html ====> http://www.linux.org/faq.html
http://www.gtk.org/faq.html ====> http://www.gtk.org/faq.html
file:///faq.html ====> None
```

从输出可以看到，代码片段很好地完成了预期的工作。当原来的协议为 http 的时候，就按照拼合好的 URL 输出；如果是 ftp，则转换成 http 协议；而如果是 file 协议，则输出 None，表示这段处理 file 的代码其实是被忽略的。

13.2.5　URL 的编解码

在 URL 中使用的是 ASCII 字符集中的字符。如果需要使用不在这个字符集中的字符的时候，就需要对此字符进行编码，特别是对于东亚地区的字符，包括中文。编码的规则是这样的：在百分号后面接上两个十六进制数字，和其在 ASCII 字符表中的对应位置相同。

常见的一种情况是不能在 URL 中使用空格字符，如果使用的话，将会出错。这时候，就可以将空格符编码成%20。例如下面的 URL：

```
http://www.python.org/advanced%20search.html
```

在上面的 URL 中，可以看到用%20 替代了空格符。实际上，这个 URL 将从主机 www.python.org 上获取 advanced search.html 页面。

另外，还有些字符可能会使得 URL 非法，另外有些字符则会导致上下文歧义。这些字符被称为保留字符和不安全字符。保留字符是那种不能在 URL 中出现的字符。例如斜线字符将会用来分隔路径，如果需要使用斜线字符而不是将其作为路径的分隔符，则需要对其进行转义。不安全的字符是指那些虽然在 URL 中没有特殊的意义，而可能在 URL 的上下文中有特殊的含义的字符。例如双引号在标签中是用来分开属性和值的，如果在 URL 中包含有双引号的话，则有可能使得在浏览器解析的时候发生错误。此时，可以通过使用%22 来编码双引号，进而解决这种冲突。

表 13-3 给出了 URL 编码中保留的字符，而表 13-4 则给出了不安全的字符。

表 13-3　URL 编码中保留的字符

保留字符	URL 编码	保留字符	URL 编码	保留字符	URL 编码
;	%3B	:	%3A	=	%3D
/	%2F	@	%40	&	%26
?	%3F				

表 13-4　URL 编码中不安全的字符

保留字符	URL 编码	保留字符	URL 编码	保留字符	URL 编码
<	%3C	{	%7B	~	%7E
>	%3E	}	%7D	[	%5B
"	%22	|	%7C	]	%5D
#	%23	\	%5C	`	%60
%	%25	^	%5E		

从上面可以看出，大部分的标点符号都需要编码，特别是那些保留字符。如中文字符的输入 URL 也需要进行编码。一般的，对于不在字母集和数字集中的字符，如果不知道是否需要编码，则最好都进行一次编码。

即使是对于字母集中的字符进行编码也是没有问题的。但需要注意的是，当字符具有特定的含义的时候，此时不应进行编码。例如在 HTTP 协议中对协议字段上的斜线进行编码是不对的，这会阻止浏览器对 URL 的正确访问。

在 urllib.parse 中有一套可以对 URL 进行编码和解码的方法，表 13-5 列出了这些方法。

表 13-5　urllib.parse 模块中 URL 编解码方法

方　　法	功　　能	方　　法	功　　能
quote	对 URL 进行编码	unquote	对 URL 进行解码
quote_plus	同 quote 方法，进一步将空格表示成+符号	unquote_plus	同 unquote 方法，进一步将+符号变成空格

注意到在上表中，URL 的编码和解码都有着两个类似的函数。对于 URL 编码而言，主要的是

quote 方法，其参数为需要编码的字符串，而可选参数则是不需要编码的字符集合。对于 quote_plus 方法，其具体的用法和 quote 类似，还有一个功能是将空格转换成加号。解码的过程是编码过程的逆过程，两个方法的功能也是一一逆对应的。

```
01    In [1]: from urllib.parse import quote, quote_plus, unquote, unquote_plus
02    In [2]: r1 = quote("/~test/")
03
04    In [3]: r1
05    Out[3]: '/%7Etest/'
06
07    In [4]: r2 = quote("/~test/public html")
08
09    In [5]: r2
10    Out[5]: '/%7Etest/public%20html'
11
12    In [6]: r3 = quote_plus("/~test/public html")
13
14    In [7]: r3
15    Out[7]: '%2F%7Etest%2Fpublic+html'
16
17    In [8]: unquote_plus(r3)
18    Out[8]: '/~test/public html'
19
20    In [9]: unquote (r2)
21    Out[9]: '/~test/public html'
22
23    In [10]: r = quote("/~test/", "~/")
24
25    In [11]: r
26    Out[11]: '/~test/'
```

【代码说明】

❑ In[1]中，使用 URL 编解码的方法都需要从 urllib.parse 模块中导入对应方法。

❑ 在 In[2]和 In[3]中，演示了 quote 方法的常规使用。可以注意到，在输出中，"~"字符被编码替换成了%7E。

❑ 在 In[4]~In[7]中，分别对一个包含有空格字符的字符串进行了 URL 编码。在 Out[5]和 Out[7]中，可以看到具体的区别。在使用 quote 的时候，"/"字符并没有转换，而空格符号变成了%20。同时，在使用 quote_plus 的时候，将"/"字符替换成了%2F，并将空格字符替换成了+符号。这也是两者的主要区别。

❑ 在 In[8]和 In[9]中，对已经得到的编码 URL 解码。分别采用了两种方法，unquote_plus 和 unquote。两种方法得到的结果是一样的，这是因为其输入参数也是和输出相对应的。

❑ 在 In[11]中，演示了编码方法中第二个参数的使用方法。可以注意到，当将"~"字符加入忽略字符列表后，再次输出的时候就并没有对~进行编码了。

13.2.6　中文的编解码

由于很多浏览器都不支持在 URL 中输入中文，所以当 URL 中包含有中文的时候，需要对 URL 进行编码。例如在百度搜索中，可以通过使用 http://www.baidu.com/s?wd= keyword 的 URL 来搜索包含有 keyword 的网页。当 keyword 为中文的时候，这时候浏览器会对其进行 URL 编码。图 13-1 显示了使用"URL 编码"关键字时候的浏览器 URL 信息。

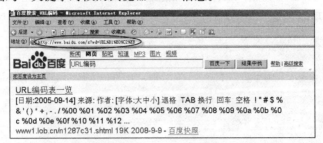

图 13-1　中文 URL 编码

下面的代码片段显示了 URL 编码的过程。

```
01   In [3]: quote("URL编码")
02   Out[3]: URL%20%E7%BC%96%E7%A0%81'
03
04   In [4]: r = quote("URL编码")
05
06   In [5]: unquote(r)
07   Out[5]: 'URL 编码'
08
09   In [6]: print (unquote(r))
10   URL编码
```

【代码说明】

❑ 在代码的前面，已经将 urllib.parse 模块中的方法导入。In[3]中，对"URL 编码"字符串进行了 URL 编码，得到的结果和图 13-1 中地址栏中显示的是一样的。

❑ 在 In[4]中得到 URL 编码后，在 In[5]和 In[6]中对其进行了解码。可以看到，解码后的结果和"URL 编码"字符串是一样的。

虽然现在有些浏览器已经支持在地址栏中直接显示中文，但是对于不安全的字符使用 URL 编码总是安全的。在一定的时候，这种编码还可以起到混淆信息的用途。如果得到一个这样的字符串，%D5%E2%CA%C7%D2%BB%B6%CE%C3%D8%C3%DC%B5%C4%CF%FB%CF%A2，在不处理之前是不知道这个字符串的意思的。使用 URL 解码就可以知道编码之前的信息。

```
01   In [8]:
02   unquote("%E8%BF%99%E6%98%AF%E4%B8%80%E6%AE%B5%E7%A7%98%E5%AF%86%E7%9A%
03   84%E6%B6%88%E6%81%AF")
04   Out[8]: '这是一段秘密的消息'
```

当混合编码和未编码信息的时候，这种混淆度将更大。

13.2.7　查询参数的编码

在 HTTP 中有两种提交数据的方式：get 和 post。在这两种方式中都需要提交查询参数和其值，特别是在 get 方法中还会将这种值对显示在地址栏中，如图 13-1 所示。由于在 HTTP 中这种情况经常出现，所以在 urllib.parse 模块中提供了对查询参数进行编码的方法：urlencode。

urlencode 方法的作用就是将查询的参数值对返回成 URL 编码的形式。参数值对可以是一系列的(keyword, value)参数值对，也可以是一个字典数据。

```
01  #省略导入urllib.parse模块语句
02  In [3]: urlencode([('keyword1','value1'),('keyword2','value2')])
03  Out[3]: 'keyword1=value1&keyword2=value2'
04
05  In [4]: urlencode()
06  Out[4]: 'keyword2=value2&keyword1=value1'
07
08  In [5]: urlencode({'keyword2':'value2','keyword1':'value1'})
09  Out[5]: 'keyword2=value2&keyword1=value1'
```

【代码说明】

❑ 在 In[3]中，查询参数为一个(keyword, value)的列表，这里有两个参数值对。Out[3]中的输出中，urlencode 方法将此参数值对列表编码成了一个 URL 字符串，其中查询参数的顺序和在列表中的顺序是一致的。

❑ 在 In[4]和 In[5]中，则分别对两个使用字典结构的查询数据进行了编码。同样可以看到，urlencode 方法也将这些查询数据编码成了 URL 字符串。

❑ 需要注意的是，在 In[4]和 In[5]中，虽然输出的 URL 字符串是一样的，但是两者所接收的字典结构数据输入的时候并不一样。这是由字典内部的无序性造成的。从下面代码片段的测试中可以看出来。

```
01  In [14]: a = {'keyword1':'value1','keyword2':'value2'}
02
03  In [15]: b = {'keyword2':'value2','keyword1':'value1'}
04
05  In [16]: a is b
06  Out[16]: False
07
08  In [17]: a == b
09  Out[17]: True
```

由于字典的这种性质，所以在对查询数据进行编码时，如果需要对编码后的 URL 字符串输出进行控制，则应该采用前面那种列表的形式。

urlencode 方法还可以接收一个可选的参数，用来对输入查询参数中的数据进行控制。默认值为 False，即当查询数据(keyword, value)列表中的 value 也为列表的时候，将其整个使用 quote_plus 方法进行编码，并作为查询参数的值。而当其值为 True 的时候，对于上述的这种情况，会将 value 列表中的每个值都和 keyword 组成一个查询参数值对。

```
01  In [18]: urllib.urlencode([('keyword',('value1', 'value2', 'value3'))])
02  Out[18]: 'keyword=%28%27value1%27%2C+%27value2%27%2C+%27value3%27%29'
03
04  In [19]: urllib.urlencode([('keyword',('value1', 'value2', 'value3'))], True)
05  Out[19]: 'keyword=value1&keyword=value2&keyword=value3'
```

【代码说明】

❑ 由于可选参数的默认值是 False，当需要此方法的默认行为的时候，可以将其省略。在 In[18]中，对 value 为列表的查询数据进行了编码。从输出结果可以看到，方法将其作为了一个整体来看待，这里只有一个 keyword 查询值。后面的值是经过 quote_plus 方法编码后的数据。可以使用 unquote_plus 来对其进行解码。

```
01  In [20]: r = urlencode([('keyword',('value1', 'value2', 'value3'))])
02
03  In [21]: unquote_plus(r)
04  Out[21]: "keyword=('value1', 'value2', 'value3')"
```

【代码说明】

❑ 从 Output[21]的结果来看，和 In[18]中的输入的 value 值是一样的，这也进一步显示了 urlencode 方法在可选参数为 False 的时候的内部操作。

❑ 在 In[19]中，urlencode 的可选参数为 True。此时将 value 为列表的值对扩展成多个 keyword-value 值对，输出结果如 Out[19]所示。

当可选参数为 False（也是默认值）的时候，由于会首先使用 str 方法对 value 值进行格式化，从而可能得到非预期的结果。所以如果在 value 为列表的时候，需要谨慎选择 urlencode 方法的可选参数。

13.3　CGI 的使用

公共网关接口（Common Gateway Interface，CGI）是外部应用程序和 HTTP 服务器之间交互的一个通用接口标准。CGI 本身不是一种语言，也不是一种网络协议，它仅仅定义了 HTTP 服务器和程序之间的交换信息规范。CGI 可以使用任何语言来书写，当然可以使用 Python 语言。在本节中，将详细介绍 CGI 的相关知识及其使用。

13.3.1　CGI 介绍

CGI 是一种动态网页构建技术。其他竞争技术的出现使得 CGI 使用的机会变少，但由于其简单的特性，还是不失为一种快速构建交互环境的方法。CGI 虽然需要由服务器来提供，但是其实和服务器是独立的。只要 HTTP 服务器支持 CGI，即可运行相应的脚本。幸运的是，现在几乎绝大多数流行的 HTTP 服务器都是支持的。

虽然 CGI 在服务器上的设置很容易，但是存在两个比较大的问题。一个是性能问题。由于每个 CGI 脚本都会调用外部程序来生成 HTTP 输出，当请求较多的时候将使得服务器的负载过重。另外一个问题是安全性问题。因为通过 CGI 脚本可以直接调用系统中的程序，并执行相应的操作和访问系统文件。在这种情况下，一些系统漏洞可能会通过 CGI 脚本的执行而暴露出来。

在性能方面，现在已经有一些改进的技术来解决这个问题。如通过 mod_python 模块可以有效地提高 Apache 服务器对于 Python 脚本文件的响应速度。而在安全性方面，则大多数的 HTTP 服务器将 CGI 脚本文件限制在一个特定的文件夹中，如 cgi-bin 目录。这样就阻止了在不经意的情况下将 CGI 脚本暴露给外界。只有经过确认的 CGI 脚本才可以放入特定的文件夹中，从而提高了安全性。

在 Apache 服务器中，默认已经开启了对于 CGI 的支持。保存 CGI 脚本文件的目录为 cgi-bin。在使用 Python 来编写 CGI 脚本文件的时候，需要在第一行中指定 Python 可执行文件的位置。只有这样，Apache 才能够找到特定的应用程序并运行。

CGI 脚本文件通过环境变量、命令行参数和标准输入输出和 HTTP 服务器进行通信，传递有关参数并进行处理。当方法为 GET 的时候，CGI 程序通过环境变量来获取客户端提交的数据。而当方法为 POST 的时候，CGI 程序将通过标准输入流和环境变量来获取客户端的数据。在 CGI 程序返回处理结果给客户端的时候，则是通过标准输出流将数据输出到服务器进程中的。

当客户端请求一个 CGI 程序的时候，CGI 需要输出信息来声明请求的 MIME 类型，并通过服务器来传递给客户端。CGI 的环境变量 HTTP_ACCEPT 提供了可以被客户端和服务器端接受的 MIME 类型列表。当含有多个的时候，使用逗号分隔开来。例如 image/gif、text/html 和*/*等。表 13-6 中显示了现有 HTTP 所支持的 MIME 类型。

表 13-6　HTTP 支持的 MIME 类型

类　型	子类型	说　明	类　型	子类型	说　明
Application	Octet-stream	MIME 编码的二进制数据	Multipart	Mixed digest	混合类型，可以支持文件上传等操作
Audio	Basic	音频文件	Text	Html、Plain	HTML 文档，纯文本文档
Image	Gif、Jpeg	图像文件	Video	mpeg	视频文件
Message	External-body	对于信息的封装			

在本节中，主要讨论的 MIME 类型是 text/html，也就是 HTML 文档。

对于 CGI 脚本输出的内容，包括两部分。一部分是文件头，其中包含有指示下面的数据是什么 MIME 类型的信息。在 Python 中，输出 text/html 类型文件的时候将使用如下的头文件信息。

```
01   print ("Content-Type: text/html")
02   print()
```

在上面的两个语句中，第一个语句主要用来指示下面将要输出的内容为 HTML 文档。当客户端收到这样的信息的时候，就可以使用特定的渲染方法来显示文档。第二个语句是打印一个空行，这里主要用来表示文件头的结束。当然，也可以将这两句合并成下面的一个语句。

```
print ("Content-Type: text/html\n\n")
```

之所以需要输入两个换行符，也是因为需要在这个部分的后面输出一个完整的空行来表示文件头的结束。

输出的第二部分则是具体的文件信息。例如需要在客户端显示 first.html 文档，则可以将此文档的 HTML 内容通过标准输出完整地输出。最简单的方法是使用 print 语句将文档的内容一行一行输出，如下所示。

```
01   print ('<!DOCTYPE html ">')
02   print ('<html>')
03   print ('<head>')
04   #省略部分代码
05   print ('<br>&copy;2009')
06   print ('</body>')
07   print ('</html>')
```

把上面的这两部分结合起来，并放入 CGI 脚本目录下。当客户端请求此脚本文件的时候，系统将会返回上述的 HTML 文档。而此时在客户端则可以通过 MIME 类型来渲染下面的文档内容。在这里，浏览器显示的效果如图 13-1 所示。

在 Python 的标准库中，包含 cgi 模块可以用来处理 CGI 脚本。此模块提供了丰富的方法处理各种输入情况，同时也有一些方法用来输出相关的信息。在下面的小节中，将对使用 cgi 模块中的方法进行详细的介绍。

13.3.2　获取 CGI 环境信息

原来 Internet 上大部分的 HTML 文档都是静态的。当使用了 CGI 脚本后，可以通过这种方法根据请求的不同来输出动态的信息。如下面的代码中，将输出当前服务器的时间。

```
01    #!E:/Python3/python.exe         # 指定执行cgi脚本文件的程序
02    print ("Content-Type: text/plain\n\n")
03
04    import datetime
05    print (datetime.datetime.now())
```

【代码说明】

- ❏ 第 1 行代码指示了执行此 CGI 脚本文件的程序。由于这里的是 Python 代码，所以这里指明了 Python 可执行程序的目录。
- ❏ 第 2 行代码，首先输出了文件头信息。这里的文件头是 text/plain 类型，表示下面输出的内容可以按照文本内容来处理。注意到这里后面的两个换行符，将会输出一个空行，从而用来指示当前文件头的输出结束。
- ❏ 第 4 行代码导入了 datetime 模块。然后直接调用了此模块的 now 方法，输出了当前的服务器时间。在这里，用户可以根据需要编写代码。

将此代码保存为 mydate.cgi 文件，并放在 cgi-bin 目录中。其中 cgi-bin 目录为专门执行 CGI 脚本代码的位置。启动浏览器，调用 CGI 脚本文件。

当 CGI 环境准备完毕后，就有一些环境变量存在。可以通过这些环境变量来对请求做一些简单的判断。例如，环境变量 REMOTE_ADDR 中包含有客户端的 IP 地址，其值可以通过 os.environ 得到。在下面的代码中，通过判断 REMOTE_ADDR 的值可以知道是否为本地访问。然后分别打印出不同的信息，从而给用户不同的访问体验。

```
01    #!E:/Python3/python.exe         # 指定执行cgi脚本文件的程序
02
03    import os
04    print ("Content-Type: text/html\n\n")
05
06    remote_addr = os.environ['REMOTE_ADDR']
07
08    if remote_addr == '127.0.0.1':
09        print ("来自本地的访问")
10    else:
11        print ("来自外部的访问")
```

【代码说明】

- ❏ 第 6 行代码获取了 CGI 环境中的 REMOTE_ADDR 的值，并赋值给 remote_addr 变量。
- ❏ 第 7 行代码通过这个值和 "127.0.0.1" 的比较，来判断是否是来自本地的访问。然后根据比较的结果来给用户显示不同的信息。可以在这里加入具体的处理代码。

除了 REMOTE_ADDR 环境变量以外，还有不少其他的 CGI 环境变量。在 cgi 模块中，提供了一个实用函数 print_environ，可以显示在 CGI 环境中所有可用的变量及其值的信息。下面的代码将显示当前服务器中所有支持的 CGI 变量。

```
01    #!E:/Python25/python.exe        # 指定执行cgi脚本文件的程序
02
03    print ("Content-Type: text/html\n\n")
04
05    import cgi
06
```

```
07    cgi.print_environ()
```

【代码说明】

☐ 这段代码前面的内容和前面介绍过的部分是一样的，主要是输出文件头信息。需要注意的是第 3 行代码，这里使用的 MIME 类型是 text/html。这是因为后面的方法中输出的是 HTML 文档，如果使用 text/plain 的话，则会将 HTML 文档原样输出，而不会被浏览器解析。

☐ 在第 5 行代码导入了 cgi 模块后，第 7 行代码直接调用了 cgi 模块的 print_environ 方法，输出当前的 CGI 环境中的所有变量。

下面是此代码的输出结果：

```
Shell Environment:
COMSPEC
C:\WINDOWS\system32\cmd.exe
DOCUMENT_ROOT
I:/server/htdocs
GATEWAY_INTERFACE
CGI/1.1
HTTP_ACCEPT
*/*
HTTP_ACCEPT_ENCODING
gzip, deflate
HTTP_ACCEPT_LANGUAGE
zh-cn
HTTP_CONNECTION
Keep-Alive
HTTP_HOST
localhost
HTTP_USER_AGENT
Mozilla/4.0 (compatible; MSIE 6.0; Windows NT 5.1; SV1; .NET CLR 2.0.50727; .NET CLR
3.0.04506.648; .NET CLR 3.5.21022; InfoPath.2; CIBA)
PATH
C:\WINDOWS\system32;C:\WINDOWS;C:\WINDOWS\System32\Wbem;
PATHEXT
.COM;.EXE;.BAT;.CMD;.VBS;.VBE;.JS;.JSE;.WSF;.WSH
QUERY_STRING
REMOTE_ADDR
127.0.0.1
REMOTE_PORT
12325
REQUEST_METHOD
GET
REQUEST_URI
/cgi-bin/print_envrion.cgi
SCRIPT_FILENAME
I:/server/Apache/cgi-bin/print_envrion.cgi
SCRIPT_NAME
/cgi-bin/print_envrion.cgi
SERVER_ADDR
127.0.0.1
SERVER_ADMIN
admin@localhost
SERVER_NAME
localhost
SERVER_PORT
80
```

```
SERVER_PROTOCOL
HTTP/1.1
SERVER_SIGNATURE
<address>Apache/2.0.63 (Win32) PHP/5.2.6 mod_python/3.3.1 Python/2.5.2 Server at
localhost Port 80</address>
SERVER_SOFTWARE
Apache/2.0.63 (Win32) PHP/5.2.6 mod_python/3.3.1 Python/2.5.2
SYSTEMROOT
C:\WINDOWS
WINDIR
C:\WINDOWS
```

从输出结果中可以看出，当访问 CGI 脚本的时候，许多的信息可以从 CGI 的环境变量中获取，这也是 CGI 和客户端进行交互的一个重要部分。

表 13-7 总结了一些 CGI 环境中重要的环境变量。

表 13-7　CGI 中的部分环境变量

环境变量	含　义	环境变量	含　义
REMOTE_ADDR	服务器的地址	SCRIPT_NAME	服务器执行脚本名字
PATH_INFO	路径信息	HTTP_USER_AGENT	客户端软件
REQUEST_METHOD	客户端请求的方法，可以为 GET 或 POST	SERVER_PROTOCOL	服务器支持协议
SERVER_NAME	服务器名字	SERVER_SOFTWARE	服务器端软件信息
SERVER_PORT	服务器端口	QUERY_STRING	查询字符串

注意到这些获取的值都是原始的字符串，并不包含格式化信息。如果需要从其中获取相应的信息，可以利用 cgi 中提供的一些方法。

13.3.3　解析用户的输入

CGI 技术的一个重要作用可以获取用户的输入，从而做出相应的处理。虽然请求方法有 GET 和 POST，但是 cgi 模式使用了一种统一的方式来处理用户的输入。这就是 FieldStorage 类。

FieldStorage 类的使用很简单。直接不带参数初始化一次即可。其对象将会自动根据请求方法的类型通过标准输入或者环境变量来获取这些值。由于使用此方法将会访问标准输入，所以此类的初始化只需要一次即可。

可以将此对象看成是 Python 语言中的字典数据结构，支持字典访问的部分方法，如 key()。当然，对内置的方法 len() 也是支持的。当其值为空字符串的时候，FieldStorage 对象默认不会进行存储。如果需要存储这样的空字符串，可以在初始化 FieldStorage 的时候加入可选参数 keep_blank_values。在下面的代码中，显示了 CGI 环境中所有的用户输入。

```
01   #!E:/Python3/python.exe    # 指定执行cgi脚本文件的程序
02
03   print ("Content-Type: text/html\n\n")
04
05   import cgi
06   form = cgi.FieldStorage()
07
08   for key in form.keys():
09       print (key,"==>", form[key].value)
10       print ("<br/>")
```

【代码说明】

- ❑ 第 6 行代码，在导入了 cig 模块后，不加初始化参数的实例化了一个 FieldStorage 对象。此时，用户访问的信息都保存在了 from 对象中。
- ❑ 第 8 行代码，下面的循环中，遍历 form 对象中的所有键值，并显示相应的值信息。这里的值是通过其 value 属性得到的。这和对象的 getvalue 方法得到的结果是一致的。注意，在最后面加入了 "\<br /\>" 标签，这是由于这里输出的是 HTML 文档，可以通过使用\<br /\>来实现换行。通过输入换行符试图实现同样的功能是不行的。

图 13-2 中显示了这段代码的使用方法。这里，使用了 GET 的访问方式，直接在 URL 中加入了查询的参数 "value1=str&value2=10"。可以看出上面的代码正确地显示了输入的参数。

但是上面的代码有一个问题，那就是当某个字段含有多个输入的时候，并不能得到正确的处理，如图 13-3 所示。

图 13-2　用户输入的获取和显示　　　　图 13-3　getvalue 方法不能正确处理多输入情况

在上面的测试中，在输入中使用了两个 value1 的值。这样在输出的时候，将得不到正确的值，甚至连一个值也得不到。

为了解决这个问题，FieldStorage 类对象提供了 getlist 方法，可以用来获取一个字段的多个输入值，这些输入值组成了一个列表。可以将代码改成下面的形式。

```
01    #!E:/Python3/python.exe
02
03    print ("Content-Type: text/html\n\n")
04
05    import cgi
06    form = cgi.FieldStorage()
07
08    for key in form.keys():
09        print (key,"==>", form.getlist(key))
10        print ("<br/>")
```

这里主要改变的地方在最后的循环中，使用了 getlist 方法来获取对应字段的值。这样在遇到有多个输入的时候，可以得到正确的处理。

这段代码对于上面多输入情况的处理如图 13-4 所示。

在输出中可以看到，CGI 脚本现在正确处理了多输入的情况，并保存在了列表中。用户可以使用这个结果做进一步的处理。

在上面处理用户输入的过程中，并没有考虑用户输入字符的特殊性。实际上，用户输入的字符可能含有如 HTML 标签一类的字符。这时候，就需要对这样的特殊的字符进行转义，否则会使得最终显示结果出现偏差。例如在图 13-5 中，特定的输入影响了最后的显示。

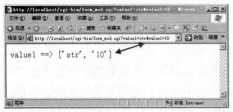

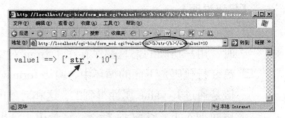

图 13-4　getlist 方法可以正确处理多输入情况　　　　图 13-5　输入数据没有进行转义的情况

在上面的输出中可以看到，并没有将 value1 的值正确显示出来。实际上，由于其输入值中包含 HTML 标签，使得在直接回显中将这些标签进行了解析。最终显示的结果使得 str 被加粗和有下划线。这并不是所获得的原始数据。

在 cgi 模块中提供 escape 方法来解决这个问题。此方法将对 "&"、"<" 和 ">" 等字符串进行转义，从而在显示的时候可以正确地显示出来。上面代码的修正如下。

```
01   #!E:/Python3/python.exe
02
03   print ("Content-Type: text/html\n\n")
04
05   import cgi
06   form = cgi.FieldStorage()
07
08   for key in form.keys():
09       for value in form.getlist(key):
10           print (key,"==>", cgi.escape(value))        # 使用escape()进行转义
11           print ("<br/>")
```

在上面的代码片段中，主要的修改在于最后对于每个值都调用了 escape 方法进行转义，从而使得浏览器可以正常显示。需要注意的是，这里仅仅只是需要 HTML 输出的时候才对其进行转义，其值还是原来的值，而不是经过转义后的值。

现在，这段代码就可以正确处理这种含有特殊字符的输入数据了，如图 13-6 所示。

从输出中可以看到，value1 的值输出和输入是一样的。

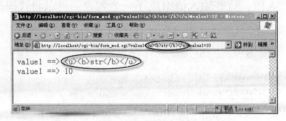

图 13-6　将输入数据进行转义的情况

在上面的实例中，都是采用的 GET 请求方法。实际上，在需要传递大量数据的时候，多数还是使用 POST 方法。虽然两者有些不同，但是上面介绍的获取用户输入的方法同样也适用于请求方法为 POST 的情况。

13.4　获取 HTML 资源

使用浏览器可以从 URL 中获取相应的资源并展示出来，如 IE 等。但是很多时候只是需要对资源获取后进行特定的处理，这个步骤的第一步就是要能够获取特定的 URL 资源。本节将对这个过程进行介绍。主要涉及的模块包括 urllib。

13.4.1　使用 urlopen 和 urlretrieve 获取 HTTP 资源

和 open 内置方法可以读取文件一样，urlopen 可以用来读取 URL 资源。和 open 方法不同的是，这里的 urlopen 并不能对获取的数据进行 seek 操作。返回值中包含一个可以读的文件 handler，从而可以实现对数据的读取。其简单的使用方法是直接在参数中输入 URL 地址，即可使用此方法打开资源，然后就可以使用文件的读取来对数据进行操作了。在 Python3 中 urlopen 放进了 urllib.request 模块。

```
01  In [2]: from urllib.request import urlopen
02
03  In [3]: r = urlopen("http://www.python.org")
04
05  In [4]: r.read()      # 读取内容
06  Out[4]:. b'<!doctype html>\n\n\n<!--[if lt IE 7]>    <html class="no-js ie6 lt-ie7
lt-ie8 lt-ie9">    <![endif]-->\n<!--[if IE 7]>    <html class="no-js ie7 lt-ie8 lt-ie9">
<![endif]-->\n<!--[if IE 8]>    <html class="no-js ie8 lt-ie9">
<![endif]-->\n<!--[if gt IE 8]><!--><html class="no-js" lang="en" dir="ltr">
<!--<![endif]-->\n\n<head>\n    <meta charset="utf-8">\n    <meta
http-equiv="X-UA-Compatible" content="IE=edge">\n\n    <link rel="prefetch"
href="//ajax.googleapis.com/">\n\n    <meta name="application-name"
content="Python.org">\n    <meta name="msapplication-tooltip" content="The official home of
the Python Programming Language">\n    <meta name="apple-mobile-web-app-title"
content="Python.org">\n    <meta name="apple-mobile-web-app-capable" content="yes">\n
<meta name="apple-mobile-web-app-status-bar-style" content="black">\n\n    <meta
name="viewport" content="width=device-width, initial-scale=1.0">\n    <meta
name="HandheldFriendly" content="True">\n    <meta name="format-detection"
content="telephone=no">\n    <meta http-equiv="cleartype" content="on">\n    <meta
http-equiv="imagetoolbar" content="false">\n\n    <script
src="/static/js/libs/modernizr.js"></script>\n\n    <link
href="/static/stylesheets/style.css"
#省略部分输出
```

【代码说明】

❑ 在 In[3]中，使用了 urlopen 方法直接打开 URL 为 http://www.python.org 的资源，并将返回值赋值给变量 r。这里确保可以正常访问 Internet 资源。需要注意的是，由于读取网络数据需要一定的时间，所以这里将会处于阻塞模式，需要等待一段时间。

❑ 在 In[4]中使用了 r.read()来读取 URL 资源。在 Out[4]中可以看到，输出了 http://www.python.org 的 HTML 源码。

在上面的代码片段中，直接调用了 read()而并没有加入参数。也可以针对数据来实现相应的文件操作，包括部分读取等。下面的代码片段演示了这种方法。

```
01  #filename: urllib_1.py
02  from urllib.request import urlopen
03  fp = urlopen("http://www.python.org")
04
05  op = open("python.html", "wb")
06
07  n = 0
08  while True:
09      s = fp.read(1024)
10      if not s: #遇到了EOF
11          break
12      op.write(s)
```

```
13     n = n + len(s)
14
15   fp.close()
16   op.close()
17
18   print ("retrieved", n, "bytes from", fp.url)
```

【代码说明】

❏ 第 3 行代码，这里的 urlopen 和前面的使用方法类似，直接在参数中输入 URL 字符串即可。

❏ 第 5 行代码，使用 open 打开一个 python.html 文件，作为接收 URL 资源的文件。注意到这里使用了二进制写模式打开，在使用网络应用写的时候，最好使用此种模式，这样能够最大限度地保持获取数据的完整性。

❏ 第 8 行代码，在 while 循环中，直到遇到 EOF 才跳出循环。这也标志着网络数据流的结束。在 fp 上使用了 read 方法每次读取 1024 个字节，并将这些数据写入 python.html 文件中去。

❏ 第 15～18 行代码将所有的文件描述符关闭，并打印出读取或者是写入文件的字节数。

上面代码片段的运行结果如下。

```
In [5]: run urllib_1.py
retrieved 16578 bytes from http://www.python.org
```

可以看到，从 Python 的官方网站上获取了 16578 个字节的资源，这和 python.html 文件的大小是一致的，如图 13-7 所示。

在图 13-7 中可以看到，文件的实际大小和获取的数据大小是相同的。使用文本编辑器打开此 HTML 文件，可以看到，其结果和本小节开始的 Out[4]结果是一样的。所以，这里的 urlopen 很好地完成了获取特定 URL 资源的任务。

图 13-7　获取 URL 资源后保存的文件

当得到保存后的文件后，可以使用浏览器将其打开，如图 13-8 所示。为了对比，在图 13-8 中嵌入了官网的显示。

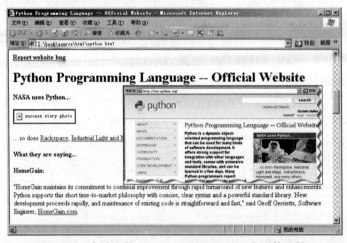

图 13-8　本地文件 python.html 和 Python 官网的比较

从图 13-8 中可以看出，两者的文字内容还是相同的。但是在显示上两者却还是有着不小的区别。首先表现在图片的缺失，其次是 HTML 文档布局的不同。实际原因是原 HTML 文档中图片和

CSS 的 URL 使用的是相对 URL，而当 HTML 文档下载到本地后，就造成了这些文件的缺失。最终的结果在图 13-8 中也显示了出来。

一般情况下，urlopen 的可选参数 data 为空的时候，支持多种协议，包括本地文件、HTTP 协议等。而且如果为 HTTP 数据的时候，urlopen 将使用 GET 方法来获取相关的资源。但是当可选参数非空的时候，则前面的协议字段必须为 HTTP。此时 urlopen 将使用 POST 方法来获取 URL 资源，同时，data 参数将作为 POST 方法的数据一并传递给远端服务器。注意，这里的 data 需要使用urlencode 编码过后的查询数据。

1．使用代理

urlopen 支持使用代理来获取 URL 资源。可以使用两种方式来影响 urlopen 获取资源的时候的代理选择。第一种是通过使用环境变量。这些环境变量包括 http_proxy 和 ftp_proxy，分别支持 HTTP和 FTP 协议的代理。在 Windows 下，可以通过写入此环境变量来影响代理设置。在 Linux 下可以使用下面的命令里设置。

```
http_proxiy=http://www.proxy.com:3128
```

需要注意的是，在启动 Python 的交互式解析器之前，需要首先设置此环境变量。然后，代理设置才会在 urlopen 调用的时候起作用。

第二种方法是直接将代理写入 urlopen 方法的可选参数 proxies 中去。这样，可以实现不同的时间使用不同的代理的功能。如下面的代理设置。

```
01   In [6]: proxies = {'http': 'http://www. proxy.com:3128'}
02
03   In [7]: urlopen(url, proxies=proxies)
```

【代码说明】

❑ 在 In[6]中，设置了一个代理。这里的代理设置指明了在使用 HTTP 协议的时候将使用 http://www. proxy.com 代理服务器。

❑ 在 In[7]中，将在上面设置的代理服务器指定给了 urlopen 中的 proxies 参数，从而实现了代理的设置。在这里，urlopen 将通过设置的代理来获取指定的 URL 资源。

如果不需要使用任何代理，则可以使用下面的形式，将 proxies 参数指定为一个空列表，从而也就清空了代理的设置。

```
In [8]: urllib.urlopen(url, proxies={})
```

这里将 proxies 设置为空列表是必须的，从而明确了不使用任何代理。如果将其去掉的话，urlopen 将使用环境变量中设置的代理服务器。

2．直接保存 URL 资源

除了 urlopen 方法以外，urllib 模块中另外一个可以使用的方法是 urlretrieve。此方法和 urlopen类似，但是还是有些不同的。最大的不同是此方法将获取的资源直接保存在文件中，而不是返回一个文件对象。此方法也可以接收一个 URL 字符串作为输入，但是其返回的是一个指向保存文件的路径和一个 HTTPMessage 实例对象。关于此 HTTPMessage 实例对象将在下一节中进行介绍。

对于返回的文件名，可以通过输入参数中的 filename 来指定。如果不指定的话（默认情况），系统将生成一个临时文件来保存获取的资源，并将此临时文件的路径返回。另外一个参数 data 的含义和 urlopen 方法中的相同。

```
01    In [2]: from urllib.request import urlretrieve
02
03    In [3]: filename, m = urlretrieve("http://www.baidu.com")
04
05    In [4]: filename
06    Out[4]: ''c:\\docume~1\\administrator\\locals~1\\temp\\ tmpomi7b1''
07
08    In [5]: filename, m = urllib.urlretrieve("http://www.baidu.com",
filename="I:/book/source/html/baidu.html")
09
10    In [6]: filename
11    Out[6]: 'I:/book/source/html/baidu.html'
```

【代码说明】

❑ 在 In[3]的输入参数中并没有指定 filename 参数。所以在返回值中的文件名是一个临时文件，这从 Out[4]中可以看出来。

❑ 在 In[5]中，输入参数中包含 filename 参数。使用了 urlretrieve 方法后，返回的文件名和输入的文件名参数是一样的。同时，可以在文件管理器中看到，在指定的目录下已经生成了 baidu.html 文件。

当然，通过此方法获取的 HTML 文档也和前面使用 urlopen 方法获取的 HTML 文档类似，仅仅包含 HTML 内容，而其他的资源是不会同时下载下来的。

在 urlretrieve 方法中还包含一个 reporthook 参数，此参数可以用来将 urlretrieve 方法执行的过程通过图形化的方式显示给用户。其值是一个函数，在每次获取资源块的时候被调用。此函数有 3 个参数：文件块的个数、文件块的大小和文件的大小。当文件大小的值为-1 的时候，表示此时无法获得整个文件的大小，特别是对于 ftp 流数据协议而言。在下面的代码片段中，使用此 reporthook 参数可以得到获取资源时候的实时信息。

```
01    In [1]: from urllib.request import urlretrieve
02
03    In [2]: def reporthook(block_count, block_size, file_size):
04    ...:        if file_size == -1:
05    ...:            print ("retrieved data", block_count*block_size)
06    ...:        else:
07    ...:            print ("retrieve data", block_count*block_size,"/", file_size)
08    ...:
09
10    In [3]: urlretrieve("file:///I:/book/source/html/python.html",filename="",
reporthook=reporthook)
11    retrieve data 0 / 16578
12    retrieve data 8192 / 16578
13    retrieve data 16384 / 16578
14    retrieve data 24576 / 16578
15    Out[3]:
16    ('c:\\docume~1\\sea\\locals~1\\temp\\tmpup0_0x.html',
17     <mimetools.Message instance at 0x01535620>)
18
19    In [4]: urlretrieve("http://www.python.org",filename="", reporthook=reporthook)
20    retrieve data 0 / 16578
21    retrieve data 8192 / 16578
22    retrieve data 16384 / 16578
```

```
23   retrieve data 24576 / 16578
24   Out[4]:
25   ('c:\\docume~1\\sea\\locals~1\\temp\\tmp5adz1d',
26    <httplib.HTTPMessage instance at 0x01509A58>)
27
28   In [5]: urlretrieve("http://www.google.com",filename="", reporthook=reporthook)
29   retrieved data 0
30   retrieved data 8192
31   Out[5]:
32   ('c:\\docume~1\\sea\\locals~1\\temp\\tmpwfexxn',
33    <httplib.HTTPMessage instance at 0x01495FA8>)
```

【代码说明】

❑ 在 In[2]中，定义了一个 reporthook 函数，其中的 3 个参数的含义在前面已经做了描述。函数体仅仅包含打印语句，主要是根据文件大小的值来打印获取到的数据。

❑ 在 In[3]中，使用了在前面通过 urlopen 获取资源保存的文件 python.html。由于是本地文件，所以文件的长度是可以获知的，这里是 16578 字节。可以看到，每获取 8192 字节后，urlretrieve 方法将会调用 reporthook 定义的函数，从而打印出相应的信息。注意，最后一次显示的字节数超过了整个文件的大小。这是因为，每次读取的时候都是使用的固定块大小的。另外，这里使用了临时文件，在 Out[3]的输出中可以看出。

❑ In[4]的输出结果和 In[3]的基本类似，除了临时文件不同外，还有其他的不同。这里获取的 URL 资源是通过 HTTP 协议来获取的。在执行这条语句的时候，可以明显地感觉到打印时候的停顿，这主要是因为获取网络资源比获取本地资源要慢得多。当网络资源很大的时候，例如一个下载文件，使用此方法可以让用户看到获取资源的具体情况。

❑ 在 In[5]中看到，并没有后面的文件大小。这表示当前的文件大小是不知道的。这种情况在 ftp 中比较常见，在 http 也是会遇到的。

结合 urlretrieve 方法和 reporthook 参数，可以构成一个简单的下载器，并可以显示资源获取的具体进度情况。下面是此代码片段。

```
01   def download(url,filename=""):
02       def reporthook(block_count, block_size, file_size):
03           if file_size == -1:
04               print ("Can't determine the file size, now retrieved", block_count*block_size)
05           else:
06               percentage = int((block_count*block_size*100.0)/file_size)
07               if percentage > 100:
08                   print ("100%")
09               else:
10                   print ("%d%%" % (percentage))
11       filehandler, m = urlretrieve(url,filename,reporthook=reporthook)
12       print ("Done")
13   return filchandlor
```

使用方法是直接输入需要获取的 URL 资源，文件名参数是可选的。当此段代码运行的时候，将会使用百分比的形式打印出获取资源的具体信息。

13.4.2　分析返回资源的相关信息

urlopen 方法返回的是一个类似文件对象的可读的返回值，且支持 read、readline、readlines 和

close 等方法。这些相关的方法已经在上一节中进行了演示。从返回中可以读取相应 URL 的 HTML 文档内容。除此之外，还有一些信息可以从返回值中获取到。此文件对象还支持两个方法获取这些相关的信息，这两个方法是 geturl 和 info 函数。

geturl 方法将返回此文件对象所对应的 URL。需要注意的是，这个 URL 并不一定是在 urlopen 方法中输入的 URL。这主要是有两个方面的原因：一个是有可能会对 URL 字符串进行格式化；第二个是在 HTTP 中有重定向功能，可以将 URL 资源定向到其他资源上去。可以通过调用此方法和输入的 URL 比较，来知道系统资源是否发生了改动。

```
01  In [2]: r = urlopen("http://baidu.com")
02
03  In [3]: r.geturl()
04  'http:// baidu.com/'
05
06  In [4]: r.url
07  'http:// baidu.com/'
```

【代码说明】

❑ 在 In[2]中使用 urlopen 打开一个 URL 资源，并将其返回值赋值给变量 r。现在变量 r 是一个资源可读取的文件对象。

❑ 在 In[3]中使用了此文件对象的 geturl 方法，从而得到现在文件对象所对应的 URL 字符串。从输出中可以看到，值和输入的 URL 相比发生了变化。

❑ 在 In[4]中，使用了返回值的 url 属性来显示其 URL 信息。可以看到其输出值和 geturl 方法的输出是一样的。实际上，在 geturl 的实现中，就是直接返回 url 属性的。在使用的时候，推荐使用 geturl 方法。

文件对象支持的另一个方法是 info。此方法返回一个 HTTPMessage 类的实例。这是继承于 mimetoos 模块中 Message 类中的。其中包含此文件对象头的所有元信息，包括编码、MIME 类型等。例如可以通过对象的 get_content_type、 get_content_maintype 和 get_content_subtype 方法来获取各种 MIME 类型。

```
01  In [2]: r = urlopen("http://www.baidu.com")
02
03  In [3]: m = r.info()
04
05  In [4]: m.get_content_type()
06  Out[4]: 'text/html'
07
08  In [5]: m. get_content_maintype()
09  Out[5]: 'text'
10
11  In [6]: m.get_content_subtype()
12  Out[6]: 'html'
13
14  In [7]: m
15  Out[7]: <http.client.HTTPMessage object at 0x101e79a50>
```

【代码说明】

❑ 在 In[2]中使用 urlopen 来获取一个特定 URL 的资源。而在 In[3]中则使用 info 方法将其文件对象的头文件元信息复制给变量 m。

❑ 在 In[4]~In[6]中，使用了此对象的 get_content_type()等方法来获取相关的 MIME 信息。从输出信息中可以看出，MIME 类型为 text/html，这也是大部分 HTML 文档的 MIME 类型。

❑ 在 In[7]中可以看到此对象的具体信息，进一步验证了这是一个 HTTPMessage 类对象。

除了这些信息之外，还可以通过直接使用 items 方法来查看文件头中的相关信息。这些信息还包括连接日期、超时等信息。

```
01   In [8]: for k, v in r.info().items():
02           print k, "=", v
03
04   Date = Sat, 22 Feb 2014 16:53:08 GMT
05   Server = Apache
06   Cache-Control = max-age=86400
07   Expires = Sun, 23 Feb 2014 16:53:08 GMT
08   Last-Modified = Tue, 12 Jan 2010 13:48:00 GMT
09   ETag = "51-4b4c7d90"
10   Accept-Ranges = bytes
11   Content-Length = 81
12   Connection = Close
13   Content-Type = text/html
14
15   In [9]: r.headers
16   Out[9]: <http.client.HTTPMessage object at 0x101e79a50>
```

【代码说明】

❑ 在 In[8]中，使用了循环来打印文件头中的已有的所有信息。在输出中可以看到，主要参数包括 Date、Expires、Server 等。

❑ 在 In[9]中输出了文件对象的 headers 属性，可以看到其输出值和 Out[7]是相同的。实际上，info 方法在实现上就是直接返回 headers 成员。在实际使用的时候，建议使用 info 方法来处理。

13.4.3 自定义获取资源方式

在 urllib 模块中，还包含 URLopener 及其继承类 FancyURLopener，可以用来实现对于 URL 资源的读取。实际上，urlopen 方法就是一个 FancyURLopener 类的实例，并通过调用其实例的 open 方法来实现的。在这两个类中，一般来说使用 FancyURLopener 类就够了。URLopener 类主要针对不是 http、ftp、file 等协议的情况。在这小节中，将主要讨论 HTTP 协议的情况。

通过继承 FancyURLopener 类，可以重载其中的多个方法，从而自定义实现对于 URL 资源获取的方式，主要包括进行简单认证、自定义特定状态处理函数等。

1. 访问需要简单认证的 URL 资源

现在 Internet 上有不少资源为了保密，需要输入用户名和密码才可以访问。如果直接使用 urlopen 方法来访问这类资源，不能得到期望的资源。在 FancyURLopener 类中有 prompt_user_passwd 方法用来处理用户名和密码。当访问的资源需要使用简单认证进行访问的时候，将会调用此方法并应用得到的用户名和密码。如果不重载此函数的话，默认情况下将会从控制台上来读取。见下面的源码片段。

```
01   def prompt_user_passwd(self, host, realm):
```

```
02        """Override this in a GUI environment!"""
03        import getpass
04        try:
05            user = input("Enter username for %s at %s: " % (realm,
06                                                            host))
07            passwd = getpass.getpass("Enter password for %s in %s at %s: " %
08                (user, realm, host))
09            return user, passwd
10        except KeyboardInterrupt:
11            print()
12            return None, None
```

在上面的代码片段中可以看到，函数使用了 input 和 getpass 方法分别从终端中得到用户名和密码，并将此值返回。如果遇到了键盘中断，则返回空值。

访问需要简单认证的 URL 资源时，可以通过重载上面的函数来实现。见下面的代码片段。

```
01    class myURLOpener(urllib.request.FancyURLopener):
02
03        def setAuth(self, user, passwd):
04            self.user = user
05            self.passwd = passwd
06
07        def prompt_user_passwd(self, host, realm):
08            return self.user, self.passwd
09
10    myurlopener = myURLOpener()
11    myurlopener.setAuth("user", "passwd")
12
13    op = myurlopener.open("http://www.secret.com")
```

【代码说明】

- 第 1 行代码，这里自定义了一个 URL 资源访问类 myURLOpener。其中定义了两个函数，setAuth 是自定义的，而 prompt_user_passwd 方法则是重载的。对于 setAuth 方法，设置了用户名和密码。而在重载的方法中，这里只是直接返回了用户名和密码。
- 第 11 行代码，myurlopener 是 myURLOpener 类的一个实例，并通过调用 setAuth 方法设置在 prompt_user_passwd 方法中返回的用户名和密码。
- 第 13 行代码，调用了 open 方法来访问一个需要简单认证的 URL 资源，自动使用 prompt_user_passwd 方法返回值中的用户名和密码。这里，将会返回一个文件描述符，和使用 urlopen 方法返回的文件描述符是一致的。通过此对象，使用前面介绍过的方法，同样可以获取相关的信息，如文件头元信息等。

2. 自定义文件头元信息

可以直接使用 FancyURLopener 类的实例化来得到一个实例。此实例对象支持多种方法，用来添加文件头元信息，从而对访问 URL 资源进行自定义处理。在下面的代码片段中，设置了一些文件头的元信息。

```
01    In [2]: opener = urllib.request.FancyURLopener()
02
03    In [3]: opener.addheader('User-Agent','Mozilla/4.0 (compatible; MSIE 6.0; Windows NT 5.1)')
04
05    In [4]: opener.addheader('Accept', 'text/html')
```

```
06
07   In [5]: opener.addheader('Connection', 'close')
08
09   In [6]: opener.open('http://www.baidu.com')
10   Out[6]: <addinfourl at 22103464 whose fp = <socket._fileobject object at 0x014B1830>>
```

【代码说明】

❑ 在 In[2]中，直接使用了 FancyURLopener 的构造函数生成了一个其类的对象实例。此对象可以用来预先设置一些文件头的元信息。

❑ 在 In[3]~In[5]中，分别设置了 3 个不同的文件头元信息，包括 User-Agent、Accept 等。通过这样的设置，可以有效地避开某些 URL 资源对于访问的限制。如通过设置 User-Agent 的值来模拟不同的浏览器。

❑ 在 In[6]中，使用了其实例的 open 方法，上面设置的文件头元信息将会起作用。同时，得到的返回值和前面使用 urlopen 方法是一样的。

此对象还提供了如 addheaders 这样整体添加的方式，使用方法和前面的类似。只是通过使用列表的方式来简化了操作。

另外，对象中还包含 version 属性，此属性主要是用来定义在 urllib 访问 URL 资源时候的 User-Agent。这在前面的自定义处理中也遇到了，也可以直接通过改变此值来改变访问 URL 资源时的 User-Agent。

代码如下：

```
In [7]: op.version
Out[7]: 'Python-urllib/1.17'
```

3. 自定义 HTTP 状态处理

FancyURLopener 类中已经提供了部分 HTTP 响应状态码的默认处理程序，这些状态码包括 301、302、303、307 和 401 等。对于 401 的状态码，可能会需要进行简单的认证，这在前面已经进行了介绍。对于其他的状态码，在默认情况下，将会调用 http_error_default 方法来处理错误的情况。

同样的，可以通过重载 http_error_30x（如 http_error_301 和 http_error_302 等）的函数来自定义相应的处理方式。这里以 http_error_302 方法为例。302 的状态码表示此资源被临时重定向了，在 HTTP 应答中包含此 URL 资源的新地址。处理程序可以使用此地址重新发起请求。在 FancyURLopener 类中已经有了对于此种状态的默认处理方式。

```
01   def http_error_302(self, url, fp, errcode, errmsg, headers, data=None):
02       """Error 302 -- relocated (temporarily)."""
03       self.tries += 1
04       if self.maxtries and self.tries >= self.maxtries:
05           if hasattr(self, "http_error_500"):
06               meth = self.http_error_500
07           else:
08               meth = self.http_error_default
09           self.tries = 0
10           return meth(url, fp, 500,
11                   "Internal Server Error: Redirect Recursion", headers)
12       result = self.redirect_internal(url, fp, errcode, errmsg, headers,
13                           data)
14       self.tries = 0
15       return result
```

这里的处理方式主要是在可以重试的次数之内，对新地址进行访问尝试。

可以对此方法进行重载，从而实现特定的 HTTP 状态处理。

```
01  def http_error_302(self, url, fp, errcode, errmsg, headers,data=None):
02    if 'location' in headers:
03  newurl = headers['location']
04    elif 'uri' in headers.:
05      newurl = headers['uri']
06    else:
07      return
08    print (url,"==>",new_url)
09    return urllib.FancyURLopener.http_error_302 (self, url, fp, errcode, errmsg, headers, data)
```

在上面的代码片段中，通过重载 http_error_302 方法，使得在获取需要重定向 URL 资源的时候调用此方法。在前面的多个判断中，主要是得到当前的新 URL，这主要是从文件头元信息中的 location 和 uri 键值来获得的。然后打印新旧 URL 信息。最后，调用 urllib 模块中的默认 302 状态码处理方式。

13.4.4 使用 http.client 模块获取资源

http.client 模块实现了 HTTP 和 HTTPS 协议的客户端部分。一般情况下，这个模块不是直接使用的，而是作为 http 的基础模块。但是实际上，此模块还是比较适用于在访问 HTTP 资源的时候使用的，包括 GET 和 POST 方法等。

在 httplib 模块中提供了 HTTPConnection（HTTPSConnection）和 HTTPResponse 类，用来处理具体的 URL 资源。在 HTTPConnection 类的构造函数中，其输入参数为需要访问的 HTTP 服务器。当省略端口的时候，默认使用 80 端口。下面是 3 种 HTTPConnection 实例对象的构造方式。

```
01  In [2]: conn1 = http.client.HTTPConnection("www.python.org")
02
03  In [3]: conn2 = http.client.HTTPConnection("www.python.org:80")
04
05  In [4]: conn3 = http.client.HTTPConnection("www.python.org",80)
```

【代码说明】

- In[2]中是默认的构造方式，此时将会默认使用 80 端口。同时注意，这里的访问都是通过 IITTP 来访问的。
- In[3]中的输入参数使用了冒号来分隔 URL 地址和端口。
- 在 In[4]中使用了第二个参数 port，并将 80 端口值赋值给这个变量。

生成了此连接对象，就可以使用其中的方法来获取对应的资源了。主要使用的方法是 request。其方法接受两个参数，一个是访问的方法，可以为"GET"和"POST"，另外一个是需要获取的 URL 资源。

```
01  In [5]: conn1.request("GET","/index.html")
02
03  In [6]: r1 = conn1.getresponse()
04
05  In [7]: print (r1.status, r1.reason)
06  200 OK
07
08  In [8]: r1.read(256)
```

```
09   Out[8]: '<!DOCTYPE html PUBLIC "-//W3C//DTD XHTML 1.0 Transitional//EN" "http://
10   www.w3.org/TR/xhtml1/DTD/xhtml1-transitional.dtd">\n\n\n<html xmlns="http://www.
11   w3.org/1999/xhtml" xml:lang="en" lang="en">\n\n<head>\n  <meta http-equiv="conte
12   nt-type" content="text/html; ch'
13
14   In [9]: conn1.close()
15
16   In [12]: conn2.request("GET","/test.html")
17
18   In [13]: r2 = conn2.getresponse()
19
20   In [14]: print (r2.status, r2.reason)
21   404 Not Found
22
23   In [15]: data2 = r2.read()
24
25   In [16]: data2
26   Out[16]: '<!DOCTYPE html PUBLIC "-//W3C//DTD XHTML 1.0 Transitional//EN" "http:/
27   /www.w3.org/TR/xhtml1/DTD/xhtml1-transitional.dtd">\n\n\n<html xmlns="http://www
28   .w3.org/1999/xhtml" xml:lang="en" lang="en">\n\n<head>\n  <meta http-equiv="cont
29   #省略部分输出
30   k Links -->\n  </div>\n\n  <div id="content-body">\n    <div id="body-main">\n
31      <div id="content">\n          \n          <div id="breadcrumb">\n                \
32   n          Page Not Found\n          </div>\n\n\n\n          <!--utf-8--><!--0.4
33   .1--><h1 class="title">Error 404: File Not Found</h1>\n<p>The URL you requested
34   was not found on this server.</p>\n<p>Try our <a class="reference" href="/">home
35   #省略部分输出
36
37   In [17]: "Error 404: File Not Found" in data2
38   Out[17]: True
39
40   In [18]: conn2.close()
```

【代码说明】

❑ 在 In[5]中，调用了 request 方法来获取指定服务器的 index.html 文档资源。当请求资源完毕后，可以使用 getresponse 方法来得到返回值，这是 HTTPResponse 类的一个对象实例。需要注意的是，当再次使用 request 来获取指定的 URL 资源的时候，需要先将流中的数据读取完毕，否则会发生错误。

❑ 此 HTTPResponse 实例对象含有一些属性，用来指示此访问的一些信息。例如 status 属性表示服务器返回的状态码，而 reason 属性表示服务器返回状态的原因。在 In[7]中，显示了此访问请求的状态码和原因。从输出结果中可以看到，状态码为 200，表示请求成功。

❑ 在 In[8]中读取了一些字节的资源。如果在后面需要利用此连接对象来继续请求 URL 资源，则需要将这里缓冲的数据读取完毕。

❑ In[9]通过调用 close 方法将此连接对象关闭。

❑ 在下面的代码片段中，访问了一个并不存在的 URL 资源。这在 In[14]的输出可以看到，其服务器返回的状态码为 404，表示找不到请求的 HTML 文档。同时，需要注意的是，服务器也返回了一个页面，给出了信息说明请求的文件找不到。通过 In[17]可以看到，在输出中包含 "Error 404: File Not Found" 的信息。

如果需要自定义请求的话，在 httplib 中可以使用 putrequest、putheader 方法来实现。如下面的代码片段。

```
01  In [25]: conn3.putrequest("GET", "/index.html")
02
03  In [26]: conn3.putheader("User-Agent","Mozilla/4.0 (compatible; MSIE 6.0; Windows NT 5.1)")
04
05  In [27]: conn3.putheader("Accept", "*/*")
06
07  In [28]: conn3.endheaders()
08
09  In [29]: r3 = conn3.getresponse()
10
11  In [30]: print (r3.status, r3.reason)
12  200 OK
13
14  In [31]: data3 = r3.read(256)
15
16  In [32]: data3
17  Out[32]: '<!DOCTYPE html PUBLIC "-//W3C//DTD XHTML 1.0 Transitional//EN" "http:/
18  /www.w3.org/TR/xhtml1/DTD/xhtml1-transitional.dtd">\n\n\n<html xmlns="http://www
19  .w3.org/1999/xhtml" xml:lang="en" lang="en">\n\n\n<head>\n  <meta http-equiv="cont
20  ent-type" content="text/html; ch'
```

【代码说明】

❑ 在这个代码片段中，并没有使用 request 方法来访问 URL 资源，而是通过自定义的方式来访问。在 In[25]中，使用了 putrequest 方法来访问特定的 URL 资源。

❑ 在 In[26]～In[28]中，设置了一些文件头的元信息。

❑ 在 In[29]中，通过 getresponse 方法获取相应的 URL 资源。通过查看其 status 和 reason 属性，可以看到其和 conn1 得到的输出是一样的。

13.5　HTML 文档的解析

在获取资源后，一般需要对 HTML 文档进行进一步处理。Python 中提供了 HTMLParser 模块来解析 HTML 文档。另外，由于 HTML 语言是属于 SGML 语言家族的一部分，所以也可以使用 sgmllib 来处理 HTML 文档，对 HTML 文档的处理进行初步的分析。htmpllib 是建立在 sgmllib 模块上的 HTTP 文档高级处理模块，可以对 HTML 文档进行更细的处理。

HTMLParser 是一个用来解析 HTML 文档的模块，具有小巧、快速和使用简单的特点。可以分析 HTML 文档中的标签和数据等，是一种简单快速的方法。HTMLParser 采用了一种事件驱动的方法，使得模块在找到一个特定的对象如标签或者数据的时候，可以调用用户定义的函数来进行处理。这里，用户定义的函数都是使用 handle_开头的，是 HTMLParser 的成员函数。

在具体使用的时候，可以从 HTMLParser 中派生出新的类，然后重新定义这些由 handle_开头的函数。当此派生类生成的对象遇到特定的对象的时候，就会调用对应的处理函数。

在 HTMLParser 中定义的 handle_函数如表 13-8 所示。

表 13-8　HTMLParser 中的 handle_函数

函 数 名 称	函 数 用 途	函 数 名 称	函 数 用 途
handle_starttag	处理开始标签和结束标签在一起的，如\ 	handle_entityref	处理实体参考
handle_startendtag	处理开始标签	handle_comment	处理注释
handle_endtag	处理结束标签	handle_decl	处理定义
handle_data	处理数据	handle_pi	处理"处理指令"
handle_charref	处理字符实体		

在默认情况下，上面的这些处理函数都是不会作任何处理的。当需要处理特定的元素时，可以重载对应的函数，并加入自定义的处理部分。

例如在前面 13.4.4 小节中，获取资源有可能并不存在。此时，服务器一般会返回状态码为 404 的错误，从而指示所请求的资源不存在。另外，服务器还会返回包含有特定字符串的页面，用来显式地通知用户。如果这些页面中包含 "404 Not Found"或者"Error 404"等类似的字符串，则认为当前获取的 URL 资源并不存在。下面的代码片段对一组 URL 来判断是否含有相应的 URL 资源。判断的方法还是通过前面说的这种字符串匹配方式。

```
01    #filename: htmlparser_1.py
02    from urllib.parse import urlparse, urljoin,
03    from urllib.request import urlopen
04    from html import parser
05
06    class CheckHTML(parser.HTMLParser): #从HTMLParser类中继承
07        available = True
08        def handle_data(self, data): #定义处理数据的方法
09            if "404 Not Found" in data or "Error 404" in data: #当含有特定字符串的时候
10                self.available = False
11
12    check_urls = ["index","test","help","news", "faq","download"] #需要检查的URL
13
14    for url in check_urls:
15        new_url = urljoin("http://www.python.org/",url) #拼合URL
16        fp = urlopen(new_url) #打开URL资源
17        data = fp.read() #读取URL资源
18        fp.close()
19
20        p = CheckHTML() #生成一个CheckHTML类对象实例
21        p.feed(data) #解析上面获得的数据
22        p.close()
23
24        #判断URL是否存在
25        if p.available:
26            print (new_url, "==> OK")
27        else:
28            print (new_url, "==> Not Found")
```

【代码说明】

❑ 第 2~4 行代码导入了必需的几个模块，包括 urllib.parse、urllib.request 和 html.parser 等。

❑ 第 6 行代码定义了一个 CheckHTML 的类。此类继承于 html.parser 类。在类的实现中，仅仅是重载了 handle_data 函数。当获取到数据的时候，则判断是否其中含有"404 Not Found"或者 "Error 404"字符串。如果有的话，则认为此 URL 资源并不存在。

❑ 第 14 行代码，在下面的循环中，对于需要检查的每个 URL 资源都执行同样的操作。首先
　是将 URL 拼合起来，然后使用 urlopen 方法来获取相应的 URL 资源，并将获取的资源使用
　CheckHTML 对象实例的 feed 方法。判断变量的值，来输出"OK"或者是"Not Found"。
上面代码片段的运行结果如下。

```
In [3]: %run htmlparser_1.py
http://www.python.org/index ==> OK
http://www.python.org/test ==> Not Found
http://www.python.org/help ==> OK
http://www.python.org/news ==> OK
http://www.python.org/faq ==> Not Found
http://www.python.org/download ==> OK
```

从运行结果来看，可以有效地用来判断 URL 资源的有效性。需要注意的是，这里的判断方法
还是比较刚性的。如果在正常的文档中出现了如"Error 404"这样的字符串，则也认为此 URL 资
源并不存在，所以需要根据情况来调整判断标准。

13.6　小结

本章讲解了 Python 语言在 HTML 方面的应用。在介绍了 HTML 相关的概念后，对 URL 的处
理包括解析、拼合和分解进行了详细的描述。同时，对于 URL 和查询参数的编解码也一并进行了
介绍。然后介绍了 CGI 编程，包括 CGI 环境和对用户输入的处理。接着介绍了通过使用 urllib 模
块中的多种方式来获取 URL 资源。最后介绍了 HTML 文档的解析，使用 html.parser 模块。

13.7　习题

1. 什么是 http 协议？简单叙述 http 协议的连接过程。
2. 解析 https://www.python.org/，使用 urllib 抓取网页的内容，并打印出来。
3. 根据示例代码练习相关库的使用。

第 14 章　Python 和 XML

XML（eXtensible Markup Language）技术已经日趋成为当前许多新生技术的核心，并在许多的领域都有着不同的应用。了解如何使用 Python 分析 XML 文件，成为了当前实践新技术的一个重点所在。Python 语言中已经包含了对 XML 的很好支持。

本章的知识点：

❑ XML 的良构性和有效性
❑ XML 的文档结构
❑ XML 简单 API 的原理
❑ xml.sax 模块的使用
❑ 文档对象模型（DOM）原理
❑ xml.dom 模块的使用

14.1　XML 介绍

XML 并不是一种完全创新的标记语言，而是 Web 发展到一定阶段的必然产物。这种语言既具有 SGML 的核心特征，又有 HTML 的简单特性，另外还有许多新的特征，包括定义严格、语法明确和结构良好等。

14.1.1　XML 的演进历史

XML 是 W3C 规范的一种文档标记语言。XML 使用一种简单可读的标签和通用的语法来标记文档数据，为计算机处理提供了一个统一的格式。这种格式具有足够的灵活性，使得其可以用在电子数据交换、矢量图形、对象序列化等领域的系统中。

由于 HTML 的巨大成功，使得其语言标准在迅速演进的同时，也加入了比最初设计要复杂得多的功能。加入这些功能的目的是使 HTML 能够满足多领域，包括科学研究和商业应用的任务要求。但是最终结果是使得 HTML 没有了最初的简单性，而且在使用上也出现了随意和不规范的问题。另外，由于 HTML 的扩展性不强，用户不能自由地定义新标签并进行有效性验证，从而导致行业之间的数据交换并不方便。

随着互联网的进一步发展，为了解决 HTML 语言的应用局限性，W3C 开始尝试在 Web 上引入 SGML 语言，因为 SGML 语言虽然复杂，但是也有着 HTML 语言所没有的优势，那就是可扩展性、文档的结构化和灵活性。最终，在 1998 年 2 月，W3C 发布了 XML 版本 1.0 规范。

在 1.0 规范中的摘要中是这样定义 XML 的："可扩展标记语言（XML）是标准通用标记语言（SGML）的一个子集。定义 XML 规范的目的是要使得在 Web 上能以现有超文本标记语言（HTML）

的使用方式，接收和处理通用的 SGML 的方式成为可能。XML 语言的设计中需要考虑到实现的方便性，同时也要注意到不同语言之间的互操作性。"

14.1.2　XML 的优点和限制

XML 是一种元标记语言，在 XML 文档中的数据都是使用字符串的形式保存下来的。需要注意的是，XML 仅仅包含数据，而对于数据的处理并不在 XML 的文档中。XML 文档的基本组成单元是元素，在 XML 规范中就对元素的定义进行了规定。范围包括：如何分隔标签，如何放置数据，如何放置属性等。从表面上看，XML 文档的标签和 HTML 文档中的标签没有什么不同，但是实际上两者还是有重大的分歧的。

在 XML 这个缩写词中，X 代表可扩展性，也就是说语言可以根据不同的需求进行扩展。XML 语言的"元标记性"使得可以运行用户自己创建的专用标签，以适合不同的应用需要。这和 HTML 这种预设置标记语言不同，在 HTML 中是只能使用规范中已经定义的各种标签，而不能随意添加标签。而 XML 则允许用户根据需要自己定义标签。如数学工作者可以根据自己工作的需要定义各种公式标签，化学工作者则可以使用元素来描述分子、原子等。

尽管 XML 对于允许的元素方面非常灵活，但是同时 XML 还保持着非常严格的语法检查。XML 中提供了一系列规范，用来规定在 XML 文档中标签应该如何放置、什么样的元素名称是合法的、元素有哪些属性等。这些规定使得 XML 解析器可以有效地处理 XML 文档。满足 XML 规范的 XML 文档被称为是良构（Well-form）的。XML 中包含任何一个语法错误都是非良构的，并且也不能通过 XML 解析器的处理。

由于互操作性的原因，组织或者个人会仅仅使用某一部分标签，并对其进行规范，这些标签的集合就被称为 XML 应用。一个 XML 应用并不是说使用 XML 的应用软件，而是 XML 语言在某一应用领域的使用。XML 描述了文档的结构和语义，但是并没有对其数据显示进行规定。如一个元素可能是日期或者人名，但是不会规定元素显示的时候是使用加粗还是斜体。也就是说，XML 是一种结构化的语义标记语言，而不是一种数据表示语言。

可以将 XML 应用的允许的标记规范都放在一个文件中，这被称为 XML 模式（XML Schema）。一个 XML 文档可以和某个模式比较。如果匹配的话，则表示此文档是合法的，而不匹配的时候则为无效的，XML 文档的有效和无效只是和 XML 模式的比较有关系。所以，并不是所有的 XML 文档都是有效的，在许多情况下，只需要文档是良构的就可以了。

现在已经有很多的 XML 模式语言，而使用最广泛的也是在 XML 规范中规定的是文档类型定义（DTD）。所以 XML 文档是自描述的，可供计算机处理，同时数据也可以重用。除此之外，XML 还具有简单性，使得其易学易用且容易实现。

由于 XML 语言的众多优点，使得其成为了很多配置文件的首选。另外，XML 和网络结合起来，也形成了一种互相通信的标准方法，包括简单对象访问协议（SOAP）和 XML-RPC 等。但是由于对于 XML 的无限制使用，使得现在的 XML 文档也非常的复杂。

特别要注意的是，XML 仅仅是一种标记语言，并不是无所不能的。XML 文档本身只是作为数据描述，而不能做更多的操作。现在的项目中使用 XML 为配置文件，但是最终还是应用程序来处理 XML 文件，而不是其本身。另外，XML 也不是一个网络传输协议。XML 不会向网络发送数据，而只是有可能使用 HTTP、FTP 等传递的数据会采用 XML 编码。这些数据还是需要另外的工具来处理，而不是 XML 文档。

最后，XML 并不是数据库，不会取代如 Oracle 或者 MySQL 等数据库。数据库中可以包含 XML 数据，但是数据库本身并不是 XML 文档。同样的，可以保存 XML 数据或者读取 XML 数据，但是这些工作都需要用另外的工具来实现。XML 可以作为一个很好的数据交换方法，但是本身并不具备数据处理的能力。

14.1.3 XML 技术的 Python 支持

由于 XML 语言的迅速发展，现在的 XML 语言已经是包含 DTD、XML Schema、XPath、XSLT 等许多相关技术的一个集合了。另外，由于 XML 对于多语言的支持，现在已有的支持多种 XML 处理技术和语言的库都是比较复杂的。幸运的是，Python 语言的标准库中提供了对于 XML 文档的基本处理，在保留最基本和最重要操作的同时，简化了各种复杂的操作，降低了处理开销。除此之外，Internet 上已有许多用来处理 XML 文档的相关库，是标准库的很好的补充。

XML 的处理方式有两大类：SAX（Simple API for XML，XML 的简单 API）和 DOM（Document Object Model，文档对象模型）。虽然 DOM 技术在 SAX 技术后面出现，并且是作为 SAX 替代者的形象出现的，但是实际上这两类处理方式都有各自的优缺点，可以根据需要使用。

SAX 采用的是事件驱动方式来处理 XML 文档，这使得当其遇到一个特定标签的时候，将会调用指定的方法，从而实现对特定标签的处理。这种处理方式的另一个特点是采用流数据方式来处理 XML 文档。这使得应用程序在解析的时候不需要将整个 XML 文档都读取完毕后才能进行处理。其可以在读取了部分数据后就进行处理，而且可以在满足某个条件的时候终止对于 XML 文档的解析。这样的处理方式可以提高处理速度。

在 Python 库中实现此处理方式的主要是 xml.sax 模块。此模块中提供了 4 类数据的处理器定义，分别是内容处理器、DTD 处理器、实体解析处理器和错误处理器。通过实现每个处理器中定义的特定的函数，可以实现对特定元素的处理。除此之外，Python 库中还提供了 xml.parsers.expat 模块，这是一个轻量级的基于 SAX 处理方式的 XML 解析模块。需要注意的是，这里的处理将不会对 XML 文档的良构性进行保证，而只是在出现处理错误的时候才报告出现的问题。

DOM 是一种通过树结构和数据来表示的信息集合。其实这是一种与系统平台和语言无关的表示和处理 XML 文档的 W3C 标准。使用 DOM 方式处理 XML 文档的时候，会将整个 XML 文档转换为一个由数据组成的树结构。这种处理方式使得可以很容易访问各个元素。另外，添加、修改和删除特定的元素也是比较容易的。所以，这种处理方式一般用于需要对 XML 文档频繁更改的情况下。显然，这种处理方式将消耗大量的内存和处理器时间，所以对处理机器的要求也比较高。但是由于其设计精良，使得其对于 XML 访问非常简单和方便。

在 Python 库中，xml.dom 模块实现了 DOM 访问 XML 文档的处理方式。模块中提供了多种方法实现对于树中节点以及元素的访问。另外，还提供了 xml.dom.minidom 来简化使用 DOM 处理方式，实现了 DOM 中的大部分功能。除此之外，还有一个在 Python 语言版本 2.5 中引入的 ElementTree 模块。此模块提供了一种对于 XML 文档的快速处理方式。

这些模块在后面将会进一步介绍，包括其处理 XML 文档的详细实现。除了这些标准库中自带的 XML 处理模块以外，还有一些第三方提供的 XML 处理组件，比较突出的是 lxml，其网址是 http://codespeak.net/lxml/。实际上这是一个 XML 库的 Python 语言绑定，此模块的使用方式和

ElementTree 模块很相似。在后面，也将会利用到其库中的一些功能。

14.2 XML 文档概览和验证

XML 的标签远比 HTML 的标签要灵活。但在另一方面，XML 的标签使用要比 HTML 严格得多。这主要是要求 XML 文档必须是良构的。相对于 HTML 而言，所有的开始标签必须要有结束标签，所有的属性值必须使用引号等。虽然这些规则使得书写 XML 文档的时候会要困难一些，但是这些有助于 XML 文档的规范化。

14.2.1 XML 文档的基础概念

XML 文档由于采用文本字符串来存储数据，所以可以使用任何文本编辑器来编辑 XML 文档。当然，现在也有不少 XML 特定应用的编辑器，为 XML 编辑提供了很多特色支持。

下面是一个比较简单的 XML 文档，文件名为 xml_1.xml。

```
01    <?xml version='1.0' encoding='utf-8' standalone='no' ?>
02    <goods>
03        <shirt>
04            <name>Helen</name>
05            <size>170</size>
06            <quantity>10</quantity>
07            <color>black</color>
08        </shirt>
09        <shirt>
10            <name>First</name>
11            <size>175</size>
12            <quantity>9</quantity>
13            <color>white</color>
14        </shirt>
15    <goods>
```

从上面的 XML 文档中可以看到，即使没有其他的文档介绍，此文档也有着很好的自描述性。可以使用很多工具来处理 XML 文档，如 Internet Explorer，如图 14-1 所示。

在图 14-1 中，IE 仅仅只是将 XML 使用了一种树状的形式表现了出来。可以看到在有些元素的前面有折叠的标记，这是因为其包含有子元素。虽然这里使用的是简单的数据，但是实际上，XML 中可以保存任何类型的数据。

图 14-1　简单的 XML 文档

XML 文档虽然是使用文本格式来描述，但是并不对文件的保存格式进行要求。当 Web 服务器提供 XML 文档的时候，其 MIME 类型可能为 application/xml 或者 text/xml。但是实际中，前者还是要优于后者的。因为 text/xml 默认使用 ASCII 编码，这对于许多的 XML 文档是不正确的。

14.2.2 XML 文档的结构良好性验证

所有的 XML 文档都需要是结构良好的，才能够被 XML 解释器处理。为了能够使得 XML 文档成为一个结构良好的文档，需要遵守下面这样一些规则：

1）所有的开始标签必须有对应的结束标签。

2）元素可以嵌套，但是不能交叠。

3）有且只能有一个根元素。

4）属性值必须使用引号包含起来。

5）一个元素不能包含两个同名属性。

6）注释不能出现在标签内部。

7）没有转义的"<"或者"&"不能出现在元素和属性的字符中。

以上规则在后面都会看到具体的实例。

由于一个良构的 XML 文档需要满足上面的众多条件，所以检查一个 XML 文档是否是良构的，是一个相对复杂的问题。需要对 XML 文档检查上面的每个条件是否满足。但是实际上，由于不是良构的 XML 文档并不能通过 XML 解析器的处理，所以可以采用一种简单的方法来判断 XML 文档是否是良构的。那就是在判断了其他的条件后，使用最简单的代码来处理 XML 文档，看是否可以通过 XML 解释器的处理过程。如果可以通过的话，则肯定 XML 文档是良构的。如果不能够通过的话，虽然不能判断 XML 一定不是良构的，但是可以根据输出的错误信息来看是否是 XML 文档处理的问题。

以 ElementTree 模块为例，可以直接使用其提供的 parse 方法。如果 parse 方法不报错的话，则表示此 XML 文档是良构的。下面的代码是一个简单的判断方式。

```
01    #filename: et_1.p
02    import xml.etree.ElementTree as ET
03
04    try:
05        ET.parse("xml_1.xml")
06        print ("这是一个良构的XML文档")
07    except Exception, e:
08        print ("这可能是一个非良构文档")
09        print ("出错信息: ",e)
```

【代码说明】

❑ 第 2 行代码导入了 ElementTree 模块，这是一个处于 xml.etree 中的模块，并将其使用 ET 的别名。

❑ 第 4 行代码使用了一个 try-except 结构。处于 try 中的语句仅仅调用了 ET 的 parse 方法。这个方法接受一个文件名或者是文件对象。这里是在前面已经说明的 xml_1 文件。如果 XML 文档是良构的话，则将会继续执行下面的语句，输出相关的信息；否则将转到 except 部分，也是输出对应的 XML 文档非良构信息和其出错信息。

此代码运行的结果如下。

```
In [2]: run et_1.py
这是一个良构的XML文档
```

可以看到，在 14.2.1 小节中的 XML 文档是良构的。

当修改这个 XML 文档使得其不满足在上面描述的任何一条规则的时候，XML 将不满足良构条件，从而导致解析出错。

如将 XML 文档的最后一行中的"</goods>"改为"<goods>",则将会出现下面的结果。

```
In [3]: run et_1.py
这可能是一个非良构XML文档
出错信息: no element found: line 15, column 7
```

从输出信息可以看出,这里的 XML 文档解析发生了错误。具体的错误信息也给出来了,主要是元素没有闭合。出错信息中还给出了具体的出错位置,这里给出的位置不一定总是正确的,仅仅作为参考。

如将 XML 文档的最后两个标签进行交换,如下所示。

```
01    #省略部分文档
02          <quantity>9</quantity>
03          <color>white</color>
04           <goods>
05    </shirt>
```

则其代码输出如下。

```
In [4]: run et_1.py
这可能是一个非良构XML文档
出错信息: mismatched tag: line 15, column 2
```

如在 XML 文档的最后面再加上一个根元素"<goods></goods>",则其代码输出如下。

```
In [5]: run et_1.py
这可能是一个非良构XML文档
出错信息: junk after document element: line 16, column 0
```

如将 XML 文档的第一行中变为如下的形式。

```
<?xml version=1.0 encoding='utf-8' standalone='no' ?>
```

则运行此段代码将会给出如下的信息。

```
In [6]: run et_1.py
这可能是一个非良构XML文档
出错信息: XML declaration not well-formed: line 1, column 14
```

在上面给出了几种违反 XML 文档良构规则的情况,并显示了 ElementTree 模块对于这些情况的处理,可见 XML 文档的结构良好要求还是很高的。还有一些其他的情况,这里虽然没有给出具体的处理方式,但是只要是不符合要求,在 ElementTree 模块中都是可以识别出来的。

如果使用 lxml 模块,则可以通过异常的类别来确定是否是非良构文档。其代码如下。

```
#filename: lxml_1.py
import lxml.etree as ET          # 需要安装第三方库lxml

try:
    ET.parse("xml_1.xml")
    print ("这是一个良构的XML文档")
except SyntaxError, e:
    print ("这是一个非良构XML文档")
    print ("出错信息: ",e)
```

代码中首先导入了 lxml 模块。可以看到,此段代码和 et_1.py 还是很相似的。这是因为 lxml 设计的时候就是尽量做到和 ElementTree 模块兼容的。这里有一个不同的地方是,原来 except 部分中的 Exception 成了这里的 SyntaxError。从而通过此异常类型可以判断出测试的 XML 文档是非良构的。

当 XML 文档为良构的时候，运行此段代码和 et_1.py 没有区别。而当 XML 是非良构的时候，如上面 In[3]中的情形，将最后的结束标签改为开始标签。下面是其输出。

```
In [13]: run lxml_1.py
这是一个非良构XML文档
出错信息: Premature end of data in tag goods line 15, line 16, column 1
```

可以看到也能够判断出是否是良构文档。同时给出了出错的信息。注意，这里的信息相对于 et_1.py 中的信息要详细一些。

14.2.3　XML 文档的有效性验证

XML 的结构良好性是 XML 文档解析必须满足的要求。而有效性则不一定。但是，由于 XML 的语法非常灵活，对标签元素并没有做特殊的规定，这使得 XML 文档的标签使用非常随意。从而引入了 XML 文档的有效性验证。只有满足了一定条件的 XML 文档才是有效的。

为了规范 XML 文档中的元素及其使用方式，XML 规范中通过使用 DTD 文件来对其进行描述。在 DTD 文件中说明了 XML 文档的元素、元素类型以及内容形式，并且为这些组成结构及其之间的关系定义了一定的规则。DTD 是 XML 版本 1.0 中的定义语言，但是其本身并不是 XML 文本组成。为此，W3C 采用了 Microsoft 公司提出的 XML Schema 方案。这是一种使用 XML 文本对 XML 文档进行定义的模式。

在 Python 语言的标准库中并没有包含对 XML 文档的有效性验证功能。下面介绍的方法都是基于 lxml 模块的。

1．DTD 验证

在 lxml 模块中进行 DTD 验证的框架如下。

```
01    import lxml.etree as ET
02    dtd = ET.DTD('dtd_file.dtd')
03    f = open('xml_file.xml')
04    xml = ET.XML(f.read())
05    dtd.validate(xml)
```

【代码说明】

❑ 第 1 行代码从 lxml 中导入 etree 模块，这是后面各种类和方法的基础。

❑ 第 2 行代码使用 etree 模块中的 DTD 类按照给定的 DTD 实例化了一个 DTD 对象，其中包含有此 DTD 文件中的各种元素定义，将其赋值给 dtd 变量。

❑ 第 3 行代码使用 file 构建一个文件对象，并赋值给变量 f。

❑ 第 4 行代码使用 etree 模块中的 XML 类构建了一个 XML 实例，其构造的输入参数为 XML 文档内容，并将此对象赋值给 xml 变量。

❑ 第 5 行代码调用 dtd 对象中的 validate 方法，来验证此 XML 文件的有效性。可以用来判断特定 XML 文档的有效性。

下面是一个具体的演示代码例子。

```
01    In [2]: import lxml.etree as ET
02
03    In [3]: from io import StringIO
04
```

```
05    In [4]: f = StringIO("<!ELEMENT empty EMPTY>")
06
07    In [5]: dtd = ET.DTD(f)
08
09    In [6]: xml = ET.XML("<empty />")
10
11    In [7]: dtd.validate(xml)
12    Out[7]: True
13    In [8]: xml = ET.XML("<empty>content</empty>")
14
15    In [9]: dtd.validate(xml)
16    Out[9]: False
17
18    In [10]: dtd.error_log.filter_from_errors()[0]
19    Out[10]: <string>:1:0:ERROR:VALID:DTD_NOT_EMPTY: Element empty was declared EMPTY this one
20    has content
```

【代码说明】

❑ 在 In[2]和 In[3]中导入了后面代码运行所必需的模块。

❑ In[4]使用 StringIO 来生成了一个文件对象。其字符串为一个 DTD 定义，这里的含义指明了 empty 元素的类型，这里值必须为空。元素的类型包括 4 类，EMPTY（空元素）、ANY（任意）、Mixed（混合元素）和 Children（子元素）。通过此文件对象，在 In[5]中，使用 etree 中的 DTD 类构造了一个 DTD 类的实例对象。

❑ 在 In[6]中，使用了一个 empty 空标签组成的元素。然后接着使用上面生成的 dtd 对象来对其进行验证。从输出结果来看，这里的 XML 文档是满足其 DTD 定义的。

❑ 在 In[8]和 In[9]中，使用了一个非空的 empty 元素。并将其调用 dtd 对象的 validate 方法进行验证。从输出结果也可以看出，并不满足 DTD 定义，从而也不具有有效性。

❑ 在 In[10]中，通过使用 error_log 信息得到了具体的错误信息。从错误信息中可以看出，empty 元素被定义成了空元素，而这里却有内容。

2. XML Schema 验证

XML Schema 模式给 XML 文档的书写带来了更大的灵活性，加速了 XML 技术在相关领域的发展。XML Schema 技术的规范非常复杂，这里仅仅采用了最简单的方式进行介绍。

XML Schema 的验证方式和 DTD 的验证方式是类似的。大部分都几乎是一样的，只是将构造 DTD 类对象改为构造 XML Schema 类对象。由于 XML Schema 是采用 XML 语言来描述的，所以在构造的时候并不是输入文件对象，而是通过 parse 方法解析过的对象。

下面是一个对于 XML Schema 验证的具体例子。

```
01    #省略导入lxml和StringIO模块
02    In [4]: f = StringIO('''
03    ...: <xsd:schema xmlns:xsd="http://www.w3.org/2001/XMLSchema">
04    ...: <xsd:element name="a" type="AType"/>
05    ...:   <xsd:complexType name="AType">
06    ...:     <xsd:sequence>
07    ...:       <xsd:element name="b" type="xsd:string" />
08    ...:     </xsd:sequence>
09    ...:   </xsd:complexType>
10    ...: </xsd:schema>
11    ...: ''')
```

```
12
13   In [5]: xmlschema_doc = ET.parse(f)
14
15   In [6]: xmlschema = ET.XMLSchema(xmlschema_doc)
16
17   In [7]: valid_str = StringIO('<a><b></b></a>')
18
19   In [8]: xml1 = ET.parse(valid_str)
20
21   In [9]: xmlschema.validate(xml1)
22   Out[9]: True
23
24   In [10]: invalid_str = StringIO('<a><c></c></a>')
25
26   In [11]: xml2 = ET.parse(invalid_str)
27
28   In [12]: xmlschema.validate(xml2)
29   Out[12]: False
30
31   In [13]: print (xmlschema.error_log)
32   <string>:1:0:ERROR:SCHEMASV:SCHEMAV_ELEMENT_CONTENT: Element 'c': This element is not
33   expected. Expected is ( b ).
```

【代码说明】

❑ 在 In[4]中，定义了一个 XML Schema 的字符串，并将其转化为文件对象，再将其赋值给变量 f。在这个 XML Schema 定义中，定义了各个元素的要求和相互之间的关系。这里并不对 XML Schema 的语法进行详细的介绍。

❑ 在 In[5]中，由于 XML Schema 本身也是使用 XML 语言书写的，所以首先需要通过 parse 方法将其转换，便于后面的处理。

❑ In[6]中构造了一个 XMLSchema 类实例对象，其输入参数为前面中 XML Schema 定义 parse 后的值。

❑ In[7]～In[9]和 In[10]～In[12]中分别构造了一个合法的 XML 文件对象和非法的 XML 文件对象，解析成一个 xml 对象。然后调用 XMLSchema 对象的 validate 方法，从而得到相应的结果。同样的，可以查看 XMLSchema 对象的 error_log 来了解相关的错误消息。

通常，在使用 XML 文档的时候，都需要对 XML 的良构性和有效性进行验证才可以继续使用。可以利用上面两小节中介绍的方法来实现。

14.3　分析 XML 文档结构

在本节中，将对 XML 文档的大部分构成元素进行介绍。XML 文档是通过文本标签来构成的，可能看起来和 HTML 中的标签一样，但是实际上还是有区别的。在 HTML 中，只能使用已经定义好的标签，而在 XML 文档中则可以根据需要创建。除了元素以外，还有很多其他的文档结构。在本节中，将使用 ElementTree 模块来对 XML 文档的结构进行说明。

14.3.1　XML 的元素和标签

XML 文档是由 XML 元素构成的，元素是通过标签来限定的。而在开始标签和结束标签之间的任何字符都是此元素的内容，包括空白字符。

1. 元素中的标签

在上面 xml_1.xml 的例子中，<color>black</color>就是此 XML 文档的一个元素。这里，<color>和</color>是此元素的标签，而 black 是此元素的内容。可以看到，XML 的标签和 HTML 的标签是很相似的。开始标签由"<"开始，结束标签由"</"开始。然后后面是此元素的名称和结束符">"。这里，元素的名称一般反映了所包含元素的内容。在 ElementTree 模块中，Element 类可以用来构建标签。

```
01   In [1]: import xml.etree.ElementTree as ET
02
03   In [2]: root = ET.Element("color")
04
05   In [3]: root.text=" black "
06
07   In [4]: tree = ET.ElementTree(root)
08
09   In [5]: import sys
10
11   In [6]: tree.write(sys.stdout)
12   <color> black </color>
```

【代码说明】

❑ 在 In[2]中使用了 Element 类，其构造方法的输入参数即为标签的名称。

❑ In[3]中设置了此元素的内容，使用的是 text 属性。

❑ 在 In[4]中使用了模块中的 ElementTree 方法构建了一个树对象。其构建方法的输入参数为根节点对象，并赋值给 tree 对象。

❑ 在 In[6]中调用 tree 对象的 write 方法，将构建的 XML 文档输出。这里，将输出的信息发给了标准输出，也就是终端。当然，也可以写入特定的文件。

没有任何内容的元素被称为空元素。对于 XML 的空元素有着一个特殊的语法，可以直接在元素名称前后加上"<"和"/>"构成一个空元素。在 XHTML 中，换行符是"
"，而不是 HTML 规范中的"
"。这其实和"
 </br>"是一样的。这两种方式使用哪一种都是可以的，这取决于 XML 文档编写者。但是，在 XML 中不能写成"
"，因为这是非良构的元素，在 XML 解析的时候将会发生错误。

```
In [8]: ET.ElementTree(ET.Element("br")).write(sys.stdout)
<br />
```

也就是说，对于没有内容的元素，就可以表示成空元素形式。

另外，需要注意的是，在 XML 文档中是区分大小写的。即<color>和<COLOR>是不同的。如果使用<color>作为开始标签的话，则不能使用</COLOR>标签将其闭合。使用大写或者小写这并不重要，但是一定要保持前后一致性。如下所示。

```
01   In [9]: color = ET.Element("color")
02
03   In [10]: COLOR = ET.Element("COLOR")
04
05   In [11]: color.tag == COLOR.tag
06   Out[11]: False
07
08   In [12]: color_clone = ET.Element("color")
```

```
09
10   In [13]: color.tag == color_clone.tag
11   Out[13]: True
```

从这里的输出可以看出，元素是识别大小写的。这里的 color 和 COLOR 两个元素的标签并不相同。而 color 和 color_clone 则相同。

2．XML 树结构

在 XML 的示例中描述了一个货物信息（goods）。可以看到，在 goods 元素中，还包含 shirt 元素。而在 shirt 元素中，还包含 size、color 等其他元素。在这里，称 shirt 为 goods 的子元素，它同时又为 size 等的父元素。而如 size 和 color 这样的同级元素则互称为兄弟。在这里，name、size、quantity 和 color 均为兄弟元素。

在 XML 文档中，所有的元素都最多只有一个父元素。

另外，如果一个元素的开始标签在另一个元素内，则其结束标签也一定要在这个元素内。所以，重叠的标签在 XML 规范中是不被支持的。如<size><color>Only for test</size></color>就不被 XML 所支持，因为这里 color 元素的开始标签在 size 元素内部，而其结束标签在 size 元素外部。

每个 XML 文档都有一个元素没有父元素，并且所有的其他元素都是包含在此元素之中。这个元素被称为根元素。一个结构良好的 XML 文档都含有这样一个元素。由于 XML 包含有根元素，并且其中的元素范围都是不会重叠的，所以 XML 文档可以形成一个树结构，如图 14-2 所示。

在图 14-2 中，浅色的标记为元素标签，而深色的标记为元素内容。在这里，所有的元素内容都只是字符串，并没有包含任何标签。实际上，在 shirt 和 name 之间还是可以输入内容的，这样就构成了元素的混合内容。另外，其实在 shirt 和 name 元素之间是有空白字符等内容的，只是这些内容会被大多数 XML 处理程序所忽略。包含混合内容的 XML 文档具有实际的用途，可以用在各个领域。

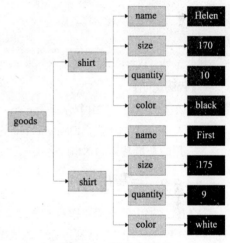

图 14-2　XML 树结构

下面的代码片段演示了如何构建子元素。

```
01   In [12]: root = ET.Element("goods")
02
03   In [13]: shirt = ET.SubElement(root,"shirt")
04
05   In [15]: name = ET.SubElement(shirt,"name")
06
07   In [16]: size = ET.SubElement(shirt,"size")
08
09   In [17]: tree = ET.ElementTree(root)
10
11   In [18]: tree.write(sys.stdout)
12   <goods><shirt><name /><size /></shirt></goods>
13   #XML树结构
14   <goods>
15       <shirt>
```

```
16          <name />
17          <size />
18       </shirt>
19    </goods>
```

【代码说明】

❑ 在 In[12]中通过使用 Element 类创建了一个 root 对象。

❑ 在 In[13]中通过使用 SubElement 类构建了一个 shirt 对象，其中，shirt 对象为 root 对象的子元素，而 root 对象为 shirt 对象的父元素。

❑ In[15]和 In[16]通过使用 SubElement 对象构建了 shirt 的另外两个子对象。这两个子对象之间的关系是兄弟关系。

❑ 在 In[18]中将构建的 XML 树进行了输出。在第 14～19 行还将此 XML 树的样式形象地表示了出来。当然实际中的输出还是上面的那一行数据。

❑ 第 14 行代码中的<goods>节点为根元素节点。

这里并没有为各个节点添加内容，通过下面的方法可以使得个元素节点具有相应的内容。

```
01    In [19]: name.text = "Helen"
02
03    In [20]: size.text = "170"
04
05    In [21]: ET.dump(tree)
06    <goods><shirt><name>Helen</name><size>170</size></shirt></goods>
```

【代码说明】

❑ 在 In[19]和 In[20]中分别为 name 和 size 节点增加了内容。

❑ 在 In[21]中调用了 ElementTree 的 dump 方法，将此 XML 树结构打印出来。这里的输出使用的是最普通的 XML 格式。

14.3.2　元素的属性

XML 文档中的元素可以拥有属性。属性是放在元素开始标签中的名称和值的对。名称和值通过等号分开，中间的空格是可选的。值需要使用单引号或者双引号括起来。如在原来的 shirt 中可以加上质量的属性，下面的两种方法都可以。

```
01    <goods>
02       <shirt quality="A">
03          <name>Helen</name>
04          <size>170</size>
05          <quantity>10</quantity>
06          <color>black</color>
07       </shirt>
08       <shirt quality = 'B'>
09          <name>First</name>
10          <size>175</size>
11          <quantity>9</quantity>
12          <color>white</color>
13       </shirt>
14    </goods>
```

在第一个 shirt 元素中，使用了双引号且没有空格的形式；而在第二个 shirt 元素中，则使用了单引号加上空格的形式。这两种形式的书写仅仅取决于 XML 文档的编写者。另外，如果含有多个属性的话，属性之间的顺序是没有影响的。

在 ElementTree 模块中，元素的属性实际上是作为字典数据结构来保存的。可以通过 attrib 属性来访问。下面将会生成一个具有属性的元素。

```
01  In [22]: shirt = ET.Element("shirt")
02
03  In [23]: shirt.attrib["quality"] = "A"
04
05  In [24]: ET.dump(shirt)
06  <shirt quality="A" />
```

【代码说明】

❑ 在 In[22]中，构建了一个 shirt 的元素。然后直接使用了 attrib 属性来生成了此元素的一个属性 quality，并赋值为 A。

❑ 在 In[24]中输出了此节点的相关信息，可以看到，shirt 元素已经具有了 quality 的属性，并且其值为 A。

当然，也可以在元素构建的时候将属性放在构造方法中。

```
01  In [25]: shirt = ET.Element("shirt", quality="A")
02
03  In [26]: ET.dump(shirt)
04  <shirt quality="A" />
```

【代码说明】

❑ 在 In[25]中将 quality 的属性和值放在了 shirt 元素的构造函数中。

如果将上面的子元素的数据放在属性中，就成为了下面的形式。

```
01  <goods>
02      <shirt quality="A" size="170">
03          <name>Helen</name>
04          <quantity>10</quantity>
05          <color>black</color>
06      </shirt>
07      <shirt quality = 'B' size = '175'>
08          <name>First</name>
09          <quantity>9</quantity>
10          <color>white</color>
11      </shirt>
12  </goods>
```

在上面的这个例子中，将 size 子元素的值作为属性放入了 shirt 元素中。当然还可以将其他的子元素也作为属性放在 shirt 元素中。

因为在属性中也可以保存数据，这里就有一个是将数据保存在属性中还是保存在子元素中的问题。这个问题并没有一个严格的规则可以遵循，而且现在它是一个热门的讨论话题。一般说来，倾向于将元信息放在属性中而将信息本身放在子元素中。但是，很多时候很难将两者区别开来。

但由于子元素和属性的性质不同，所以还是有一些使用时可以参考的地方。在有 DTD 的情况下，子元素是严格有序的，而属性则是无序的。所以在需要保存无序数据的情况下，还是尽量使用属性。而当数据可能在以后需要进行扩展的时候，则最好使用子元素结构，因为属性不具有可扩展性。而当需要保存一两个不需要扩展的非结构化信息的时候，使用属性要方便一些,也更直观一些。总的说来，属性主要是用来保存元素的元信息，相对于子元素来说不便于处理，对于比较简单且不易改变的信息，使用属性较好。

14.3.3 XML 的名字

在 XML 文档中，包含有元素名字、属性名字等，这些都被称为 XML 名字。虽然 XML 的文档规范非常严格，但是在 XML 名字空间的规范上还是统一的。可以用作 XML 名字的字符包括字母表中的字母、数字以及其他 Unicode 字符，可以使用的标点符号包括下划线、连接符和句号。而如下这些标点符号则是不可能使用的：引号、$号、%号和分号等。在 XML 的名字中不能包括任何空白字符，包括空白符、换行符等。以 XML 开头的 XML 名字（不区分大小写）是被 W3C 的 XML 规范所保留的。

XML 名字只能以字母或者下划线以及 Unicode 字符开始，而以其他可选字符开始的 XML 名字是不合法的。这些 XML 名字的字符使用限制如表 14-1 所示。

表 14-1　XML 名字使用的限制

字　符	是否可用	是否可以作为开始字符	字　符	是否可用	是否可以作为开始字符
字母	可以，包括 A～Z 和 a～z	可以	'	不可以	不可以
数字	可以，包括 0～9	不可以	"	不可以	不可以
Unicode 字符（非标点）	可以	可以	$	不可以	不可以
_	可以	可以	%	不可以	不可以
-	可以	不可以	:	不可以（可以用在 XML 名字空间中）	不可以
.	可以	不可以	XML（不区分大小写）	可以	不可以（W3C 保留）

对于使用 Unicode 字符的元素，可以在原来的文件中加入一个元素，其组成如下。

```
01        <牛仔裤 质量 = '一等品'>
02            <品牌>西部传奇</品牌>
03            <大小>175</大小>
04            <数量>20</数量>
05            <颜色>棕蓝色</颜色>
06        </牛仔裤>
```

将上面的文件保存为 xml_2.xml 文件，在 IE 浏览器中查看，如图 14-3 所示。

一些 XML 名字的合法性如表 14-2 所示。

表 14-2　部分 XML 名字的合法性

XML 名字	合 法 性	XML 名字	合 法 性
color	合法	-10	不合法，不能以-开始
day-of-year	合法	my name	不合法，不能有空格
_10	合法	day/year	不合法，不能使用/
téléphone	合法	color'type	不合法，不能使用'
my.name	合法	XML_Type	合法，但不推荐使用

这里给出的 XML 名字的合法性规则只会在解析

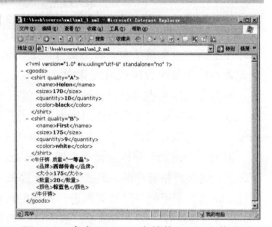

图 14-3　含有 Unicode 字符的 XML 文件显示

的时候报出错误，而在 XML 文档的构造过程中并不会有问题。如在 ElementTree 模块中，非法的 XML 名字的元素对象也是可以构建的，但是在解析的时候将会发生错误。如下面代码片段所示。

```
01  In [27]: invalid = ET.Element("%my name")
02
03  In [28]: invalid.text = "content"
04
05  In [29]: ET.dump(invalid)
06  <%my name> content </%my name>
07
08  In [30]: from io import StringIO
09
10  In [31]: ET.parse(StringIO(ET.dump(invalid)))
11  <%my name>content</%my name>
12  --------------------------------------------------------------------
13  ExpatError                          Traceback (most recent call last)
14  #省略部分输出
15  -> 1254      self._parser.Parse("", 1) # end of data
16     1255      tree = self._target.close()
17     1256      del self._target, self._parser # get rid of circular references
18
19  ExpatError: syntax error: line 1, column 0
```

【代码说明】
- 在 In[27]中使用了"%my name"的 XML 名字构建元素，并将其内容设置为"content"。从 In[29]的输出可以看出，在构建的时候 ElementTree 模块并没有对输入数据进行 XML 名字的合法性检查。
- 在 In[31]中对得到的数据调用 parse 方法的时候，可以看到，此时将报错，表示此 XML 名字是不合法的。

14.3.4 字符实体

当在元素内容中包含"<"字符的时候，不能直接输入，因为"<"总是会被解释为开始标签的开始符。如果要输入的话，则可以通过输入字符实体<来完成。使用字符实体可以在 XML 文档中输入特定的字符。主要在下面这些情况下可以使用字符实体。

1）输入的字符会被解释为其他意思。

2）由于输入设备的限制，而不能输入某些字符，如版权符号。

所有的字符实体都是以"&"开始和";"结束的标记。同样的，对于 Unicode 字符，也可以这样输入，包括两种表示方法：十进制和十六进制。其中，十进制为"&#value;"，十六进制为"&#xvalue;"。如需要输入 Euro 符号，则可以使用"€"或者"€"。

在 XML 规范中已经预先定义了 5 个字符实体，如表 14-3 所示。

表 14-3 XML 规范中预定义的字符实体

字符实体	符 号	字符实体	符 号	字符实体	符 号
&lt;	<	&amp;	&	&quot;	"
&gt;	>	&apos;	'		

在表 14-3 中，<和&是必须在元素内容中用来代替原义的，而"和'则常用在

属性中。

在 ElementTree 模块中，可以直接解析输入的字符实体。当字符实体非法的时候，将会在解析的时候报错。

```
01  In [32]: entity_ref = ET.XML("<a>&lt;</a>")
02
03  In [33]: ET.dump(entity_ref)
04  <a>&lt;</a>
05
06  In [34]: entity_ref.text
07  Out[34]: '<'
08
09  In [35]: entity_ref = ET.XML("<a>&entity;</a>")
10  ---------------------------------------------------------------------------
11  ExpatError                                Traceback (most recent call last)
12  #省略部分输出
13     1244    def feed(self, data):
14  -> 1245        self._parser.Parse(data, 0)
15     1246
16     1247    ##
17
18  ExpatError: undefined entity: line 1, column 3
```

【代码说明】

❑ 在 In[32]中使用 XML 类生成了一个指定 XML 字符串的对象。接下来首先使用 dump 方法输出了此元素。由于 dump 方法输出的是最原始的 XML 文档，所以和输入的是相同的。而在 In[34]的输出中，则其字符经过了转义，成了 "<"。

❑ 在 In[35]中，由于不存在 "&entity;" 这样的字符实体，所以字解析的时候就出现了错误 "undefined entity"。可以看到这个字符实体是不存在的。

14.3.5　CDATA 段

在 XML 中，CDATA 段用来声明不应被解析为标签的文本，其中可以使用特殊字符，包括小于号、大于号和双引号等，而不必使用其字符实体。

CDATA 段通过使用<![CDATA[和]]>来设置，所有在这中间的内容都会被当作原始字符，而不会进行字符转义，或者是当作标签。这在输入源码的时候特别有用。如需要保存下面的一段 Python 代码数据，其 XML 文件可能会写成这样。（文件保存为 xml_3.xml）

```
01  <?xml version='1.0' encoding='utf-8' standalone='no' ?>
02  <source>
03      <function>
04          <min>
05          def min(x, y):
06              if x < y: return x
07              else: return y
08          </min>
09      </function>
10  </source>
```

但是此文件是不能通过 XML 解析的，因为在语句 "if x < y" 中，并没有对 "<" 使用字符实体。从而导致将 "<" 解析为开始标签，进一步导致解析出错。在 IE 中显示出错如图 14-4 所示。

　　直接使用 ElementTree 模块的 parse 方法也可以知道这个 XML 文档是非良构的，从而在解析的时候会出错。

```
01   In [36]: ET.parse("xml_3.xml")
02   ------------------------------------------------------------------------
03   ExpatError                              Traceback (most recent call last)
04
05   I:\book\source\xml\<ipython console> in <module>()
06   #省略部分输出
07       1244    def feed(self, data):
08   -> 1245         self._parser.Parse(data, 0)
09       1246
10       1247    ##
11
12   ExpatError: not well-formed (invalid token): line 6, column 9
```

　　可以使用字符实体或者 CDATA 段来解决这个问题。

　　下面是使用字符实体的方法。

```
01   <?xml version='1.0' encoding='utf-8' standalone='no' ?>
02   <source>
03       <function>
04           <min>
05           def min(x, y):
06               if x &lt; y: return x
07               else: return y
08           </min>
09       </function>
10   </source>
```

　　下面是使用 CDATA 段的方法。

```
01   <?xml version='1.0' encoding='utf-8' standalone='no' ?>
02   <source>
03       <function>
04           <min>
05           <![CDATA[
06           def min(x, y):
07               if x < y: return x
08               else: return y
09           ]]>
10           </min>
11       </function>
12   </source>
```

　　其在 IE 中的显示分别如图 14-5 和图 14-6 所示。

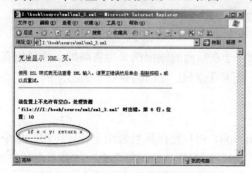

图 14-4　含有 "<" 的出错 XML 文档

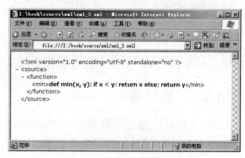

图 14-5　使用字符实体的 XML 文档

在图 14-5 和图 14-6 中可以看到，IE 对于元素内容中的空白字符进行了压缩。但是当这些空白字符是处于 CDATA 段中的时候，则会全部保留。

> **注意** 唯一不能在CDATA段中出现的是其结束界定符"]]>"。CDATA段主要是方便用户阅读，而不是针对XML处理程序。XML解析器不需要知道数据是从CDATA段还是从字符实体中来。即在访问这些数据的时候，其差别将会去掉。

图 14-6 使用 CDATA 段的 XML 文档

上面介绍的是在 XML 文档中存储保留字符的方法。要注意这种内部存储和外部表示之间的关系，在外部显示的时候可以将这些相关的字符进行处理，而在内部存储的时候则是必须保留的。

14.3.6 注释

XML 文档也是可以注释的，从而可以为 XML 的文档结构和元素内容加上解释。这些注释并不属于 XML 文档的内容，而且 XML 的解释器也不会去解析这些数据。XML 的注释为<!--和-->之间的部分。如下面的 XML 注释。

```
<!--这些货物信息还需要进一步核实 -->
```

注释可以出现在文档的任何地方，同时也可以出现在根元素的前面或后面。这是因为注释并不属于文档内容的一部分，所以和只能有一个根的规范并不冲突。当然，注释不能出现在标签中和嵌套注释。

一般的 XML 解释器都不会解析这些注释，而只是简单地丢弃。所以不要写依赖于注释的 XML 文件。注释仅仅是为了增加可读性而使用，而不是为了方便计算机处理。

ElementTree 模块在处理 XML 文档的时候也会将注释去掉，如下面代码示例。

```
01   In [37]: xml_str="""<test>
02   ....: <!-- Comment -->
03   ....: content
04   ....: </test>
05   ....: """
06
07   In [38]: tree = ET.XML(xml_str)
08
09   In [39]: ET.dump(tree)
10   <test>
11
12   content
13   </test>
```

从 In[37]和 In[39]的结果对比来看，两者的区别在于在后面的输出结果中省略掉了注释信息。注释信息只是在 XML 文档中具有解释文档的作用。而对于 XML 文档的解析不是必需的。

14.3.7 处理指令

XML 文档可以通过处理指令（Processing Instruction，PI）允许其包含用于特定应用的指令。一个处理指令通过 "<?" 和 "?>" 来界定。紧接在 "<?" 后面的是处理指令名，接着是属性值对。如在 XHTML 文档中可能会有下面的语句。

```
<?robots index="yes" follow="no"?>
```

这里的 robots 元信息是指示搜索引擎是否检索以及如何检索一个页面的指示。这里的处理指令名字是 robots。这条特定的处理指令有两个属性，分别为 index 和 follow，其值分别为 yes 和 no。从名字可以看出，index 的值指示搜索引擎是否可以检索一个页面，而 follow 的值则指示是否可以跟踪此文档的链接。通过这样的处理指令，XML 文档用来为应用程序提供一些操作特性，从而使得 XML 文档不仅是一个保存数据的载体。

从形式上来说，<?xml version="1.0" encoding="ASCII" standalone="yes"?>也是一个处理指令，其作用是对 XML 文档进行标识。这在绝大部分 XML 文档中都是可见的。

另外，在 XML 文档中还常可以看到下面的处理指令。

```
<?xml-stylesheet type="text/xsl" href="xsl1.xsl"?>
```

上面的处理指令是使用指定的 XSL 文件对 XML 文档进行格式转换。

需要注意的是，使用 XML（不区分大小写）开始的处理指令名是为 XML 规范所保留的，处理指令名字的取值和 XML 名字的取值是一致的。

14.3.8　XML 定义

一个 XML 最好有一个 XML 定义，这样可以检查 XML 文档是否是有效的，虽然这并不是必需的。下面是一个包含 XML 定义的 XML 文档。

```
01    <?xml version="1.0" encoding="ASCII" standalone="yes"?>
02    <name>
03        Alice
04    </name>
```

XML 不一定需要 XML 定义，但是如果有的话，必须使用上面示例中的一行定义。在此定义之前不应该有任何的注释、定义或者空格等。这是因为很多的 XML 解释器将会使用<?xml 这 5 个字符来对 XML 文档进行一些猜测，包括文件编码等。

虽然说 XML 文档是使用文本字符串来保存数据的，但是使用什么编码则是可以为每个 XML 指定的。默认情况下，XML 使用 UTF-8 编码。这是 ASCII 编码的超集，所以一个纯的 ASCII 文本文件也是一个 UTF-8 文件。尽管如此，大部分的 XML 解释器是可以解析许多字符编码的。在 XML 的定义中可以指定字符编码，通过 encoding 这个属性来指定。

encoding 在 XML 定义中是可选的，如果省略的话，则默认采用了 Unicode 字符集。如果元信息和编码定义冲突的话，则会优先采用元信息。

standalone 属性用来定义外部定义的 DTD 的存在性，取值可为 yes 或 no，默认情况下为 no。当为 no 的时候表示此 XML 文档不是独立的，而是取决于外部定义的 DTD；而为 yes 则表示此 XML 文档是自包含的。这也是一个可选的属性。

关于 XML 定义的详细说明可以参看相关的文档。可以使用文档定义来决定一个 XML 文档的有效性，具体的操作也已经在 14.2.3 中进行了介绍。

14.4　使用 SAX 处理 XML 文档

SAX 是一种流行的解析和处理 XML 文档的接口。在本节中将首先介绍 SAX 的使用背景，以及此接口的主要组成部分。然后介绍 Python 标准库中支持 SAX 接口的模块 xml.sax，并演示如何将其用在实际应用中。

14.4.1　SAX 介绍

SAX 是一种基于事件的 XML 文档解析方式。这项技术最早是由 XML 的 Java 语言开发者推动的，到现在已经成为了一种通用的 XML 文档处理接口。SAX 通过数据流的方式来读取文档。当读取部分内容的时候，就会对文档进行解析，并产生相应的事件。而应用程序则可以针对特定的事件来书写自己的逻辑代码。通过这种序列文档的方法处理文档，可以使得这项技术对于内存的要求较小。当前的最新接口标准是 SAX2，其中包含了对于 XML 名字空间的支持。

作为 XML 文档处理的轻量级接口集合，在 SAX 中定义了多种用来处理 XML 文档的接口。SAX2 在 Python 标准库中的实现是 xml.sax 模块。此模块中实现了 4 种类型的接口，如表 14-4 所示。

表 14-4　xml.sax 模块中支持的 SAX2 接口

接　　口	描　　述	接　　口	描　　述
ContentHandler	内容处理接口	EntityResolver	实体解析器处理接口
DTDHandler	DTD 定义处理接口	ErrorHandler	错误信息处理接口

在实际应用中，SAX2 通过各种接口来实现对 XML 文档的处理。这种基于事件的处理方式可以使得应用程序在解析到某个特定的内容的时候，做出实时的反应，而不像 DOM 技术那样需要对整个文档进行解析。这种处理方式的过程是首先先对 XML 文档进行分块，形成一段一段的数据流。然后按照流数据的方式对每个 XML 数据块进行解析。当解析到特定的内容（包括元素和 DTD 定义等）的时候，将调用已经注册的各种内容处理器。当内容处理器结束以后，应用程序将根据情况继续处理后面的流数据或者抛出异常而终止。具体的 SAX 处理流程如图 14-7 所示。

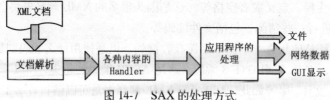

图 14-7　SAX 的处理方式

在 SAX 技术中，将 XML 文档的解析对象称为 reader。在 xml.sax 模块中，提供了 xmlreader 子模块用来为处理器提供数据。这个对象将从源文件中读取内容，并为注册好的处理器提供相关的数据。源文件不一定从 XML 文档中读取，只需要满足解析对象一定的要求就可以了。但是实际上，一般都是从 XML 文档中读取的。应用程序将通过处理器来处理 xmlreader 模块读取的数据。

14.4.2　SAX 处理的组成部分

xml.sax 是由 4 种主要的处理器接口组成的。每种接口都会在特定的时候被解析器触发，如 ContentHandler 将会在系统读取文档特定内容的时候触发。应用程序只需要实现自身感兴趣的 handler 就可以了。这些处理器可以在一个对象中实现，也可以分布在多个对象中。另外需要注意的是，这些对象的实现都需要继承自原始的 xml.sax.handler 模块中的类，使得每个 XML 相关对象有默认的处理方式。下面将具体的介绍这 4 类处理器和 XMLReader 对象的使用方法。

1．ContentHandler 接口

这个接口是在使用 SAX 技术的时候用得最多的处理器对象。此类中也提供了丰富的方法，用来处理 XML 文档数据，并且有不同的事件类型用来在不同的时候调用。在 ContentHandler 基类中包含的常用方法如表 14-5 所示。

表 14-5　ContentHandler 中包含的常用方法

方　法	描　述	方　法	描　述
startDocument	文档处理开始的时候调用	endElementNS	含有名字空间的元素结束的时候调用
endDocument	文档处理结束的时候调用	characters	字符数据处理的时候调用
startElement	元素开始的时候调用	ignorableWhitespace	可以忽略的空白字符处理的时候调用
endElement	元素结束的时候调用	processingInstruction	收到处理指令的时候调用
startElementNS	含有名字空间的元素开始的时候调用	skippedEntity	收到可以忽略的实体参考的时候调用

通过在表 14-5 中介绍的多种方法，使得 SAX 技术在处理 XML 文档的时候能够做到快速和完整。其中，startElement 方法是 XML 应用程序编写者最感兴趣的一个方法。因为在数据解析中遇到的每个元素，这个方法所注册的函数都会被调用。此方法包含有两个参数，分别是所遇到元素的名字和属性值。通过判断名字和属性等信息，应用程序可以实现自己的业务逻辑，从而实现对 XML 文档的处理。下面的代码演示了此方法的使用。

```
01  #filename: sax_1.py
02
03  from xml.sax import *
04
05  class MyHandler(ContentHandler):
06      def startDocument(self) :#开始处理文档的时候调用
07          print ("开始处理XML文档")
08          print ("===============")
09          print ("name\tquality")
10          print ("---------------")
11
12      def endDocument(self) :#结束处理文档的时候调用
13          print ("===============")
14          print ("结束处理XML文档")
15
16      def startElement( self, name, attrs) :#处理元素
17          if name == "shirt":#打印出所有shirt标签的相关属性
18            print ("%s\t%s"%(attrs['name'], attrs['quality']))
19
20  parser = make_parser() #生成解析对象
21  parser.setContentHandler(MyHandler())
22
23  #需要分析的XML数据
24  data = """<goods>
25              <shirt name="Helen" quality="A" />
26              <shirt name="Fayer" quality="A+" />
27              <coat name="Dayie" quality="B+" />
28              <shirt name="CaC" quality="A-" />
29              </goods>
30  """
31  from io import StringIO
32  parser.parse(StringIO.StringIO(data))
```

【代码说明】

❑ 第 3 行代码导入了 xml.sax 模块中所需的方法和对象。这在每个需要使用 SAX 技术处理文档的时候是必需的。

❑ 第 5 行代码定义了一个 MyHandler 类，并且继承自 ContentHandler 类，使得没有重载的相关方法有了一个默认的处理方式。

❑ 第 6～18 行代码，在 MyHandler 类中实现（重载）了 3 个方法，分别是 startDocument、endDocument 和 startElement。其他的在表 14-5 中的方法也可以根据需要重载并书写相关业务逻辑。在 startDocument 和 endDocument 方法中输出了一些信息，用来对最后的结果进行排版处理。需要注意的是，这两个方法都只会调用一次，并且，startDocument 方法在本接口中的任何方法调用之前执行，而 endDocument 方法则在所有的方法结束之后被调用。

❑ 第 16 行代码，startElement 方法中有两个参数，一个是 name，表示解析的 XML 名字，另外一个是 attrs，表示解析 XML 对象的属性。在函数体中，通过判断 XML 名字是否为 shirt，从而将处理 XML 元素的范围限制在一定的范围之内。当元素名为 shirt 的时候，则函数主体将打印此元素属性中的 name 和 quality 的值。

❑ 第 20 行代码调用 xml.sax 模块下的 make_parser 方法，生成了一个 XML 的解析对象。接下来的语句设置了此解析对象的 ContentHandler 处理器，从而将自定义的处理逻辑和 XML 文档处理联系了起来。

❑ 第 32 行代码调用了 parse 方法对 XML 数据进行分析。通过 xml.sax 模块，将在解析遇到元素的时候，调用已经设置好的处理函数。

上面代码片段的运行结果如下所示。

```
In [2]: run sax_1.py
开始处理XML文档
================
name    quality
----------------
Helen   A
Fayer   A+
CaC     A-
================
结束处理XML文档
```

从上面的输出可以看出，对于此 XML 数据分析结果的正确性得到了验证。在前面出现的 name 中，仅仅包含 shirt 元素的属性成员。

通过上面的示例程序可以看到，使用 SAX 处理 XML 数据还是比较方便的。只需要继承自指定的类，并且设置好相关的处理逻辑，即可实现对于 XML 数据的查询等操作。但是，也可以看到，由于 SAX 采用的是事件触发的方式，所以当某个特定的事件触发的时候，传递给注册函数的数据仅仅是这个事件所获取的值。这种方式对于简单的查询处理是适用的，但是却难以实现对其他位置元素的访问等类似功能。如果需要在 SAX 中完成这样的操作，则需要保存自己相关的数据状态。所以，在处理 XML 文档的时候，选择 ContentHandler 类的合理使用也是很重要的。

2．DTDHandler 接口

如果需要处理有关 DTD 定义的内容，则可以使用 DTDHandler 对象。但是实际上，此类中仅仅提供了两个方法：notationDecl 和 unparseEntityDecl。其中前一个方法主要用来处理 DTD 定义中的符号定义；而后一个方法则用来对实体定义进行解析，这里仅仅只处理不能解析的实体定义。解析对象可以通过 setDTDHandler 方法来加入处理函数。一个处理 DTD 定义的框架如下所示。

```
01    class MyHandler(DTDHandler):
02        pass
03
04    parser = make_parser()
05    parser.setDTDHandler(MyHandler())
```

【代码说明】

❑ 在这个代码框架中，首先生成了一个继承自 DTDHandler 的类，然后调用解析对象的 setDTDHandler 方法设置此 DTD 处理对象。通过这样的步骤，在 XML 数据解析的时候，遇到特定的 DTD 内容就会调用特定的处理函数了。

3．EntityResolver 接口

EntityResolver 接口是为实体参考解析所设置的接口。当解析器遇到外部实体参考的时候，就会调用此对象中的 ResolveEntity 方法来处理。通过重载这个方法的实现，应用程序可以实现对于外部实体的解析。在默认情况下会返回系统标识符。一个处理外部实体参考的框架如下所示。

```
01    class MyHandler(EntityResolver):
02        pass
03
04    parser = make_parser()
05    parser.setEntityResolver(MyHandler())
```

【代码说明】

❑ 在上面的代码中，先生成了一个 MyHandler 类，此类继承自 EntityResolver，然后调用 parser 解析对象的 setEntityResolver 方法设置此外部实体参考处理对象。通过这样的步骤，在 XML 数据解析的时候，遇到特定的外部实体参考内容就会调用特定的处理函数了。

从上面的介绍中可以看到，DTDHandler 和 EntityResolver 两个对象并没有提供丰富的接口来处理 XML 数据。实际上，现在已提供的方法对于处理 XML 文档也是不够的。这主要是因为 SAX 是一种简单的 XML 处理接口，更加复杂的功能相对于此接口来说是非必须的。很多使用 SAX 来处理 XML 数据的应用程序都不关心这些方面的内容。如果需要处理这些特殊情况，可以使用其他的 XML 处理机制。

4．ErrorHandler 接口

ErrorHandler 接口可以使得应用程序在处理 XML 文档的时候实现对于错误的处理。可以通过 setErrorHandler 方法来将此接口中的方法注册到解析对象上，从而在解析 XML 数据的时候实现实时的错误处理。一个处理错误信息的框架如下所示。

```
01    class MyHandler(ErrorHandler):
02        pass
03
04    parser = make_parser()
05    parser.setErrorHandler (MyHandler())
```

【代码说明】

❑ 在上面的代码中，首先定义了继承自 ErrorHandler 的 MyHandler 类。可以在此类中重载原来 ErrorHandler 类中的相关方法。在使用 make_parser 方法生成一个解析对象后，可以使用

setErrorHandler 方法来设置错误处理函数。

在 ErrorHandler 接口中有 3 种方法：warning、error 和 fatalError。可以根据错误的严重程度来调用相应的错误处理方法。其中 warning 方法主要是处理那些在解析 XML 数据时出现的微小错误。当遇到这样的错误的时候，默认情况下将会打印出错误信息，并且继续处理后面的数据流。如果在此处理函数中触发异常的话，将会导致解析过程停止。而 error 则是处理比较严重但是可以恢复的错误。重载此方法的时候，如果不抛出异常的话，则将继续解析后面的数据。这时候需要注意的是，在遇到 error 的消息后，并不能保证后面的数据解析一定是正确的。而 fatalError 则是那种非常严重且不能恢复的错误，在遇到这种事件后，解析应该停止。

这 3 个方法都只接收一个参数，那就是 SAXException 异常类的一个实例。此示例中提供了丰富的方法用来获取出错的相关信息，包括出错的位置和上下文信息。如果在处理中需要终止对于 XML 数据的解析，则直接触发 SAXException 异常即可。

5．XMLReader 接口

如果需要使用前面的各个接口，则需要将这些实现的接口注册在一个 SAX 的解析对象上。在前面的例子中已经见过，通过使用 xml.sax 的 make_parser 方法可以生成一个 XMLReader 对象。上面介绍的处理器接口都是在 XMLReader 中支持的，可以通过如 setErrorHandler 之类的方法来设置相应的接口。而如果需要从当前解析对象中获取已经注册的处理器接口，则可以将上述方法中的 set 换成 get 即可。如下面的代码所示。

```
handler = parser.getErrorHandler ( )
```

在 XMLReader 接口中，还有一个 setLocale 方法，可以允许应用程序来设置警告和错误信息的本地化。这在 XML 数据的处理中并不是必须的。除此之外，SAX 还提供了特性（features）和属性（properties）的概念。其中，特性是指在解析的时候可以打开或者关闭的功能，而属性则是和 XML 文档解析的状态相关联的一个属性值对。根据特定的 SAX 实现，这些值的读写需求并不一样，有些只能读，而另一些只能写。在现在的应用程序中，特性和属性的使用都是比较少的。

在此接口中最重要的方法是 parse。调用此方法将开始解析 XML 数据并产生相应的事件信息，包括内容信息、DTD 信息和错误信息等，这个方法接收一个参数，可以为文件名、URL 或者文件对象，甚至 InputSource 对象。当 parse 方法返回的时候，输入处理也结束了。具体的使用方法在前面的示例中可以看到。

表 14-6 给出了在 XMLReader 接口中的常用方法。

表 14-6　XMLReader 接口中的常用方法

方　　法	描　　述	方　　法	描　　述
Parse	解析 XML 数据并产生 SAX 事件信息	getErrorHandler	获取 XML 数据的错误处理函数
getContentHandler	获取 XML 数据内容处理函数	setErrorHandler	设置 XML 数据的错误处理函数
setContentHandler	设置 XML 数据内容处理函数	setLocale	设置警告和错误信息的本地化
getDTDHandler	获取 XML 数据的 DTD 定义处理函数	getFeature	获取特性数据
setDTDHandler	设置 XML 数据的 DTD 定义处理函数	setFeature	设置特性数据
getEntityResolver	获取 XML 数据的外部实体参考处理函数	getProperty	获取属性数据
setEntityResolver	设置 XML 数据的外部实体参考处理函数	setProperty	设置属性数据

通过设置合适的 Handler，可以有效地处理 XML 文档数据。

14.5 使用 DOM 处理 XML 文档

DOM 是另外一种流行的解析和处理 XML 文档的接口规范,可以用来访问 XML 文档中的数据。在本节中将介绍 DOM 接口规范,包括 DOM 内核、对 DOM 节点的增删和修改操作,以及其他相关的接口。同时通过实例来介绍这些接口的使用。

14.5.1 DOM 介绍

DOM 技术最初是为解析 HTML 语言而开发的,后来被 W3C 组织规范成为了解析类 XML 语言的接口标准。在 DOM 中提供了丰富的接口用来操作 XML 数据,包括查询、增加、删除等。现在已经成为处理 XML 文档的主要方式。

DOM 在处理 XML 数据的时候,会将所有的 XML 数据在内存中形成一个树结构。所以,当文件比较大的时候,可能会消耗比较大的计算机内存空间。也正因为如此,DOM 技术使得应用程序可以很方便地在不同的 DOM 节点之间进行访问,并进行相关的操作。另外,作为一项 W3C 标准,它已经被大部分的浏览器所支持。图 14-8 中显示了在 Firefox 浏览器中的 DOM 检查器的使用。

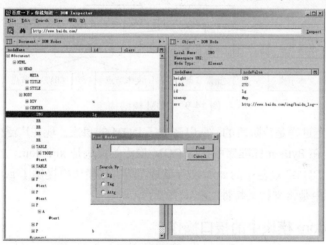

图 14-8　Firefox 浏览器中的 DOM 检查器

从图 14-8 中可以看到,DOM 技术在处理 XML 文档的时候,会将数据处理成树结构。虽然如此,实际上在 DOM 技术的发展过程中,有过新模块的加入和旧模块的废除。表 14-7 中显示了在 DOM 技术中支持的主要特性,这些特性也被应用程序所采用。

表 14-7　DOM 技术中包含的特性

特性	描述
Core	此特性中包含有处理良构的 XML 文档所需的基础结构。这其中并不包含任何的 DTD 定义的相关信息。特别的,其中并没有包含外部实体参考、处理指令等相关信息。在这个特性中,提供了众多的接口来处理文档数据,这也是在后面将要详细讨论的
XML	此特性中包含 XML 相关的一些信息,包括在上面没有规范的实体参考和定义等。另外,还包括 CDATA 段和处理指令等
Events	这个特性的各个实现之间差别是比较大的,而且已经分成了很多的小特性。各种实现虽然千差万别,但是都支持最基本的 Events 特性,而其他的则只需要实现部分。这些事件中,包括面向用户的操作接口和对于文档的修改操作接口等

（续）

特性	描　　述
Range	此特性提供了一种为无法转换为一系列 DOM 节点的文档数据处理的接口。这特别适合于需要将某些数据高亮显示给用户的时候
Traversal	此特性支持应用程序在文档节点之间进行移动。当生成树结构后，可以很方便地实现对于父节点、子节点和兄弟节点的遍历。另外，节点是可以被过滤的。这样，就只需要访问满足条件的节点
Views	此特性为一个文档数据提供了多种不同类型的显示。在实际中并不常用
CSS	此特性为文档数据提供了对 CSS 版本 2 规范的访问接口。这个特性一般用在 XML 数据的浏览器显示时

由于 DOM 的技术规范是由一系列规范组成的，所以其内容也很丰富。从 DOM 的操作上来说，DOM 提供接口将 XML 文档显示成 DOM 节点对象的分层树结构。在形成的这种文档结构中，有些节点下面可以有不同类型的节点，而另外一些则是叶子节点。其中，DOM 的文档节点和根节点是对应的。根元素节点下面可以包含有子元素节点，并包括属性节点。而子元素节点则可以继续包含子元素节点，或者文本节点。一个 DOM 树结构如图 14-9 所示。

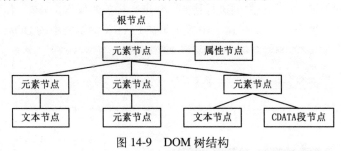

图 14-9　DOM 树结构

由于 DOM 的规范过程是分阶段的，所以形成了 DOM 的层次。现在广泛使用的是 DOM2，最新的规范是 DOM3。在 Python 标准库中支持 DOM 操作的模块是: xml.dom，主要支持的是 DOM2 的标准。而并不支持 DOM3 规范中的如加载/存储规范等。在模块中提供了 getDOMImplementation 方法来查看在标准库中是否支持某特性。

14.5.2　xml.dom 模块中的接口操作

当 XML 文档数据通过 xml.dom 模块中的方法解析为 DOM 树结构后，就可以调用 DOM 规范中定义的方法和属性来访问 XML 数据。需要注意的是，这里的方法是在 DOM 中规定的，而不是在 xml.dom 模块中规定的。xml.dom 模块只是实现了这些操作 XML 数据的接口。

1．DOMImplemetation 接口

DOMImplemetation 接口提供了应用程序判断 DOM 实现是否支持某些特性的方法。其中包含 hasFeature 方法，用来测试特性是否存在。此方法包含两个参数，一个是 DOM 规范所支持的特性，详见表 14-7。而第二个则是 DOM 规范的层次。

```
01   In [1]: from xml.dom.minidom import DOMImplementation
02
03   In [2]: implementation = DOMImplementation()
04
05   In [3]: implementation.hasFeature("Core","2.0")
06   Out[3]: True
07
```

```
08    In [4]: implementation.hasFeature("Events","2.0")
09    Out[4]: False
10
11    In [5]: implementation._features
12    Out[5]:
13    [('core', '1.0'),
14     ('core', '2.0'),
15     ('core', '3.0'),
16     ('core', None),
17     ('xml', '1.0'),
18     ('xml', '2.0'),
19     ('xml', '3.0'),
20     ('xml', None),
21     ('ls-load', '3.0'),
22     ('ls-load', None)]
```

【代码说明】

❏ 在 In[1]中，从 xml.dom.minidom 中导入了 DOMImplementation 接口。其中，minidom 是
  DOM 接口的一个轻量级实现。

❏ 在 In[2]中实例化了一个 implementation 对象。

❏ 在 In[3]和 In[4]中通过调用此 implementation 对象的 hasFeature 方法，可以知道特定的层次
  特性是否被现在的 DOM 实现所支持。从输出结果来看，这里的 Core 2.0 版本是支持的，
  而 Events 2.0 版本则不支持。

❏ 实际上，在此对象的内部变量 _features 中，记录了当前 DOM 接口实现所支持的所有特性。
  从 In[5]的输出就可以看出来。

另外，也可以使用此对象中的 createDocument 和 createDocumentType 方法来生成 Document
接口对象，如下所示。

```
01    In [6]: doctype = implementation.createDocumentType("Goods","","Goods.dtd")
02
03    In [7]: document = implementation.createDocument("","goods",doctype)
04
05    In [8]: document
06    Out[8]: <xml.dom.minidom.Document instance at 0x00BDA3F0>
```

【代码说明】

❏ 在 In[6]中通过调用 createDocumentType 生成了一个文档定义对象，并作为后面 createDocu-
  ment 方法的一个参数。

❏ In[7]中调用了对象的 createDocument 方法生成了一个 Document 对象。此对象的使用接下
  来将进行介绍。

2．Document 接口

Document 接口可以用来表示整个 XML 文档。实际上，这是 XML 文档树结构的根，同时提供
了对数据的初始访问入口。在上面的代码片段中所生成的 document 对象就是一个 xml.dom.minidom.
Document 接口的实例。

除了能够使用上述的方法来生成 Document 接口的实例外，还可以通过解析 XML 文档数据来
生成。在 minidom 模块中包含 parse 和 parseString 方法。其中，前一个方法的输入参数为文件或者
文件对象；而后一个方法的输入参数则是字符串。

```
01   In [2]: from xml.dom.minidom import parse, parseString
02
03   In [3]: dom1 = parse("xml_1.xml")
04
05   In [4]: dom1
06   Out[4]: <xml.dom.minidom.Document instance at 0x01527F80>
07
08   In [5]: fp = open("xml_1.xml","r")
09
10   In [6]: dom2 = parse(fp)
11
12   In [7]: dom2
13   Out[7]: <xml.dom.minidom.Document instance at 0x01541120>
14
15   In [8]: fp.close()
16
17   In [9]: data = """
18      ...: <goods>
19      ...:     <shirt quality="A">
20      ...:         <size>170</size>
21      ...:     </shirt>
22      ...: </goods>
23      ...: """
24
25   In [10]: dom3 = parseString(data)
26
27   In [11]: dom3
28   Out[11]: <xml.dom.minidom.Document instance at 0x015B16E8>
```

【代码说明】

❑ 在 In[2]中从 xml.dom.minidom 导入了 parse 和 parseString 方法。

❑ In[3]和 In[4]中演示了通过文件名来调用 parse 方法的过程。在 Out[4]中可以看出，已经生成了一个 Document 实例对象。

❑ In[5]～In[8]中演示了通过文件对象来调用 parse 方法的过程。同样的可以看到，生成了 Document 实例对象。

❑ 在 In[8]～In[10]中可以看到，当需要解析的 XML 数据为字符串输入的时候，可以使用 parseString 方法来实现解析。结果也是和上面同样，生成了 Document 实例对象。

由于 Document 接口是整个文档结构的根，所以其输出即为 XML 文档的输出。通过调用 toxml 方法可以将整个 XML 文档输出。

```
01   In [12]: dom3.toxml()
02   Out[12]: '<?xml version="1.0" ?><goods>\n   <shirt quality="A">\n      <size>170</size>\n
03   </shirt>\n</goods>'
04
05   In [13]: print (dom3.toxml())
06   <?xml version="1.0" ?><goods>
07       <shirt quality="A">
08           <size>170</size>
09       </shirt>
10   </goods>
```

通过调用 toxml 方法，可以将此文档对象输出。另外，可以看到的是，在输出中添加了 "<?xml version="1.0" ?>" 部分。

在 Document 对象中，还提供了多种生成节点的方法。如通过 createElement 生成元素节点、通过 createTextNode 生成文本节点、通过 createAttribute 生成属性节点等。通过生成这些节点，并利用后面部分介绍的节点操作方法，就可以组成一个完整的 XML 树结构了。

```
01   In [14]: elem = dom3.createElement("element")
02
03   In [15]: elem.toxml()
04   Out[15]: '<element/>'
05
06   In [16]: text = dom3.createTextNode("Text date")
07
08   In [17]: text.toxml()
09   Out[17]: 'Text date'
10
11   In [18]: attrib = dom3.createAttribute("quality")
12
13   In [19]: attrib.name
14   Out[19]: 'quality'
```

【代码说明】

❑ 在 In[14]中生成了一个元素节点，在 In[15]中调用 toxml 方法将其结果输出，其输出采用的是标签的形式。

❑ 在 In[16]中生成了一个文本节点，在 In[17]中调用 toxml 方法将其结果输出，其输出为字符串的形式。

❑ 在 In[18]中生成了一个属性节点，由于其不是 Node 接口对象，所以不能调用 toxml 方法。直接读取其 name 属性，可以看到前面刚刚设置的值。

3. Node 接口

Node 接口是文档对象模型的基本数据类型，用来表示所构建文档树结构的每个单个节点。这是 DOM 中使用最常用的接口之一，而且是其他（如 Document）接口的基础。也就是说 Document 对象只是 Node 对象的一个特例，Node 接口中支持的操作在 Document 对象中都可以使用。在 DOM 中的结构都是 Node 对象，每个节点的类型通过 nodeType 来区别。不同的节点对象有着不同的节点类型，包括元素节点、属性节点和文本节点等。

```
01   In [2]: from xml.dom.minidom import *
02
03   In [3]: dom1 = parse("xml_1.xml")
04
05   In [4]: root = dom1.documentElement
06
07   In [5]: root
08   Out[5]: <DOM Element: goods at 0x1533468>
09
10   In [6]: root.nodeType
11   Out[6]: 1
12
13   In [7]: root.ELEMENT_NODE
14   Out[7]: 1
```

【代码说明】

❑ In[2]和 In[3]中的操作和前面的相同。

- 在 In[4]中，得到 dom1 对象后，可以使用 Document 接口中的 documentElement 属性来获得根元素节点，并赋值给 root 变量。
- 在 In[5]中，可以看到这个节点是一个元素节点。在 In[6]中通过查看其 nodeType 属性来查看其节点类型。这里得到的值为 1，这也是元素节点的数值表示，从 In[7]中可以看出。在 Node 接口中还定义了其他的节点类型，如表 14-8 所示。

表 14-8 Node 接口中支持的节点类型

节 点 类 型	数 值 表 示	节 点 类 型	数 值 表 示
ELEMENT_NODE	1	PROCESSING_INSTRUCTION_NODE	7
ATTRIBUTE_NODE	2	COMMENT_NODE	8
TEXT_NODE	3	DOCUMENT_NODE	9
CDATA_SECTION_NODE	4	DOCUMENT_TYPE_NODE	10
ENTITY_REFERENCE_NODE	5	DOCUMENT_FRAGMENT_NODE	11
ENTITY_NODE	6	NOTATION_NODE	12

由于 XML 文档可以解析成为树结构对象，所以这里的节点也具有树的特性。节点可能包含父节点、子节点或者兄弟节点。可以通过 parentNode 值来获取父节点，通过 childNodes 获取子节点集合。而 firstChild 和 lastChild 则分别是第一个和最后一个子节点。另外，通过使用 previousSibling 和 nextSibling 可以获得属于同一个父节点下的前一个和后一个兄弟节点。

```
01   In [8]: childs = root.childNodes
02
03   In [9]: childs
04   Out[9]:
05   [<DOM Text node "
06      ">,
07    <DOM Element: shirt at 0x1533508>,
08    <DOM Text node "
09      ">,
10    <DOM Element: shirt at 0x1533850>,
11    <DOM Text node "
12    ">]
13
14   In [10]: shirt = root.childNodes[1]
15
16   In [11]: shirt
17   Out[11]: <DOM Element: shirt at 0x1533508>
18
19   In [12]: shirt.parentNode
20   Out[12]: <DOM Element: goods at 0x1533468>
21
22   In [13]: parent = shirt.parentNode
23
24   In [14]: parent == root
25   Out[14]: True
```

【代码说明】

- 在 In[8]中，通过 childNodes 属性获得了根节点下的所有节点对象。从 Out[9]中可以看出其中包含 3 个文本节点和两个元素节点。这里之所以出现了文本节点是因为在 XML 的解析中将会对空格字符也会作为文本来对待。

❑ 在 In[10]中将此列表的第二项赋值给了 shirt 变量。接下来，从 Out[11]中可以看出这是一个
元素节点。
❑ 在 In[12]~In[14]中测试了此 shirt 元素节点的父节点是否和根节点是同一对象。从 Out[14]
的结果可以看到，两者确实是同一对象。

```
01  In [15]: root.firstChild
02  Out[15]:
03  <DOM Text node "
04      ">
05
06  In [16]: root.lastChild
07  Out[16]:
08  <DOM Text node "
09  ">
10
11  In [17]: shirt.previousSibling
12  Out[17]:
13  <DOM Text node "
14      ">
15
16  In [18]: shirt.nextSibling
17  Out[18]:
18  <DOM Text node "
19      ">
```

【代码说明】

❑ 在 In[15]和 In[16]中，通过 firstChild 和 lastChild 分别得到了 root 根元素节点的第一个子节
点和最后一个子节点。
❑ 在 In[17]和 In[18]中，通过 previousSibling 和 nextSibling 分别得到了 shirt 元素节点的前一
个兄弟节点和后一个兄弟节点。

另外，可以通过 atributes 来获取 Node 对象的所有的属性值。此属性只对于元素节点起作用，
而对于其他节点则返回 None。

```
01  In [19]: attrib = shirt.attributes
02
03  In [20]: attrib.items()
04  Out[20]: [(u'quality', u'A')]
```

【代码说明】

❑ 在 In[19]中通过 attributes 获取了 shirt 元素的属性，这是一个 NamedNodeMap 对象。在 In[20]
调用 items 方法，可以得到此元素的所有属性值对。

除了上面的属性可以获取 Node 对象的信息以外，还提供了操作节点的方法。其中 appendChild
方法用来创建一个了节点，removeChild 方法用来删除一个节点。另外，replaceChild 方法可以将一
个已有的节点使用另外一个节点对象替代。这些方法将在 14.5.3 中进行介绍。

4．Element 接口

Element 类也是 Node 类的子类，所以 Node 中支持的属性和方法在 Element 类中都可以使用。
此接口主要用来实现对元素节点的操作。

节点的元素名字可以通过 tagName 来获得。

```
01    In [21]: shirt.tagName
02    Out[21]: u'shirt'
```

在上面得到的 shirt 对象就是一个 Element 对象。可以通过其 tagName 属性来获得此元素节点的名字。

在 Element 接口中提供 getAttribute 和 setAttribute 方法用来对元素节点的属性进行操作。这两个方法分别是获取元素的属性和设置元素的属性。

```
01    In [22]: shirt.getAttribute("quality")
02    Out[22]: u'A'
03
04    In [23]: print (shirt.toxml())
05    <shirt quality="A">
06        <name>Helen</name>
07        <size>170</size>
08        <quantity>10</quantity>
09        <color>black</color>
10    </shirt>
11
12    In [24]: shirt.setAttribute("quality","B")
13
14    In [25]: print (shirt.toxml())
15    <shirt quality="B">
16        <name>Helen</name>
17        <size>170</size>
18        <quantity>10</quantity>
19        <color>black</color>
20    </shirt>
```

【代码说明】

❑ 在 In[22]中通过调用 getAttribute 方法获得了属性名为"quality"的值。这与 In[23]中的输出结果是一致的。

❑ 在 In[24]中通过调用 setAttribute 方法设置了属性名为"quality"的值为"B"。这从 In[25] 的输出也可以看出来。这里，由于需要设置的属性名是存在的，所以就修改了原来的值。而当属性名在元素中是不存在的时候，则将新建一个属性值对。

5．Text 接口

Text 也是实现了 Node 接口，但是文本节点不能再有子节点。这是 XML 文档中主要用来保存数据的部分。其实例对象中包含一个 data 属性，用来表示当前节点的数据。

```
01    In [26]: name = shirt.childNodes[1]
02
03    In [27]: name.childNodes
04    Out[27]: [<DOM Text node "Helen">]
05
06    In [28]: name_text = name.childNodes[0]
07
08    In [29]: name_text.data
09    Out[29]: u'Helen'
```

【代码说明】

❑ 在 In[26]中得到了 shirt 元素下的 name 子节点，接着在 In[28]中得到了 name 元素节点下的文本节点。

❑ 在 In[29]中通过其对象的 data 属性得到了文本节点的内容。

6．支持的 DOM 接口小结

除了上面介绍的一些 DOM 接口外，在 Python 的 XML 处理标准库中还包含有其他的一些接口。在 xml.dom 模块中包含的接口如表 14-9 所示。

表 14-9　xml.dom 模块中包含的接口

接　口	介　绍	常用属性和方法
DOMImplemetation	访问底层实现的接口	hasFeature：检测模块是否实现了特定的特性
		createDocument：返回一个新的 DOM 对象
Node	文档节点的基本访问接口	nodeType：只读属性，指示节点的类型，包括 ELEMENT_NODE，ATTRIBUTE_NODE，TEXT_NODE，CDATA_SECTION_NODE，ENTITY_NODE，PROCESSING_INSTRUCTION_NODE，COMMENT_NODE，DOCUMENT_NODE，DOCUMENT_TYPE_NODE，NOTATION_NODE
		parentNode：当前节点的父节点
		childNodes：当前节点的子节点
		firstChild：如果有的话，返回第一个子节点
		lastChild：如果有的话，返回最后一个子节点
		hasChildNodes：测试是否有子节点
		appendChild：添加节点
		removeChild：删除节点
		replaceChild：替换节点
Nodelist	访问一系列节点的接口	item：返回序列中的对象
		length：节点集合中包含的节点个数
DocumentType	包含文档定义等信息	name：在 DOCTYPE 定义的根元素名字
		entities：外部实体参考的定义
		notations：符号定义
Document	表示访问整个 XML 文档	documentElement：XML 文档的根元素
		createElement：创建一个元素
		createTextNode：创建一个文本节点
		createAttribute：创建属性节点
		createComment：创建注释
		getElementsByTagName：通过标签名字获取元素
Element	DOM 树中的元素节点	tagName：元素的名字
		hasAttribute：在元素中查看是否有特定的属性
		getAttribute：获取特定的属性
		setAttribute：设置特定的属性
Attr	元素节点的属性值	name：属性名字
		localName：名字空间内容
		prefix：名字空间前缀，没有则为空
Comment	源文档中的注释	data：注释的数据
Text	XML 文档中的文本数据	data：文本内容的数据
ProcessingInstruction	访问处理指令的接口	target：处理指令中的目标，为第一个空格前的字符串
		data：处理指令中的内容，为第一个空格后的字符串

励志照亮人生　编程改变命运

在 DOM 中的树结构中各个类型的节点父接口都是 Node，有不少其他接口都是继承自 Node，如介绍过的 Element、Text、Attr 和 Comment 等。

14.5.3 对 XML 文档的操作

DOM 技术的实现是将整个 XML 文档转换成一个树结构并放在内存中。这种处理方式相对于 SAX 的一个好处就是可以很方便地对 XML 文档中的数据进行操作，包括查询、增加和修改等。在这一小节中，将具体介绍使用 DOM 接口来对 XML 数据的操作。

1．对 XML 文档的遍历

通过使用 childNodes 属性，可以实现对于一个节点对象的遍历。在下面的代码片段中，将利用 childNodes 属性，并使用递归来实现了此功能。

```
01  In [30]: def traversal(node):
02     ....:    if not node.childNodes: #递归结束条件
03     ....:        return
04     ....:    for child in node.childNodes:
05     ....:        print (child)
06     ....:        traversal(child) #递归调用
07     ....:
08
09  In [31]: traversal(root)
10  <DOM Text node "
11     ">
12  <DOM Element: shirt at 0x15420d0>
13  <DOM Text node "
14        ">
15  <DOM Element: name at 0x1586df0>
16  <DOM Text node "Helen">
17  <DOM Text node "
18        ">
19  #省略部分输出
20  <DOM Element: color at 0x149e4e0>
21  <DOM Text node "black">
22  <DOM Text node "
23     ">
24  <DOM Text node "
25     ">
26  #省略部分输出
27  <DOM Element: color at 0x1588148>
28  <DOM Text node "white">
29  <DOM Text node "
30     ">
31  <DOM Text node "
32  ">
```

【代码说明】

❑ 在 In[30]中，定义了一个 travarsal 函数。此函数的功能是遍历一个指定的节点对象。此函数是一个递归函数。函数主体分为两部分，前一部分是递归终止条件，后一部分是递归过程。在前一部分中，当节点不再含有子节点的时候，则针对此子节点的递归过程结束。而在后一部分中，对节点对象中的每个子节点，都需要调用 traversal 函数来处理。同时，在递归过程中，打印出节点对象。

❑ 上述函数遍历的结果在 In[31]的输出中可以看到。需要注意的是，在输出中，出现了很多并没有实际内容的文本节点，这是因为这些文本节点的内容都是硬回车所致。在实际的处理中，可以将这些节点忽略。

实际上，遍历节点不只是可以通过 childNodes 来实现，在节点对象的属性中，还可以通过其他的方法来实现。如结合 firstChild 和 nextSibling 也可以来实现。而如果结合 lastChild 和 previousSibling 则可以用来实现对于一个节点对象的后序遍历。下面的代码片段中演示了如何使用 firstChild 和 nextSibling 结合来实现对于一个节点的遍历。

```
01   def another_traversal(node):
02       if not node.childNodes:
03           return
04
05       firstChild = node.firstChild
06       next = firstChild
07       while next:
08           print (next)
09           another_traversal(next)
10           next = next.nextSibling
```

【代码说明】

❑ 这里定义了另外一个用来遍历节点的函数 another_traversal。主要利用了 firstChild 和 nextSibling 两个节点的属性来实现。在函数主体的第一部分递归结束条件和 traversal 函数中是一样的，也就是说当节点没有子节点的时候结束。接下来，获取此节点的第一个子节点，并将此值赋值给变量 next。然后对此节点进行遍历，同时使用 nextSibling 属性来求得子节点的下一个兄弟节点，直到将所有的兄弟节点都访问到。

❑ 此函数对于 root 对象的运行结果和 traversal 函数是一样的，这里省略了输出。

2．对 XML 文档的查询

对于 XML 数据中的查询，一种可行的方式是利用前面的遍历函数，并加入判断条件来确定元素。例如下面的代码片段是用来寻找元素名字为 name 的元素节点。

```
01   def search_by_ traversal (node, name):
02       if not node.childNodes:
03           return
04       for child in node.childNodes:
05           if child.nodeType == Node.ELEMENT_NODE and child.tagName == name:
06               print (child.toxml())
07           traversal(child)
```

【代码说明】

❑ 这个定义了 search_by_ traversal 函数。包含两个参数，第一个为需要查询的节点，第二个为需要查询的元素名字。

❑ 函数主体部分和 traversal 函数是类似的，只是在输出部分做了一些修改。只有当节点对象为 ELEMENT_NODE 元素节点且其元素名字为指定的名字的时候，才打印此元素。这样，可以找到指定节点下的所有的元素名字为 name 的元素节点。

下面是上面代码片段的运行结果。

```
01   In [35]: search_by_ traversal (root, "color")
02   <color>black</color>
03   <color>white</color>
```

【代码说明】

❑ 在 In[35]中，在根元素节点下寻找元素名字为"color"的元素节点。可以看到，最终找到了两个节点，并打印出来。如果运行的时候出现 Node 或者 ELEMENT_NODE 没有定义的错误，则需要在之前从 xml.dom.minidom 中将其导入。

另外一种做法是使用 Python 标准库中提供的方法 getElementsByTagName，此方法作用在元素节点上，通过指定元素名字来返回当前节点树下所有指定属性名字的节点。下面的代码实现了上面 In[35]中同样的功能。

```
In [36]: root.getElementsByTagName("color")
Out[36]: [<DOM Element: color at 0x149e4e0>, <DOM Element: color at 0x1588148>]
```

【代码说明】

❑ 在 In[36]中，通过在 root 对象上调用 getElementsByTagName 方法，实现了对此节点的元素查询功能。Out[36]中给出了查找到的两个符合条件的对象。通过调用 toxml 方法可以知道这两个对象和 In[35]中的输出是一样的。

```
01    In [37]: colors = root.getElementsByTagName("color")
02
03    In [38]: for color in colors:
04        ....:     print (color.toxml())
05        ....:
06
07    <color>black</color>
08    <color>white</color>
```

从上面的输出中可以看到确实和前面一样实现了查询功能。

只要是搜索到的结果还是元素节点，则可以使用 getElementsByTagName 继续搜索。如在下面的代码片段中，首先查找 shirt 元素，然后对找到的每个 shirt 元素查找 color 元素，同样可以实现前面的查询功能。

```
01    In [39]: shirts = root.getElementsByTagName("shirt")
02
03    In [40]: shirt1 = shirts[0]
04
05    In [41]: color1 = shirt1.getElementsByTagName("color")[0]
06
07    In [42]: color1.toxml()
08    Out[42]: u'<color>black</color>'
09
10    In [43]: shirt2 = shirts[1]
11
12    In [44]: color2 = shirt2.getElementsByTagName("color")[0]
13
14    In [45]: color2.toxml()
15    Out[45]: u'<color>white</color>'
```

【代码说明】

❑ 在 In[39]中，获得了根元素节点下元素名字为"shirt"的所有元素节点。这里，由于知道 XML 的内容，所以没有对其进行判断，而直接将返回元素列表的两个值分别赋值给了 shirt1 和 shirt2。但是在实际操作中，还是需要对返回值进行判断的，否则可能会触发异常。同样的，后面对于"color"元素名字的查找也没有进行判断。

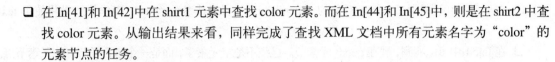

❑ 在 In[41]和 In[42]中在 shirt1 元素中查找 color 元素。而在 In[44]和 In[45]中，则是在 shirt2 中查找 color 元素。从输出结果来看，同样完成了查找 XML 文档中所有元素名字为 "color" 的元素节点的任务。

从上面可以看出，getElementsByTagName 查找的时候实际上是递归的，也就是在指定节点下的所有符合要求的元素节点都会被找到。

3．对 XML 文档的增删改

DOM 技术一个重要的特性就是能够很好地实现对于 XML 文档数据的修改。这点是 SAX 基于事件的处理方式不能实现的。在 DOM 接口中，提供了丰富的接口用来对 XML 文档数据进行处理。其中，在 Document 接口中提供了产生各种类型节点的方法，这在 14.5.2 节中的 Document 接口中已经见到了。例如通过 createElement 创建一个元素节点。

```
01   In [46]: goods = dom1.createElement("goods")
02
03   In [47]: goods.toxml()
04   Out[47]: '<goods/>'
05
06   In [48]: test = dom1.createElement("test")
```

【代码说明】

❑ 在 In[46]中，通过使用 Document 接口中的 createElement 方法生成了一个元素节点。

❑ 在 In[47]的输出中可以看到生成了一个空元素。

❑ 在 In[48]中生成了一个测试用的元素节点，将在后面使用这个对象。

同样的，可以生成其他类型的节点，如文本节点。

```
01   In [49]: text = dom1.createTextNode("This is a text node")
02
03   In [50]: text
04   Out[50]: <DOM Text node "This is a ...">
```

【代码说明】

❑ 在 In[49]中生成了一个文本节点，其文本内容为 "This is a text node"。

❑ 在 In[50]的输出中可以看到这点。

在 Node 接口中提供了 appendChild 方法，可以为指定的节点创建一个子节点。方法的参数为需要增加的子节点。

```
01   In [51]: test.appendChild(text)
02   Out[51]: <DOM Text node "This is a ...">
03
04   In [52]: goods.appendChild(test)
05   Out[52]: <DOM Element: test at 0x15883c8>
06
07   In [53]: goods
08   Out[53]: <DOM Element: goods at 0x1587f58>
09
10   In [54]: goods.toxml()
11   Out[54]: '<goods><test>This is a text node</test></goods>'
```

【代码说明】

❑ 在 In[51]中调用了 test 对象的 appendChild 方法，其参数为 text。

- 在 In[52]中则调用了 goods 对象的 appendChild 方法，其参数为 test。操作的结果将使得 text 作为 test 的子节点，而 test 作为 goods 的子节点。

- 在 In[54]中可以看到，现在 goods 元素节点已经不是空元素了，而是一个包含子节点的元素节点。

同样的，接口中也提供了 removeChild 方法来删除特定的子节点。此方法的参数必须为指定节点的子节点才可以，否则将触发异常。

```
01  In [55]: goods.removeChild(test)
02  Out[55]: <DOM Element: test at 0x15883c8>
03
04  In [56]: goods
05  Out[56]: <DOM Element: goods at 0x1587f58>
06
07  In [57]: goods.toxml()
08  Out[57]: '<goods/>'
```

【代码说明】

- 在 In[55]中通过调用 goods 的 removeChild 方法将 test 元素从 goods 的 XML 树结构中删除。

- 从 Out[57]的结果可以看出，现在 goods 对象又是一个空元素了。另外，从 Out[56]和 Out[53] 的输出来看，goods 对象的地址始终是相同的。

除此之外，Node 接口中还提供了 replaceChild 方法用来替换已有的节点。两个参数分别是替换的节点和待替换的节点。

```
01  In [58]: goods.appendChild(test)
02  Out[58]: <DOM Element: test at 0x15883c8>
03
04  In [59]: goods.toxml()
05  Out[59]: '<goods><test>This is a text node</test></goods>'
06
07  In [60]: test2 = dom1.createElement("test2")
08
09  In [61]: goods.replaceChild(test2,test)
10  Out[61]: <DOM Element: test at 0x15883c8>
11
12  In [62]: goods.toxml()
13  Out[62]: '<goods><test2/></goods>'
```

【代码说明】

- 在 In[58]和 In[59]中，通过使用 appendChild 方法重新将 test 元素节点作为其子节点。从 Out[59]中可以看到现在 goods 对象的 XML 数据。

- 在 In[60]中重新创建一个元素节点 test2。

- 在 In[61]中使用 replaceChild 方法将 test 元素节点使用 test2 元素节点替换。Out[62]的输出结果可以看到这次替换节点后的结果。

通过上面介绍的操作，可以很容易地创建 XML 文档，或者对 XML 文档数据进行修改。下面的代码片段中生成了 xml_1.xml 中的部分内容。

```
01  In [63]: goods.removeChild(test2)
02  Out[63]: <DOM Element: test2 at 0x158ca80>
03
04  In [64]: shirt = dom1.createElement("shirt")
05
```

```
06    In [65]: goods.appendChild(shirt)
07    Out[65]: <DOM Element: shirt at 0x15f0260>
08
09    In [66]: shirt.setAttribute("quality","A")
10
11    In [67]: name = dom1.createElement("name")
12
13    In [68]: text = dom1.createTextNode("Helen")
14
15    In [69]: name.appendChild(text)
16    Out[69]: <DOM Text node "Helen">
17
18    In [70]: shirt.appendChild(name)
19    Out[70]: <DOM Element: name at 0x1436828>
20
21    In [71]: size = dom1.createElement("size")
22
23    In [72]: text = dom1.createTextNode("170")
24
25    In [73]: size.appendChild(text)
26    Out[73]: <DOM Text node "170">
27
28    In [74]: shirt.appendChild(size)
29    Out[74]: <DOM Element: size at 0x158fa30>
30
31    In [75]: goods.toxml()
32    Out[75]: '<goods><shirt quality="A"><name>Helen</name><size>170</size></shirt></goods>'
```

【代码说明】

❑ In[63]中调用 removeChild，将 test2 从 goods 的子节点中删除。现在 goods 对象又成为了一个空元素节点。

❑ 在 In[64]和 In[65]中新生成了一个 shirt 元素节点，并将其作为 goods 对象的子节点。

❑ 在 In[66]中通过调用 setAttribute 设置了一个 shirt 的元素属性，其属性名为"quality"，而其值为"A"。

❑ 在 In[67]～In[70]生成了一个 name 元素节点，并将其作为 shirt 的一个子节点。其中 name 的文本内容为"Helen"。

❑ 同样的，在 In[71]～In[74]中生成了一个 size 元素节点，并将其也作为 shirt 的一个子节点。

❑ 在 In[75]中将 goods 对象的 XML 数据输出。从输出中可以看到，这里的内容和 xml_1.xml 文件中的部分内容是完全一致的。

当使用 DOM 技术的时候，要灵活地使用 DOM 接口中提供的处理 XML 文档的增删改操作。这对于需要频繁改变的 XML 文档也是合适的。

14.6　小结

本章主要讲解了 Python 语言在 XML 领域的使用。首先对 XML 的基本概念进行了介绍，接着解释了 XML 文档的良构性和有效性。接下来通过对一个 XML 文档的剖析，介绍了 XML 文档中的重要组成部分，包括元素、属性和注释等。最后，介绍了现在的两种处理 XML 的方式：SAX 和 DOM，通过实例演示了两种技术的具体用法。

14.7　习题

1．XML 文档分为哪两个部分？

2．在 DTD 中使用什么标记声明元素类型？

3．使用 Python 验证下面 XML 文档，并进行解析，获取每个员工的数据。

```
<employees>
<employee id="1">
<name>张三</name>
<age>32</age>
<sex>男</sex>
<address>上海</address>
</employee>
<employee id="2">
<name>李四</name>
<age>22</age>
<sex>男</sex>
<address>北京</address>
</employee>
</employees>
```

第 15 章　Python 的 Web 开发——Django 框架的应用

现在，各种网络应用都使用浏览器作为客户端，所以，Web 开发已经成为非常重要的一个领域。Python 语言在这个领域中提供了多种 Web 开发框架供开发者选择，其中，Django 因其易用性和功能的平衡而得到了广泛的使用。

本章的知识点：
- ❑ 常用的 Web 开发框架
- ❑ MVC 模式和原理和使用
- ❑ Django 中的 MVC 架构
- ❑ Django 开发环境的搭建
- ❑ Django 框架的视图和模板系统
- ❑ Django 框架中的 URL 设计
- ❑ Django 框架的高级应用

15.1　常见的 Web 开发框架

随着 Internet 的迅速发展，越来越多的应用开始具有网络功能。这些应用的加入，使得应用的业务逻辑变得非常复杂。为了使 Web 开发人员更加关注于应用的业务逻辑而不是对于基础 HTML 的处理，出现了 Web 开发框架。框架已经定义了一系列的处理方式和模板，Web 开发人员只需要开发属于应用的业务逻辑部分即可。除此之外，大部分框架还具有分层的作用，使得业务逻辑可以细化到不同的逻辑层次，从而实现组件化。通过使用 Web 开发框架，可以迅速地开发出具有类似模板而不同业务逻辑的系统。

在 Python 语言中，已经有多种 Web 开发框架。这其中不但包括老牌的 Zope，还有新生的 Django；不但有模块化构建的 Turbogears，也有小巧简单的 web.py 等。即使在已有十几种框架的前提下，仍然还是有着不同的 Web 框架出现。在这节中，将介绍使用得比较多的几种框架，并对各种 Web 框架的优劣做初步的比较。

15.1.1　Zope

Zope 是 Python 世界中 Web 开发的"杀手级"框架，其中包含 Web 开发中所需要的绝大部分内容。Zope 是主要使用 Python 语言开发的开放源代码 Web 应用服务器。可以运行在包括 Linux、Windows 等多种系统平台下。其使用组件模式开发，可以很方便地加入所需的模块。功能强大并包括多种数据库适配器、内置的 Web 服务器、多协议支持、索引和查找、内置安全模型和集群等。这些功能使得其成为众多 Web 开发框架中最具商业价值的框架。

Zope 框架主要由 Zope 公司领导开发并提供技术支持。由于其开放源码的特性，使得来自世界各地的开发者都为其作出了重要贡献。Zope 框架的主页地址为 http://www.zope.org/。现在的 Zope 框架有两种版本，版本 2（Zope2）和版本 3（Zope3）。由于 Zope3 和 Zope2 的设计目标并不完全一样，从而导致两者有比较大的不同。现在，Zope2 和 Zope3 在两个分支上并行地发展。

Zope2 最初的设计目标是能够创建动态生成的网站，并且通过 Web 来对其进行管理，也就是最初是作为一个网页服务器来设计的。但是在实际的版本中，Zope2 的功能非常强大，例如强大的内容管理系统、面向对象的数据库和 Python 的良好支持等。这使得许多开发人员将其作为一个 Web 应用开发平台，而和原来的开发动态网站的初衷并没有什么关系了。

为了将 Zope2 框架中的 Web 应用开发功能抽取出来，Zope3 被开发出来，其设计初衷就是作为 Web 应用开发平台。如果开发人员在选型的时候需要选择一个网络开发平台，则可以使用 Zope3。Zope3 的改变相对比较大，使用了大量的设计模式，框架的可重用性也比较高。因此，原来在 Zope2 平台开发的代码不能不加修改地用在 Zope3 平台上。这也进一步阻止了 Zope3 框架的普及。但是，Zope3 优良的设计将会使得 Web 应用向其转移，虽然这个过程比较漫长。

Zope 的强大特性主要如下。

1）支持多平台系统。由于 Zope 是使用 Python 语言进行开发的，这也使得 Zope 具有 Python 的跨平台特性。现在，除了 Linux、Windows 系统平台以外，Zope 框架还支持 Solaris、MacOS X 和 FreeBSD 等系统平台。

2）内置的面向对象数据库。使用 Zope 并不需要安装数据库，因为其已经内置了一个完全面向对象且易用的数据库。在 Zope 中创建的每个对象，包括文档、图片和文件夹等，都是可以保存在这个数据库之中的。

3）丰富的数据库适配器。当不想使用 Zope 所提供的数据库时，可以通过 Zope 支持的数据库适配器来支持自己所选择的其他数据库。这些数据库系统包括 Oracle、MySQL、PostgreSQL 和 Microsoft SQL 等。除此之外，还包含非传统数据库的对象，如 LDAP 和 IMAP 等。

4）内置的 Web 服务器。Zope 包含一个内置的 Web 服务器，具有快速多线程处理的能力。这是通过 Twisted 框架来支持的。一般情况下，这个 Web 服务器足够用了。

5）多协议支持。在 Zope 中，许多现在已经存在的 Internet 协议都得到了很好的支持。其中包括 HTTP、FTP 和 Telnet 等。另外，对于其他 Web 相关的技术，如 DOM、XML、SOAP 和 WebDAV 也有良好的支持。

6）内置安全模型。在 Zope 中内置动态的安全模型，可以提供强大的安全选项和能力。这使得开发者可以通过编辑权限列表为整个网站设置权限，也可以通过设置对象属性来为每个特定的对象设置安全特性。这是作为商业应用的一个基础。

7）集群和负载均衡。在 Zope 产品中，包含 Zope 企业选项（Zope Enterprise Options，ZEO）为 Zope 提供集群和负载均衡功能。这也是商业使用的另一个基础。

8）开源和可扩展性。Zope 是开放源码的，这使得所有的开发人员都可以看到源码并可进行修改。Zope 公司对主分支的源码修改进行控制。Zope 架构具有很好的可扩展性，可以通过自己写组件来扩展 Zope 的能力。

在 Zope 框架的基础上，形成了内容管理框架（Content Management Framework，CMF）。使用 CMF 可以很方便地构建内容管理应用。Plone 则是其中的佼佼者。Plone 是一个开放源码的内容管理系统，其具有用户友好和功能强大的特点，拥有很多重量级的客户。现在，Plone 已经从公认最优秀的内容管理系统发展成为一个强大的应用开发平台。

15.1.2　TurboGears

TurboGears 框架的目的是将现在各个层次中最优秀的组件组合起来，形成一个简单、易用、对用户友好的框架。通过组合方式，使得 Web 开发者可以使用 Python 的各个层次中被推荐的模块。当然，如果愿意，也可以通过自己的修改来将部分组件进行替换。这种整合方式，使得 TurboGears 框架提供了 Web 开发从前端到后端的整合。

TurboGears 框架的项目地址为 http://www.turbogears.org。可以从项目主页上下载 TurboGears 的软件包。在*nux 系统中可以选择使用 pip 进行安装，它会自动安装相关组件与包。但 Windows 下不支持。具体安装方式请参照官网文档。

在 TurboGears 的基本开发框架中，系统将分为若干层次，并使用了相应的组件。在 ORM 层可以使用 SQLObject，而在 Web 的控制核心使用的是 CherryPy，模板系统则可以是 Kid 模板系统，在 Web 的 AJAX 库中使用的是 Mochikit。图 15-1 显示了 TurboGears 框架的基本组成。

由于 TurboGears 框架中组件的可替代性，从而可以使用熟悉的模块来构建 Web 应用。除了上面提到的基本组成以外，TurboGears 还提供了丰富的组件。这些组件包括网页认证组件、注册组件和信息管理组件等。这种组件式的框架使用方式也很受欢迎。

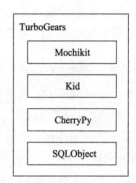

图 15-1　TurboGears 框架的基本组成

15.1.3　Django

相对于 TurboGears 的组件集合的形式，Django 是一个完整的快速 Web 开发框架。使用 Django 框架来开发 Web 应用，可以将精力集中在其最关键性的问题上。这样可以在一个相对比较短的时间里完成一个具有丰富功能的 Web 应用。Django 框架是从实际项目中诞生出来的，这使得其框架中提供的功能特别适合动态网站的建设，特别是管理接口。项目最初是由 Lawrence Journal-World 报纸的两位程序员 Adrian Holovaty 和 Simon Willison 开发的，目的是更好地发布新闻。自从 2005 年发布为开源项目之后，全世界的开发工作者都可以为此贡献代码。

在 Django 框架中包含开发 Web 网络应用所需的组件。这些组件是数据库的对象关系映射、动态内容管理的模板系统和丰富的管理界面。在 Django 框架中并没有使用像 TurboGears 框架中那样的第三方 Python 模块。在 Django 框架中，可以使用管理脚本文件 manage.py 来构建简单的开发服务器。当然，同样也可以使用 mob_python、uwsgi 或者 FastCGI 等模块来构建。

Django 框架作为一种快速的网络框架，还有下面的一些特点。

1）组件的合理集成。在 Django 框架中，已经有一套集成在一起的组件，这些组件都是为 Django 项目组所开发的。Django 框架中组件的设计目的是能够实现重用性，并具有易用性。

2）对象关系映射和多数据库支持。Django 框架的数据库组件——对象关系映射（Object-Relation

Mapper，ORM）提供了数据模块和数据引擎之间的接口，支持的数据库包括 PostgreSQL、MySQL 和 SQLite 等。这种设计可以使得在切换数据库的时候只是需要修改配置文件即可。这给了应用开发者在设计数据库的时候很好的灵活性。

3）简洁的 URL 设计。Django 框架中的 URL 系统设计非常强大和灵活。可以在 Web 应用中为 URL 设计匹配模式，并为 Python 函数处理。这种设计使得 Web 应用的开发者可以创建用户友好的 URL，同时对搜索引擎也是友好的。

4）自动化的管理界面。在 Django 框架中已经提供了一个易用的管理界面，通过这个界面可以很方便地管理用户数据，具有高度的灵活性和可配置性。

5）强大的开发环境。在 Django 中提供了强大的 Web 开发环境，其中提供了一个可供开发和测试使用的轻量级 Web 服务器。当启用调试模式后，Django 将会显示大量的调试信息，这使得消除 Bug 非常容易。

Django 框架的发展非常迅速，已经成为迅速构建中小网站的首选框架。关于 Django 框架的更多内容将在本章后面进行详细的介绍。

15.1.4 其他 Web 开发框架

除了上面介绍的 Web 开发框架外，还有其他的 Web 开发框架，虽然使用它们的人数并不如使用前面几种的那么多，但是它们也有着各自的特点。

Pylons 是一个比较新的结构化和灵活的轻量级 Web 应用开发框架，现在更名为 Pyramid。Pyramid 并不像 TurboGears 框架那样使用各个 Python 模块组成，也不像 Django 框架那样由集成的组件构成。在设计 Pyramid 框架的时候，设计者借鉴了来自于 Ruby、Python 和 Perl 的好的观点，试图能够组成 Web 应用的最佳组成方式。在使用 Pyramid 框架的时候，Web 应用开发者可以专注于应用的逻辑处理，而不是将时间花费在应用所使用的框架组件上面。借助于 Python 语言强大的特性，Pyramid 具有强大的开发特性，并在易用性上取得平衡。同时 Pyramid 并不隐藏框架后台运行的细节，这使得其具有足够的灵活性。同时，Python 是一个开源项目，可以在需要的时候得到来自于开源世界的支持。其框架项目主页是 http://www.pylonsproject.org/。

Karrigell 也是一个灵活的 Web 开发框架。这个开发框架具有简单和灵活的语法，用来开发 Web 应用。Karrigell 是独立于任何数据库、ORM 和模板引擎的，这可以让开发者选择特定的编码样式。在 Karrigell 框架的开发包中包含内置的 Web 服务器，并且包含一个纯 Python 的数据库引擎。同样的，也可以使用外部的 Web 服务器和数据库。Karrigell 框架可以灵活地使用 Python 和 HTML 来构建 Web 应用。其框架项目主页是 http://karrigell.sourceforge.net/。

web.py 框架是一种超轻量级的 Web 开发框架，相当的小巧。虽然 web.py 框架比较小巧，其功能特性一点都没有损失，而且使用起来更加简单和直接。在使用 web.py 网络框架的时候，可以很好地观察到 Web 应用的底层通信。这可以使有经验的 Web 开发者能够比较快速地发现网络故障。web.py 框架项目主页是 http://webpy.org/。

Uliweb 是由 Limodou 发起并创建的新的 Web 开发框架。这是一个国人开发的优秀的基于 Python 的 Web 开发框架。其框架充分借鉴了已有 Web 开发框架中的优点，同时使得此框架尽可能地简单，能够轻松上手和使用。Uliweb 框架并不是完全重新开发的，利用了已有的一些 Python 库。同时，对于现有框架中不足的部分则进行了重写。Uliweb 框架项目主页是 https://github.com/limodou/uliweb。

还有更多的 Python Web 网络框架就不一一介绍了，包括 CherryPy、Quixote、web2py 和 Paste 等。具体的使用可以参加其文档。

15.1.5　根据自身所需选择合适的开发框架

上面的众多 Web 开发框架中都有着各自的特性和适用范围。开发者需要根据项目的需要和以后可能的扩展来选择 Web 开发框架。

如果只是想简单迅速地开发 Web 应用，可以选择比较轻量级的 Web 开发框架，如 web.py 或者 Karrigell 等。通过使用这些网络框架，可以使用简单的语法迅速完成简单的网络应用。大部分的网络框架都内置了 Web 服务器，使得开发者可以迅速开发和测试生成的网络应用。但是同时，当需求增加的时候，这种开发框架的特性就受限了。因为其中很多的功能组件都需要开发者自己来实现，这给使用这种类型网络框架的 Web 应用的扩展性带来了一些困难。

而如果网络应用所需的功能特别复杂，则可以尝试使用 Zope。因为 Zope 提供了 Web 开发所需的大部分功能组件。丰富的功能组件使得在实际使用中，Zope 可以满足 Web 应用中的大部分需求。但是，正是由于其能够满足大部分的功能需求，从而导致这种重量级的网络框架难于掌握。由于其内容繁芜，功能强大，学习和掌握都需要大量的时间，并需要长期的投入。

而在这两者之间取得平衡的则是如 TurboGears 和 Django 这样的框架。TurboGears 使用组合的模块来构建网络应用，而 Django 则使用集成的模块来构建网络应用。两者都提供了相对比较丰富的功能组件，包括 ORM、模板和自动化功能等。这些开发框架能够相对快速地构建功能比较复杂的网站。相对来说，Django 框架要比 TurboGears 框架流行一些。这主要得益于 Django 框架的良好整体设计，包括自动化的管理接口、出色的模板系统、良好的 URL 设计和完善的文档等。

虽然前面已经给出了一些选择 Web 开发框架使用的准则，但是最终要注意的是，只有根据项目的需求选择 Web 开发框架，才是最合适的。

15.2　MVC 模式

MVC（Model-view-controller）是一种在软件工程中广泛使用的设计模式。特别适合于 GUI 设计和 Web 应用设计，可以方便地修改应用的表示层而不影响业务逻辑，或者修改底层业务逻辑而不影响其他部分。现在新的 Web 开发框架很多都采用 MVC 模式设计。

15.2.1　MVC 模式介绍

MVC 模式将将一个应用分为 3 个层次：模型层次、视图层次和控制层次。通过这种分层的方式，设计模式可以将应用的输入处理、界面显示以及控制流程分开。这种处理方式可以使得开发者自由地修改应用的输入处理而不用担心界面显示的不同。也就是说，MVC 模式可以有效地将应用分为不同的模块，从而实现应用的松耦合。

在模型层次上，包含了业务逻辑流程和状态，这些模型包含应用处理数据的方法。业务模型的设计是 MVC 模式的设计核心。在实际处理中，业务模型的流程对其他层来说是透明的。模型将接收从视图层次传递过来的数据，并将最终的处理结果返回给表示层。很多情况下，模型层次中还包含一个数据持久层，其中包含了对于数据库的访问对象和接口，可以屏蔽底层数据库操作方式的不同。可以通过数据抽象将数据进行建模和抽象，在其中只是规定了需要管理的数据模型，而并没有提供具体的实现模型。使用这种方式可以提供模型的重用性。

视图层次则包含最终用户的操作界面，包括输入数据和输出显示等。对于具体的应用，可能有多个视图显示。如对于一个 Web 应用来说，可以显示为 HTML 界面，也可以显示为 XHTML 和 XML 界面，甚至是 TXT 或者 PDF 输出等。这种设计的好处是可以有效地减少 Web 应用的复杂性，从而可以快速地构建多个不同的视图。在视图层次上只是规定了业务数据的获取和输出，而不会在这个层次上来做这些数据的具体处理业务。具体的处理将会交给模型层次来处理。

控制层次则可以实现对应用的具体控制。控制层次可以将模型层次和视图层次结合起来，共同完成特定的应用请求。控制层次的作用可以看作是一个分发器，只是将具体的数据转发给特定的业务逻辑处理，并将处理后的数据输出。Web 应用的开发者可以选择合适的业务模型和合适的视图。实际上，在控制层次上并不会做任何的数据处理操作。例如当 Web 用户选择一个 URL 后，当控制层收到请求后，将会转发给合适的模型来处理。在特性的模型处理完毕后，可以通过合适的视图显示出来。由于有控制层次的存在，所以一个模型可以对应多个视图。同样的，一个视图也可以对应多个模型。

Web 应用中常见的 MVC 设计如图 15-2 所示。

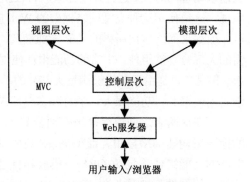

图 15-2　Web 应用的 MVC 模式

15.2.2　MVC 模式的优缺点

MVC 的分层方法可以将业务逻辑和视图显示分开，从而实现简化处理，加速开发的目的。这样的设计使得最终的应用结构清晰，扩展性强。

使用 MVC 模式可以有效地构建 Web 应用框架，由于这种模块化的构成，可以使多个视图对应到一个模型。这种做法的一个最大的好处是可以迅速实现用户的需求。例如在数据模型中可能有很多相似类型的数据，可能需要输出为 HTML 显示，或者 XML 显示，但是对于数据的处理则可能是类似的。如果遵循 MVC 模式设计，则可以使用一个数据模型来实现。通过这种设计，可以减少代码的维护量。当页面输出变化的时候，不需要修改数据模型。

这种分层的模式可以使得其中一个层次的改变只在本层次修改就可以了。例如当需要修改业务的逻辑处理的时候，只需要在模型层次上修改即可。另外，由于在模型层次上输出的数据并不包含任何显示格式，这可以直接通过接口来作用于视图层次。

控制层次可以将不同的模型和不同的视图组合在一起来完成业务逻辑处理。例如，在 Web 应用中，一般都需要处理用户请求。控制层次可以将不同的用户请求传递到特定的数据模型中，最后输出为不同的视图。另外，MVC 模式有利于代码的管理。可以将代码分成多个部分来单独完成，只需要在各自的模块中定义好接口就可以了。

虽然 MVC 模式有许多优点，但是在实际中还需要进行比较详细的设计。因为需要将模型和视图进行合理划分是一件不容易的事情，而且如果严格分离会使得应用的调试比较困难。最重要的是，在设计 MVC 模式应用的时候，需要有这种将业务逻辑和显示分离的思想。在实际设计的时候，考虑到模块组合的复杂性，可以使得应用更加具有扩展性。

15.2.3　Django 框架中的 MVC

Django 作为一个流行的基于 Python 的 Web 开发框架，也是支持 MVC 模式的。在 Django 框架中，当有 URL 请求的时候，将会调用指定的 Python 方法。通过业务逻辑处理后，通过模板来呈现页面。在 Django 小组中，将这种实现方式称为 MVT（Model-view-template）框架。原始 MVC 模式中的控制层次内置在 Django 中来实现。

Django 在 django.db.model.Model 中实现了在网站设计中需要使用的数据模型。在数据模型中定义了保存在数据库中的各种对象属性。通过继承自 Model 类生成的对象，可以通过添加 Field 来为特定的数据增加方法。在 Django 的数据模型中，提供了丰富的访问数据对象接口。数据模型中的数据将会同步到后台的数据库。而 Django 则提供了一个良好的 ORM，使得开发者可以从视图和模板中访问数据库中的数据。

在视图层次上，Django 框架实现了良好的 URL 设计和处理。当收到 URL 请求的时候，Django 将会使用一组已经预定义好的 URL 模式，匹配到合适的处理器。实际上，URL 的设计也是网站视图层次上的设计。这决定了 Web 应用如何读取 URL 请求以及如何显示网页。对于每个特定的 URL，Django 都会有一个特定的视图函数来进行处理。可以看到，Django 框架的视图处理是分成多个步骤的。其框架在收到 URL 请求后，通过页面函数来处理，最后将页面响应返回给浏览器显示出来。

在 Django 框架中还提供了强大的模板解析，通过页面函数处理来输出页面响应。模板系统使得 Web 应用的开发者集中在需要展现的数据上。这种开发方式同样可以使得页面设计者关注于输出网页的构成。

Django 框架良好的 MVC 模式设计使得其成为一个流行的 Web 开发框架。接下来，将具体的介绍 Django 的使用。

15.3　Django 开发环境的搭建

在使用 Django 框架之前，首先要搭建 Django 开发环境，需要下载 Django 的软件包并安装。在安装完毕后还需要设置数据库环境。

15.3.1　Django 框架的安装

由于 Python 语言的跨平台特性，使得 Django 可以很方便地安装在 Windows 和 Linux 等系统平台上。由于 Django 框架是使用 Python 语言开发的，且框架中已经实现了 Web 开发所需的组件，所以安装 Django 框架的基本条件只是系统中包含 Python。

Django 项目的主页为 http://www.djangoproject.com/。当前最新的稳定版本为 1.6.2。最常见的安装方式是在其主页下载源码文件并安装。这种方式对于 Windows 和 Linux 平台都是适合的。需要注意的是，在安装 Django 之前需要保证系统中已经安装了 Python。

1）从 http://www.djangoproject.com/download 上下载 Django 源码包。

2）将下载的源码包解压。

```
tar zxvf Django-1.6.2.tar.gz
```

3）进入刚刚解压后的 Django 目录。

```
cd Django-1.6.2
```

4）安装 Django。如果安装在 Linux 系统下，则还需要具有安装的权限。

```
python setup.py install
```

对于特定的系统平台，可以针对特定平台来安装 Django。如在 Ubuntu 和 Debian 等发行版的 Linux 中，可以使用 apt 程序来安装。

```
apt-get install django
```

当前的 Django 版本已经可以用于实际的项目中。但是，由于现在 Django 项目还处于持续的开发中，如果需要使用一些新的特性，则需要安装 Django 的开发版本。可以使用如下的方式来获取开发版本，并按照上面源码的安装方式安装。

```
git clone https://github.com/django/django.git
```

其中，git 为版本管理工具 Git 的命令工具。后面的 URL 地址为其开发版本的下载地址。可以从其主页地址 https://github.com/django/上下载。

安装完了 Django 框架后，可以通过如下的方式来测试是否安装成功。

```
01  In [1]: import django
02
03  In [2]: print django.VERSION
04  (1, 6, 2, 'final', 0)
```

【代码说明】

❑ 在 In[1]中导入了 django 模块。如果 Django 软件包安装成功，则此语句将运行成功，否则表示软件包安装并不成功。

❑ 在 In[2]中输出了 Django 框架中的 VERSION，表示当前框架的版本号。

15.3.2 数据库的配置

Django 框架的唯一需求是 Python，所以数据库在 Django 的 Web 开发中并不是必需的。但是在实际的网站设计中，大部分的数据还是保存在数据库之中。而 Django 可支持多种数据库，包括 MySQL、PostgreSQL 和 SQLite 等。Django 有着一个设计良好的 ORM，这种方式使得其可以有效地屏蔽底层数据库的不同。Django 内置了 SQLite 数据库。

对于每个 Django 应用，其目录中都包含一个 setttings.py 文件，可以用来实现对数据库的配置。setting.py 文件为一个 Python 脚本文件，在其中可以设置 Django 项目的属性。每个 Django 项目都有其特定的配置文件。

在 setting.py 文件中，可以通过设置下面的属性值来设置 Django 对数据库的访问。

❑ DATABASE_ENGINE：此值用来设置数据库引擎的类型。其中可以设置的类型包括其 SQLite3、MySQL、PostgreSQL 和 Ado_msSQL 等。

- DATABASE_NAME：此值用来设置数据库的名字。如果数据库引擎使用的是 SQLite，需要指定全路径。
- DATABASE_USERNAME：此值用来指定连接数据库时候的用户名。
- DATABASE_PASSWORD：此值用来指定使用用户 DATABASE_USER 的密码。当数据库引擎使用 SQLite 的时候，不需要设置此值。
- DATABASE_HOST：此值用来指定数据库所在的主机。当此值为空的时候表示数据将保存在本机中。当数据库引擎使用 SQLite 的时候，不需要设置此值。
- DATABASE_PORT：此值用来设置连接数据库时使用的端口号。当为空的时候将使用默认端口。同样的，此值不需要在 SQLite 数据库引擎中设置。

15.4　Django 框架的应用

当 Django 的开发环境配置完毕后，就可以开发 Web 应用了。Django 框架提供了一种迅速的方法，来创建功能丰富的 Web 应用。在这节中，将描述一个 Web 应用创建的完整过程。

15.4.1　Web 应用的创建

Django 框架中一个网站可以包含多个 Django 项目。而一个 Django 项目则包含一组特定的对象。这些对象包括 URL 的设计、数据库的设计以及其他的一些选项设置。Django 框架提供了实用工具用来对 Web 应用进行管理，这就是 django-admin.py。当 Django 软件包安装完毕后，在 scripts 目录中将会包含 django-admin.py 文件。另外，如果是在 Linux 下使用安装包的方式安装，则将会创建 django-admin 的链接。

此命令中包含许多命令选项，可以通过这些选项来操作项目。使用 help 选项可以查看 django-admin.py 命令中支持的命令选项。

```
01   In [1]: !django-admin.py help
02   Usage: django-admin.py subcommand [options] [args]
03   Options:
04   #省略部分输出
05     --traceback          Print traceback on exception
06     --version            show program's version number and exit
07     -h, --help           show this help message and exit
08   Type 'django-admin.py help <subcommand>' for help on a specific subcommand.
09   Available subcommands:
10     cleanup
11     compilemessages
12     createcachetable
13     dbshell
14     diffsettings
15     dumpdata
16     flush
17   #省略部分输出
18     startapp
19     startproject
20     syncdb
21     test
```

```
22    testserver
23    validate
```

【代码说明】

❑ 从输出中可以看出，django-admin.py 命令支持大量命令选项来管理 Django 项目。如果需要查看特定命令选项的帮助，可以使用 django-admin.py help command 来完成。

```
01   In [2]: !django-admin.py help startproject
02   Usage: django-admin.py startproject [options] [projectname]
03
04   Creates a Django project directory structure for the given project name in the c
05   urrent directory.
06   #省略部分输出
```

可以通过 startproject 来迅速创建项目。在下面的操作中，将生成一个 blog 的最初应用。

```
In [3]: !django-admin.py startproject blog
```

【代码说明】

❑ 在 In[3] 中，Django 框架将在当前目录下，使用 startproject 命令选项生成一个项目为 blog 的 Web 应用，如图 15-3 所示。

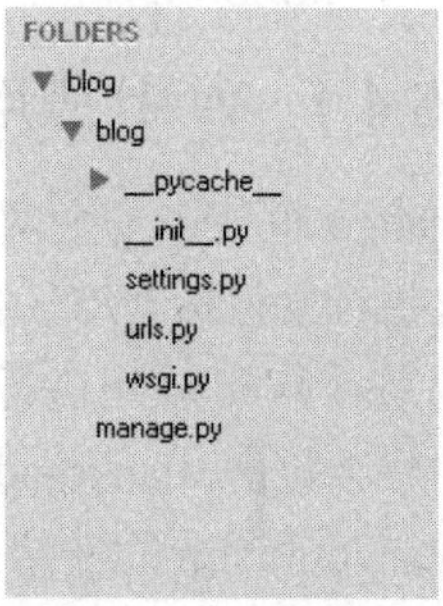

从图 15-3 中可以看出，在使用了 startproject 命令选项后，Django 框架生成了一个 blog 的目录。其中还有一个与项目名称相同的目录和 py 文件 manage.py。在子目录 blog 中包含一个基本 Web 应用所需要的文件集合。下面是这些文件的介绍。

图 15-3　Django 框架生成的项目

1）__init__.py：这是一个空文件，其用途主要用来指示 Python 语言将此网站目录当作是 Python 的包。

2）manage.py：此文件中主要是使得网站管理员来管理 Django 项目。

3）settings.py：这是此 Django 项目的配置文件。

4）urls.py：此文件中包含 URL 的配置文件，这也是用户访问 Django 应用的方式。

5）__pycache__：存储与 cpython 相关的文件，用于增强性能，一般不用关注。

这些文件中仅仅是包含一个最简单的 Web 应用所需的代码。当应用变得复杂的时候，将会对这些代码进行扩充。

需要注意的是，由于 Django 的项目是作为 Python 的包来处理的，所以在项目命名的时候尽量不要和已有的 Python 模块名冲突，否则在实际使用的时候有可能出错。另外，尽量不要将网站的代码放在 Web 服务器的根目录下，这有可能带来安全问题。

15.4.2　Django 中的开发服务器

在 Django 框架中包含了一个轻量级的 Web 应用服务器，可以在开发的时候使用。在 Web 应用形成产品之前不需要对其进行配置，如针对 Apache 的设置等。这个内置的服务器可以在代码修改的时候自动加载，从而实现网站的迅速开发。

切换到在 In[3] 中生成的 blog 文件夹，可以使用下面的方法来启动内置的服务器。

```
01   In [4]: !python manage.py runserver
02   Validating models...
03   0 errors found
04
05   Django version 1.0.2 final, using settings 'blog.settings'
06   Development server is running at http://127.0.0.1:8000/
07   Quit the server with CTRL-BREAK.
```

在启动内置的 Web 应用服务器的时候，Django 会检查配置的正确性。如果配置正确，将使用 setting.py 文件中的配置启动此开发服务器。

启动浏览器，连接此 Web 服务器，可以显示 Django 项目的初始化显示，如图 15-4 所示。

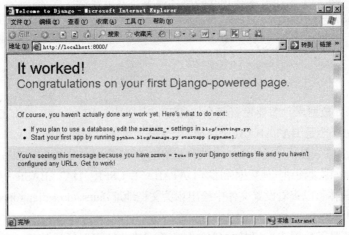

图 15-4　Django 项目的初始化显示

从图 15-4 中可以看出，Django 已经正确安装，并且已经生成了一个项目。在这个指示性页面中，还介绍了下一步的操作。在连接此服务器的时候，在控制台下还会显示如下的信息。

```
[05/Dec/2008 13:57:12] "GET / HTTP/1.1" 200 2049
```

这个输出信息中显示了连接的时间以及响应信息。在输出响应中，显示出 HTTP 的状态码为 200，表示此连接已经成功。

在默认情况下，使用 python manage.py runserver 将会默认在本机的 8000 端口监听。当 8000 端口被占用而需要使用其他端口的时候，可以使用下面的命令来监听其他端口。

```
In [5]: !python manage.py runserver 8001
```

In[5]中设定将在本机的 8001 端口进行监听。

在上面的命令中，都只是在本机进行监听。也就是说，Django 只是接受来自本机的连接。在多人开发 Django 项目的情况下，可能需要从其他主机来访问 Web 服务器。此时，可以使用下面的命令来接受来自其他主机的请求。

```
In [6]: !python manage.py runserver 0.0.0.0:8000
```

In[6]中将对本机的所有网络接口监听 8000 端口，这样可以满足多人合作开发和测试 Django 项目的需求。这样就可以从其他主机来访问此 Web 服务器了。

如果要中断此服务器，使用快捷键 Ctrl+C 或者 Ctrl+Break 即可。

15.4.3　创建数据库

在小节 15.3.2 中已经介绍了如何在 Django 项目中使用和配置数据库。对于网站的开发者来说，可以选取适合的数据库。SQLite 作为一种轻量级嵌入型的数据库引擎，有其他数据库所不具备的特点。虽然这只是一个轻量级的数据库引擎，但是已经支持大多数的 SQL 语法。SQLite 由于去除了数据库设计中的复杂部分，这使得其具有高效性。SQLite 利用高效的内存组织，将数据库中的数据保存在文件中。这种处理方式使得最后数据的尺寸比其他数据库系统都要小。由于 SQLite 使用方便和无须配置的特性，数据库引擎将使用 SQLite。

可以通过在 setting.py 文件中设置相应的属性值来对数据库进行设置。

```
01    # Database
02    # https://docs.djangoproject.com/en/1.6/ref/settings/#databases
03    DATABASE_ENGINE = 'sqlite3'
04    DATABASE_NAME = os.path.join(BASE_DIR, 'blog.db3')
```

【代码说明】

❑ 设置 SQLite 数据库只需要设置两个值即可。一个是 DATABASE_ENGINE，用来指定使用 sqlite3；另一个是 DATABASE_NAME，这里为数据库文件 blog.db3。

❑ 在 1.6 的版本中，默认生成的 settings 文件只给出了 DATABASE_ENGINE 与 DATEBASE_NAME 两项设置，如果要使用其他数据库还有 DATABASE_USER、DATABASE_PASSWORD 等选项需要设置，具体可以查看设置文件中给出相关文档地址 https://docs.djangoproject.com/en/1.6/ref/settings/#databases。

在上面只是设置了数据库，但是并没有生成数据库。这可以通过使用 mange.py 中的子命令 syncdb 来实现。

```
01    In [7]: !python manage.py syncdb
02    Creating table auth_permission
03    Creating table auth_group
04    Creating table auth_user
05    Creating table auth_message
06    Creating table django_content_type
07    Creating table django_session
08    Creating table django_site
09
10    You just installed Django's auth system, which means you don't have any superusers defined.
11    Would you like to create one now? (yes/no): y
12    Please enter either "yes" or "no": yes
13    Username: admin
14    E-mail address: admin@server.com
15    Password:
16    Password (again):
17    Superuser created successfully.
18    Installing index for auth.Permission model
19    Installing index for auth.Message model
```

【代码说明】

❑ 在 In[7]中使用了 manage.py 的 syncdb 子命令，其实这也可以通过 django-admin.py 来实现。

此子命令用来创建配置文件 INSTALLED_APPS 域中还没有创建的表。在输出的前半部分，在数据库中创建了特定的应用，这从配置文件中可以看出来。

```
01   INSTALLED_APPS = (
02       'django.contrib.admin',
03       'django.contrib.auth',
04       'django.contrib.contenttypes',
05       'django.contrib.sessions',
06       'django.contrib.messages',
07       'django.contrib.staticfiles',
08   )
```

在 In[7]输出的后半部分中，Django 为项目生成了一个管理用户。在接下来命令行中提示了此管理用户的相关信息。

在执行了这个子命令之后，在 blog.db3 文件中将保存了生成的数据库表，使用 SQLite 工具可以看到这个结果，如图 15-5 所示。

15.4.4　生成 Django 应用

一个 Django 的网站可能会包含多个 Django 应用。可以使用 manage.py 的 startapp 子命令来生成 Django 应用。一个应用中可以包含一个数据模型以及相关的处理逻辑。

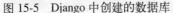

```
[8]: !python manage.py startapp Account
```

在使用了 startapp 子命令后，将会生成如图 15-6 所示的应用目录。

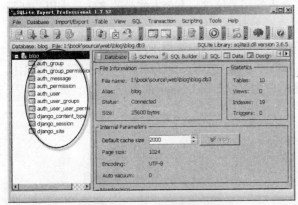
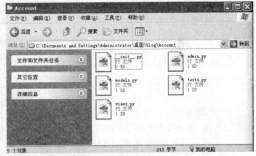

图 15-5　Django 中创建的数据库　　　　　图 15-6　Django 框架创建的应用

从图 15-6 中可以看出，在 blog 目录下生成了一个 Account 目录。此目录中的文件信息定义了应用的数据模型信息以及处理方式。其中包含有如下的 5 个文件。

1）__init__.py：这是一个空文件，在这里是必需的。用来将整个应用作为一个 Python 模块加载。

2）models.py：定义了数据模型相关的信息。

3）views.py：包含此模型的相关视图操作。

4）admin.py：用于编写 Django 自带的后台相关操作。

5）tests.py：用于编写测试代码。

15.4.5　创建数据模型

当 Django 的应用创建后，则需要定义保存在数据库中的数据。实际上，数据模型就是一组相关对象的定义，包括类、属性和对象之间的关系等。可以通过修改 models.py 文件来实现创建数据模型。此文件是一个 Python 脚本文件，其中定义了将保存到数据库中的表。在下面的代码中，定义了一个 Account 表。

```
01    from django.db import models
02
03    class Account(models.Model):
04        """生成一个Account类"""
05        username = models.CharField('用户名', max_length=30)
06        password = models.CharField('密码', max_length=30)
07        email = models.EmailField('电子邮箱', blank=True)
08        desc = models.TextField('描述', max_length=500, blank=True)
09
10        def __unicode__(self):
11            return self.username
```

【代码说明】

❏ 第 1 行代码从 django.db 模块中导入 models 对象。可以在后面定义多个类，每个类都表示一个类对象，也就是数据库中的一个表。

❏ 第 3 行代码定义了一个 Account 类。此类从 models 中的 Model 类继承而来。在 Account 类的主体部分中，定义了 4 个域用来描述个人的相关信息，有个人账号的名字、密码、邮箱以及描述。在函数主体的第 1 行中，是名字的数据模型信息。可以看到，这里使用了 models 中的 Charfield 域，表示是此对象为字符域。其构造函数中使用了两个参数，包括在数据库中保存的域名和最大长度限制。接下来的 3 个也是类似的，只是其中采用了不同的数据模型，如 EmailField 和 TextField 等。更多的模型可以参看 Django 的文档。

在创建了数据模型后，可以在 setting.py 文件中加入此应用。

```
INSTALLED_APPS = (
    'django.contrib.admin',
    'django.contrib.auth',
    'django.contrib.contenttypes',
    'django.contrib.sessions',
    'django.contrib.messages',
    'django.contrib.staticfiles',
    'Account',
)
```

在 INSTALLED_APPS 的最后面加入了 Account 值，用来将刚刚生成的应用加入整个 Django 项目中。

在将此应用加入项目中后，可以继续使用 syncdb 来在数据库中生成未创建的数据模型。

```
In [9]: !python manage.py syncdb
Creating table Account_account
```

在 In[9]中可以看到，这里生成了一个 Account_account 的表。通过 SQLite 工具来查看 blog.db3 文件，可以看到在其中已经生成了相应的数据表，并且有了对应的域。

15.4.6 URL 设计

在 Django 项目中，URL 的设计定义在配置文件的 ROOT_URLCONF 属性值中。在此属性值中定义了收到 URL 后的处理方式。实际上，URL 的配置文件也是一个 Python 脚本文件，可以在此文件中设置访问的 URL。

当 Django 服务器启动后，对于收到的每个 URL 请求，Django 会分解此 URL 请求，得到相关的 URL 部分，并将此 URL 结果和 URL 配置文件中的设计进行匹配。在每次请求的时候，Django 的开发服务器将会打印出此请求的相关信息。其中第二部分为请求的 URL 信息。例如在下面的 URL 请求中，所请求的 URL 地址为"/url/sub-url/"。Django 在 URL 的配置文件中匹配此请求 URL，并调用相应的方法。

```
[05/Dec/2014 15:43:17] "GET /url/sub-url/ HTTP/1.1" 404 1946
```

在 ROOT_URLCONF 属性值中可以设置此 URL 的信息。在这里值是 blog.urls，也就是说 URL 的信息定义在根目录下的 urls.py 文件中。

```
ROOT_URLCONF = 'blog.urls'
```

有两种方式来定义 URL。一种是直接定义特定 URL 的处理方式，另外一种是递归使用子目录中的 URL 配置文件。下面的例子演示了这两种方法。

```
01   from django.conf.urls import *
02
03   urlpatterns = patterns('',
04       (r'^$', 'blog.views.index'),
05       (r'^account/', include('blog.Account.urls')),
06   )
```

【代码说明】

- 第 1 行代码，在 URL 的配置文件中一般在最上面使用"from django.conf.urls import *"的语句。此语句提供了 URL 配置的使用。如 patterns 用来指定访问前缀模式。
- 第 4、5 行代码中有两个 URL 配置信息，每一项都包含两个部分，第一部分为 URL 的正则匹配，第二部分为 URL 的处理函数。这两个 URL 设计中的一个是直接使用的 URL 前缀信息。"^$"表示访问 Web 服务器根目录，接下来的"blog.views.index"则表示其处理函数在根目录下 views.py 文件中的 index 函数。而第二个 URL 匹配表示如果 URL 是以"account/"作为前缀，则将调用后面的处理函数。这个处理函数使用了 include 对象，用来表示具体的 URL 配置信息可以从 Account 目录下的 urls.py 中查找。

下面是在 Account 目录下的 urls.py 文件信息。

```
01   from django.conf.urls.defaults import *
02
03   urlpatterns = patterns('',
04       (r'^$', 'Account.views.index'),
05       (r'^random_number/$', 'Account.views.random_number'),
06   )
```

这里的 URL 配置文件和上面那个配置文件是类似的。只是这里的 URL 处理将会去掉 account 前缀。

当 Django 收到请求的 URL 后，会将处理后的 URL 针对其配置文件依次匹配。如果有匹配，就调用相应的页面处理函数；而如果找不到，则调用相应的错误信息。如访问前面提到过的"/url/sub-url/"地址，将出现如图 15-7 所示的结果。

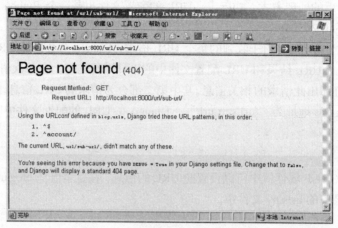

图 15-7　找不到 URL 的错误信息

从图 15-7 中可以看出，此页面显示了具体的 URL 匹配信息。

15.4.7　创建视图

当配置了 URL 之后，可以在视图文件中书写特定的视图函数。当 Django 收到特定的 URL 后，将调用特定的页面函数。此页面函数只是 Python 文件中一个特定的函数。下面是根目录下的 urlsviews.py 文件代码。

```
01    from django.http import HttpResponse
02
03    def index(request):
04        html = """<html>
05                <title>Main</title>
06                <body>
07                    <h1>Main Page</h1><hr>
08                </body>
09            </html>"""
10        return HttpResponse(html)
```

【代码说明】

❑ 第 1 行代码从 django.http 导入 HttpResponse 类。后面可以使用此类来构建一个 HTTP 的响应。

❑ 第 3 行代码定义了一个 index 方法。当访问主页的时候会调用此函数来生成 HTTP 响应。其参数 request 为连接请求的对象，其中包含请求相关的其他信息，如请求参数等。如 request.POST 可以用来表示使用 POST 方法请求的参数信息。

❑ 第 4 行代码，函数主体中包含有两个语句，一个语句定义了一个 html 变量，其中是 HTML 文档的内容。

❑ 第 10 行代码使用 HttpResponse 类的构造函数生成了一个 HTTP 响应，其参数即为前面定义的 HTML 文档内容。

在配置 URL 和定义了页面函数后，即可以在浏览器中浏览此 URL 页面，如图 15-8 所示。

在图 15-8 中可以看出，此页面中显示了在 index 函数中 HTML 文档内容。

在上面的例子中，仅仅显示了静态的页面信息。当然同样的可以显示动态信息。在 Account 目录下的 views.py 文件中，random_number 函数可以显示多个不同的随机数。

```
01    import random
02    def random_number(request):
03        body1 = "Random: %f <br />" % random.random()
04        body2 = "Random: %f <br />" % random.random()
05        body3 = "Random: %f <br />" % random.random()
06
07        html = "<html><body>"+body1+body2+body3+"</body></html>"
08        return HttpResponse(html)
```

此函数定义在 views.py 文件中，首先导入了 random 模块，然后在其 HTML 文档中生成了 3 个随机数。每次请求的时候，输出的内容都不一样，如图 15-9 所示。

图 15-8　Django 中的页面

图 15-9　在页面中显示动态内容

15.4.8　模板系统

在已经介绍的视图函数设计中，页面显示和数据并没有分离。而在 Django 框架中提供了模板系统来解决这个问题，可以有效地分离显示和数据。另外，这种模板系统的文件可以重用，从而减少系统设计的复杂性。

在配置文件 settings.py 中，可以在 TEMPLATE_DIRS 属性中设置相应的值。

```
01    TEMPLATE_DIRS = (
02        './templates',
03    )
```

在上面的设置中，将当前目录的 templates 目录作为模板文件保存的一个目录。需要注意的是，即使是在 Windows 系统平台下，也是需要使用斜杠的。可以将显示分为两部分，一部分是显示，一部分是数据。其中，可以在 templates 目录中加入 list_index.html 文件。

```
01    <html>
02    <title>Main</title>
03
04    <body>
05    <h1>Main Page</h1>
06    <hr/>
07
08    {% for blog in entries %}
09        <b>{{ blog.title }}</b><br />
10        {{ blog.content }}<p />
11    {% endfor %}
12
```

```
13    </body>
14    </html>
```

这里的文件改写了原来的 HTML 文档内容信息。除了大致框架类似之外，其中还使用了模板标签。这里使用的模板标签是 for，会遍历集合中的所有对象，并显示了此对象的 title 和 content 属性。

修改根目录下的 views.py 文件，如下所示。

```
01    from django.shortcuts import render_to_response
02
03    entries = [
04        {'title':'Python Portability', 'content':'Python runs on Windows, Linux/Unix,
          Mac OS X, OS/2, Amiga, Palm
05    Handhelds, and Nokia mobile phones. Python has also been ported to the Java and .NET virtual
06    machines.'},
07        {'title':'Python Programming Language', 'content':'Python is a dynamic
          object-oriented programming
08    language that can be used for many kinds of software development. It offers strong
          support for integration
09    with other languages and tools, comes with extensive standard libraries, and can
          be learned in a few days.
10    Many Python programmers report substantial productivity gains and feel the language
          encourages the
11    development of higher quality, more maintainable code.'}
12    ]
13
14    def index(request):
15        return render_to_response('list_index.html', {'entries': entries})
```

【代码说明】

❏ 第 1 行代码从 django.shortcuts 模块中导入 render_to_response 方法。同样的，这将在后面生成 HTTP 响应。

❏ 第 3 行代码定义了 entries 变量，这是一个列表，列表中的每项都是一个字典数据。这里包含文档的标题和内容。

❏ 第 14 行代码，在改写的 index 函数中，使用了 render_to_response 函数。这里包含有两个参数，第一个是模板的文件，第二个是字典数据信息，将实例化模板文件中的占位符。

使用模板文件显示的页面如图 15-10 所示。

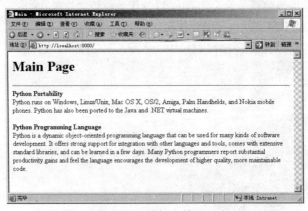

图 15-10　模板文件显示

15.4.9　发布 Django 项目

虽然 Django 已经内置了开发服务器可以用来测试和快速开发，但是这是不适合于产品环境。因为其内置服务器中并不是一个全功能特性的 Web 服务器。在这小节中将主要介绍在 Apache 服务器中使用 mod_python 来发布 Django 应用。

Mod_python 是 Apache 的一个模块，可以使得服务器来解析 Python 文件。使用 mod_python 模块可以使用 Python 来编写基于 Web 的应用，其速度也要快于传统的 CGI 处理。mod_python 模块还具有其他的高级特性，包括访问 Apache 内部数据等。其主页地址为 http://www.modpython.org/，可以下载源码安装包。

在 Django 项目的配置文件中，原来的模板目录使用的是相对目录。但是这只能在 Django 自带的测试服务器中使用。另外，Django 项目所在的目录也不应该在 Web 服务器的根目录下，所以这里需要将其目录改为绝对目录。

```
01    MEDIA_ROOT = 'I:/book/source/web/blog/media
02
03    TEMPLATE_DIRS = (
04        # Put strings here, like "/home/html/django_templates" or "C:/www/django/templates".
05        # Always use forward slashes, even on Windows.
06        # Don't forget to use absolute paths, not relative paths.
07        'I:/book/source/web/blog/template',
08    )
```

这里将原来的相对目录改成了绝对目录。这样处理后，Apache 服务器就可以找到相应的文件了。具体的有 MEDIA_ROOT 和 TEMPLATE_DIRS。

接着，需要 Apache 服务器中的 httpd.conf 配置文件，增加下面的配置信息。

```
LoadModule python_module modules/mod_python.so
```

通过这样的处理，Apache 服务器就可以处理 Python 脚本文件了。

最后在 Apache 服务器的配置文件中加入下面的 Django 项目信息。

```
01    <Location "/">
02        SetHandler python-program
03        PythonPath "[' I:/book/source/web/blog/'] + sys.path"
04        PythonHandler django.core.handlers.modpython
05        SetEnv DJANGO_SETTINGS_MODULE blog.settings
06        PythonAutoReload Off
07        PythonDebug On
08    </Location>
```

这样，当 Apache 服务器启动的时候，就可以通过浏览器来访问了。

15.5　Django 框架的高级应用

在上节中已经介绍了 Django 框架的基本使用。但是，只是构建了比较简单的 Web 应用。Django 框架还提供了更多的特性，用来构建丰富的 Web 应用。

15.5.1 管理界面

Django 框架的最大特性之一就是内置有一个很好的管理界面，可以在此管理界面中对项目的数据进行管理，包括新建和删除等。而这个管理界面的调出只需要对原项目经过一定的改造即可。下面演示这个过程。

1）确认在项目的配置文件 INSTALLED_APPS 属性中已经加入 django.contrib.admin。

```
INSTALLED_APPS = (
    'django.contrib.auth',
    'django.contrib.contenttypes',
    'django.contrib.sessions',
    'django.contrib.sites',
    'django.contrib.admin',
    'Account',
)
```

2）调用 manage.py 的 syncdb 子命令。此子命令将会在数据库中创建还未生成的表，如下所示。

```
In [13]: !python manage.py syncdb
Creating table django_admin_log
Installing index for admin.LogEntry model
```

从输出信息中可以看到生成了管理界面所需的表。如果以前没有生成管理员用户，则在这里需要输入管理员的用户名和密码。由于在前面创建表的时候已经创建了用户名和密码，所以这里并没有提示输入。

3）在项目根目录下的 urls.py 文件中修改必要的部分来增加对管理界面的支持。下面是修改后的 urls.py 文件。

```
01   from django.conf.urls. import *
02
03   # Uncomment the next two lines to enable the admin:
04   # 启用管理界面修改的第一部分
05   from django.contrib import admin
06   admin.autodiscover()
07
08   urlpatterns = patterns('',
09       url(r'^$', 'blog.views.index'),
10       url(r'^account/', include('blog.Account.urls')),
11
12       # Uncomment the admin/doc line below and add 'django.contrib.admindocs'
13       # to INSTALLED_APPS to enable admin documentation:
14       # (r'^admin/doc/', include('django.contrib.admindocs.urls')),
15
16       # Uncomment the next line to enable the admin:
17       # 启用管理界面修改的第二部分
18       url(r'^admin/', include(admin.site.urls)),
19   )
```

【代码说明】

❑ 这里和原来的 urls.py 文件有两个部分不同。第 5 行代码从 django.contrib 导入了 admin，并调用了其 autodiscover 方法。

❑ 在第 8~18 行代码中设置了 URL 的匹配设计。

❑ 第 12~17 行代码，在调用 manage.py 的 startproject 命令生成项目的时候，将会在生成的 urls.py 中包含这些代码，只是暂时注释掉了而已。

4）在 Account 目录下生成一个 admin.py 文件。其内容如下。

```
01    from django.contrib import admin
02    from .models import Account
03
04    admin.site.register(Account)
```

使用了 admin.site 的 register 方法，将此数据模型关联到了管理界面中。

在浏览器中输入"http://127.0.0.1:8000/admin/"，将会出现和图 15-11 所示的页面。在这里可以使用前面创建的管理员用户名和密码来登录，登录后的管理界面如图 15-12 所示。

从图 15-12 中可以看出，其中包含有前面定义的数据模型。可以通过此管理界面来增加和删除数据。另外还可以看到，这里还包含有 Django 框架内置的几个数据模型。Django 框架中的管理员用户和密码就是保存在 Users 表中的。

图 15-11　Django 的管理界面登录

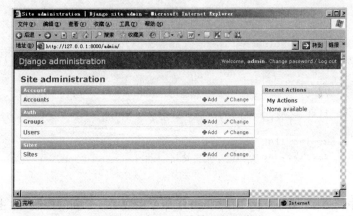

图 15-12　Django 的管理界面内容

15.5.2　生成数据库数据

在上面一小节中看到，可以通过 Django 框架的管理界面来对数据模型中的数据进行增加和修改。图 15-13 演示了如何使用 Django 管理界面来增加数据。

在图 15-13 中可以看到，Django 框架提供了生成数据模型数据的一种方法。这种生成方式比较简单和直观。同样的，可以使用 Django 提供的 API 来生成数据。直接可以调用模型数据的构造函数生成一个对象，然后可以使用其 save 方法来将生成的对象保存在数据库中。使用类的 objects 对象的 all 方法可以得到此模型数据中的所有数据。这里，使用了 manage.py 的 shell 子命令生成了一个控制端。当然，在原来的 shell 中操作也是可以的，但是需要进行适当的设置。

　　　　　　　　　　　　　　励志照亮人生　编程改变命运

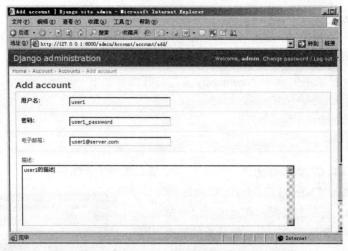

图 15-13 通过 Django 框架的管理界面增加数据

```
01  In [15]: !python manage.py shell
02  # 省略部分内容
03  ?         -> Introduction and overview of IPython's features.
04  %quickref -> Quick reference.
05  help      -> Python's own help system.
06  object?   -> Details about 'object'. ?object also works, ?? prints more.
07
08  In [1]: from Account.models import Account
09
10  In [2]: ac = Account(name="user2",password="user2_password",
11    ...: email="user2@server.com",desc= "description for user2 ")
12
13  In [3]: ac.save()
14
15  In [4]: ac_list = Account.objects.all()
16
17  In [5]: print (ac_list)
10  [<Account: user1>, <Account: user2>]
```

【代码说明】

❑ 在 In[15]中使用了 manage.py 中的 shell 子命令生成了一个新的控制台。接下来的输入起始是从 In[1]开始的。

❑ 在 In[1]中从模型文件中导入 Account 类。

❑ 在 In[2]中使用其构造函数生成了一个 Account 对象，其中参数即为各个属性的内容。

❑ 在 In[3]中调用 sava 方法将生成的 ac 对象保存到数据库中。

❑ 在 In[4]中使用了 all 方法得到了一个数据库中的数据列表。

❑ 在 In[5]中输出了此列表信息。可以看到，现在数据库中已经有了两条数据。其中一条是使用管理界面创建的数据，而另外一条则是刚刚用 API 生成的。

15.5.3 Session 功能

因为 HTTP 是无状态的协议，所以当需要在多个连接之间保持状态，可以使用 Session。Session

的实现可以根据服务器来决定，一般保存在 cookie 中。通过此值可以在不同的连接中交换数据。在 Django 框架中，Session 将保存在 request 对象的 session 值中。此值是一个字典对象，可以通过字典的相关操作来改变 HTTP 的 session 值。Django1.6 默认是启用 Session 的。

如果需要在 Django 项目中开启 Session 功能，可以修改 settings.py 中属性 MIDDLEWARE_CLASSES 的值，加入下面的语句。

```
'django.contrib.sessions.middleware.SessionMiddleware',
```

然后在此配置文件中的 INSTALLED_APPS 加入下面的语句。

```
'django.contrib.sessions'
```

如果此前没有生成相关数据库，还需要调用 manage.py 的 syncdb 子命令来创建相应的表。

通过上面的步骤就可以启用 Django 框架中的 Session 功能。在实际使用的时候，还需要在浏览器中开启 cookie 功能。

下面演示了登录中的 Session 用途。当正确登录的时候，Django 将会在 Session 中生成 username 的内容。而在退出的时候，将会删除此 Session 内容。

首先在 template 目录下生成一个 login.html 文件。

```
01   <html>
02   <title>Login Page</title>
03   <body>
04   {% if not username %}
05   <form method="post" action="/login/">
06      Username: <input type="text" name="username" value=""><br/>
07       Password: <input type="password" name="password" value="">
08      <input type="submit" value="Login">
09   </form>
10   {% else %}
11   {{ username }} is log out! <br/>
12   <form method="post" action="/logout/">
13       <input type="submit" value="Logout">
14   </form>
15   {% endif %}
16   </body>
17   </html>
```

在这个页面中使用了 Django 的 if 模板标签，可以根据条件显示不同的内容。在这里，可以根据是否含有 username 来显示登录界面或者登出。

其他的 HTML 内容和普通的登录界面内容是一样的，这里不做过多的描述。

在 views.py 文件中加入下面的内容，用来处理登录和登出操作。

```
01   from django.shortcuts import render_to_response
02   from django.http import HttpResponseRedirect
03   from Account.models import Account
04
05   def login(request):                    #登录操作
06      username = request.POST.get('username', None)
07      password = request.POST.get('password', None)
08
09      if username:
```

```
10            ac_list = Account.objects.all()  #获取数据库中的数据
11            for ac in ac_list:
12                if ac.username == username and ac.password == password:
13                    request.session['username'] = username
14                    return render_to_response('login.html', {'username':username})
15
16        return render_to_response('login.html')
17
18    def logout(request):                          #登出操作
19        try:
20            del request.session['username']
21        except KeyError:
22            pass
23        return HttpResponseRedirect("/login/")
```

【代码说明】

❑ 此段代码中定义了两个函数，分别是登录处理函数（第 5 行代码）和登出处理函数（第 18 行代码）。

❑ 在登录处理函数中，首先从 POST 数据得到 username 和 password 的值。其后，判断传递过来的数据是否有 username。如果包含有 username，则从数据库 Account 表中获取所有的数据。

❑ 对于数据集合中的每个数据，判断数据库中的用户名和密码是否和从 HTTP 请求中传递过来的数据相等。如果两者相等，则返回登录页面；否则，返回退出界面。

❑ 第 20 行代码，在登出操作函数中，将删除 Session 中的 username 值，接着返回登录页面。

随后，修改 urls.py 文件，加入下面的 URL 前缀信息。

```
01  urlpatterns = patterns('',
02
03      (r'^$', 'blog.views.index'),
04      (r'^login/$', 'blog.views.login'),
05      (r'^logout/$', 'blog.views.logout'),
06      (r'^account/', include('Account.urls')),
07      (r'^admin/(.*)', admin.site.root),
08  )
```

这里设置了 login 和 logout 的页面处理函数。图 15-14 中显示了登录初始化页面。在此页面中输入用户名和密码后单击 Login 按钮，则将触发定义在 views.py 中的 login 函数，并将 username 和 password 的值传入 Django 项目。在处理函数中，Django 将会根据 POST 的值进行处理。当 username 为空或者用户名、密码不匹配的时候，则返回此页面；如果匹配，则会显示如图 15-15 所示的页面。

图 15-14 Session 实例中的登录初始化页面

图 15-15 Session 实例中的登录页面

在图 15-15 中可以看到，页面中显示了登录的相关信息。当单击下面的 Logout 按钮后面，将会回到如图 15-14 所示的界面。

15.5.4　国际化

Django 框架中提供了完整的国际化支持，包括 Python 代码文档和模板文档。通过使用本地化功能，使得网站可以显示多种语言。对于 Django 项目的国际化包括如下的 3 个步骤。

1）定义在 Python 代码文件和模板文件中需要国际化的字符串。

2）设置在不同语言下的字符串的文件。

3）配置网站，显示特定的语言信息。

需要本地化的字符串包括两种，一种是在 Python 源码文件之中的，另外一种是在模板文件之中的。这两种的本地化方式并不相同。在 Python 源文件中，可以使用 django.utils.translation 中的 gettext 函数。其具体用法的演示如下。

```
01    from django.utils.translation import gettext
02    def index(request):
03        content = 'Main Page'
04        trans_text = gettext(content)
05        ...
```

这里仅仅只是使用了文件中的部分代码。首先导入了 gettext 方法，可以使用此方法作用于需要本地化的字符串上。当有大量的字符串需要本地化的时候，使用 gettext 可能会占据大量的输入。习惯的做法是可以将 gettext 方法别名为 "_"，如下所示。

```
01    from django.utils.translation import gettext as _
02    def index(request):
03        content = 'Main Page'
04        trans_text = _(content)
05        ...
```

和上面一个代码片段的区别在于，这里将 gettext 别名为_函数。同样的，可以本地化模板中的字符串。为了达到这样的目的，需要在模板文件中的开始处加载 i18n 模板文件，如下所示。

```
{% load i18n %}
```

在模板文件中本地化字符串的最简单方法是使用 trans 模板标签。trans 模板标签的使用方法和 gettext 函数是类似的。此模板标签接收一个字符串作为参数，以此来标记此字符串是需要本地化的。如模板文件中下面的语句。

```
{% trans " Main Page" %}
```

这里将会标记模板文件中的 "Main Page" 字符串可以本地化。

接下来是生成本地化文件。可以使用 django-admin.py 的 makemessages 命令来生成 po 文件，具体命令如下。

```
django-admin.py makemessages -l zh_CN
```

这时会生成 locale/zh_CN/LC_MESSAGES/django.po 文件。可以直接翻译此 po 文件，也可以使用工具来修改。修改的方式很简单，在对应的字符串上翻译即可。

最后是设置语言。这种配置既可以是整个项目层次的，也可以是针对每个 Session 的。Django 将在下面的 4 个地方来查找语言配置。

1）从当前用户的 Session 中看是否有 django_language 关键字。

2）查看用户请求中是否包含 django_language 的 cookie。

3）如果在 cookie 中找不到相应的内容，则查看此请求中的 HTTP_ACCEPT_LANGUAGE 头信息。Django 将寻找其支持的语言配置。

4）在 setting.py 文件中查找 LANGUAGE_CODE 的设置。

如果需要在页面中显示中文的相关信息，则可以将 LANGUAGE_CODE 设置为 "zh_CN"。

```
LANGUAGE_CODE = 'zh_CN'
```

图 15-16 显示了在中文环境下的管理界面。

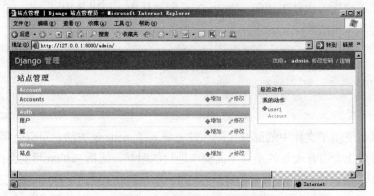

图 15-16　中文环境下的管理界面

15.6　小结

本章讲解了 Python 下的 Web 开发，主要介绍了 Django 框架的使用。首先介绍了 Python 语言中常见的 Web 开发框架，包括有 Zope、TurboGears 和 Django 等，以及 Web 开发框架的选择。随后，介绍了在 Web 开发框架中常用的 MVC 模式。接下来的 3 个小节集中介绍了 Django 框架的应用，包括数据模型、页面处理和模板系统等，还有如 HTTP 会话和国际化等内容。

15.7　习题

1. 怎么理解 MVC？怎么理解 Django 的 MTV？

2. 分别描述 Django 中的 models、views 和 templets 的作用以及相互之间的关系。

3. 访问 https://docs.djangoproject.com/en/1.6/intro/tutorial01/，根据官方文档，完成 Tutorial。

第四篇
Python 其他应用

第 16 章　敏捷方法学在 Python 中的应用
——测试驱动开发

敏捷方法学是一种新兴的软件开发方法学，其核心为进化设计。在敏捷开发中，系统的设计是随着用户的需求而变化的。所以此时测试驱动开发显得尤其重要。这种开发方法在实现具体的功能之前需要完成测试部分。只有满足测试条件的代码才符合要求。在 Python 中的代码测试包含两种类型：unittest 和 doctest。

本章的知识点：

❑ 测试驱动开发的特点和优势
❑ 测试驱动开发的应用步骤和注意事项
❑ 测试驱动开发环境的建立
❑ Python 下的单元测试
❑ Python 下的 doctest 应用

16.1　测试驱动开发

测试驱动开发（Test Driven Development，TDD）是敏捷开发中的一个重要组成部分，其基本思想是测试先行。也就是说在开发具体的功能代码之前，需要首先编写此功能的测试代码。只有通过了测试代码，才能够加入代码仓库中。在本节中，将对测试驱动开发这种开发模式进行详细的介绍，包括其优势和应用步骤等。

16.1.1　测试驱动开发模式

随着软件规模的增大，软件开发人员的增多，在软件开发过程中出现了指导软件开发的开发模式。这规定了在软件开发的过程中各种文档和功能的规范标准。在软件开发的生命周期中，包含需求、设计、编码、测试和维护等阶段。通过采用不同的开发方法，可以使不同类型的开发人员参与其中，从而实现最终的软件开发目标。对于这些不同的开发阶段，不同的开发模式虽然有同样的阶段和共同的开发目标，但是不同的阶段所承载的任务和完成的时间是不一样的。

　　传统的软件开发模型包括瀑布模型、演进模型、螺旋模型、喷泉模型和智能模型等。虽然在传统软件开发模型中提出了很多的开发模型，但是到现在还在被广泛使用的软件开发模型是瀑布模型。这种软件开发模型是 Winston Royce 于 1970 年提出来的，它将一个软件开发的生命周期划分成了 6 个阶段：软件计划、需求分析和定义、系统设计、编码实现、软件测试和软件维护。在这 6 个阶段中，每个阶段各有自己的工作内容，并且需要有相应的文档支持。其关系是一种自上向下加上部分反馈的运作模式。图 16-1 描述了这种开发模型的应用过程。

　　虽然瀑布模型为软件开发提供了按照阶段划分的检查点，但是这种开发模型已经越来越不适应现代化软件开发的要求。这种开发模式最大的问题在于只能够在软件生命周期的后期才能够看到最终结果，无法适应多变的用户需求。由于缺少应变能力，使得项目的开发具有比较大的风险。

　　在传统的软件开发模型中，测试阶段是放在软件生命周期的后期来完成的。这种处理方式使得软件编码中的问题只有在后期才能够被发现，从而带来严重的问题。在这种开发模式下，测试阶段所占的时间比例都要占整个开发所用时间的一半左右。为了避免传统开发模式下的这些问题，敏捷方法学在快速开发的目标上强调基于测试的开发过程。

　　测试驱动开发的核心思想是强调测试在整个开发过程中的作用。在开始编写功能代码之前，需要首先编写符合需求的测试代码。对于一个特定的功能，需要完成此功能的测试代码，包括测试用例。在整个开发过程中，需要对每个阶段都进行测试驱动。也就是说，在实现某种功能之前，需要思考这个功能的测试和验证过程，在编写了相关的测试代码之后，才开始进一步的编码工作。通过这样的方式，将各个功能完善，从而形成最终的目标软件。

　　比较流行的测试驱动开发模型包括 V 测试模型和 X 测试模型。V 测试模型的示意图如图 16-2 所示。

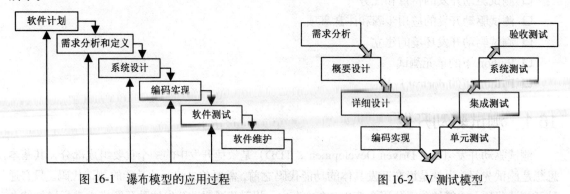

图 16-1　瀑布模型的应用过程　　　　　　　　图 16-2　V 测试模型

　　在图 16-2 中可以看到，在软件开发周期中的每个阶段，都需要考虑相应的测试工作。这些阶段包括需求分析阶段、概要设计阶段、详细设计阶段和编码实现阶段。相应的测试过程则称为单元测试、集成测试、系统测试和验收测试。在软件的实际开发过程中，这些测试阶段可以根据需要来进行调整。测试代码也最好包含相关的测试文档，但是和强调文档的传统开发模型不同，这里的文档也都是围绕着测试这个需求的。这种开发模型使得项目及其质量保证同时展开。

16.1.2　TDD 的优势

　　因为 TDD 采用的是以测试作为核心的开发模式，所以具有传统开发模型所不具备的优点。一个最大的好处就是可以在短时间内构建出一个软件的原型出来。这使得在真正开始软件开发的时候能够对软件的实现规划有个好的了解，从而规避风险。在实际的开发中，这种以测试为核心的开发方法也可以使得在改正程序错误方面有着独特的优势。设想在写了一段代码后，开始进行单元测试，这个时候发现的问题就是在新写的这部分代码中。但是在传统的开发模型中，在整体编码完毕后再进行测试，这时候出现的问题就很难定位了。

在软件开发结束的时候，最终产品是伴随着详细的测试套件一起发布的。这从另一个侧面加强了最终产品的可靠性，同时为软件产品的升级和维护提供了便利。在测试驱动开发中，项目主管可以很清楚地看到已经完成了哪些软件需求，从而有助于把握项目进度。而传统的方式则只能够定义一些检查点，而不能更细地划分功能需求点。

在传统的基于文档的开发模式中，开发人员和文档编写人员是分开的。这样一方面加重了沟通成本，另一方面则使得开发人员对修订文档并不关心。而在测试驱动开发中，测试过程中所使用的测试用例代码就是代码的注释文档。也就是说，在编写代码的时候实际上也是在编写代码文档。在 Python 标准库中，提供了一种 doctest 模块，可以直接在代码的注释中书写测试用例。

测试驱动开发模式作为敏捷开发中的核心组成部分，所以也具有敏捷方法学的共同目标，这就是适应快速多变的用户需求。在传统的开发模型中，当前面的需求设计阶段确定下来后，后面如果需要再度更改需求是一件不太可能的事情。因为这意味着项目需要从瀑布的顶端开始运作。而对于测试驱动开发来说，总是通过编写测试用例，优先考虑实现现代码的使用需求，包括功能、过程和接口等。这种方式使得最终代码符合后期开发的需求，能够提供代码的内聚性和复用性。

16.1.3　TDD 的使用步骤

TDD 这种开发模式在实现软件开发目标的同时，实现了整洁可用的代码。在明确了当前软件开发的需求后，TDD 中新添加一个功能的基本过程如下。

1）明确当前代码需要完成的功能，必要的时候书写相关的接口等。

2）快速新增一个测试。

3）运行所有的测试，看是否可以通过。若是通过到步骤 6）。

4）对功能代码进行细微的改动。

5）重新运行所有的测试用例，保证全部通过。

6）对代码进行重构，消除重复设计，优化代码结构。

上面的过程是对于一个功能点的添加过程。将需求分解成多个不同的功能点，循环将其加入软件中，即完成了一个软件实现的目标。在实际的操作中，还有一些注意事项。

在书写功能代码之前需要编写测试代码。书写功能代码的目的就是能够通过测试代码的测试。这里可以看到，测试实例越丰富，表示功能代码书写得越完备。当有部分测试用例没有通过的时候，就要对功能代码进行修改，这样重复编码和测试的过程，直到通过测试。

那些没有通过测试的代码是不能够放入产品代码之中的。产品中的每行代码应该都是通过了充分测试的。只有这样才能够保证后续加入的代码不会受前面加入的错误代码的影响。最后，在实际测试的时候，只需要对实现功能代码的部分进行测试就可以了。这样可以保证测试用例的简单。

在多个测试阶段中，最核心的是单元测试。在 Python 的标准库中，包含两类代码测试模块，分别为 unittest 和 doctest。两者都可以实现单元测试的功能。unittest 可以用来书写 PyUnit 的测试代码。和其他语言的单元测试工具一样，支持对软件代码的自动化测试。doctest 是一个特殊的测试模块，此模块将测试用例内置在了函数的文档字符串中，从而达到了文档和测试代码的统一。接下来将具体的介绍如何使用 Python 标准库所提供的模块进行测试驱动开发。

16.2　unittest 测试框架

在 Python 标准库中，用来实现单元测试的模块是 unittest。通过此模块可以实现对软件的测试驱动开发过程。在本节中将详细介绍 unittest 模块的使用方法，包括如何创建测试用例，如何创建固件和如何创建测试套件等问题。

16.2.1　unittest 模块介绍

在其他的编程语言中，都有着自己的一套测试驱动开发工具。这些工具大多数都是属于 xUnit 家族的。如 Java 语言的 JUnit 工具，C++语言中的 CppUnit 工具，还包括 NUnit、RubyUnit 和 vbUnit 工具等。Python 语言也有这样的测试驱动开发工具，即 PyUnit。在 Python 版本 2.1 后此模块被标准库引入，别名为 unittest。unittest 模块提供了一种规范的方法来构造单元测试用例。如果不使用这个模块提供的方法而采用手工构造，则将需要编写大量的辅助测试代码。

和其他自动化测试框架一样，unittest 框架有着和其他自动化测试框架类似的接口。特别要提到的是，PyUnit 可以看作是 JUnit 工具的 Python 语言版本。所以如果对于 JUnit 的 API 熟悉，则可以看到 PyUnit 和其是非常相似的。

unittest 模块支持测试的自动化处理。更多的功能包括可以共享代码测试的初始化和结束代码、将测试用例封装成一个测试套件以及测试的多元化显示等。在 unittest 模块中提供了相关类和方法，使得开发者可以很容易地处理这些测试工作。

unittest 模块支持单元测试的各种重要概念。其中最重要的概念是测试用例。这是单元测试的最小组成部分。在其中只是查看特定的功能实现，检查在特定输入下的响应情况。unittest 模块提供了 TestCase 基类，用来创建新的测试用例。

在一组测试用例中，包含共同需要处理的代码，被称为测试固件。这些代码可能是测试之前需要进行的初始化工作，也可能是测试结束后所做的代码清理工作。例如在测试之前，可能需要建立某些文件夹或者开启某些服务。在构建测试用例的时候，可以使用 setUp 和 tearDown 来执行初始化和结束工作。在测试执行的时候，setUp 将首先被执行，而且只会执行一次。当此方法通过后，不管后面的测试是否通过，都会执行 tearDown 函数。

随着测试用例的增多，对测试用例一个一个地管理显然是非常低效的。unittest 模块中提供了测试套件来解决这个问题。测试套件将一组测试用例集合起来作为一个测试对象。需要注意的是，测试套件是可以嵌套的，也就是说，可以在测试套件中包含测试套件。这是在 TestSuite 类中提供的功能。在其中的测试用例或者测试套件都将会依次运行。

另外，在 unittest 模块中还包含一个测试运行器，用来运行这些测试并为用户提供输出。这些运行器可能是一个图形化的接口或者是文本的接口，甚至只是一个简单的值来指示测试运行的结果。unittest 测试框架中使用 TestRunner 类来为测试的运行提供环境。这些类对象中提供了一个 run 方法，其中接收 TestCase 或者 TestSuite 参数，并返回运行结果。最常用的是 TextTestRunner 运行器，默认情况下将向终端输出测试运行结果。

对于一个基于测试的软件来说，测试是软件产品中的一部分。实际上，在 Python 的标准安装中，实际上就有对于标准模块的测试代码。这可以从其安装目录 Lib/test 中看到。

16.2.2　构建测试用例

软件测试的基本组成单元是测试用例，也可以说，单元测试是通过一些测试用例构建而成的。在测试用例中，包含对于特定功能的测试。在 unittest 模块中，可以通过继承 TestCase 类来构建单元测试用例。通过覆盖 TestCase 类中的 runTest 函数可以实现功能的具体测试。在下面的示例代码中，演示了如何构建单元测试用例。

```python
01  #filename: tdd_1.py
02  import unittest
03  import string
04
05  class StringReplaceTestCase1(unittest.TestCase):
06      """测试空字符替换"""
07      def runTest(self):
08          source = "HELLO"
09          expect = "HELLO"
10          result = string.replace(source, "", "")
11          self.assertEqual(expect, result)
12
13  class StringReplaceTestCase2(unittest.TestCase):
14      """测试空字符替换成常规字符"""
15      def runTest(self):
16          source = "HELLO"
17          expect = "*H*E*L*L*O*"
18          result = string.replace(source, "", "*")
19          self.assertEqual(expect, result)
20
21  class StringReplaceTestCase3(unittest.TestCase):
22      """测试常规字符替换为空字符"""
23      def runTest(self):
24          source = "HELLO"
25          expect = "HEO"
26          result = string.replace(source, "LL", "")
27          self.assertEqual(expect, result)
28
29  class StringReplaceTestCase4(unittest.TestCase):
30      """测试常规字符替换"""
31      def runTest(self):
32          source = "HELLO"
33          expect = "HEMMO"
34          result = string.replace(source, "LL", "MM")
35          self.assertEqual(expect, result)
```

【代码说明】

❑ 在上面的示例代码中，包含了 4 段类似的代码。每段代码都在测试 string 模块中的 replace 方法的功能实现。具体的来说，4 个测试用例分别是测试空字符替换成空字符、空字符替换成其他字符、其他字符替换成空字符和常规字符之间的替换。

❑ 在第一段代码中，首先定义了一个 StringReplaceTestCase1 测试类，此类继承了 unittest 模块中的 TestCase 基类。通过这种继承方式，StringReplaceTestCase1 类已经成为了 unittest 自动化测试框架中的一个单元测试实例。对于具体需要测试的功能代码，则可以通过重载 runTest 方法来实现。可以看到，在 StringReplaceTestCase1 了中仅仅包含一个函数名为 runTest 的方法，就实现了字符串替换功能中空字符边界条件的检查。在 runTest 函数主体中，包含 4 个语句，其中前面两个字符串定义了源字符串和期望的字符串。第三个语句则是使用了 replace 函数来对字符串进行空字符的替换。在最后一个语句中使用 assertEqual 方法来检查函数返回结果是否和期望结果一致。

❑ 接下来的 3 段代码和第一段代码是类似的。只是由于测试功能不一样，所以具体的测试单元实例实现的也不一样。

单元测试的最后步骤都是使用断言判断测试是否通过。在 Python 语言中，内置 assert 语句可以用来实现测试用例运行时候的断言。当测试用例运行时，如果断言为假，则会触发 AssertionError 异常，同时，自动化测试框架会认为此测试用例测试失败。由于 Python 语言中的 assert 语句可能会在某些情况下被优化，所以在 TestCase 类中提供了 assert_方法，使得其在测试用例中不会因为优化而被去掉。实际上，assert_方法是 assertTrue 和 failUnless 的别名。在 unittest 模块中，提供了丰富的方法来对测试结果进行判断。表 16-1 给出了所提供的测试方法。

表 16-1　unittest 模块中的测试方法

方　　法	说　　明	方　　法	说　　明
assertEqual	当两者相等的时候测试通过	assertNotAlmostEquals	当两者几乎不相等的时候测试通过
assertEquals		failIfAlmostEqual	
failUnlessEqual		assertRaises	当触发特定异常的时候测试通过
assertNotEqual	当两者不相等的时候测试通过	failUnlessRaises	
assertNotEquals		assert_	当表达式为真的时候测试通过
failIfEqual		assertTrue	
assertAlmostEqual	当两者几乎相等的时候测试通过	failUnless	
assertAlmostEquals		assertFalse	当表达式为假的时候测试通过
failUnlessAlmostEqual		failIf	
assertNotAlmostEqual	当两者几乎不相等的时候测试通过		

在这些提供的方法中，除了测试是否触发异常的方法外，其他方法都包含一个可选的信息参数。此参数可以在测试不通过的时候显示出来。

可以通过直接使用这些类的构造函数来生成一个测试用例的实例。如下面的操作。

```
01  In [1]: from tdd_1 import *
02
03  In [2]: testcase1 = StringReplaceTestCase1()
```

具体的测试运行将在后面进行介绍。

16.2.3　构建测试固件

随着单元测试实例的增多，在各个测试代码中会有很多相似的操作。如在上面的测试用例中，每个测试用例都需要在测试代码的前面加入对源字符串的定义。当然这里只是为了简单起见，在实际中可能会有很多复杂而琐碎的工作,如简历数据库的连接或启动某些服务等。为了减少这种重复,

testCase 类提供了 setUp 方法，使得单元测试实例在执行的时候都执行。

下面的示例代码是对 tdd_1.py 加入测试固件后的修改版本。

```
01    #filename: tdd_2.py
02
03    import unittest
04    import string
05
06    class SimpleStringReplaceTestCase(unittest.TestCase):
07        """ 准备测试的源字符串 """
08        def setUp(self):
09            self.source = "HELLO"
10
11    class StringReplaceTestCase1(SimpleStringReplaceTestCase):
12        """测试空字符替换"""
13        def runTest(self):
14            expect = "HELLO"
15            result = string.replace(self.source, "", "")
16            self.assertEqual(expect, result)
17
18    class StringReplaceTestCase2(SimpleStringReplaceTestCase):
19        """测试空字符替换成常规字符"""
20        def runTest(self):
21            expect = "*H*E*L*L*O*"
22            result = string.replace(self.source, "", "*")
23            self.assertEqual(expect, result)
24
25    class StringReplaceTestCase3(SimpleStringReplaceTestCase):
26        """测试常规字符替换为空字符"""
27        def runTest(self):
28            expect = "HEO"
29            result = string.replace(self.source, "LL", "")
30            self.assertEqual(expect, result)
31
32    class StringReplaceTestCase4(SimpleStringReplaceTestCase):
33        """测试常规字符替换"""
34        def runTest(self):
35            expect = "HEMMO"
36            result = string.replace(self.source, "LL", "MM")
37            self.assertEqual(expect, result)
```

【代码说明】

❑ 和 tdd_1.py 的最大不同是这里使用了测试固件，将原来在各个单元测试用例中需要实现的代码统一到了一起。

❑ 在第一段代码中，定义了 SimpleStringReplaceTestCase 类，并将此类从 unittest.TestCase 中继承。后面 4 段代码中的类则继承此类。这种处理方式使得继承的各个类都将会拥有同样的初始化设置功能。

❑ 在 SimpleStringReplaceTestCase 类中，定义了一个 setUp 函数。在此函数中可以放置单元测试用例中的公共工作。函数主体中仅包含一条语句，就是设置源字符串。

❑ 在后面定义的 4 个类的 runTest 方法中，唯一的区别在于将原来定义在各个测试用例中的源字符串改成了使用 setUp 方法总设置的字符串。这种处理方式使得可以在大量的单元测试用例中共享数据。

当在 setUp 中定义的函数在测试运行过程中出错，则测试框架将会认为此单元测试用例出错，而并不会执行 runTest 方法中定义的测试代码。

同样的，有些时候需要在结束的时候执行某些代码。TestCase 了中提供了 tearDown 方法用来执行在运行 runTest 之后的清理工作。setUp 和 tearDown 是对应的。也就是说，如果 setUp 方法执行成功，则不管 runTest 方法是否执行成功，tearDown 方法都将会执行。

16.2.4　组织多个测试用例

当有多个测试用例的时候，上面小节中使用了测试固件。但是，所有的测试用例还是单独作为一个类存在的。这种处理方式实际上是非常耗时的，所以并不推荐这样使用。unittest 模块提供了另一种更方便的方式来组织多个测试用例。

下面的示例代码将多个测试用例组织了起来。

```
01   #filename: tdd_3.py
02
03   import unittest
04   import string
05
06   class StringReplaceTestCase(unittest.TestCase):
07       def setUp(self):
08           self.source = "HELLO"
09
10       """测试空字符替换"""
11       def testBlank(self):
12           expect = "HELLO"
13           result = string.replace(self.source, "", "")
14           self.assertEqual(expect, result)
15
16       """测试空字符替换成常规字符"""
17       def testBlankOrd(self):
18           expect = "*H*E*L*L*O*"
19           result = string.replace(self.source, "", "*")
20           self.assertEqual(expect, result)
21
22       """测试常规字符替换为空字符"""
23       def testOrdBlank(self):
24           expect = "HEO"
25           result = string.replace(self.source, "LL", "")
26           self.assertEqual(expect, result)
27
28       """测试常规字符替换"""
29       def testOrd(self):
30           expect = "HEMMO"
31           result = string.replace(self.source, "LL", "MM")
32           self.assertEqual(expect, result)
```

【代码说明】

❑ 在此代码示例中，只包含一个类 StringReplaceTestCase，此类是从 unittest.TestCase 中继承的。

❑ 在类中首先定义了前面的 setUp 方法，用来实现对测试过程中的初始化设置。

❑ 接着定义了 4 个函数。可以看到，这里并没有重载使用 runTest 方法，而是使用了 4 个测试函数。注意到这里的函数都是以 test 开始的，这在单元测试框架中是一种惯例。各个函数中的内容和前面在类中 runTest 方法的实现是一样的。

可以使用带参数的测试类构造函数来生成测试用例的实例。其中在 StringReplaceTestCase 包含 4 个测试方法。

```
01  In [1]: from tdd_3 import *
02
03  In [2]: testBlank = StringReplaceTestCase("testBlank ")
04
05  In [3]: testOrd = StringReplaceTestCase("testOrd ")
```

在这里，生成了两个测试用例的实例：testBlank 和 testOrd。

16.2.5　构建测试套件

当具有多个测试用例的时候，可以根据所测试的用途和特性来将其组合。unittest 模块中提供了 TestSuite 类来生成测试套件。直接使用此类的构造函数可以生成一个测试套件的实例。在此类中提供了一个方法 addTest 来将单元测试用例加入测试套件中。

```
01  StringReplaceTestSuite = unittest.TestSuite()
02
03  StringReplaceTestSuite.addTest(StringReplaceTestCase("testBlank"))
04  StringReplaceTestSuite.addTest(StringReplaceTestCase("testOrd"))
```

【代码说明】

❑ 在这里的 3 句代码中，首先通过调用 TestSuite 的构造函数来生成一个测试套件实例。接下来的两句则使用了其实例的 addTest 方法，将 StringReplaceTestCase 类中的两个功能测试加入测试套件中。

在实际操作中，会在测试模块中返回已经构建好的测试套件，如下面的函数。

```
01  def suite():
02      StringReplaceTestSuite = unittest.TestSuite()
03
04      StringReplaceTestSuite.addTest(StringReplaceTestCase ("testBlank "))
05      StringReplaceTestSuite.addTest(StringReplaceTestCase ("testOrd "))
06
07      return StringReplaceTestSuite
```

【代码说明】

❑ 这里定义了一个 suite 函数，用来返回已经创建好的测试套件实例。函数主体中的部分和前面的内容是相同的。这种方式使得测试更加便捷。

同样，可以在 TestSuite 类的构造函数中生成测试套件实例。

```
01  def suite():
02
03      tests = ['testBlank', 'testOrd']
04      StringReplaceTestSuite = unittest.TestSuite(
05          map(StringReplaceTestCase, tests))
06
07      return StringReplaceTestSuite
```

这里使用了一种在 TestSuite 构造函数中生成测试套件实例的方法。

由于一般需要加入多个单元测试用例,而在上面的两种方法中,都要将每个测试用例加入其中。这种处理方式使得在含有大量单元测试用例的时候会很烦琐。由于经常需要加入所有的测试用例,所以在 unittest 模块中提供了一个适用方法 makeSuite,来创建一个由测试用例类内所有的测试用例所组成的测试套件实例。

```
01  def suite():
02
03      StringReplaceTestSuite = unittest.makeSuite(StringReplaceTestCase,'test')
04
05      return StringReplaceTestSuite
```

这里的代码主要是使用了 makeSuite 方法,来为 StringReplaceTestCase 类中的所有单元测试用例生成测试套件。

实际上测试套件是可以嵌套的。也就是说,可以将测试套件加入另一个测试套件中,从而可以将多个测试套件组合在一起。这种处理方式和多个测试用例加入测试套件中是一样的。如在下面的代码中,加入了另外一个测试用例类 StringStripTestCase。

```
01  #filename: tdd_4.py
02
03  import unittest
04  import string
05
06  class StringStripTestCase(unittest.TestCase):
07      def testBlank(self):
08          expect = "HELLO"
09          result = string.strip("HELLO     ")
10          self.assertEqual(expect, result)
11
12      def testStr(self):
13          expect = "HELLO"
14          result = string.strip("xxHELLOxx", "xx")
15          self.assertEqual(expect, result)
16
17  class StringReplaceTestCase(unittest.TestCase):
18  #省略StringReplaceTestCase实现代码
19
20  def suite():
21      StringStripTestSuite = unittest.makeSuite(StringStripTestCase,'test')
22      StringReplaceTestSuite = unittest.makeSuite(StringReplaceTestCase,'test')
23
24      alltests = unittest.TestSuite((StringStripTestSuite, StringReplaceTestSuite))
25      return alltests
```

【代码说明】

❑ 在这段代码中,在定义 StringReplaceTestCase 类的基础上,定义了 StringStripTestCase 另外一个测试类。此类的创建方式和 StringReplaceTestCase 是类似的。在此测试类中,包含两个单元测试用例,testBlank 和 testStr。StringStripTestCase 测试类的用途是测试 string 模块中的 strip 方法。

❑ 在函数的后面定义了一个 suite 方法,用来返回生成的测试套件实例。在函数主体中,使用了 unittest 模块中的 makeSuite 方法,从 StringStripTestCase 测试类和 StringReplaceTestCase 测试类中构建测试套件实例。最后将这两个测试套件实例组合成一个测试套件实例并返回。

加入测试套件中的测试实例,其运行的顺序是通过 Python 内置函数 cmp 对测试方法名排序而得到的。

16.2.6　重构代码

在测试驱动开发模式中，由于需要进行迅速的开发和测试，所以在测试的过程中，需要对已经完成的代码进行重构。重构可以使软件产品维持一种相对简单和可读的特性。这种特性在后续的维护中是很重要的。

在上面的测试类中，实际上需要测试的测试用例是很多的，在这种情况下，如果对于每个测试用例都生成上面的一个测试用例，这将会使得代码非常冗长。为此，可以将例了中的具体代码部分实现重构，使得可以更好地关注测试用例。

下面的示例代码中演示了重构的方法。

```
01    class StringReplaceTestCase(unittest.TestCase):
02
03        def setUp(self):
04            self.source = "HELLO"
05
06        def checkequal(self, result, object, methodname, *args):
07            realresult = getattr(object, methodname)(*args)
08            self.assertEqual(
09             result,
10             realresult
11          )
12
13        """测试空字符替换"""
14        def testBlank(self):
15            self.checkequal("HELLO", "", "replace", "", "")
16
17        """测试空字符替换成常规字符"""
18        def testBlankOrd(self):
19            self.checkequal("*H*E*L*L*O*", self.source, "replace", "", "*")
20
21        """测试常规字符替换为空字符"""
22        def testOrdBlank(self):
23            self.checkequal("HE*O", self.source, "replace", "LL", "*")
24
25        """测试常规字符替换"""
26        def testOrd(self):
27            self.checkequal("HEMMO", self.source, "replace", "LL", "MM")
```

【代码说明】

❑ 在这里定义的 StringReplaceTestCase 类中，对原来的测试用例代码进行了重构处理。通过这样的处理，可以在每个功能的测试中加入更多的测试用例。

❑ 将测试类中的各个测试用例进行了重构，将重复的功能放在一起。这样处理使得代码变得简单和可读。

❑ 重构的函数为 checkequal 方法，其参数中包含期望得到的结果、源字符串、方法名以及参数。从这里可以看出，此重构函数不但可以用在 replace 方法的测试中，而且可以用在其他方法测试中，包括前面的 strip 方法测试等。

重构代码是伴随着测试进行的。在对代码进行修改的时候，最好也是同时对代码进行重构，从而保持代码的整洁。

16.2.7　执行测试

在测试用例和测试套件都完成之后，可以通过测试来检查软件产品代码编写是否正确。有多种测试方法可以用来测试代码。

1．交互式执行测试

在 unittest 测试框架中提供了 TestRunner 列为测试的运行提供环境。在实际使用中，最常见的 TestRunner 类是 TextTestRunner 类。此类的实现使用一种文字化的运行方式来报告最后的测试结果。在默认情况下，此类将会把输出发送到 sys.stderr 上。

下面演示了如何使用 TextTestRunner 来执行测试。

```
01  #filename: tdd_5.py
02
03  import unittest
04  import string
05
06  class StringStripTestCase(unittest.TestCase):
07  #省略StringStripTestCase实现代码
08
09  class StringReplaceTestCase(unittest.TestCase):
10  #省略StringReplaceTestCase实现代码
11
12  def suite():
13      StringStripTestSuite = unittest.makeSuite(StringStripTestCase,'test')
14      StringReplaceTestSuite = unittest.makeSuite(StringReplaceTestCase,'test')
15
16      alltests = unittest.TestSuite((StringStripTestSuite, StringReplaceTestSuite))
17      return alltests
18
19  if __name__ == "__main__":
20      runner = unittest.TextTestRunner()
21
22      runner.run(suite())
```

和 tdd_4.py 文件不同的是，最后加入了执行测试的代码。使用 TextTestRunner 类构建了一个运行器对象。此对象提供了一个 run 方法，开始执行测试。run 方法所接收的参数为前面生成的测试套件。这样，测试框架将会自动运行测试套件中的测试用例。

实际上，使用 TextTestRunner 类可以很容易地在交互式终端环境下进行测试。如下面在 Python 命令行中进行测试。

```
01  In [1]: import unittest
02
03  In [2]: import tdd_5
04
05  In [3]: runner = unittest.TextTestRunner()
06
07  In [4]: runner.run(tdd_5.StringReplaceTestCase("testBlank "))
08  .
09  ----------------------------------------------------------------------
10  Ran 1 test in 0.000s
```

```
11
12   OK
13   Out[4]: <unittest._TextTestResult run=1 errors=0 failures=0>
```

【代码说明】

❑ 在 In[1]和 In[2]中导入了所需要的模块，这里包括了待测试用例所在的文件。

❑ 在 In[3]中使用 TextTestRunner 类的构造函数生成了一个运行器实例。

❑ 在 In[4]中调用了其对象的 run 方法，对 StringReplaceTestCase 测试类中的 testBlank 测试实例进行了测试。从输出可以看出，此测试成功。

❑ 从 Out[4]中可以看出，返回了一个 TestResult 方法。当测试不通过的时候，可以查看其对象的 errors 和 failures 属性，得到产生错误的测试对象实例。

2．命令行运行测试

在 unittest 模块中包含一个全局方法 main，可以方便地测试已经构建好的测试模块。下面是对 tdd_5.py 使用 main 方法后的修改代码。

```
01   #省略部分代码
02
03   def suite():
04       StringStripTestSuite = unittest.makeSuite(StringStripTestCase,'test')
05       StringReplaceTestSuite = unittest.makeSuite(StringReplaceTestCase,'test')
06
07       alltests = unittest.TestSuite((StringStripTestSuite, StringReplaceTestSuite))
08       return alltests
09
10   if __name__ == "__main__":
11       #runner = unittest.TextTestRunner()
12       #runner.run(suite())
13
14       unittest.main()
```

这段代码的主要特点在于使用了 unittest.main 方法。实际上，mian 方法将使用 unittest.TestLoader 类来自动查找和加载测试类中的测试用例。在执行的时候，测试模块中的所有单元测试用例都将会被执行。下面的操作演示了运行结果。

```
In [5]: run tdd_5.py
----------------------------------------------------------------------
Ran 6 tests in 0.000s

OK
```

从输出中可以看到，测试模块中所包含的 6 个单元测试用例都被正确执行。

可以通过加上"-v"参数来显示详细的信息。更多的参数可以使用"-h"来查看。

```
01   In [6]: run tdd_5.py -v
02   testBlank (__main__.StringReplaceTestCase) ... ok
03   testBlankOrd (__main__.StringReplaceTestCase) ... ok
04   testOrd (__main__.StringReplaceTestCase) ... ok
05   testOrdBlank (__main__.StringReplaceTestCase) ... ok
06   testBlank (__main__.StringStripTestCase) ... ok
07   testStr (__main__.StringStripTestCase) ... ok
08
09   ----------------------------------------------------------------------
```

```
10    Ran 6 tests in 0.015s
11
12    OK
```

这里显示了具体的测试用例运行的过程。可以看到，这里的顺序是根据类名和方法名的字母顺序来排定的。

修改 StringReplaceTestCase 测试类中的 testOrdBlank 实现代码，如将"HE*O"改为"HEO"。这时候，再次运行测试的时候将出错。

```
01    In [7]: run tdd_5.py -v
02    testBlank (__main__.StringReplaceTestCase) ... ok
03    testBlankOrd (__main__.StringReplaceTestCase) ... ok
04    testOrd (__main__.StringReplaceTestCase) ... ok
05    testOrdBlank (__main__.StringReplaceTestCase) ... FAIL
06    testBlank (__main__.StringStripTestCase) ... ok
07    testStr (__main__.StringStripTestCase) ... ok
08
09    ======================================================================
10    FAIL: testOrdBlank (__main__.StringReplaceTestCase)
11    ----------------------------------------------------------------------
12    Traceback (most recent call last):
13      File "tdd_5.py", line 50, in testOrdBlank
14        self.checkequal("HEO", self.source, "replace", "LL", "*")
15      File "tdd_5.py", line 36, in checkequal
16        realresult
17    AssertionError: 'HEO' != 'HE*O'
18
19    ----------------------------------------------------------------------
20    Ran 6 tests in 0.016s
21
22    FAILED (failures=1)
23    ----------------------------------------------------------------------
24    SystemExit                          Traceback (most recent call last)
25    #省略部分输出
26
27    SystemExit: True
28    WARNING: Failure executing file: <tdd_5.py>
```

在输出中可以看到，这里的 6 个单元测试用例成功了 5 个，失败了一个。同时，给出此失败测试用例的具体信息："AssertionError: 'HEO' != 'HE*O'"。当然，这里并不是功能代码实现的问题，而是期待测试结果并不正确。在实际操作中，一般需要对功能代码进行修改。

实际上，也可以将 unittest 模块作为脚本运行。可以将需要执行的测试套件中的测试用例名来作为参数传递，如下面的操作示例。

```
01    In [8]: run unittest.py tdd_5.StringReplaceTestCase.testBlank
02    .
03    ----------------------------------------------------------------------
04    Ran 1 test in 0.000s
05
06    OK
```

这里同样实现了对于 testBlank 测试实例的测试。

3. 图形界面下的测试

在 PyUnit 中还包含一个图形化的测试界面，可以用来实现测试的图形化显示。这是使用 Tkinter

来编写的，可以使用下面的命令来执行测试。

```
In [9]: run unittestgui.py tdd_5.suite
```

如图 16-3 所示为测试模块中含有测试用例失败情况的显示。当测试执行完毕后，图中显示了总共完成的测试用例和失败的测试用例。这里的进度条中使用红色明确地指示了测试模块含有未通过的测试。这些信息在下面的对话框中显示了出来。单击下面的失败测试用例，可以看到更详细的错误信息。

在修正了源代码中的错误后，重新执行此测试，可以看到如图 16-4 的结果。

图 16-3   测试模块中含有失败测试用例的情况　　　图 16-4   测试模块全部通过测试的情况

在图 16-4 中可以看到进度条为绿色。这也就是说，测试模块中的所有单元测试用例都通过了测试。其实，这也是测试驱动开发需要达到的结果。只有在这种测试用例都通过的前提下，才能够继续添加新的功能和代码。

16.3   使用 doctest 进行测试

在 Python 语言中，还支持另外一种测试框架，这就是 doctest 模块。使用此模块可以将代码中的 docstring 作为测试用例运行，从而判断函数执行的正确性，形成运行结果。在这节中，将介绍如何使用 doctest 来执行测试。

16.3.1   doctest 模块介绍

doctest 模块作为一种新的单元测试框架，可以有效地利用代码注释中的文档内容。这种处理方式使得文档即可以作为测试代码来执行。

在支持 doctest 模块的代码中，docstring 由普通注释部分和代码执行部分构成。其中，普通注释部分和原来的注释形式是相同的。而对于可执行部分则有着一定的格式。其中可执行部分使用">>>"和"…"来和普通注释部分区分。可以看到，这里的提示符均为 Python 标准 Shell 中的提示符。对于可执行部分，开发人员可以预先编写测试用例。这些测试用例的书写和 unittest 模块中是类似的，只不过这里采用了在 Python 终端下运行的方式。在可执行部分中包含输入和输出两个部分。在实际运行过程中，doctest 模块将搜索代码中的 docstring 的可执行部分，并实际执行这段代码，然后比较运行的结果和期望值，作为一次测试结果。

doctest 作为另一种测试框架，可以实现文档和代码的同步。另外，可以将文档字符串变成可执行文档，从而完成对于代码的测试。相对于 unittest 模块来说，doctest 测试框架具有自身的一些特点。首先是其使用方法简单，只需要复制和粘贴 Python 终端下的交互式输入和输出即可。这种处理方式使得开发人员在项目初期可以更快地入手。另外，可以使用命令行参数来灵活地控制测试代码的运行，并通过增强选项来增强文本输出显示。同时，还可以灵活地选择需要测试的 docstring。

正由于 doctest 模块的这种简单性，使得其有一些固有的弱点，不适合于有些领域。doctest 采用的是通过终端获取用户的输出结果来进行比较的，这样就要求测试的机器所输出的结果都是一致的。另外，在 doctest 模块中并没有提供测试固件，这在有多个单元测试用例的时候会比较烦琐。

虽然 doctest 并不是一种很严格的测试驱动开发框架，但是作为一种新的测试框架，也给开发者提供了另外一种选择。doctest 模块的设计初衷是开发人员不需要再书写相关的测试代码，而仅仅是将这种测试内置于文档字符串中。这种方式可以完善文档的书写和审核。如果是刚开始编写测试，文档测试将会更加容易上手。而如果需要编写大量的单元测试用例，则可以考虑使用 unittest 测试框架。因为 unittest 模块提供了完善的类和方法，使得管理多个测试用例更加方便。同时，unittest 框架还可以对测试用例进行自定义，从而有助于提高软件测试的可靠性。

16.3.2　构建可执行文档

doctest 测试框架的核心是构建可执行文档部分。因为在 doctest 模块中并没有包含测试类或者方法，而都是包含在可执行文档中的。下面以 Python 文档中介绍的例子为基础来介绍 doctest 模块的使用。下面就是一个简单的可执行文档。

```
01    >>> factorial(5)
02    120
03    """
```

这个代码片段中的 factorial 为函数名，其功能为得到一个数的阶乘值。在这里，使用了 5 作为参数，而 120 是期望得到的结果。可以注意到，这里使用了 Python 的提示符"`>>>`"，看起来这就像是在 Python 标准 Shell 中输入的一样。下面代码中包含完整的阶乘实现和其 docstring。

```
01    #filename: doctest_1.py
02
03    def factorial(n):
04        """Return the factorial of n, an exact integer >= 0.
05        If the result is small enough to fit in an int, return an int. Else return a long.
06
07        这里包含了多个测试例，用来测试factorial方法的返回值
08        >>> [factorial(n) for n in range(6)]
09        [1, 1, 2, 6, 24, 120]
10        >>> [factorial(long(n)) for n in range(6)]
11        [1, 1, 2, 6, 24, 120]
12        >>> factorial(30)
13        265252859812191058636308480000000L
14        >>> factorial(30L)
15        265252859812191058636308480000000L
16        >>> factorial(-1)
17        Traceback (most recent call last):
18            ...
19        ValueError: n must be >= 0
20
21        Factorials of floats are OK, but the float must be an exact integer:
22        检测浮点数是否为整数
23        >>> factorial(30.1)
```

```
24      Traceback (most recent call last):
25         ...
26      ValueError: n must be exact integer
27      >>> factorial(30.0)
28      265252859812191058636308480000000L
29
30      It must also not be ridiculously large:
31      溢出检查
32      >>> factorial(1e100)
33      Traceback (most recent call last):
34         ...
35      OverflowError: n too large
36      """
37
38      import math
39      if not n >= 0:
40          raise ValueError("n must be >= 0")
41      if math.floor(n) != n:
42          raise ValueError("n must be exact integer")
43      if n+1 == n:  # catch a value like 1e300
44          raise OverflowError("n too large")
45      result = 1
46      factor = 2
47      while factor <= n:
48          result *= factor
49          factor += 1
50      return result
```

【代码说明】

❑ 这里的代码虽然比较长，但是实际上和前面介绍的可执行文档部分并没有本质的区别。只是这里的测试用例更多一些。

❑ 由于这种测试方法将测试放在了代码注释中，所以可以很容易地为测试过程书写代码。在对于 factorial 方法实现的测试中，包含 3 个方面的测试。第一个方面是测试阶乘的返回值，包括小于 0 的数值。第二个方面是对输入进行检查，看是否为整数，如果为浮点数也需要转换为整数。第三个方面是对阶乘溢出的检查。

❑ 最后是 factorial 函数的实现，其中包含上面测试中各种情况的处理。如输入小于 0 的值、输入浮点数和输出太大的情况等。

在 doctest 模块的实际使用中可以直接从 Python 标准终端上进行复制。

16.3.3　执行 doctest 测试

为了能够对含有可执行文档的 docstring 执行测试，可以在需要测试的代码后面加上下面的代码段。通过这样的处理，此模块就具有了 doctest 测试的功能。

```
01   def _test():
02       import doctest
03       doctest.testmod()
04
05   if __name__ == "__main__":
06       _test()
```

这里实际上是定义了一个_test 函数。此函数首先导入 doctest 模块，然后调用了其中的 testmod 方法。testmod 方法会搜索整个模块中的__doc__来寻找文档字符串中的可执行部分，并进行 doctest 测试。直接运行此文件，即可执行 doctest 测试，具体操作如下。

```
In [1]: run doctest_1.py
```

从运行结果来看，并没有任何的输出。这是因为现在所有的测试用例都通过了测试。当对文档字符串中可执行部分做一些修改，doctest 测试失败，则再次运行的时候，显示如下。

```
01  In [2]: run doctest_1.py
02  ***********************************************************************
03  File "doctest_1.py", line 17, in __main__.factorial
04  Failed example:
05      [factorial(n) for n in range(6)]
06  Expected:
07      [1, 1, 3, 6, 24, 120]
08  Got:
09      [1, 1, 2, 6, 24, 120]
10  ***********************************************************************
11  1 items had failures:
12     1 of   8 in __main__.factorial
13  ***Test Failed*** 1 failures.
```

从上面的输出可以看出，给出了很详细的出错信息。其中包括出错的单元实例以及最终输出结果的对比。当测试用例全部通过测试的情况下，可以加上"-v"参数来显示具体的测试过程。

```
01  In [3]: run doctest_1.py -v
02  Trying:
03      [factorial(n) for n in range(6)]
04  Expecting:
05      [1, 1, 2, 6, 24, 120]
06  ok
07  #省略部分输出
08  Trying:
09      factorial(30L)
10  Expecting:
11      265252859812191058636308480000000L
12  ok
13  Trying:
14      factorial(-1)
15  Expecting:
16      Traceback (most recent call last):
17          ...
18      ValueError: n must be >= 0
19  ok
20  Trying:
21      factorial(30.1)
22  Expecting:
23      Traceback (most recent call last):
24          ...
25      ValueError: n must be exact integer
26  ok
27  #省略部分输出
28  Trying:
29      factorial(1e100)
```

```
30   Expecting:
31     Traceback (most recent call last):
32       ...
33     OverflowError: n too large
34   ok
35   2 items had no tests:
36     __main__
37     __main__._test
38   1 items passed all tests:
39     8 tests in __main__.factorial
40   0 tests in 3 items.
41   8 passed and 0 failed.
42   Test passed.
```

输出给出了 doctest 模块详细的测试过程。doctest 模块将执行文档字符串中的可执行部分，并和期望值进行比较，从而形成测试结果。最后给出了此次 doctest 测试的综合结果信息。

另外，在 doctest 模块中还包含一个 testfile 方法，用来读取指定文件中包含可执行文档的 docstring。如果将文档字符串保存在 factorial_docstring.txt 文件中，则使用下面的代码同样可以实现 doctest 测试。这种处理方法的好处是可以将 docstring 集中处理。

```
01   def _test():
02       import doctest
03       doctest. testfile("factorial_docstring.txt")
04
05   if __name__ == "__main__":
06       _test()
```

这里的 factorial_docstring.txt 文件中保存有针对 factorial 方法的 docstring 文档。

上面介绍了 doctest 测试的应用。从示例代码中可以看到，这种测试方法还是相对比较简单的。在实际操作中，doctest 模块将会根据具体情况和 unittest 模块结合起来使用，从而发挥测试驱动开发模式的最大优势。

16.4　小结

本章中以测试驱动开发模式为基础，讲解了敏捷方法学在 Python 中的应用。首先详细介绍了测试驱动开发模式的含义、优势以及应用步骤，并介绍了 Python 语言中对于测试驱动开发的支持。接下来，详细介绍了 Python 语言中两种测试框架。一个是 unittest 模块，这是单元测试工具 xUnit 在 Python 语言中的实现。详细介绍了如何使用 unittest 模块来构建测试用例、组成测试套件，并介绍了测试的过程。另一个是 doctest 模块，这是一种新的测试框架，直接使用文档字符串中的可执行部分来进行测试，很好地结合了代码和文档。

16.5　习题

1. 编写一个简单的应用，并使用 unittest 模块来构建测试用例。
2. 使用 doctest 构建一个简单的可执行文档。

第17章 Python中的进程和线程

进程和线程是操作系统中的基本运行单元。在 Python 的标准安装中，对两者有很好的支持。掌握进程和线程编程，将有助于理解系统运行过程，提高程序性能。

本章的知识点：

❑ 进程、线程的概念
❑ 程序运行环境
❑ 使用 system、abort 和 exec 家族函数
❑ subprocess 模块介绍
❑ signal 模块和信号
❑ 多线程的生成和终止
❑ 多线程的数据同步

17.1 进程和线程

进程和线程都是操作系统中的重要概念，既相似，又不同。本节将首先介绍两者的概念，然后对 Python 中的实现方式进行简单介绍，最后介绍标准库中进程和线程的相关函数和模块。

17.1.1 进程和线程的概念

对于一般的程序，可能会包含若干进程；而每一个进程又可能包含多个同时执行的线程。进程是资源管理的最小单位，而线程则是程序执行的最小单位。

1．进程

直观地说，进程就是正在执行的程序，为多任务操作系统中执行任务的基本单元，是包含了程序指令和相关资源的集合。在 Windows 下，可以打开任务管理器，在进程标签栏中就可以看到当前计算机中正在运行的进程，如图 17-1 所示。

操作系统隔离各个进程可以访问的地址空间。如果进程间需要传递信息，则需要使用进程间通信（Inter-Process Communication）或者其他方式，如文件或者数据库等。在进程调度中，进程进行切换所需要的时间是比较多的。为了能够更好地支持信息共享

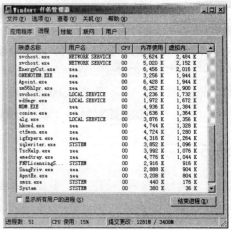

图 17-1　Windows 下的进程

和减少切换开销，从进程中演化出了线程。

2．线程

线程是进程的执行单元。对于大多数程序来说，可能只有一个主线程。但是，为了能够提高效率，有些程序会采用多线程，在系统中所有的线程看起来都是同时执行的。例如，现在的多线程网络下载程序中，就使用了这种线程并发的特性，程序将欲下载的文件分成多个部分，然后同时进行下载，从而加快速度。虽然线程并不是一个容易掌握和使用的概念，但是，从上面的示例可以看到，如果运用得当，还是可以获得很不错的性能的。

3．进程和线程的对比

明确进程和线程的区别，这一点对于使用 Python 编程是非常重要的。一般的，进程是重量级的。具体包括进程映像的结构、执行细节以及进程间切换的方法。在进程中，需要处理的问题包括进程间通信、临界区管理和进程调度等。这些特性使得新生成一个进程的开销比较大。而线程刚好相反，它是轻量级的。线程之间共享许多资源，容易进行通信，生成一个线程的开销较小。但是使用线程会有死锁、数据同步和实现复杂等问题。

由于 Python 语言使用了全局解释器锁（Global Interpretor Lock，GIL）和队列模块，其在线程实现的复杂度上相对于其他语言来说要低得多。需要注意的是，由于 GIL 的存在，所以 Python 解释器并不是线程安全的。因为当前线程必须持有这个全局解释器锁，才可以安全地访问 Python 对象。虽然使用 GIL 使得 Python 不能够很好地利用多 CPU 优势，但是现在还没有比较好的办法来代替它，因为去掉 GIL 会带来许多问题。Python3 重新实现了 GIL。

所以，针对 I/O 受限的程序，如网络下载类，可以使用多线程来提高程序性能。而对于 CPU 受限的程序，如科学计算类，使用多线程并不会带来效率的提升。这个时候，建议使用进程或者混合进程和线程的方法来实现。

17.1.2　Python 中对于进程和线程处理的支持

在前面提到，Python 对于进程和线程处理都有很好的支持。本小节将介绍在 Python 语言的标准库中相关的模块和函数。表 17-1 和表 17-2 分别描述了这些模块和函数，具体的使用将在后面的小节中进行介绍。

表 17-1　进程和线程相关 Python 模块

	介　　绍	模块名称	介　　绍
os/sys	包含基本进程管理函数	signal	Python 基本库中信号相关模块
subprocess	Python 基本库中多进程相关模块	threading	Python 基本库中线程相关模块

表 17-2　os/sys 模块中进程相关函数

函数名称	介　　绍	函数名称	介　　绍
popen	生成新的进程	abort/exit	终止进程
system	直接生成字符串所代表的进程	exec 家族	在现有进程环境下生成新进程

17.2　Python 下的进程编程

进程是程序运行的实例，本节将具体介绍 Python 下的进程编程。首先介绍进程运行环境，然后对 os 模块中的进程相关函数进行描述，从而可以用它们生成和终止进程。在此基础上，将进一步讨论 subprocess 和 signal 模块的进程高级应用。在掌握了这些相关模块的使用后，就可以很方便地管理系统中的进程了。

17.2.1　进程运行环境

在具体介绍进程管理之前，需要了解进程的运行环境。对于每个运行的进程，系统都会提供一个相关运行环境，一般可以看作是环境变量的集合。如图 17-2 所示是 Windows 下的环境变量。

当进程启动的时候，环境变量也就确定了下来，只有当前进程能够修改其环境变量，而此进程的父进程或者子进程，都没有这种权力。在创建进程的时候，子进程将会得到当前父进程运行环境的一个副本。当子进程创建完毕后，对于父进程环境变量的修改就不会影响到子进程了。

在 Python 中，os 模块提供了 environ 属性，用来记录当前进程的运行环境。这是一个字典的数据结构，其中键为环境变

图 17-2　Windows 下的环境变量

量的变量名，而值为环境变量的值。按照惯例，环境变量的变量名一般全部用大写字母。environ 支持字典的所有相关操作。如果要获取当前环境变量中的 PATH 值，可以使用下面的代码。

```
01    import os
02
03    path = os.environ.get('PATH')
04    print (path)
```

输出将会打印系统中路径环境变量的值。当然，如果需要获取当前进程中所有的环境变量，可以使用下面的代码。

```
01    import os
02
03    for key in os.environ.keys():
04        print (key, '\t', os.environ[key])
```

同样，可以对环境变量值进行设置。可以修改已有的环境变量，或者新生成一个环境变量。

```
01    import os
02
03    os.environ['key']= 'value'
```

当 key 在环境变量中已经存在的时候，将会被改写，而当不存在的时候，则会生成。在模块导入的时候，PythonPATH 环境变量就会影响模块导入的查找路径。需要强调的是，这里修改或者新生成的环境变量仅仅对当前进程是有效的。如果希望环境变量能够起全局作用，则需要将这些运行时环境写入配置中去。

17.2.2　创建进程

创建进程是系统管理的重要组成部分。Python 语言提供了多种方式来创建进程，除了在 os 模块中有丰富的创建进程函数外，还有其他专门的模块，如 subprocess 等来管理进程。在本节中，主要对 os 模块中的进程创建函数进行说明，而对其他模块的描述则放在了后面。

在 os 模块中主要包括 system 和 exec 家族函数，能够适应不同的创建进程需求。还有一些其他的创建进程方法，如 os.popen*等函数，可以参看相关的文档，在这里就不具体介绍了。

1. system 函数

system 函数是用来创建进程的最快捷方式，其函数原型如下。

```
system(command)
```

此函数在新进程中执行 command 字符串命令。如果返回值为 0，则表示命令执行成功，否则表示失败。现在，可以通过 Python 来执行系统命令，如下面的代码。

```
01   import os
02
03   print (os.system("dir"))
```

结果将存放在输出程序所在目录的文件和文件夹后面。注意到程序最后还打印出 0，这表示这次命令执行成功。这样就很容易地做成了一个 dir 系统命令的 Python 版本。

2. exec 家族函数

exec 家族包含 8 个类似的函数。虽然都可以创建进程，但是和 system 函数还是有些不同的。system 函数实际上是调用系统内置的命令行程序来执行系统命令，所以在命令结束之后会将控制权返回给 Python 进程。但是，所有的 exec 函数在执行命令之后，将会接管 Python 进程，而不会将控制权返回。换句话说，Python 进程会在调用 exec 函数后终止。新生成的进程将会替换调用进程。这些函数都没有返回值，如果发生错误，将会触发 OSError 异常。

下面是一个简单的例子。

```
01   import os
02
03   notepad = 'c:\\windows\\notepad.exe'
04   os.execl(notepad, 'notepad.exe')
```

脚本执行的结果如图 17-3 所示。

图 17-3　execl 函数示例程序

从上面的结果中可以看到，调用的时候，打开了记事本程序，同时原来的 Python 解释器退出。这也是 exec 家族函数和 system 函数不同的地方。

17.2.3　终止进程

同创建进程过程一样，终止进程过程也是系统管理的重要组成部分。Python 同样提供了多种不同的方式来终止进程。其实在前面就遇到过一种方法，那就是使用 return 关键字。当 Python 脚本遇到最外层的 return 语句而退出的时候，这个进程也就终止了。除此之外，还有两种方法终止进程：sys.exit 和 os.abort。

1．sys.exit 函数

exit 函数是一种"温和"的终止进程方式，在程序退出之前会执行一些清理工作，同时将返回值返回给调用进程（一般是操作系统）。使用此返回值系统可以判断程序是正常退出还是运行出了异常。下面是一个程序框架，用来读取用户给定的参数。

```
01    import sys
02
03    try:
04        filename = sys.argv[1]
05        print (filename)
06    except:
07        print ("Usage:", sys.argv[0], "filename")
08        sys.exit(1)
09    return 0
```

当用户提供了文件名参数的时候，系统将打印文件名，并将返回 0；否则将触发异常，使用 exit 函数返回 1。调用的函数通过检查这个值就可以知道用户是否提供了参数。

2．os.abort 函数

和 exit 函数不同的是，abort 函数则是一种"暴力"的退出，将会直接给进程发送终止信号（SIGABORT 信号）。在默认情况下，这将会终止进程，同时不会做相关的清理工作。需要注意的是，可以使用 signal.signal() 来为 SIGABORT 信号注册不同的信号处理函数，从而改变其默认行为。

一般的，在使用 abort 函数的地方都可以使用 exit 函数来代替，这种终止程序方式更加恰当。但是有时候当 exit 不能终止程序或者时间过长的情况下，可以尝试使用 abort 函数来解决。

上面对进程的创建和终止进行了描述。但这些只是基本的进程管理函数，无法满足更复杂的需求。为此，Python 中提供了 subprocess 模块进行高级进程管理。

17.3　使用 subprocess 模块管理进程

subprocess 模块是作为进程管理的高级模块在 2.4 版本被引入的。subprocess 可以调用外部的系统命令来创建新子进程，同时连接到子进程的 input/output/error 管道上，并得到子进程的返回值。这个模块可以用来替代一些旧模块的方法，如 os.system、os.spawn*、os.popen*、popen2.*、commands.* 等。subprocess 模块中提供一个类和两个实用函数来管理进程，下面分别进行介绍。

17.3.1　使用 Popen 类管理进程

subprocess 模块中的高级进程管理能力都是来自于对 Popen 类的灵活使用。这一部分也是来自于类参数的丰富，其函数原型如下。

```
01   class Popen(builtins.object)
02     Methods defined here:
03
04     __del__(self, _maxsize=9223372036854775807, _active=[])
05
06     __enter__(self)
07
08     __exit__(self, type, value, traceback)
09
10     __init__(self, args, bufsize=-1, executable=None, stdin=None,
stdout=None, stderr=None,   preexec_fn=None, close_fds=<object object>,
shell=False, cwd=None, env=None,   universal_newlines=False, startupinfo=None,
creationflags=0, restore_signals=True,   start_new_session=False, pass_fds=())
11       Create new Popen instance.
12
13     communicate(self, input=None, timeout=None)
14       Interact with process: Send data to stdin.  Read data from
15       stdout and stderr, until end-of-file is reached.  Wait for
16       process to terminate.  The optional input argument should be
17       bytes to be sent to the child process, or None, if no data
18       should be sent to the child.
19     communicate() returns a tuple (stdout, stderr)…
```

其中，args 参数为要执行的外部程序，其值可以是字符串或者序列。除此之外，其他的类参数都有默认值，可以根据需要进行修改。

下面是一个展示 Popen 类使用的例子，并逐步解释其高级用法。这个例子的目的是向 www.sina.com.cn 发送 4 个探测 ping 报文，并获取相应的输出留待后面进行处理。这里采用的方式是直接调用系统中的 ping 命令。

Linux 下的程序代码如下。

```
01   import subprocess
02
03   pingP=subprocess.Popen(args='ping -c 4 www.sina.com.cn', shell=True)   #生成ping进程
04   print (pingP.pid)                    #打印进程ID
05   print (pingP.returncode)             #打印进程返回值
```

Windows 下的程序代码如下。

```
01   import subprocess
02
03   pingP=subprocess.Popen(args='ping -n 4 www.sina.com.cn', shell=True)#生成ping进程
04   pirnt (pingP.pid)                    #打印进程ID
05   print (pingP.returncode)             #打印进程返回值
```

注意　由于Linux和Windows下的ping命令格式不一样，所以这里分别给出了相关代码。在后面的示例中，将以Windows下的为主进行介绍。

上面的代码中，Popen 的第二个类参数为 shell 的值。在 Linux 下，当 shell 为 False 时，Popen 将调用 os.execvp 执行对应的程序；而 shell 为 True 时，如果命令为字符串，Popen 直接调用系统 shell 来执行指定的程序。

如果命令为一个序列，则其第一项是定义命令字符串，其他项为命令的附加参数。而在 Windows 下，无论 shell 为何值，Popen 都将调用 CreateProcess 来执行指定的外部程序；若参数为序列，则需要先用 list2cmdline 转化为字符串。在这里，为了方便起见，都是使用的字符串作为类的命令参数。代码的最后两行分别打印出所生成子进程的进程 pid 和返回值。

将代码保存为 pingP_1.py，在 Windows 下代码的一种输出结果如下所示（Linux 下的输出结果会稍有不同）。

```
C:\ >python pingP_1.py
2956
None

C:\ >
Pinging jupiter.sina.com.cn [117.194.0.210] with 32 bytes of data:

Reply from 121.194.0.210: bytes=32 time=26ms TTL=52
Reply from 121.194.0.210: bytes=32 time=26ms TTL=52
Reply from 121.194.0.210: bytes=32 time=30ms TTL=52
Reply from 121.194.0.210: bytes=32 time=30ms TTL=52

Ping statistics for 121.194.0.210:
    Packets: Sent = 4, Received = 4, Lost = 0 (0% loss),
Approximate round trip times in milli-seconds:
    Minimum = 26ms, Maximum = 30ms, Average = 28ms
C:\ >
```

在这段代码输出中，上面的输出部分 2956 和 None 是子进程的进程 ID 和返回值。而下面则是外部 ping 程序的输出。多次执行这段代码，进程 ID 将会不断变化。而在子进程的返回值中，输出 None 表示此子进程还没有终止。

从输出中可以看到，代码生成一个子进程并执行 args 中指定的命令，然后继续执行下面的语句。由于网络应用的延时，这就使得在打印出了进程 ID 和返回值后才输出外部命令的输出。

由于外部程序是在一个新生成的子进程中执行的，所以如果不加以限制，则有可能会将原进程和子进程的输出混淆。如果需要等待该子进程的结束，可以使用 Popen 类中的 wait() 函数，如下面代码所示。

```
01    #filename: pingP_2.py
02    import subprocess
03
04    pingP=subprocess.Popen(args='ping -n 4 www.sina.com.cn', shell=True)  #生成ping进程
05    pingP.wait()                    #等待进程完成
06    pirnt (pingP.pid)               #打印进程ID
07    print (pingP.returncode)        #打印进程返回值
```

wait() 函数将等待子进程的完成，将会返回子进程的返回值。下面是代码运行的输出。

```
C:\ >python pingP_2.py
Pinging jupiter.sina.com.cn [121.194.0.209] with 32 bytes of data:
```

```
Reply from 121.194.0.209: bytes=32 time=26ms TTL=52
Reply from 121.194.0.209: bytes=32 time=28ms TTL=52
Reply from 121.194.0.209: bytes=32 time=29ms TTL=52
Reply from 121.194.0.209: bytes=32 time=26ms TTL=52

Ping statistics for 121.194.0.209:
    Packets: Sent = 4, Received = 4, Lost = 0 (0% loss),
Approximate round trip times in milli-seconds:
    Minimum = 26ms, Maximum = 29ms, Average = 27ms
2820
0
C:\ >
```

从上面的输出中可以看到，现在子进程的进程 ID 和返回值已经在子进程输出的后面了。同时，子进程的返回值已经变为 0，表示子进程已经顺利退出。

在上面的两个示例程序中，子进程被创建后，其标准输入、标准输出和标准错误处理都和原进程没有关系。如果需要管理子进程的输入输出，可以改变 Popen 类中的 stdin、stdout 和 stderr 等类参数，这是非常方便的。如果使用以前的进程创建方法，则需要将输入输出重定向。下面的代码将会收集子进程的输出。

```
01    #filename pingP_3.py
02    import subprocess
03
04    pingP=subprocess.Popen(args='ping -n 4 www.sina.com.cn', shell=True, stdout = subprocess.PIPE)
05    pingP.wait()                        #等待进程完成
06    print (pingP.stdout.read())         #读取进程的输出信息
07    print (pingP.pid)
08    print (pingP.returncode)
```

【代码说明】

❏ 在 Popen 的类参数中，stdin、stdout、stderr 分别用来指定程序标准输入、标准输出和标准错误的处理器，其值可以为 PIPE、文件描述符和 None 等。默认值都为 None。

❏ 在获取输出后，pingP.stdout（<open file '<fdopen>', mode 'rb'>）成为一个可读的文件对象，可以使用相应的文件操作函数来读取。

单单从输出来看，它和 pingP_2.py 的输出是一样的。但是，两者是完全不同的。在 pingP_2.py 中，子进程的输出并没有得到控制。而在 pingP_3.py 中，其子进程的输出则被收集起来了。如果将脚本中的 print pingP.stdout.read()这句注释掉，则程序输出如下。

```
C:\ >python pingP_3.py
3528
0
C:\ >
```

另外一种方式是采用 Popen 类提供的 communicate 方法。为了能够演示 communicate 方法的使用，将外部命令改为了 cat（注意：这是在 Linux 下的系统命令），这个命令在不提供参数的情况下，从标准输入中读取输入并将其原样输出。下面是代码示例。

```
01    #filename: catP.py
02    import subprocess
```

```
03
04    pingP=subprocess.Popen(args='cat', shell=True, stdin = subprocess.PIPE)
05    pingPout, pingPerr = pingP.communicate(input='Hello Python')
06    print (pingPout.read())        #读取进程的输出信息
```

communicate()方法返回一个(stdout, sterr) 的元组。需要注意的是，因为数据都是缓存在内存中的，所以如果数据很大的时候不要使用这个方法。

通过灵活设置类参数和使用类中的方法，可以有效地管理进程。除了上面介绍的以外，还有其他的类参数和类方法，可以参考相关的文档。

17.3.2　调用外部系统命令

subprocess 模块还提供了两个实用函数来直接调用外部系统命令：call()和 check_all()，两者是对上面 Popen 类构造使用方法的一种简化。其参数列表和 Popen 的构造函数参数列表是一样的。对于 call 函数，将会直接调用命令生成子进程，并且等待子进程结束，然后返回子进程的返回值，而对于 check_call 函数来说，和 call 函数的主要区别在于如果返回值不为 0，则触发 CallProcessError 异常。返回值保存在这个异常对象的 returncode 属性中。一个简单的例子如下。

```
01    import subprocess
02
03    retcode = subprocess.call(["ls", "-l"]) #调用ls -l命令
```

在下面还可以看到，这个实用函数可以用来替代如 os.system()等函数，而且已经比较好地实现了这个目标。

17.3.3　替代其他进程创建函数

subprocess 作为进程管理的高级模块，可以替代原有的 Python 中系统命令调用方法。在前面介绍过 os.system()函数，一种可能的替代方式如下。

```
01    sts = os.system("cmd")
02    ===>
03    p = subprocess.Popen("cmd", shell=True)
04    sts = os.wait(p.pid, 0)
```

在上面的处理中，并没有考虑到命令执行异常的过程。一种更加容错的方法如下。

```
01    try:
02        returncode = subprocess.call("cmd", shell=True)
03        if returncode < 0:
04            print ("Child was terminated by signal", -returncode)   #子进程被信号中断
05        else:
06            print ("Child returned with code", returncode)          #子进程正常返回
07    except OSError, e:
08        print ("Execution failed:", e)                              #发生了异常
```

这里的处理考虑了多种可能的情况，包括子进程被信号中断的情况。当子进程被信号中断的时候，将返回信号的负值，在第 4 行代码中，取代码的负值则得到了相关的信号值。相对于 os.system()函数来说，后面这种处理方法有以下好处。

1）没有使用 C 标准函数 system()，从而避免了其使用中的一些限制。

2）并没有像 os.system()一样隐式地调用系统 shell。

3）可以使用参数列表，不需要对命令进行转义。

4）可以更好地处理返回值，如可以识别进程的信号中断。

现在还是有不少人使用 os.system()，它比 call 函数出现得早，而且使用简单方便。而 subprocess 的 call()函数也是同样简单易用的，除了能够替代 os.system()函数外，其他很多进程创建函数也是可以被 subprocess 模块中的类和方法替代的，实现方法类似。

17.4　进程间的信号机制

信号处理也是进程间通信的一种方式。合理有效地利用信号，可以使得进程的处理更加灵活便捷。信号是操作系统的一种软件中断，采用异步方式传递给应用程序相关消息。例如，终端用户按下中断键，则会通过信号机制来生成一个信号，应用程序针对特定的信号可以采取相应的措施。在 Python 中，针对每个信号都有一个默认的信号处理程序，如在前面说到的 os.abort 函数，其实质也是向应用程序发送特定的信号。应用程序收到这样的信号后，可以使用自定义的信号处理程序。当没有自定义信号处理程序的时候，则会采用默认信号处理程序。

信号机制最早由 UNIX 系统引进，现在类似的实现已经在各个系统中都有了。但是由于历史原因，信号的实现并不完全相同。也就是说，每个系统都实现了自己特有的信号集合，而 signal 模块并不是使用 Python 语言来实现的，而是直接依赖于具体的系统平台。所以，signal 模块只包含系统中定义的信号，而对于其他的信号是忽略的，这一点在处理信号的时候需要注意。

17.4.1　信号的处理

signal 模块中提供了管理信号处理的方法，其核心函数是 signal.signal()函数，作用是为中断信号注册指定的信号处理函数。当程序收到在其中注册的信号后，就会执行指定的信号处理函数。此方法有两个参数，分别是需要注册的信号和对应的信号处理函数。此方法的第二个参数可以是系统定义的某个信号处理函数，也可以是在 signal 模块中已经预设的一些信号处理函数。现在已经有两个预设的信号处理函数，一个是 SIG_DFL，这个是信号的默认处理函数；而另一个是 SIG_IGN，这个是简单地忽略信号。

程序在运行的时候，一般可以通过按快捷键 Ctrl+C 来终止进程。假设有个需求，希望能够在程序退出的时候做一些维护工作，此时就可以使用信号来完成。还是以上面的 pingP_2.py 为例子来描述，原来是发送 4 个 ping 探测报文，但是现在则只需要发送两个探测报文。在不修改原来代码的情况下，可以通过按快捷键 Ctrl+C 发送 SIGINT 信号来完成。在现有的情况下，这种方式会触发键盘中断异常，从而终止 Python 程序的运行。程序输出如下所示。

```
C:\ >python pingP_2.py
Pinging jupiter.sina.com.cn [121.194.0.206] with 32 bytes of data:

Reply from 121.194.0.206: bytes=32 time=26ms TTL=52
Reply from 121.194.0.206: bytes=32 time=26ms TTL=52

Ping statistics for 121.194.0.206:
    Packets: Sent = 2, Received = 2, Lost = 0 (0% loss),
Approximate round trip times in milli-seconds:
    Minimum = 26ms, Maximum = 26ms, Average = 26ms
```

```
Control-C
Traceback (most recent call last):
  File "pingP_2.py", line 5, in <module>
    pingP.wait()
  File "C:\Python25\lib\subprocess.py", line 834, in wait
    obj = WaitForSingleObject(self._handle, INFINITE)
KeyboardInterrupt
```

其中"Control-C"是控制按键，这里为按 Ctrl+C 键时候的打印符。由于子进程的 ping 程序也是会处理 SIGINT 信号的，所以这里可以在收到这个信号的时候打印统计信息。而对于调用进程而言，对于 SIGINT 信号的默认处理程序就是触发键盘中断异常。

这种中断程序运行的方式过于简单。如果在代码的后面还需要进行其他处理，则不会得到执行。此时，可以采用信号机制。代码如下所示。

```
01    #filename: pingP_signal.py
02    import subprocess
03    import signal
04
05    def sigint_handler(signum, frame):    #SIGINT信号处理函数
06        print ("In signal SIGINT handler")
07    signal.signal( signal.SIGINT, sigint_handler) #设置SIGINT信号处理函数
08
09    pingP=subprocess.Popen(args='ping -n 4 www.sina.com.cn', shell=True)
10    pingP.wait() #等待子进程完成，后面在这里会被中断
11    pirnt (pingP.pid)
12    print )pingP.returncode)
```

【代码说明】

❑ 上面的代码主体部分并没有改动，主要是加入了信号处理部分。在代码段中的第 5~7 行实现并注册了信号处理函数。

❑ 第 5~6 行代码是信号处理函数的定义部分。函数包含有两个参数，其中一个是信号编号，第二个参数包含当前的堆栈帧。信号编号是识别信号的唯一标识，在同一操作系统中是唯一定义的，而不同操作系统可能是相同的。代码仅仅是作为示意，这里只是打印了一些信息，而在实际代码中，信号的处理过程要复杂得多。

❑ 第 7 行代码则将 SIGINT 信号和 sigint_handler 信号处理函数联系起来，使得程序在收到相关信号的时候可以找到正确的注册函数入口。在 signal 方法中的第一个参数使用的是 SIGINT，而不是普通的数值，这可以提高代码的可移植性。

本段代码运行后输出如下。

```
C:\ >python pingP_signal.py

Pinging jupiter.sina.com.cn [121.194.0.207] with 32 bytes of data:

Reply from 121.194.0.207: bytes=32 time=26ms TTL=52
Reply from 121.194.0.207: bytes=32 time=26ms TTL=52

Ping statistics for 121.194.0.207:
    Packets: Sent = 2, Received = 2, Lost = 0 (0% loss),
Approximate round trip times in milli-seconds:
    Minimum = 26ms, Maximum = 26ms, Average = 26ms
```

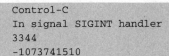

```
Control-C
In signal SIGINT handler
3344
-1073741510
```

和原来没有信号的处理输出相比，主要变化在后面的 3 行中。当按快捷键 Ctrl+C 的时候，系统向程序发出了键盘中断消息，但是程序并没有就此结束，而是进入已经关联好的信号处理函数。这里将会打印在信号处理函数中的内容。

后面还输出了子进程的进程 ID 和返回值，可以看到程序在中断后继续在执行。程序会在收到信号的时候将当前程序挂起，去处理信号中断函数。当信号处理完毕后，程序从中断位置继续执行后面的代码。当然，有些代码在中断后其后的代码是不能够继续执行的，例如 Linux 中的系统调用，这点在编写信号代码的时候需要注意。注意到后面的返回值也和以前的不一样，这是因为子进程也被系统中断了。

signal 模块中提供了一个实用函数 getsignal，用来查询特定信号值所关联的信号处理函数。返回值是一个可调用的 Python 对象，或者是 SIG_IGN、SIG_DFL 和 None 中的一个。如在上面针对 SIGINT 信号使用此函数，可以得到如<function sigint_handler   at 0x00B4A930>这样的值。

17.4.2　信号使用的规则

信号的使用是很方便的，但是在使用信号的时候有些事情是要注意的。

1）信号的支持和实现在不同的系统上是不一样的，所以有些程序在不同的系统上的表现可能会不一样。

2）除了 SIGCHLD 信号（如果信号集支持）以外，信号处理函数一旦被设置后就不会改变，除非显式地重新设置。

3）没有办法在临界区临时屏蔽掉信号。

4）尽管信号是一种异步的信息传递机制，但是实际上在进行长时间计算的时候使用信号，可能会有一定的延时。

5）当程序在执行 I/O 操作的时候收到信号中断，有可能使得在信号处理函数执行完毕后，触发异常，或者直接触发异常。如下面的代码。

```
01    #filename: io_signal.py
02    import signal
03
04    def sigint_handler(signum, frame):   #SIGINT信号处理函数
05        print ("In signal SIGINT handler")
06    signal.signal( signal.SIGINT, sigint_handler)   #注册SIGINT信号处理函数
07
08    while True:
09        ret = input('Prompt>'>     #I/O处理，将在这里发生中断
10        print ("Hello, ", ret)
```

输出如下所示。

```
C:\ >python io_signal.py

H:\switch\04.sources\zhouwei>python test_hh.py
Prompt>Python
Hello,  Python
```

```
Prompt>Traceback (most recent call last):
 File " io_signal.py", line 8, in <module>
   ret = input("Prompt>")
KeyboardInterrupt
```

从上可以看出，在收到了信号后，程序还是处于 I/O 中，所以直接触发了键盘中断异常。在设计 I/O 类程序的时候需要注意这一点。

6）Python 语言中的信号是使用 C 语言实现的，而 C 的信号处理函数总是会返回的。所以没有必要去关注同步错误，如 SIGFPE 和 SIGSEGV。

7）Python 语言已经为部分信号注册了处理函数，如在前面的 SIGINT 信号，默认情况下，就会转化为 KeyboardInterrupt 异常。

8）当信号和线程同时使用的时候，必须要小心。如果使用不当，可能会出现意想不到的问题。在同时使用的时候，特别要记住的是：总是在主线程中执行 signal()函数。所以说，不能用线程作为线程间的通信方式。

17.5　多线程概述

使用多线程处理技术，可以实现程序并发，优化处理能力。同时，由于对功能的划分更细，使得代码的可重用性更好。本节首先介绍多线程的概念，然后对 Python 中线程的支持进行介绍，主要是 threading 类。最后将对多线程中的常见问题——同步进行介绍。

17.5.1　什么是多线程

多线程使得系统可以在单独的进程中执行并发任务。虽然进程也可以在独立的内存空间中并发执行，但是其系统开销会比较大。生成一个新进程必须为其分配独立的地址空间，并维护其代码段、堆栈段和数据段等，这种开销是巨大的。另外，进程间的通信实现也不方便。在程序功能日益复杂的时候，需要有更好的系统模型来满足要求，线程由此产生了。

线程是"轻量级"的，一个进程中的线程使用同样的地址空间，且共享许多资源。启动线程的时间远远小于启动进程的时间和空间，而且，线程间的切换也要比进程间的切换快得多。由于使用同样的地址空间，所以线程之间的数据通信比较方便，一个进程下的线程之间可以直接使用彼此的数据。当然，这种方便性也会带来一些问题，特别是同步问题。

多线程对于那些 I/O 受限的程序特别适用。其实使用多线程的一个重要目的，就是最大化地利用 CPU 的资源。当某一线程在等待 I/O 的时候，另外一个线程可以占用 CPU 资源。如最简单的 GUI 程序，一般需要有一个任务支持前台界面的交互，还要有一个任务支持后台的处理。这时候，就适合采用线程模型，因为前台 UI 是在等待用户的输入或者鼠标单击等操作。除此之外，多线程在网络领域和嵌入式领域的应用也比较多。

17.5.2　线程的状态

一个线程在其生命周期内，会在不同的状态之间转换。在任何一个时刻，线程总是处于某种线程状态中。虽然不同的操作系统可以实现不同的线程模型，定义不同的线程状态，但是总的说来，一个线程模型中下面几种状态是通用的。

1）就绪状态：线程已经获得了除 CPU 外的其他资源，正在参与调度，等待被执行。当被调度选中后，将立即执行。

2）运行状态：占用 CPU 资源，正在系统中运行。

3）睡眠状态：暂时不参与调度，等待特定事件发生，如 I/O 事件。

4）中止状态：线程已经运行结束，等待系统回收其线程资源。

Python 使用全局解释器锁（GIL）来保证在解释器中只包含一个线程，并在各个线程之间切换。当 GIL 可用的时候，处于就绪状态的线程在获取 GIL 后就可以运行了。线程将在指定的间隔时间内运行。当时间到期后，正在执行的线程将重新进入就绪状态并排队。GIL 重新可用并且为就绪状态的线程获取。当然，特定的事件也有可能中断正在运行的线程。具体的线程状态转移将在下面进行详细介绍。

17.5.3　Python 中的线程支持

现在，Python 语言中已经为各种平台提供了多线程处理能力，包括 Windows、Linux 等系统平台。在具体的库上，提供了两种不同的方式。一种是低级的线程处理模块 thread，仅仅提供一个最小的线程处理功能集，在实际的代码中最好不要直接使用；另外一种是高级的线程处理模块 threading，现在大部分应用的线程实现都是基于此模块的。threading 模块是基于 thread 模块的，部分实现思想来自于 Java 的 threads 类。

多线程设计的最大问题是如何协调多个线程。因此，在 threading 模块中，提供了多种数据同步的方法。为了能够更好地实现线程同步，Python 中提供了 Queue 模块，用来同步线程。在 Queue 模块中，含有一个同步的 FIFO 队列类型，特别适合线程之间的数据通信和同步。

由于大部分程序并不需要有多线程处理的能力，所以在 Python 启动的时候，并不支持多线程。也就说，Python 中支持多线程所需要的各种数据结构特别是 GIL 还没有创建。当 Python 虚拟机启动的时候，多线程处理并没有打开，而仅支持单线程。这样做的好处是使得系统处理更加高效。只有当程序中使用了如 thread.start_new_thread 等方法的时候，Python 才意识到需要多线程处理的支持。这时，Python 虚拟机才会自动创建多线程处理所需要的数据结构和 GIL。

17.6　生成和终止线程

生成和终止线程是线程管理的关键步骤。在前面说过，只有生成线程后，Python 虚拟机才会开启对于多线程处理的支持。由于 Python 对于线程的支持既有低级方法，也有高级方法，所以生成和终止线程的方式也是多样的。本小节将详细介绍这些内容。

17.6.1　使用_thread 模块

thread 模块作为低级模块，虽然不推荐直接使用，但是在某些简单场合也是可以试试的，因为其用法非常简单。其中的核心函数是 start_new_thread 方法，可以用来生成线程。此方法接受一个函数对象作为参数，同时还有此函数的参数列表，另外还有一个可选的字典参数。此方法将会返回生成新线程的标识符。

下面是一个使用线程的例子。

```
01  #filename: thread_1.py
02  import _thread
03  import time
04
05  def worker(index,create_time):                          #具体的线程
06      print ((time.time()-create_time),"\t\t",index)
07      print ("Thread %d exit..." % (index))
08
09  for index in range(5):
10      _thread.start_new_thread(worker, (index,time.time()))      #启动线程
11
12  print ("Main thread exit...")
```

【代码说明】

❑ 这个代码片段将会生成 5 个子线程。一般说来，在进程启动的时候，会生成一个默认的线程，这个线程又叫做主线程。这里的主线程就是 Python 解释器。而由主线程衍生出来的线程称为子线程，同样也有自己的程序入口等。在大部分线程模型中，除了主线程比较特殊以外，其他线程之间并没有明显的从属关系或者层次关系。

❑ 在最后 4 行代码中，在 for 循环中 5 次调用了_thread 模块的 start_new_thread 方法，从而生成 5 个子线程。在 start_new_thread 函数中，后面有两个参数。其中一个是 worker 函数，这是在代码中定义的函数，另外一个是这个 worker 函数的参数，注意到这里的参数是一个元组。更具体的，在 worker 的两个参数中，第一个参数是 index 值，而第二个是线程创建的时间。

❑ 在 worker 函数中，为了简单起见，仅仅是打印出了本线程运行所用的时间和其 index 值。其中，前者通过将打印时的时间和创建时间比较得到。

下面是程序的两次运行结果。

```
#第一次运行结果
0.0      0
Thread 0 exit...
0.0      1
Thread 1 exit...
Main thread exit...
0.0      2
Thread 2 exit...
0.0      3
Thread 3 exit...
0.0160000324249          4
Thread 4 exit...
#第二次运行结果
Main thread exit...
0.0      0
Thread 0 exit...
0.0      1
Thread 1 exit...
0.0159997940063          2
Thread 2 exit...
0.0159997940063          3
Thread 3 exit...
0.0159997940063          4
Thread 4 exit...
```

从多次运行结果来看，输出并不一样，这也是多线程程序的一个特点。因为线程之间的调度是很难预知的。其中有些线程经过的时间为 0.0，这主要是因为线程从创建至打印所经过的时间太短，不在时间的精度范围之内，从而显示为 0.0。这并不代表线程的创建不需要时间，仅仅表示这个时间很短罢了。从输出结果来看，打印出来的 index 值还是有序的。这也不说明这些线程之间不具有并发的特性。其主要原因是时间太短，基本上线程创建出来就被调度而执行了打印语句。当然，如果执行次数足够多，有可能会出现乱序的情况，只是这种可能性比较低。下面将对代码稍加修改，使得线程的并发性得到体现。

```
01    #filename: thread_2.py
02    import _thread
03    import time
04
05    def worker(index,create_time):
06        time.sleep(1)  #休眠1秒钟
07        print ((time.time()-create_time),"\t\t",index)
08        print ("Thread %d exit..." % (index))
09
10    for index in range(5):
11        _thread.start_new_thread(worker, (index,time.time()))  #启动5个线程
12
13    print ("Main thread exit...")
```

相对于 thread_1.py 的修改主要是在线程中加入了一个休眠：time.sleep(1)，使得每个线程在调度之前都休眠 1 秒钟的时间。

现在再来看看多次执行这个代码片段的结果。

```
#第一次运行结果
Main thread exit...
1.0     0
Thread 0 exit...
1.0     4
Thread 4 exit...
1.0150001049    2
Thread 2 exit...
1.0150001049    1
Thread 1 exit...
1.0150001049    3
Thread 3 exit...
#第二次运行结果
Main thread exit...
1.01600003242   1
Thread 1 exit...
1.01600003242   0
1.01600003242   2
Thread 2 exit...
1.01600003242   4
Thread 4 exit...
1.01600003242   3
Thread 3 exit...
Thread 0 exit...
```

多次运行后，index 值出现了不同的排序。另外，注意到第二次运行结果，连前面的时间也是

无序的，并不是说结束时间早的反而在后面打印，而这是与线程调度、输出缓冲是有关的。从这里可以看出线程的并发性。

在上面的代码中，并没有出现退出线程的语句或者函数。实际上，当线程函数执行结束的时候，线程就已经默认终止了。当然，也可以使用 thread 模块中的显式退出方法 exit，这将触发 SystemExit 异常。如果此异常没有被捕获，线程将会安静终止。注意，这里的线程终止并不会影响其他线程的运行。

表 17-3 列出了 _thread 模块中的常用方法。

表 17-3　thread 模块中的常用方法

方法名称	介　绍	方法名称	介　绍
start_new_thread	生成一个新线程并且返回其标识符值	allocate_lock	返回一个锁对象，将在后面线程同步的时候进行介绍
exit	退出线程，触发一个 SystemExit 异常	interrupt_main	在主线程中触发一个 KeyboardInterrupt 异常
get_ident	获取当前线程的标识符	stack_size	返回线程堆栈的大小

17.6.2　使用 threading.Thread 类

使用 threading 模块来创建线程是很方便的。简单地说，只要将类继承于 threading.Thread，然后在 __init__ 方法中调用 threading.Thread 类中的 __init__ 方法，重写类的 run 方法就可以了。看一个使用 threading 的多线程程序框架。

```
01    import threading
02
03    class ThreadSkeleton(threading.Thread):
04        def __init__(self): #线程构造函数
05            threading.Thread.__init__(self)
06        def run(self):
07            pass
08
09    thread = ThreadSkeleton ()
10    thread.start()
```

【代码说明】

❏ 程序的主要步骤是构建一个继承于 threading.Thread 的类，然后实例化此对象，并调用相应的方法来生成线程。

❏ 在类的构造函数 __init__ 中，调用了 threading.Thread 类的构造函数。这里都是使用的 Thread 类构造函数中的默认值。当然，也可以传递特定的参数进去改变其默认行为。这里的构造函数并没有实际作用，即使去掉也没有任何影响。在实际代码中，可以将线程运行之前的一些准备工作放在这里。

❏ run 方法中的代码是每个线程将要执行的部分。这里只是一个多线程程序框架，并没有实际代码。

❏ 在代码片段的最后两行中创建了一个 ThreadSkeleton 对象，并调用 start 方法执行类在 run 方法中的代码，主线程继续执行后面的代码。在使用 start 方法的时候需要注意，此方法一个线程最多只能调用一次。

下面的代码是 thread_2.py 使用 threading 模块的版本。

```
01   #filename: threading_1.py
02   import threading
03   import time
04
05   class ThreadDemo(threading.Thread):
06       def __init__(self, index, create_time):   #线程构造函数
07           threading.Thread.__init__(self)
08           self.index = index
09           self.create_time = create_time
10       def run(self):                             #具体的线程运行代码
11           time.sleep(1)                          #休眠1秒钟
12           print ((time.time()-self.create_time),"\t",self.index)
13           print ("Thread %d exit..." % (self.index))
14
15   for index in range(5):
16       thread = ThreadDemo (index, time.time())
17       thread.start()                             #启动线程
18   print ("Main thread exit...")
```

【代码说明】

❑ 从代码片段中可以看到，这里的代码结构是在上面的多线程程序框架的基础上扩充的，包括类中的构造函数和 run 方法等。

❑ 第 15~17 行代码生成了 5 个独立的线程，并传递了参数值。

本段代码的一种运行结果如下。

```
Main thread exit...
1.0      0
Thread 0 exit...
1.01600003242  2
Thread 2 exit...
1.01600003242  1
Thread 1 exit...
1.01600003242  3
Thread 3 exit...
1.01600003242  4
Thread 4 exit...
```

代码运行的结果和 thread_2.py 的输出是类似的，多次运行结果将使得这种线程的并发性表现得更加明显。

threading.Thread 也没有显式的线程终止方法，当 run 方法运行结束时，这个线程就默认中止了。这和 thread 模块的处理是一样的。

表 17-4 列出了 threading 模块中 Thread 类的常用方法。

表 17-4　threading 模块中 Thread 类的常用方法

方法名称	介　　绍	方法名称	介　　绍
start	开始运行生成的线程实例	setName	设置线程的名字
run	重载此方法，作为线程的运行部分	isAlive	查看线程是否还是活动的
join	等待线程的结束	isDaemon	查看线程是否是后台运行标志
getName	返回线程的名字	setDaemon	设置线程的后台运行标志

线程的名字不但可以通过上表中的方法来设置，也可以用 Thread 类中的 __init__ 构造函数来设置。如果不设置线程名字，则系统将使用如 Thread-N 这样的名字。下面的代码片段中使用构造函数来设置线程名字。

```
01   class ThreadDemo (threading.Thread):
02       def __init__(self, index, create_time, thread_name):
03           threading.Thread.__init__(self, name=thread_name)
04           self.index = index
05           self.create_time = create_time
```

17.7 管理线程

在线程生成和线程终止之间，就是线程的运行时间。这段时间可以对指定的线程进行管理，从而更好地利用线程的并发特性。

17.7.1 线程状态转移

当线程生成后，就在不同的线程状态之间转移。在前面已经给出了大部分线程模型中基本上都有的 4 种状态：就绪状态、运行状态、睡眠状态和终止状态。图 17-4 给出了线程在这 4 个状态之间转移的示意图。

> **说明** 这里的睡眠状态并不只是 sleep 后得到的状态，而是包括如等待资源等其他状态。这里的睡眠状态仅仅是一个资源等待示意状态（睡眠也可以看做是等待 CPU 资源）。图中仅以调用 sleep 作为到达睡眠状态的方法。

从图 17-3 中可以看到各个状态之间的转移条件和方法，这是真实线程状态转移的一个简化。以 threading_1.py 为例，thread 调用 start 方法后将生成线程，线程状态变为就绪状态。在就绪状态中，如果此线程获

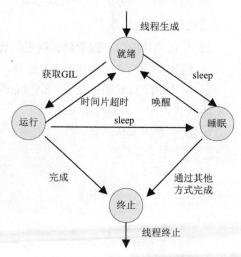

图 17-4　线程状态转移示意图

取了 GIL，则将转变为运行状态，执行在 run 方法中定义的代码。在执行过程中，遇到 sleep 函数，则线程将进入睡眠状态。当过了 1s 后，系统将唤醒线程，线程重新进入就绪状态。当再度获取 GIL 运行所有的代码完毕后，线程将进入终止状态，将视情况决定是否释放线程资源。

17.7.2 主线程对子线程的控制

在上面的所有多线程示例程序中可以看到，打印信息 "Main thread exit..." 一般出现在打印信息 "Thread 4 exit..." 之前。也就是说，当主线程生成子线程之后，主线程将会继续执行，而不会等待子线程的结束。但是在很多时候，可能需要主线程等待所有子线程的完成。具体到这个例子，也就是说要在所有的子线程输出信息打印完毕后才执行主线程后面的代码。这可以通过使用 Thread 类中的 join 方法来实现。

ThreadSkeleton 类的实现并没有变化，修改的部分如下。

```
01    threads = []
02    for index in range(5):
03        thread = ThreadSkeleton(index, time.time())
04        thread.start()
05        threads.append(thread)
06
07    for thread in threads:
08        thread.join() #等待线程完成
09
10    print ("Main thread exit...")
```

代码片段中使用 threads 来保存已经生成的线程。在后面对每个线程都调用了 join 方法，让主线程等待子线程的完成。

此段代码的一种输出如下。

```
1.0    2
Thread 2 exit...
1.0    1
Thread 1 exit...
1.0    0
Thread 0 exit...
1.0150001049    4
Thread 4 exit...
1.0150001049    3
Thread 3 exit...
Main thread exit...
```

多次运行这段代码后可以看到，主线程的输出信息已经放到了最后。这表明主线程在所有的子线程都结束后才继续执行。

join 方法还有一个可选的超时参数 timeout。如果进程没有正常退出或者通过某个异常退出，且超时的情况下，主线程就不再等待子线程了。由于 join 的返回值始终是 None，所以当在 join 方法中有超时参数的情况下，join 返回后无法判断子线程是否已经结束。这个时候，则必须使用 Thread 类中的 isAlive 方法来判断是否发生了超时。

使用 join 方法的时候，还需要注意以下问题。

1）在超时参数不存在的情况下，join 操作将会一直阻塞，直到线程终止。

2）一个线程可以多次使用 join 方法。

3）线程不能在自己的运行代码中调用 join 方法，否则会造成死锁。

4）在线程调用 start 方法之前使用 join 方法，将会出现错误。

17.7.3　线程中的局部变量

有时候需要在每个线程中使用各自独立的变量，一个显而易见的方法就是每个线程都使用自己的私有变量。为了方便，Python 中提供了一种简单的机制来解决这个问题，就是 threading.local。其使用方法也很简单，其成员变量就是在每个线程中不同的。看下面这个简单的例子。

```
01    import threading
02    import random, time
03
```

```
04   class ThreadLocal():
05     def __init__(self):
06         self.local = threading.local() #生成local数据对象
07
08     def run(self):
09         time.sleep(random.random()) #随机休眠时间
10         self.local.number = []
11         for i in range(10):
12             self.local.number.append(random.choice(range(10)))
13         print (threading.currentThread(), self.local.number)
14
15   threadLocal = ThreadLocal()
16   threads = []
17   for i in range(5):
18       t = threading.Thread(target=threadLocal.run)
19       t.start() #启动线程
20       threads.append(t)
21   for i in range(5):
22       threads[i].join #等待线程完成
```

【代码说明】

❑ 在 ThreadLocal 类中使用了 threading.local()生成了类局部变量。此变量将在不同的线程中保存为不同的值。

❑ ThreadLocal 类中的 run 方法主要是将 10 个随机数放到前面生成的局部变量中，并打印出来。下面是这段代码执行的一种结果。

```
<Thread(Thread-5, started)> [4, 4, 4, 1, 7, 8, 3, 4, 0, 7]
<Thread(Thread-1, started)> [7, 5, 8, 4, 2, 9, 0, 6, 4, 3]
<Thread(Thread-4, started)> [7, 6, 5, 0, 6, 0, 2, 5, 0, 4]
<Thread(Thread-2, started)> [1, 4, 4, 9, 9, 1, 2, 3, 7, 6]
<Thread(Thread-3, started)> [3, 1, 3, 3, 1, 0, 2, 1, 6, 4]
```

从上面的输出结果中可以看到，每个线程都有自己不同的值。

17.8　线程之间的同步

由于同一进程中的所有线程都是共享数据的，如果对线程中数据的并发访问不加以限制，结果将不可预期，在严重的情况下，还会产生死锁。为了解决这个问题，需要允许线程独占地访问共享数据，这就是线程同步。本小节将详细讨论同步的概念和在 Python 下具体的实现。需要注意的是，这些问题在进程中也是存在的，只是在多线程环境下更见常见而已。后面讨论的解决线程之间数据同步问题的方法，也是适用于进程的。在本节中，将具体的介绍 4 种线程同步机制，包括锁机制、条件变量、信号量和同步队列。每种同步机制都有自己的优缺点，可以根据需要选择。

17.8.1　临界资源和临界区

临界资源是指一次只允许一个线程访问的资源，包括如打印机一类的硬件资源和互斥变量一类的软件资源。对临界资源的共享只能采用互斥的方式。也就是说，在一个线程访问的时候，其他线程必须等待，而不能交替使用该资源，否则就会导致执行结果的不可预期和不一致。一般的，线程中访问临界资源的代码部分称为临界区。

　　简单地说，访问临界区的代码不能够同时执行。在线程进入临界区之前，首先要检查是否已经有线程在访问临界资源。在临界资源空闲时，才可以进入临界区执行，并设置访问标志，使其他线程不能进入临界区。如果临界资源忙，则该线程需要等待，直到临界资源被释放。

　　在前面的多线程示例代码中，由于不存在共享变量这种软件临界资源，所以不存在数据同步的问题。为此，引入一个全局的计数器。具体的示例代码如下。

```
01   #filename: threading_2.py
02   import threading
03   import time
04
05   class Counter: #计数器类
06       def __init__(self):
07           self.value = 0
08       def increment(self):
09           self.value = self.value + 1 #将value值加1
10           value = self.value #并返回这个value值
11           return value
12
13   counter = Counter()
14
15   class ThreadDemo(threading.Thread):
16   #省略了__init__构造函数
17       def run(self):
18           time.sleep(1)
19           value = counter.increment()
20           print ((time.time()-self.create_time),"\t",self.index, "\tvalue: ", value)
21
22   for index in range(100): #将生成100个线程
23       thread = ThreadDemo (index, time.time())
24       thread.start() #启动线程
```

【代码说明】

❑ 第 5~11 行代码构建了一个计数类。其中在类的构造函数中将计数器的值初始化为 0。类的实例可以调用 increment 方法来增加内部计数，同时返回这个值。

❑ run 方法中调用了 Counter 类中的 increment 方法，将计数器的值加 1。

　　由于采用了全局变量，所以对于每个线程都会将计数器加 1。对于产生的 100 个线程而言，计数器将最终到达 100，但是实际上并非如此。下面是代码的一种输出。

```
0        value: 1
2        value: 2
3        value: 4
1        value: 3
5        value: 5
#省略了部分输出
97       value: 90
98       value: 91
99       value: 92
92       value: 84
```

　　将代码片段运行多次，虽然结果不一定如上所示，但是有个共同点是，基本上 Count 类的 value

值没有达到 100。这就是因为没有对临界区进行互斥访问造成的。为了能够对临界区加以区别对待，需要在原来的代码中加入临界区的进入部分和离开部分，如图 17-5 所示。

对于临界区的访问必须加以限制，重点就是如何实现进入部分和离开部分。已经有多种针对这个问题的实现。在实际操作中，对于临界区的访问需要遵循以下访问原则。

1）空闲让进：当临界资源处于空闲状态的时候，应该允许申请进入临界区的线程进入。

2）忙则等待：当临界资源正在被某个线程访问的时候，如果有其他线程要使用临界资源，则必须等待。这可以保证对于临界区的互斥访问，每次最多只有一个线程使用临界资源。

图 17-5　线程状态转移图

3）有限等待：对于要求进入临界区的线程，应该保证在有限的时间内能够使用临界资源，而不是无休止地等待。

4）让权等待：当线程不能够进入临界区使用临界资源的时候，表示此时有线程在使用临界资源。此时该线程应该将自己阻塞，并释放 CPU 资源。

17.8.2　锁机制

一种数据之间同步的简单方法就是使用锁机制。这在低级 thread 模块和高级 threading 模块中都有提供。当然，threading 模块中的锁机制也是基于 thread 模块实现的。在 Python 中，这是最低层次的数据同步原语。一个锁总是处于下面两种状态之中："已锁"和"未锁"。为此提供了两种操作："加锁"和"解锁"，分别用来改变锁的状态。对照图 17-3 来看，对于一个锁来说，如果是未锁的状态，则线程在进入部分将此锁使用"加锁"操作将其状态变为"已锁"。而临界区代码执行完毕，则可以使用"解锁"操作将锁状态改为"未锁"。如果某个需要使用临界资源的线程发现锁的状态为"已锁"的时候，则必须阻塞等待，直到锁状态改变为"未锁"。

在 threading_2.py 代码中，执行结果并不像想象的那样，Count 的值变为 100，也是因为对临界区的不正确访问造成的。对现有的代码加入锁机制，首先需要找到临界区。经过分析，可以看到线程对 Count 中 increment 方法访问并不同步。具体说来，临界区是在 increment 方法中的下面代码。

```
self.value = self.value + 1
value = self.value
```

为了解决这个问题，需要对这段代码使用锁机制。

低层次 thread 锁机制版本如下。

```
01    class Counter: #计数器类
02      def __init__(self):
03          self.value = 0
04          self.lock = thread.allocate_lock()
05      def increment(self):
06          self.lock.acquire() #获取锁,进入临界区
07          self.value = self.value + 1
08          value = self.value
09          self.lock.release() #释放锁,离开临界区
10          return value
```

高层次 threading 锁机制版本如下。

```
01   class Counter:
02     def __init__(self):
03         self.value = 0
04         self.lock = threading.Lock()
05     def increment(self):
06         self.lock.acquire()  #获取锁，进入临界区
07         self.value = self.value + 1
08         value = self.value
09         self.lock.release()  #释放锁，离开临界区
10         return value
```

【代码说明】

❑ 由于 threading 中的 Lock 类就是简单构建在 thread 的锁机制之上的，所以在这里使用两者看起来非常相似。事实上，thread 模块中的锁机制也是此模块中唯一被推荐可以直接使用的对象。

❑ 锁机制的实现机制也非常简单，就是加锁和解锁。在代码中可以看到，适当地将临界区使用锁包裹起来就实现了线程之间的数据同步。

❑ 在__init__构造函数中，使用 thread.allocate_lock()或者 threading.Lock()生成了一个互斥锁。当锁生成的时候，其初始化状态是"未锁"。

❑ 两个模块提供了两个基本的方法，分别对应"加锁"和"解锁"。当状态为"未锁"的时候，acquire 方法将其改为"已锁"并立即返回。如果状态为"已锁"的时候，将阻塞直到有另外一个线程调用 release 将锁释放成"未锁"状态。而 release 方法则只能够在"已锁"的状态下调用。它将锁的状态改变为"未锁"状态后就立即返回。

❑ 当有多个线程阻塞 acquire 方法的时候，只有一个线程可以改变锁的状态。而选择等待中的哪个线程则和具体的实现有关。

❑ 这里锁机制的方法都是原子操作的。原子操作就是不能被更高等级中断抢夺优先的操作。也就是说，这段代码在执行的时候不可能被优先级更高的线程中断。这保证了临界区的进入部分和离开部分不会因为其他线程的中断而产生问题。

运行这段代码可以看到，虽然输出的线程 index 值依然是无序的，但是后面的 value 值确实依次递增的，直到 100。代码输出如下所示。

```
0        value: 1
2        value: 2
1        value: 3
#省略了部分输出
44       value: 97
60       value: 98
78       value: 99
95       value: 100
```

从上面的输出可以看出，简单的锁机制已经可以解决比较简单的线程数据同步问题了。

17.8.3　条件变量

虽然锁机制可以解决一些数据同步问题，但是这只是最低层次的同步。当线程变多，且关系变

复杂的时候，就需要更加高级的同步机制了。这就是这里要介绍的"条件变量"，使用这种机制可以使得只有在特定的条件下才对临界区进行访问。条件变量通过允许线程阻塞和等待线程发送信号的方式弥补了锁机制中的锁状态不足的问题。

在条件变量同步机制中，线程可以使用条件变量来读一个对象的状态并进行监视，或者用其发出事件通知。当某个线程的条件变量被改变的时候，相应的条件变量将会唤醒一个或者多个被此条件变量阻塞的线程。然后这些线程将重新测试条件是否满足，从而完成线程之间数据的同步。

Python 中的 Condition 类提供了这种机制的实现。由于条件变量同样可以用于锁机制，所以其中也提供了 acquire 方法和 release 方法。除此之外，此同步机制还提供了 3 个常用方法：wait、notify 和 notifyAll。调用 wait 方法将使得线程处于阻塞状态，它有一个可选的参数，用来指定超时时间。如果不指定超时时间，则线程将一直阻塞，直到被 notify 或者 notifyAll 唤醒。而 notify 方法则用来唤醒等待此条件变量满足的线程，notifyAll 方法和 notify 类似，但它是唤醒所有等待此条件的线程。

生产者-消费者问题（Producer-consumer problem）是一个非常著名、经典的同步问题。在这个问题中有两个线程：生产者线程和消费者线程。生产者线程生产产品，而同时，消费者线程消耗产品。当消费者消费产品的时候，如果没有产品，则消费者线程将阻塞，直到生产者线程生产出产品。为了简单起见，这里假定生产者的产品缓冲区是无限的。

下面是对此问题的一个实现。

```
01  #filename: producer_consumer_1.py
02  from threading import Thread, Condition, currentThread
03  import time
04
05  class Goods:                        #产品类
06      def __init__(self):             #初始化函数
07          self.count=0
08      def produce(self,num=1):        #产品增加
09          self.count += num
10      def consume(self):              #产品减少
11          if self.count:
12              self.count -= 1
13      def isEmpty(self):              #判断产品是否为空
14          return not self.count
15
16  class Producer(Thread):             #生产者类
17      def __init__(self,condition,goods,sleeptime=1):
18          Thread.__init__(self)
19          self.cond=condition
20          self.goods=goods
21          self.sleeptime=sleeptime
22
23      def run(self):
24          cond=self.cond
25          goods=self.goods
26          while 1 :
27              cond.acquire()
28              goods.produce()
29              print ("Goods Count: ", goods.count, "Producer thread produced ")
30              cond.notifyAll()        #通知满足此条件变量的线程
31              cond.release()
32              time.sleep(self.sleeptime)
33
```

```
34   class Consumer(Thread):              #消费者类
35      def __init__(self,index, condition,goods,sleeptime=4):
36          Thread.__init__(self, name = str(index))
37          self.cond=condition
38          self.goods=goods
39          self.sleeptime=sleeptime
40      def run(self):
41          cond=self.cond
42          goods=self.goods
43          while 1:
44              time.sleep(self.sleeptime)
45              cond.acquire()
46              while goods.isEmpty():
47                  cond.wait()                #如果为空，则等待
48              goods.consume()
49              print ("Goods Count: ", goods.count, "Consumer)
50              thread",currentThread().getName(),"consumed "
51              cond.release()
52
53   goods=Goods()
54   cond=Condition()
55
56   producer=Producer(cond,goods)
57   producer.start()                       #启动生产者线程
58   producer.join()                        #等待生产者线程完成
59   for i in range(5):
60       consumer = Consumer(i,cond,goods)
61       consumer.start()                    #启动5个消费者线程
62       consumer.join()
```

【代码说明】

❑ Goods 类是一个简单的产品类，提供产品的增加和减少操作。注意到，这里只有在产品减少.consume 方法中进行了判断，而在产品增加 produce 方法中并没有作此判断。所以，在后面设计生产者和消费者线程的时候要注意，消费者线程消费的速度应该不小于生产者线程生产产品的速度。

❑ 在消费者 Consumer 类中，当没有产品的时候，则调用条件变量的 wait 方法（cond.wait()），此线程将进入阻塞状态，直到被 notify 或者 notify 唤醒。

❑ 在生产者 Producer 类中，生产者生产一个产品后，就使用 notifyAll 方法通知等待的线程（cond.notifyAll()）。

❑ 注意到，在消费者类和生产者类中，在调用 wait 方法或者 notify 方法的时候，都是在获取了互斥锁的前提下进行的。

❑ 在最后 7 行代码中，生成了一个生产者线程和 5 个消费者线程，同时生产者生产产品的速度是消费者消费的 4 倍，所以不会出现产品无限增多的情况。

下面是本段代码的一种可能的输出。

```
Goods Count:  1 Producer thread produced One Item
Goods Count:  2 Producer thread produced One Item
Goods Count:  3 Producer thread produced One Item
Goods Count:  2 Consumer thread 1 consumed One Item
Goods Count:  1 Consumer thread 0 consumed One Item
Goods Count:  0 Consumer thread 2 consumed One Item
```

```
Goods Count:   1 Producer thread produced One Item
Goods Count:   0 Consumer thread 3 consumed One Item
Goods Count:   1 Producer thread produced One Item
Goods Count:   0 Consumer thread 4 consumed One Item
Goods Count:   1 Producer thread produced One Item
Goods Count:   0 Consumer thread 1 consumed One Item
Goods Count:   1 Producer thread produced One Item
Goods Count:   0 Consumer thread 0 consumed One Item
Goods Count:   1 Producer thread produced One Item
Goods Count:   0 Consumer thread 1 consumed One Item
#省略部分输出
```

如果不加以人工干预，本代码将会一直执行下去。从输出结果来看，除了最初还有部分剩余产品外，后面只要产品生产出来后就被消费了。这也是可以解释的，因为消费者消费产品的速度要快于生产者生产产品的速度。

特别需要注意的是，要对锁或者条件变量仔细检查，防止产生死锁。对于没有使用超时参数的 wait 方法，一定要有一个对应的 notify 方法，或者 notifyAll 方法。

17.8.4　信号量

还有一种比较古老和有效的数据同步机制就是信号量。这是荷兰计算机科学家 Dijkstra 发明的。信号量主要用在需要对有限的资源进行同步的时候。信号量内部维护了一个资源计数器，用来表示可用的资源数。这个计数器是不会小于 0 的。尽管在学术界经常将用在信号量上的操作称为 P、V 操作，但是实际上还是和 acquire 和 release 一样的。

在 Python 中，Semaphore 类提供了这种同步机制的实现。类中提供了两个方法：acquire 和 release 方法。调用 acquire 方法的时候，如果内部计数器大于 0，则将其减 1 并返回；如果内部计数器等于 0，则阻塞此线程，直到有线程使用 release 方法将内部计数器更新到大于 1。而 release 方法则比较简单，将内部计数器加 1，如果有线程在等待资源，则将其唤醒。

举个简单的例子，假设资源的数目为 5，可以使用如下语句来构造信号量。

```
01    max_resource = 5
02    res_sema = Semaphore( value = max_resource)
```

当有多个线程需要使用此资源的时候，则在每次使用资源的前后加上对信号量的操作。下面是代码片段。

```
01    res_sema.acquire()
02    #使用此资源
03    res_sema.release()
```

在这里，当信号量的内部计数器大于 0 的时候，此段代码是一直可以执行的。但是，当计数器等于 0 的时候，就需要等待其他线程释放资源后才能继续了。

17.8.5　同步队列

线程 threading 模块提供了上面这些同步机制，但是在实践中，最容易处理的还应该算是同步队列 Queue。这是一个专门为多线程访问所设计的数据结构，能够有效地实现线程对资源的访问。程序可以通过此结构在线程间安全有效地传递数据。

Queue 模块中包含一个 Queue 的类，其构造函数中可以指定一个 maxsize 值。当 maxszie 值小于或等于 0 的时候，表示对队列的长度没有限制。当大于 0 的时候，则指定了队列的长度。当队列到达最大长度而又有新的线程过来的时候，则需要等待。Queue 类中有不少方法，但是最重要的是 put 和 get 方法。put 方法将需要完成的任务放入队列；而 get 则相反，从队列中获取任务。需要注意的是，在这些方法中，有些方法由于多线程的原因，返回值并不一定是准确的，如 qsize、empty 等。

下面是使用同步队列的一个简单例子。

```
01  #filename: queue_1.py
02  import threading, queue
03  import time, random
04
05  class Worker(threading.Thread): #工作类
06      def __init__(self, index, queue): #构造函数
07          threading.Thread.__init__(self)
08          self.index = index
09          self.queue = queue
10      def run(self):
11          while 1:
12              time.sleep(random.random())
13              item = self.queue.get() #从同步队列中获取对象
14              if item is None: #循环终止条件
15                  break
16              print ("index:",self.index, "task", item, "finished")
17              self.queue.task_done()
18
19  q = queue.Queue(0) #生成一个不限制长度的同步队列
20  for i in range(2):
21      Worker(i, queue).start() #生成两个线程
22  for i in range(10):
23      q.put(i) #向同步队列中加入对象
24  for i in range(2):
25      q.put(None)
```

【代码说明】

❑ 第 19~21 行代码中，生成了一个不限制队列长度的同步队列，同时生成了两个线程。

❑ 第 22~25 行代码，向队列中放入 10 个整数，而线程的作用就是将这些值打印出来（表示任务完成）。注意的是，在这里使用了 None 来作为队列结束标志。

下面是这个代码片段的一种运行结果。

```
index: 1 task 0 finished
index: 1 task 1 finished
index: 0 task 2 finished
index: 1 task 3 finished
index: 0 task 4 finished
index: 0 task 5 finished
index: 1 task 6 finished
index: 1 task 7 finished
index: 0 task 8 finished
index: 0 task 9 finished
```

从输出结果来看，同步队列很好地完成了工作。

17.8.6 线程同步小结

上面介绍了 4 种线程的数据同步机制，包括锁机制、条件变量、信号量和同步队列。这 4 种同步机制各有优劣，可以根据需要选用。需要说明的是，采用数据同步机制将会大大降低线程的性能，因为这些管理机制都有不小的开销。所以，正确地识别是否有临界区并准确地找到，对于系统性能的影响是很大的。表 17-5 中列出了 4 种线程数据同步机制中支持的方法。

表 17-5　线程数据同步的常用方法

同步机制	方法	介　绍	同步机制	方法	介　绍
锁机制		使用互斥锁来实现数据同步	信号量	release	释放资源，将内部计数器加 1
	acquire	获取锁	同步队列		使用同步队列的入队和出队来有效地实现数据同步
	release	释放锁		qsize	队列的长度（线程的原因，不一定准确）
条件变量		同样使用互斥锁，可以实现带有条件的临界区访问		empty	队列是否为空（线程的原因，不一定准确）
	acquire	获取锁		full	队列是否已满（线程的原因，不一定准确）
	release	释放锁		put	将任务入队
	wait	阻塞线程，直到有事件来唤醒		put_nowait	将任务入队，如果队列已满则抛出 Full 异常
	notify	唤醒等待此条件变量的线程		get	将任务出队
	notifyAll	同 notify，但是将会唤醒所有等待此条件的线程		get_nowait	将任务出队，如果队列为空则抛出 Empty 异常
信号量		可以用来保护多个资源的访问		task_done	指示上一个入队任务是否完成操作
	acquire	获取资源，将内部计数器减 1；如果内部计数器为 0，则等待		join	等待队列中任务完成操作

最后要说的是，多线程的数据同步管理非常复杂，特别是在线程较多和关系交错的情况下。所以在管理比较多的线程的时候，可以采用一些已有的一些框架，如 Twisted 等。在实现多线程的时候，最好能够衡量一下由此带来的性能提升和复杂性所带来的系统维护开销。

17.9　小结

本章讲解了 Python 中的进程和线程的相关知识点。首先给出了进程和线程的概念，并介绍了 Python 语言中针对进程和线程处理的支持。随后关注了 Python 下进程的编程，主要介绍了进程运行环境、进程的创建和终止、subprocess 模块以及信号机制等知识点。最后讲解了多线程，包括多线程的状态和状态转移、生成和终止线程的方法、线程之间的同步等。

17.10　习题

1. 什么是进程？什么是线程？
2. 怎么使用 Python 创建多进程与多线程？
3. Python 中的 GIL 是什么？它对 Python 有什么影响？
4. 使用多进程（多线程）编写一个快速排序的程序。

第 18 章　基于 Python 的系统管理

由于 Python 语言的"胶水性"，系统管埋是其大显身手的地方。越来越多的系统管理员已经将 Python 语言作为首选语言。这种现象不仅限于类 Linux 系统，即使是在 Windows 下，也同样有许多不错的系统管理应用实例。

本章的知识点：
❑ IPython 的熟悉和使用
❑ IPython 和相关的 Shell 命令
❑ 对文件和目录进行比较
❑ 文件的归档和压缩
❑ 使用 Python 定期执行任务

18.1　增强的交互式环境 IPython

Python 的一个强大之处就是自带交互式解析环境，可以有效地测试语言特性、书写代码和测试代码。在交互式解释器中执行代码可以马上得到结果，这可以让软件人员迅速地根据结果对代码进行修改。IPython 是 Fernando 设计的一个用于构建针对解决特定问题的交互式环境下具有高可配置性的工具，功能比最原始的 Python 解释器要强大得多。

18.1.1　IPython 介绍

许多的语言要测试语言的特性必须要生成程序文件。但是，Python 语言的解释器可以在不生成文件的前提下，对语言的特性进行测试。但是 Python 语言中自带的解释器并不能满足更加高级的使用，特别是针对系统管理员，因为系统管理员经常做的事情就是书写小型代码并运行。而 IPython 正好满足了这种需要。

IPython 是一种增强的交互式 Python 解释器，设计精巧并且具有良好的扩展性。IPython 设计的目的是能够创造一个交互式的完整计算环境。为了能够支持这一点，IPython 有两个特色的组件，一个是非常强大的 Python 解释器，另外一个是交互式的并行计算环境。在一般系统管理员的使用中，仅会用到其强大的解释器部分。

这个解释器的强大使得其不仅可以作为 Python 的解释器，甚至可以直接作为系统管理员的工作环境。IPython 具有以下特性。

1）magic 函数：内置了很多函数用来实现各种特性。

2）Tab 补全：可以有效地补齐 Python 语言的模块、方法和类等。

3）源码编辑：可以直接修改源码并运行。

4）宏：可以将一段代码定义为一个宏，便于以后运行。

5）历史记录：提供了强大的历史记录功能。

6）对象自省：有强大的对象自省功能。

7）执行系统命令：可以直接在交互式 Shell 中执行系统命令。

上面的这些特性，将会在下面进行详细介绍和示例。另外，除了这些特性以外，IPython 还有其他有用的特性，具体可以参看 IPython 的文档，上面有详细的介绍。

18.1.2 IPython 的安装

IPython 的主页是 http://ipython.scipy.org/，上面有关于 IPython 的官方资源，包括文档、下载和常见问题等。为了安装 IPython，首先需要下载相应的软件包，可以从 http://ipython.scipy.org/dist/ 上根据自己的操作系统平台下载对应的软件包。本书使用的是 IPython1.2.1 版本。这不一定是 IPython 的最新版本，读者可以自行下载最新版本。

1．使用源码安装 IPython

对于安装 IPython，有这样几种方式：使用源码安装、使用安装包安装或者直接运行。

最重要、最广泛也最基础的方式当然是通过源码来安装。首先从 IPython 的网站上下载相应的源码包，即从 http://archive.ipython.org/release/ 下载源码包 ipython-1.2.1.tar.gz。将此源码包解压到一个目录中，可以看到目录中包含一个 setup.py 文件。使用 python setup.py install 来安装。这步操作将会把 IPython 的库安装在 site-packages 目录下，同时在 scripts 目录下生成 ipython 的可执行脚本。

在类 Linux 等系统下，还会同时在 Python 的可执行目录下生成可执行脚本。而在 Windows 下，为了能够直接使用 IPython，则需要将 scripts 的目录加入环境变量中。

在 Linux 下的安装方法如下。

```
root@Linux:/root$ tar zxf ipython-1.2.1.tar.gz
root@Linux:/root$ cd ipython-1.2.1/
root@Linux:/root/ipython-1.2.1$ python setup.py install
```

然后直接使用 ipython 命令就可以启动这个增强交互式 Python 解释器了。

在 Windows 下，可能没有 tar 命令，这就需要找到合适的解压软件先将软件包解压，然后再安装。安装完成之后，如果打开 IPython 的时候提示没有此命令，则还需要修改环境变量，在 path 环境变量中加入 scripts 目录。下面是具体的步骤。

1）打开【控制面板】，双击【系统】图标，选择【高级】选项卡中的【环境变量】选项，进行环境变量的修改，如图 18-1 所示。

2）可以看到窗口分为两个部分。上面部分设置的环境变量仅仅对当前用户起作用，而下面部分设置的环境变量则对整个系统起作用。如果只是需要在本用户下使用 IPython，则修改上面的即可。而如果要让每个登录用户都可用，则必须修改下部分的环境变量。

3）找到 path 环境变量后，单击图 18-1 中的【编辑】按钮，在弹出的【编辑用户变量】对话框中添加 scripts 的所在目录，并使用分号与其他目录分开，如图 18-2 所示。

图 18-1　修改 path 环境变量　　　　　图 18-2　将 scripts 目录加入 path 变量

2．使用安装包安装 IPython

如果觉得安装源码包比较烦琐，可以采用制作者预先已经打包好的 IPython 包。在 Windows
下，可以直接下载可安装程序。而在 Linux 下，则
可以使用包管理器来进行安装。在 Debian 和
Ubuntu 系统中，可以直接输入命令 apt-get install
ipython 来安装，系统会自动下载软件包并配置好。
其他的 Linux 发行版可以参看其软件安装文档。

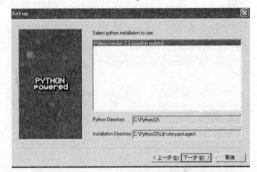

在 Windows 下，可以直接下载已经配置好
的可执行程序。双击安装程序，将会自动找到系
统已经安装的 Python 目录并进行安装，如图 18-3
所示。

图 18-3　IPython 的 Windows 安装界面

> **注意**　这里推荐同时安装 PyReadline，可以为 IPython 提供一些比较好的特性，如带格式复制等。其下载网址和 IPython 的网址是一样的。

第三种安装方法则是"不安装"。其实，这个意思是说只是在需要的时候直接使用，而并不将
IPython 安装到系统中。当将 IPython 的源码包解压以后，可以在目录下看到 ipython.py。直接运行
此代码就可以得到 IPython 的一个运行实例。这适合于某些比较特殊的场合，例如，只是需要暂时
使用一下，而并不需要安装或者没有安装的权限。

当然，这些方法中，直接使用已经制作好的安装包来安装是最方便的。但是，有些时候可能需
要对源码进行一些修改后再安装，这必须使用第一种源码的安装方式了。

18.1.3　IPython 的启动

当安装好后，就可以直接输入命令 ipython 来启动 IPython 解释器了。在第一次使用的时候，
IPython 将会配置环境。下面是一种可能的输出。

```
Welcome to IPython. I will try to create a personal configuration directory
where you can customize many aspects of IPython's functionality in:
```

```
C:\Documents and Settings\<name>\_ipython

Successful installation!

Please read the sections 'Initial Configuration' and 'Quick Tips' in the
IPython manual (there are both HTML and PDF versions supplied with the
distribution) to make sure that your system environment is properly configured
to take advantage of IPython's features.

Important note: the configuration system has changed! The old system is
still in place, but its setting may be partly overridden by the settings in
"~/_ipython/ipy_user_conf.py" config file. Please take a look at the file
if some of the new settings bother you.

Please press <RETURN> to start IPython.
```

上面的信息主要是告诉读者，IPython 已经安装且配置成功了，并告诉了读者配置文件所在的目录。同时，还提示作者可以先看看其帮助。特别要注意的是，这里必须有 Successful installation 的输出，如果没有看到这样的输出，就需要检查安装过程是否正确了。

IPython 配置完成后，按照上面介绍的方法启动 IPython，可以看到下面的信息。

```
Python 3.3.1 (default, Aug 25 2013, 00:04:04)
Type "copyright", "credits" or "license" for more information.

IPython 1.2.1 -- An enhanced Interactive Python.
?         -> Introduction and overview of IPython's features.
%quickref -> Quick reference.
help      -> Python's own help system.
object?   -> Details about 'object', use 'object??' for extra details.

In [1]:
```

在输出信息中，可以看到 IPython 将几种帮助方式都做了详细的介绍。粗略过目就可以让初次使用的人也可以很快上手。最后注意到 IPython 输出了 "In [1]:"，这可能是和标准的 Python 解释器提示符最大的不同了。在标准的 Python 解释器中，采用的是 ">>>" 的方式，而这里则采用了数字提示符的方式。在以后可以看到，这种数字的提示符将起到很大的作用。

18.1.4　IPython 的环境配置

为了构建一个合适的 IPython 环境，可以针对不同的环境来进行最优化调整。在系统第一次运行的时候，将会在信息中显示 IPython 配置文件所保存的地址。一般说来，Linux 系统下是在主目录下的.ipython 目录，而 Windows 系统下则为 C:\Documents and Settings\<name>下的_ipython。具体的配置文件为 ipy_user_conf.py。

打开后可以看到，此文件仅仅是一个使用 Python 语法的配置文件。在默认的配置文件中，有许多的配置选项是没有打开的，可以根据自己的环境需要来打开这些选项。另外，配置文件中还提供了几个实用函数用来帮助配置，如 import_all 函数。在配置文件中使用 import_all("os sys")，将使得在 IPython 的命令行中不必再导入 os 和 sys 模块。

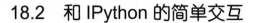

18.2　和 IPython 的简单交互

当提示符出现的时候，就可以在提示符下输入任何想测试的代码了。除了支持 Python 语言的特性外，IPython 还支持直接在提示符下执行系统命令。同时，IPython 还提供了许多的 magic 函数，用来处理特殊的对象，或者完成其他工作。

18.2.1　IPython 中的输入和输出

相对于标准的 Python 交互式环境而言，IPython 对输入和输出进行了增强。

先来看看以下 3 种情况在 IPython 下的输入和输出。

```
01   In [1]: for i in range(5):
02      ...:     print i
03      ...:
04   0
05   1
06   2
07   3
08   4
09   In [2]:
```

上面是直接测试 Python 相关代码。简单一看，可能和标准的 Python 解释器并没有什么区别，但是实际上，两者除在提示符方面有区别外，在字符串显示方面也是不一样的。

```
01   In [2]: cd Docments
02
03   In [3]: ls
04   Doc  include    # 显示该目录下的文件
05   #省略部分输出
06   In [4]:
```

上面是在 IPython 解释器中直接执行外部系统命令的情况。

18.2.2　输出提示符的区别

在 Python 语言特性的测试上，从上面和 IPython 的交互来看，和标准的 Python 解释器好像并无区别。两者都是将字符串输出并显示在屏幕上。其实不然。再来多看几个交互的例子。

```
01   In [1]: a = 0
02
03   In [2]: b = "IPython"
04
05   In [3]: c = [i for i in range(5)]
06
07   In [4]:
```

这里在交互式 Shell 中定义了 3 个变量（a、b、c），其中分别为数字、字符串和列表。由于这里仅仅是赋值，所以也没有输出。下面将这几个变量的值打印出来。

```
01   In [4]: print (a)
02   0
03
04   In [5]: print (b)
```

```
05    IPython
06
07    In [6]: print c
08    [0, 1, 2, 3, 4]
09
10    In [7]:
```

这里的目的是将各个变量的值输出来。交互式 Shell 将各个变量的值打印了出来，这好像没有什么特殊的地方。再来看看下面的输出。

```
01    In [7]: a
02    Out[7]: 0
03
04    In [8]: b
05    Out[8]: 'IPython'
06
07    In [9]: c
08    Out[9]: [0, 1, 2, 3, 4]
09
10    In [10]:
```

注意到输出中出现了类似"Out[7]:"这样的输出提示符，它和输入提示符是一一对应的。这里的目的也是输出各个变量的值，可是却和上面的结果不一样。而上面的差异输出在标准 Python 交互式环境中是看不见的，如下面的标准 Python 输出。

```
01    >>> c = [i for i in range(5)]
02    >>> print c
03    [0, 1, 2, 3, 4]
04    >>> c
05    [0, 1, 2, 3, 4]
06    >>>
```

18.2.3　输出提示符区别的原因

出现这种差异的原因是对于对象的 __str__ 和 __repr__ 调用的区别。两者都是输出变量的值，但是前者是转化为字符串输出，而后者则是一种对于对象的表示。虽然在很多情况下两者的显示都是一样的，但是有些时候却是不同的。看下面的这个例子。

```
01    In [1]: class StrReprDemo(object):
02       ...:     def __str__(self):
03       ...:         return "StrReprDemo: call the __str__ function"
04       ...:     def __repr__(self):
05       ...:         return "StrReprDemo: call the __repr__ function"
06       ...:
07
08    In [2]: srd = StrReprDemo()
09
10    In [3]: print (srd)
11    StrReprDemo: call the __str__ function
12
13    In [4]: srd
14    Out[4]: StrReprDemo: call the __repr__ function
15
16    In [5]:
```

在这里，代码定义了一个继承于 object 的类 StrReprDemo 和两个特殊函数：__str__和__repr__。然后在类定义的基础上生成了一个实例 srd。最后按照以前的做法，首先是打印此值，然后是直接输出此值。通过结果可以看到，两者的输出是不一样的。在 print (srd)语句的输出中，代码输出了在__str__函数中返回的内容。而在直接输出 srd 的值的时候，代码则输出了在__repr__函数中返回的内容。也就是说，使用 print 语句来输出函数的值的时候，实际上返回的是系统中的特殊函数__str__中的值。而对于简单的在解释器中输出对象的值，则是调用__repr__这个特殊函数的返回值。从代码输出中可以看出两者的区别。一般地说来，当调用 str(obj)的时候，Python 会调用__str__函数。而在使用 repr(obj)的时候，则会调用__repr__函数。如果使用字符串输出，则可以分别使用%s和%r。

由于现在 Python 中所有的对象最终都是继承于 object 的，所以当对象定义中没有包含这些特殊函数的时候，则会调用 object 的特殊函数。

```
01   In [5]: class Test():
02   ...:       pass
03   ...:
04
05   In [6]: test = Test()
06
07   In [7]: print (test)
08   <__main__.Test object at 0x0149BE50>
09
10   In [8]: test
11   Out[8]: <__main__.Test object at 0x0149BE50>
```

在 In[5]中定义了一个最简单的测试类 Test。这里并没有显式地写明，但是实际上该类还是继承于 object 的。随后使用了通过两种方法输出了对象的值，一种是字符串的表示，另外一种是对象的表示。在输出中可以看到这个对象的相关属性，包括地址等。

类的这种实现对于那些最基本的类型也是一样的，包括数字、字符串和列表等。这也就解释了为什么在最初的代码中仅仅只是定义了一些基本类型的变量，而使用相关的语句则可以显示出变量的值来。当然，对于不同类型的对象，默认的输出是不一样的。如对于字符串对象和类对象的输出就可以看出明显的不同。

其实在标准的 Python 解释器中，两种不同的输出也是可以看到的。

```
01   #省略StrReprDemo类定义
02   >>> srd = StrReprDemo()
03   >>> print (srd)
04   StrReprDemo: call the __str__ function
05   >>> srd
06   StrReprDemo: call the __repr__ function
07   >>>
```

从上面的输出中可以看到，Python 的标准交互式环境也是区分__str__和__repr__的。只是当对象的这两种表示都一样的时候，无法区分罢了。而在 IPython 中，之所以能够在显示对象的值的时候显示 Out[n]的标记，主要还是因为 print 语句的原因。在 IPython 中，print 语句会将代码输出打印在终端上，并不会返回任何值。所以，当 IPython 遇到当返回值不为 None 的时候，就会在其前面加上 Out[n]的提示符，供以后使用。

18.3　IPython 中的 magic 函数

当输入是以%开始的时候，IPython 会将其视为一个 magic 函数。这种 magic 函数为 IPython 提供了许多特性，将要在下面介绍的许多特性就是通过 magic 函数来实现的，包括源码直接编辑、历史记录功能等。

18.3.1　magic 函数的使用和构造

以下是在上面已经出现过的一个例子。

```
01   In [4]: %cd E:\Python33\
02   E:\Python33
03   In [5]:
```

cd 这个 magic 函数的作用就是将当前目录切换到指定的目录（此目录需要存在）。

对于 magic 函数，一般需要在其前面加上%。但是当 IPython 的配置变量 automagic 打开的时候，则可以不必在 magic 关键字前加%而直接使用。在 IPython 进行解析的时候，magic 函数的解析优先级是比较低的。也就是说，如果输入可以解析为 Python 语言中的对象，则会优先解析为 Python 中的对象，如下面的这个在 IPython 文档中的例子所示。

```
01   In [1]: cd E:\Python33\
02   E:\Python33
03
04   In [2]: cd = None
05
06   In [3]: cd ...
07   ------------------------------------------------------------
08     File "<ipython console>", line 1
09       cd ...
10           ^
11   SyntaxError: invalid syntax
12
13   In [4]: %cd ...
14   E:\
15
16   In [5]: del cd
17
18   In [6]: cd Python33
19   E:\Python33
```

在上面可以看到，当给 cd 赋值了之后，在 automagic 的情况下，就覆盖掉了 magic 函数中的值。如果这个时候试图直接调用 cd 函数，就会出错。当然，使用%前缀的 magic 函数总是不会出错的。只有在删除了这个 cd 变量后，才可以正常识别 cd 的 magic 函数功能。

如果想查看系统中有哪些 magic 函数，可以使用%lsmagic 命令来查看。如果需要查看关于 magic 函数的完整的帮助，可以直接输入%magic。这将会显示所有可用的 magic 函数及其用法。这里，介绍其中一些常用的命令，还有一些将在下面的小节中进行介绍。

18.3.2　目录管理

在 Python 的标准 Shell 中使用目录管理是不方便的。虽然可以使用 os.chdir()来改变目录，使用

os.getcwd()来获取当前目录，但是使用起来并不是很直观。但是在 IPython 中，提供了和目录管理相关的几个 magic 函数，可以很方便地管理目录。这些命令包括 cd、pwd、bookmark 和 dhist 等。

1．使用 cd 切换目录

在前面和 IPython 的简单交互中，曾经看到过 cd 的使用方法。这和在外部 Shell 中的 cd 使用方法是一样的。最常见的用法是 cd directory，这将使得当前目录变为 directory。同样，如果 cd 后面不接任何参数，表示切换到当前用户的主目录。而使用连接符，"cd -"将会切换到上次的目录中。一个简单的示例如下。

```
01   In [1]: cd E:\Python33
02   E:\Python33
03
04   In [2]: cd
05   C:\Documents and Settings\sea
06
07   In [3]: cd -
08   E:\Python33
```

注意到每次切换目录的时候，都会将切换后的目录输出。cd 命令提供了一个参数-q，使得 IPython 不用打印此信息。

```
01   In [4]: pwd
02   Out[4]: 'E:\\Python33'
03
04   In [5]: cd -q ...
05
06   In [6]: pwd
07   Out[6]: 'E:\\'
08
09   In [7]: cd Python33
10   E:\Python33
```

上面演示了在 cd 命令中使用-q 参数的不同。

在上面的演示中还用到了一个 magic 函数 pwd，其作用非常简单，就是打印出当前的目录信息。虽然简单，但是还是很有用的。

2．使用 bookmark 管理书签目录

IPython 还支持将目录加入书签，这是通过 bookmark 命令来完成的。一旦书签建立，除非显式删除，否则在 IPython 中总是可用的。换句话说，即使是 IPython 退出了，书签在下次启动的时候也是可用的。有两种方式来加入目录书签。一种是在当前目录上直接使用 bookmark 命令，第二种是使用 bookmark 命令直接定义一个目录书签。

```
01   In [1]: cd E:\Python33\
02   E:\Python33
03
04   In [2]: bookmark py
05
06   In [3]: bookmark script E:\\Python33\\Scripts
```

【代码说明】

❑ 在 In[1]中，使用 cd 命令切换到一个特定的目录。在 In[2]中，可以直接使用 bookmark 后加

上书签名字来定义一个目录书签。

❑ 在 In[3]中，采用了第二种目录书签的定义方式，后面的参数分别是书签名字和所标记的书签。这里需要注意的是，在 Windows 下目录的分隔符需要使用转义，或者直接采用如 E:/Python33/Scripts 这样的格式。

定义书签后，可以使用 bookmark 命令的-l 选项来查看现在 IPython 中定义的所有书签。需要再次提到的是，这里的书签是全局性的。下面是重新打开一个 IPython 终端后的结果。

```
01   In [1]: %bookmark -l
02   Current bookmarks:
03   py     -> E:\Python33
04   script -> E:\Python33\Scripts
```

在 cd 中可以使用这些书签，来加快对于目录的处理。在 cd 命令中可以通过-b 选项来切换到书签目录中去。

```
01   In [4]: pwd
02   Out[4]: 'E:\\Python33'
03
04   In [5]: cd -b script
05   (bookmark:script) -> E:\Python33\Scripts
06   E:\Python33\Scripts
07
08   In [6]: pwd
09   Out[6]: 'E:\\Python33\\Scripts'
```

【代码说明】

❑ 在 In[4]中，首先使用 pwd 来查看当前所在的目录，即 Out[4]'E:\\Python33'。

❑ 在 In[5]中使用了 cd 命令进入了书签名字为 script 的书签目录。从其输出信息可以看到，已经切换到这个书签目录中。

❑ 而 In[6]的检查也验证了这一点。

在使用 cd -b 的时候，可以使用自动补全信息来获取相关的书签名字。在 b 选项的后面，直接输入 TAB 键，可以看到 IPython 中已有的书签名字。关于 Tab 补全的内容，将在下节进行介绍。

```
01   In [7]: cd -b TAB
02   py     script
03
04   In [7]: cd -b
```

书签生成以后，可以通过-d 选项来将其删除，或者使用-r 来删除所有已定义的书签。同样，这个过程也是全局起作用的。

```
01   In [7]: bookmark tool E:\\Python33\\Tools
02
03   In [8]: bookmark -l
04   Current bookmarks:
05   py     -> E:\Python33
06   script -> E:\Python33\Scripts
07   tool   -> E:\Python33\Tools
08
09   In [9]: bookmark -d tools
10
```

```
11  In [10]: bookmark -l
12  Current bookmarks:
13  py    -> E:\Python33
14  script -> E:\Python33\Scripts
15
16  In [11]: bookmark -r
17
18  In [12]: bookmark -l
19  Current bookmarks:
20
21  In [13]:
```

【代码说明】

❑ 在 In[7]中，使用 bookmark 命令定义了一个新的书签目录"E:\Python33\Tools"。这从 In[8] 的输出可以看出来。

❑ 在 In[9]中，使用了-d 选项命令将 tools 书签目录删除了。这样，再使用 bookmark –l 的时候，此书签目录就不存在了。

❑ 在 In[11]中，使用 bookmark 命令的-r 选项将所有的书签目录都删除了。使用此命令的时候要慎重，因为这些操作都是不可恢复的。

3. 使用 dhist 查看目录历史

使用书签目录的前提是需要定义书签，但是有的时候可能只是需要在已经输入的目录中进行操作。这时，IPython 提供了 dhist 命令，可以输出曾经在 IPython 会话中切换过的目录。

```
01  In [14]: dhist
02  Directory history (kept in _dh)
03  0: E:\Python33
04  1: E:\Python33
05  2: E:\Python33
06  3: C:\Documents and Settings\sea
07  4: E:\Python33
08  5: E:\
09  6: E:\Python33
10  7: E:\Python33
11  8: E:\Python33\Scripts
12  9: E:\Python33
13  10: E:\Python33\Scripts
```

【代码说明】

❑ 从 In[14]的输出可以看到，列出了在 IPython 中曾经切换过的目录。从输出信息的最上面还可以看到，其实这个值是放在_dh 变量中的。

如果输出结果过多，可以在命令后面加入限制。如果只有一个数字 n，表示是输出最后的 n 个目录。而如果后面有两个数字 n 和 m，则表示输出 n 和 m 之间的目录，其中不包括 m 数字所代表的目录。

```
01  In [15]: dhist 4
02  Directory history (kept in _dh)
03  7: E:\Python33
04  8: E:\Python33\Scripts
```

```
05    9: E:\Python33
06    10: E:\Python33\Scripts
07
08    In [16]: dhist 4 8
09    Directory history (kept in _dh)
10    4: E:\Python33
11    5: E:\
12    6: E:\Python33
13    7: E:\Python33
```

使用 cd −n 可以直接进入切换目录历史记录中出现过的目录。在 cd −的后面还可以按 Tab 键来获取现在 IPython 中已有的目录历史。

```
01    In [17]: cd -<TAB>
02    -00 [E:\Python33]              -06 [E:\Python33]
03    -01 [E:\Python33]              -07 [E:\Python33]
04    -02 [E:\Python33]              -08 [E:\Python33\Scripts]
05    -03 [C:\Documents and Settings\sea] -09 [E:\Python33]
06    -04 [E:\Python33]              -10 [E:\Python33\Scripts]
07    -05 [E:\]
08
09    In [17]: cd -08
10    E:\Python33\Scripts
```

【代码说明】

❑ 在第一个 In[17]中，在-后按 Tab 键可以输出现在已有的目录历史。当在第二个 In[17]中输入 cd-08 后，IPython 将会切换到目录历史中 08 序号所指的目录。

除了上面的这些目录管理方法外，cd 命令还提供了对于目录历史的搜索。在 cd 命令的选项--后加上需要搜索的字符串，IPython 将会在目录历史中按照最新到最旧的顺序来搜索是否有出现指定字符串的目录。如果有，则切换到第一个找到的目录，否则输出找不到目录相关信息。

```
In [18]: cd --Python
E:\Python33

In [19]: cd --test
No matching entry in directory history
```

通过这种方法，可以很容易地对目录进行管理。

18.3.3　对象信息的收集

在 IPython 中，不但可以用来管理系统，而且还提供了多种方法来对 Python 对象的信息进行查看和收集。这些 magic 函数主要包括许多以 p 开头的命令，其中有 page、pdef、pdoc、pfile、pinfo、psource 和 psearch 等。

1．查看环境变量信息

在介绍这些命令之前，可以看看如何查看当前的系统环境配置。这个命令是 env 命令，其作用是显示当前的环境配置情况。

```
01    In [1]: env
02    Out[1]:
```

```
03   {'ALLUSERSPROFILE': 'C:\\Documents and Settings\\All Users',
04    'APPDATA': 'C:\\Documents and Settings\\sea\\Application Data',
05    'CCHZPATH': 'E:\\CTeX\\LOCALT~1\\cct\\fonts',
06    'CCPKPATH': 'E:\\CTeX\\LOCALT~1\\fonts\\pk\\modeless\\cct\\dpi$d',
07    'CLIENTNAME': 'Console',
08    'COMMONPROGRAMFILES': 'C:\\Program Files\\Common Files',
09    'COMPUTERNAME': '1FCB1F2C310A4D2',
10    'COMSPEC': 'C:\\WINDOWS\\system32\\cmd.exe',
11   #省略部分输出
```

从上面的输出中可以看到现在系统中环境配置变量。

2．使用 page 处理输出信息

当执行外部命令的时候，有可能输出过长，这个时候可以使用 page 来对输出信息进行分页处理，从而获得一个更好的显示。当不带有参数的时候，将会对上次的输出信息进行处理。这个处理过程有点像外部系统命令 more 的功能。如在上面的输出中，由于输出长度超过了一页，可以使用 page 命令对其进行分页。

```
01   In [2]: page
02   {'ALLUSERSPROFILE': 'C:\\Documents and Settings\\All Users',
03    'APPDATA': 'C:\\Documents and Settings\\sea\\Application Data',
04    'CCHZPATH': 'E:\\CTeX\\LOCALT~1\\cct\\fonts',
05    'CCPKPATH': 'E:\\CTeX\\LOCALT~1\\fonts\\pk\\modeless\\cct\\dpi$d',
06    'CLIENTNAME': 'Console',
07    'COMMONPROGRAMFILES': 'C:\\Program Files\\Common Files',
08   #省略部分输出
09    'PROCESSOR_REVISION': '0f0d',
10    'PROGRAMFILES': 'C:\\Program Files',
11   ---Return to continue, q to quit---
```

从最后的输出信息中可以看到，当输出一页后，IPython 将会等待用户操作。

3．使用 pfile 命令

当含有 Python 源文件的时候，可以使用 pfile 来查看其相关的信息。如果在系统中只有.pyc 文件，则不会有显示效果。如当系统中含有 os 模块的源文件的时候，下面是一个使用的示例。

```
01   In [1]: import os
02
03   In [2]: pfile os
04   r"""OS routines for Mac, NT, or Posix depending on what system we're on.
05
06   This exports:
07     - all functions from posix, nt, os2, mac, or ce, e.g. unlink, stat, etc.
08     - os.path is one of the modules posixpath, ntpath, or macpath
09     - os.name is 'posix', 'nt', 'os2', 'mac', 'ce' or 'riscos'
10     - os.curdir is a string representing the current directory ('.' or ':')
11   #省略部分输出
```

可以看到，输出信息中包含了有 os 模块的相关信息。

4．使用 pdef、pdoc 和 pinfo 查看对象信息

对于一个 Python 对象，可以使用 pdef、pdoc、pinfo 查看其函数定义等相关信息。后面一个命令能够得到更多的信息。

```
01   In [1]: def add(x, y):
02      ...:      """This is a simple addition"""
03      ...:      return (x+y)
04      ...:
05
06   In [2]: pdef add
07    add(x, y)
08
09   In [3]: pdoc add
10   Class Docstring:
11       This is a simple addition
12   Calling Docstring:
13       x.__call__(...) <==> x(...)
14
15   In [4]: pinfo add
16   Type:           function
17   Base Class:     <type 'function'>
18   String Form:    <function add at 0x01444DB0>
19   Namespace:      Interactive
20   File:           c:\documents and settings\sea\ipython\<ipython console>
21   Definition:     add(x, y)
22   Docstring:
23       This is a simple addition
```

【代码说明】

❑ 在 In[1]中定义了一个函数 add，实现了最简单的加法。其中还包含文档字符串。

❑ 在 In[2]中使用 pdef 命令来查看 add 函数的原型。

❑ 在 In[3]中使用 pdoc 命令来查看 add 函数的文档字符串。

❑ 在 In[4]中使用 pinfo 命令查看此函数的相关信息。除了能够查看函数信息外，还可以查看任何的 Python 对象信息。

5．使用 psearch 查找对象信息

使用 psearch 命令可以搜索当前名字空间中已有的 Python 对象。

```
01   In [5]: psearch a*
02   abs
03   add
04   all
05   any
06   apply
```

这里，使用 psearch 命令搜索以 a 开头的 Python 对象。可以看到，显示了刚刚在前面定义的 add 函数。除此之外，还有如 abs 等内置的函数。如果需要将这些内置对象从输出中去掉，可以使用 psearch 的-e 选项先将内置函数去掉。

```
01   In [5]: psearch -e builtin a*
02   add
```

另外，psource 可以用来显示一个对象的代码，这在复制代码的时候比较有用。还有一个 magic 函数是 pycat，其作用是高亮显示 Python 对象的源码。由于印刷原因，这里并没有给出示例代码，读者可以自行在 IPython 中进行测试。

18.3.4　magic 函数小结

除了上面讨论的 magic 函数，其他重要的函数将在下面的小节中进行介绍。除此之外，还有一些 magic 函数并没有包括在其中，如 time 命令可以用来计算代码的运行时间等。表 18-1 是在 IPython 中常用的 magic 函数列表。

表 18-1　IPython 中常用的 magic 函数

magic 函数	说　　明	magic 函数	说　　明
alias	定义一个别名	pinfo	显示对象的详细信息
bg	将 bg 后面的函数放在后台执行	psearch	查找 Python 对象
bookmark	定义一个书签目录	psource	输出对象的代码
cd	切换目录	pwd	显示当前目录
dhist	显示目录历史	pycat	使用语法高亮来显示一个 Python 文件
edit	编辑一个文件并执行	r	重复执行上次的命令
env	显示环境变量	run	执行文件
hisotry	显示历史记录	save	将代码保存为文件
lsmagic	显示所有的 magic 函数	time	计算一段代码的执行时间
macro	定义一个宏	timeit	计算一段代码的运行时间，系统将自动选择循环次数
magic	显示当前的 magic 系统帮助	who	打印所有的 Python 变量
pdef	显示函数的定义	who_ls	返回所有 Python 变量的列表
pdoc	显示对象的文档字符串	whos	和 who 类似，但是会输出更详细的信息

18.4　IPython 适合于系统管理的特点

在上一节中和 IPython 的简单交互中，已经看到了 IPython 交互式命令行的一些特性。但是，上面的那些仅仅是 IPython 众多特性中的一小部分。在本节中，将详细介绍 IPython 的其他优势。正是这些优势使得其成为众多 Python 开发人员的首选 Shell。

18.4.1　Tab 补全

在 Linux 和 Windows 的命令行工具中，都有着 Tab 补全的功能。这种功能能够为加速键盘输入提供帮助。但是在 Python 的标准命令行中，在默认情况下是不存在这种功能的（如果有 rlcompleter 和 readline 库支持，也有有限的 Tab 支持）。而这些问题在 IPython 中得到了解决，而且将这个功能进行了加强。

1. Tab 补全使用

对于命令行中输入的命令，IPython 会检查每个命令是否包含 magic 关键字。如果有，表示这些是 IPython 中自定义的方法，则由 IPython 来处理；否则，将命令交给标准的 Python 解释器去处理。使用 Tab 补全功能可以在 import 之后补齐系统中已有的模块。

```
01  In [1]: import sy<TAB>
02  symtable sys      symbol
03
04  In [1]: import di<TAB>
05  dis     difflib  distutils dircache
```

上面的<TAB>表示输入 Tab 键。

同样也可以补齐模块中的方法和成员变量。

```
01   In [1]: import sys
02
03   In [2]: sys.plat<TAB>
04   In [2]: sys.platform
05   Out[2]: 'win32'
06
07   In [3]: sys.p<TAB>
08   sys.path                sys.path_importer_cache sys.prefix
09   sys.path_hooks          sys.platform
```

当需要补全的时候只有一个可选项的时候，IPython 将会直接补全。如上面的 In[2]中，在 sys 模块中只有一个以 plat 开头的成员，所以就直接补全了。

除此之外，还有最重要的功能就是补齐代码中的变量。

```
01   In [1]: import sys
02
03   In [2]: platform = sys.platform
04
05   In [3]: print (plat<TAB>)
06   In [3]: print (platform)
07   win32
```

通过 Tab 补全可以辅助输入，同时减少错误的发生。

2．Tab 补全的两种方式

在 IPython 中，有两种补全方式：常规补全和菜单补全。两者的不同在于，当有超过一个可选项的时候，常规补全是首先尝试最大化匹配展开，如果还有多余一个的选择，则列出所有的匹配结果。而菜单补全则不会显示可能的匹配列表，而是在可能的匹配中进行轮换。在 IPython 中，默认是使用常规补全方式，从上面的代码中也可以看出来。

除了能够补全 Python 中的对象以外，还可以对 IPython 所带的 magic 函数进行补齐。

```
01   In [4]: %r<TAB>
02   %r        %rehash      %rehashx      %rep      %reset      %run      %runlog
```

可以看到，在%后面是 IPython 的 magic 函数。输入 r 后，按 Tab 键，可以显示出 magic 函数中所有以 r 开头的 magic 函数。如果需要显示所有的 magic 函数，则在%后直接按 Tab 键，可以显示所有的 magic 函数。

```
01   In [4]: %
02   %Exit           %ed           %pdoc           %run
03   %Pprint         %edit         %pfile          %runlog
04   %Quit           %env          %pinfo          %save
05   %alias          %exit         %popd           %sc
06   %autocall       %hist         %profile        %store
07   %autoindent     %history      %prun           %sx
08   %automagic      %logoff       %psearch        %system_verbose
09   %bg             %logon        %psource        %time
10   %bookmark       %logstart     %pushd          %timeit
11   %cd             %logstate     %pwd            %unalias
```

```
12   %clear          %logstop        %pycat          %upgrade
13   %color_info     %lsmagic        %quickref       %who
14   %colors         %macro          %quit           %who_ls
15   %cpaste         %magic          %r              %whos
16   %debug          %p              %rehash         %xmode
17   %dhist          %page           %rehashx
18   %dirs           %pdb            %rep
19   %doctest_mode   %pdef           %reset
```

以上有不少在前面出现过的 magic 函数。

最后要注意的是，IPython 在补全的时候，总是根据上下文的信息来给出补全的信息。这是 IPython 的一种特性，而不是一个限制。如在上面的介绍中，在 import 语句后总是给出系统中存在的模块，而在 "sys." 后则仅仅给出在 sys 模块中存在的成员。可以说，IPython 中是一种智能补全方式，这使得补全的结果总是人们想要的，从而改善了命令行中的交互体验。

18.4.2　历史记录功能

为了能够更好地利用以前的输入，IPython 会记录下每次输入。可以使用 history 命令来获取已有的历史记录。这也是一个 magic 函数。

1．hisotry 命令的使用

下面是一个简单的示例。

```
01   In [1]: a = 0
02
03   In [2]: b = "IPython"
04
05   In [3]: c = [i for i in range(5)]
06
07   In [4]: cd C:\
08   C:\
09
10   In [5]: history
11   1: a = 0
12   2: b = "IPython"
13   3: c = [i for i in range(5)]
14   4: _ip.magic(r"cd C:\_"[:-1])
15   5: _ip.magic("history ")
```

从 history 的输出信息中可以看到，所有的输入都被完整地记录了下来。需要注意的是，后面的两项并没有按照输入的样子输出，因为 cd 和 history 都是 magic 函数。从这里也可以看出，IPython 对于 magic 函数的处理方式，实际上是调用 IPython.ipapi 中的 magic 方法来实现的。如果希望显示最初输入的原始格式，则可以使用 history -r。

```
01   In [6]: history -r
02   1: a = 0
03   2: b = "IPython"
04   3: c = [i for i in range(5)]
05   4: cd C:\
06   5: history
07   6: history -r
```

在这个输出中可以看到，所有的输入都是按照输入的样子来输出的，并没有做任何修改。注意到,现在的输出中每个命令输入的前面都有一个数字指示。当需要将代码复制到其他编辑器的时候,可能需要去掉前面的数字,则可以使用 history -n 命令。

```
01  In [7]: history -n
02  a = 0
03  b = "IPython"
04  c = [i for i in range(5)]
05  _ip.magic(r"cd C:\_"[:-1])
06  _ip.magic("history ")
07  _ip.magic("history -r")
08  _ip.magic("history -n")
```

可以看到,这里的输出没有了前面的数字指示。同样,由于没有-r 参数,IPython 对结果进行了转换。如果需要得到一个原始的不带数字指示的输出,可以同时使用-r 和-n 参数。

2. 历史记录中的查找

需要注意的是,history 命令提供了-g 参数,可以输出包含有指定模式的历史记录。

```
01  In [8]: history -g history
02  046: history
03  0134: test.magic("history")
04  0135: history -r
05  0136: history -n
06  0140: history -g history
07  ===
08  shadow history ends, fetch by %rep <number> (must start with 0)
09  === start of normal history ===
10  5: _ip.magic("history ")
11  6: _ip.magic("history -r")
12  7: _ip.magic("history -n")
13  8: _ip.magic("history -g history")
```

在前面输出的是"影子历史记录(shadow history)"。只要是曾经在 IPython 交互式命令行中出现过的含有搜索模式的命令,都有可能在这里出现。所以这个结果可能是很长的。在后面,则输出了当前会话下的包含搜索模式的历史记录。

上面是一种在历史记录中搜索的方式,除此之外,如果包含有 readline 支持,还可以使用下面的两种搜索方式。

1)直接输入,然后按 Ctrl+p 快捷键或者 Ctrl+n 快捷键来在历史记录中寻找满足已经输入的字符的命令。如果在没有输入的情况下按这两个快捷键,就和上下键的功能是一样的。

2)按 Ctrl+r 快捷键来查找,将会在命令历史中寻找包含有输入字符的命令,并尽可能地补全。

3. 使用_符号访问输出结果

在 IPython 和标准 Python 的命令行中,不仅可以访问输入的命令,而且还可以访问输出结果。具体的方法是使用_标识符,这表示最后的输出。下面是一个实例。

```
01  In [1]: test = "IPython"
02
03  In [2]: _
04  Out[2]: ''
05
06  In [3]: test
```

```
07   Out[3]: 'IPython'
08
09   In [4]: _
10   Out[4]: 'IPython'
11
12   In [5]: test = _
13
14   In [6]: test
15   Out[6]: 'IPython'
```

【代码说明】

❑ 在 In[1]中定义了一个 test 变量，这并没有输出，或者说是返回结果是 None。当在 In[2]中使用_的时候，可以看到为空字符串。

❑ 在 In[3]中输出了 test 字符串，此时结果为 test 变量的值。这个时候，在 In[4]中引用_的时候，就变成了 test 变量的值。

❑ 在 In[5]中再度进行了赋值，可以看到这实现了目的。

在标准 Python 命令行中，也具有这样的功能。两者的一个区别是，当系统返回为 None 的时候，在标准 Python 命令行中将触发 NameError 异常。

```
01   >>> test = "Python"
02   >>> _
03   Traceback (most recent call last):
04     File "<stdin>", line 1, in <module>
05   NameError: name '_' is not defined
06   >>> test
07   'Python'
08   >>> _
09   'Python'
```

可以看到，在第一次调用_的时候出现了 NameError 异常。

实际上，在 IPython 中的历史记录功能还是对于其中 In 和 Out 的相关操作。因为在 In 和 Out 中存储了输入和输出的信息，所以可以很方便地将这些信息输出。在输出的同时可以根据 history 命令的参数做一些调整，这从前面和 IPython 的交互中打印 In 和 Out 的值可以看出来。对于 In 的列表类型，可以直接使用 In[:]得到原来列表的一个复制。同样的，在 Out 字典中的值可以存储为任何类型。当其类型为列表的时候，可以使用列表的相关操作来对其进行操作。这也为以后操作外部系统命令的输出提供了一种方法。

18.4.3　执行外部系统命令和运行文件

在 IPython 中，可以很容易地执行外部系统命令和运行文件。

1．使用!执行外部系统命令

IPython 使用!符号来执行外部系统命令，同时可以用$符号将 Python 变量转化为 Shell 变量。通过这两个符号的有机结合，可以有效地做到 IPython 和外部系统命令之间的交互以及外部文件的执行，进一步完成复杂的工作。

```
01   In [1]: cd E:\Python33
02   E:\Python33
03
```

```
04    In [2]: !dir
05     驱动器 E 中的卷是 PROG
06     卷的序列号是 C413-1C2C
07
08     E:\Python33 的目录
09
10    2013-10-24  02:16    <DIR>         .
11    2013-10-24  02:16    <DIR>         ..
12    2013-06-22  20:02    <DIR>         DLLs
13    2013-06-22  20:02    <DIR>         Doc
14    2013-06-22  20:02    <DIR>         include
15    2013-10-24  00:03          79,167 ipython-wininst.log
16    2013-10-28  16:06    <DIR>         Lib
17    2013-06-22  20:02    <DIR>         libs
18    #省略部分输出
```

在上面，首先将目录定位到 Python 的根目录下，然后调用外部系统命令 dir 将目录中的文件输出来。注意到，在第 4 行添加了!，表示后面的命令将由外部 Shell 来解析。

```
01    In [3]: pattern = "*.exe"
02
03    In [4]: !dir $pattern
04     驱动器 E 中的卷是 PROG
05     卷的序列号是 C413-1C2C
06
07     E:\Python33 的目录
08
09    2013-02-21  13:11          24,064 python.exe
10    2013-02-21  13:12          24,576 pythonw.exe
11    2013-10-24  00:03          61,440 Removeipython.exe
12    2013-10-24  00:03          61,440 Removepyreadline.exe
13    2013-02-21  13:11           4,608 w9xpopen.exe
14              5 个文件        176,128 字节
15              0 个目录 25,324,122,112 可用字节
```

在 In[3]中，定义了一个 Python 的变量，这个变量是一种搜索模式"*.exe"。在前面加上$符号就将此 Python 变量转化为可以在外部 Shell 中使用的变量。这从 In[4]的输入可以看出来。直接将$pattern 放在 dir 命令的后面，使得满足此搜索模式的文件或者文件夹才会显示出来。这里，所有的以 exe 结尾的文件都被输出。

2. 使用!操作符需要注意的问题

需要注意的是，在$符号后面只能够是简单的变量名，而不会对其做 Python 运算。

```
01    In [5]: !dir $(pattern[:-3]+"dll")
02     驱动器 E 中的卷是 PROG
03     卷的序列号是 C413-1C2C
04
05     E:\Python33 的目录
06
07    找不到文件
08
09    In [6]: new_pattern = pattern[:-3] + "dll"
10
```

```
11   In [7]: !dir $new_pattern
12    驱动器 E 中的卷是 PROG
13    卷的序列号是 C413-1C2C
14
15    E:\Python33 的目录
16
17   2012-12-16  18:22              499,712 msvcp71.dll
18   2012-12-16  18:22              348,160 msvcr71.dll
19   2012-06-10  18:21              219,136 unicows.dll
20              3 个文件       1,067,008 字节
21              0 个目录 25,324,122,112 可用字节
```

【代码说明】

❑ 在 In[5]中，后面的"$(pattern[:-3]+"dll")"运算是试图将搜索模式变为"*.dll"。但是实际上，外部系统命令并没有找到任何文件。换句话说，在这里，并没有对这个运算进行展开，得到最终的值。在这里，使用()后得到的值为 None，所以最终输出为"找不到文件"。

❑ 在 In[6]和 In[7]中，将"$(pattern[:-3]+"dll")"预先进行了计算，并赋值给 new_pattern 变量，然后再次调用 dir 外部命令，这个时候就得到了期望的结果。

在调用外部系统命令的时候，如果 Python 变量值当时并不存在，则会触发 NameError 异常。

```
01   In [8]: !dir $null
02   ERROR: An unexpected error occurred while tokenizing input
03   The following traceback may be corrupted or invalid
04   The error message is: ('EOF in multi-line statement', (479, 0))
05
06   --------------------------------------------------------------------
07   NameError                              Traceback (most recent call last)
08   #省略部分输出
```

【代码说明】

❑ 在 In[8]中，试图解析一个不存在的 Python 变量，触发了 NameError 异常，同时也中断了外部系统命令的输出。

需要注意的是，如果在外部系统命令包括参数中有$，则需要先使用$先将其转义。也就是说，两个$符号才能真正表示在外部 Shell 中的$符号。假设在当前目录下有个$test.txt 文件，需要将其的内容打印出来。

```
01   In [9]: !type $test.txt
02   ERROR: An unexpected error occurred while tokenizing input
03   The following traceback may be corrupted or invalid
04   The error message is: ('EOF in multi-line statement', (479, 0))
05
06   --------------------------------------------------------------------
07   NameError                              Traceback (most recent call last)
08   #省略部分输出
09   NameError: name 'test' is not defined
10
11   In [10]: !type $$test.txt
12   This is a file for testing.
13   In [11]:
```

【代码说明】

❑ 在 In[9]中，试图打印出$test.txt 的值。但是这个时候，系统将会对$test 进行解析。当发现

test 的 Python 变量并不存在的时候，触发了 NameError 异常。

☐ 在 In[10]中，使用了 $$test.txt 方式，从而使得外部系统命令可以正常地解析为"type $test.txt"，
得到了期望的结果。

3．将系统命令输出赋值给 Python 变量

实际上，对于使用!符号的外部系统命令来说，其输出结果可以复制给某个 Python 变量，留待以后使用。

```
01  In [11]: result = !dir $pattern
02
03  In [12]: result
04  Out[12]: SList (.p, .n, .l, .s, .grep(), .fields(), sort() available):
05  0: 驱动器 E 中的卷是 PROG
06  1: 卷的序列号是 C413-1C2C
07  2:
08  3: E:\Python33 的目录
09  4:
10  5: 2013-02-21  13:11              24,064 python.exe
11  6: 2013-02-21  13:12              24,576 pythonw.exe
12  7: 2013-10-24  00:03              61,440 Removeipython.exe
13  8: 2013-10-24  00:03              61,440 Removepyreadline.exe
14  9: 2013-02-21  13:11               4,608 w9xpopen.exe
15  10:             5 个文件          176,128 字节
16  11:             0 个目录 25,324,122,112 可用字节
```

【代码说明】

☐ 在 In[11]中，将特定搜索模式下的文件输出赋值给了 Python 变量 result。

☐ 在 In[12]中输出了 result 的值。可以看到，这个输出和前面直接使用外部系统命令输出结果还是有一些区别的。前面的输出结果仅仅输出到终端而已，而这里保存下来的命令输出结果则是一个列表结构，可以作进一步处理。

4．!!操作符的使用及其和!的区别

替代!符号的一种选择是!!符号。两者的区别主要在于后者的输出直接就是一个列表结构，同时这个结果不能赋值给某个 Python 变量。

```
01  In [13]: !!dir $pattern
02  Out[13]: SList (.p, .n, .l, .s, .grep(), .fields(), sort() available):
03  0: 驱动器 E 中的卷是 PROG
04  1: 卷的序列号是 C413-1C2C
05  2:
06  3: E:\Python33 的目录
07  4:
08  5: 2013-02-21  13:11              24,064 python.exe
09  6: 2013-02-21  13:12              24,576 pythonw.exe
10  7: 2013-10-24  00:03              61,440 Removeipython.exe
11  8: 2013-10-24  00:03              61,440 Removepyreadline.exe
12  9: 2013-02-21  13:11               4,608 w9xpopen.exe
13  10:             5 个文件          176,128 字节
14  11:             0 个目录 25,324,122,112 可用字节
15
```

```
16   In [14]: result = !!dir
17   '!dir' 不是内部或外部命令，也不是可运行的程序
18   或批处理文件。
```

【代码说明】

❑ 在 In[13]中演示了!!符号的用法。可以看到，其和 Out[12]的结果是一样的。

❑ 当试图将输出值赋值给 result 的时候，IPython 将报错。赋值给 Python 变量的功能仅仅适用
于使用!符号的系统命令。

当然，由于!!符号的命令的输出是列表结构，所以可以直接访问 Out 来获得输出的值。如果是
只需要取得最后的输出值，还可以使用_符号。

在 IPython 的实际处理中，使用!符号其实只是简单地调用 system 函数（在上一章中进程创建
中介绍过）。而针对!!符号的处理则实际上是使用了 magic 函数 sx，有下面的关系。

```
!!command
==>
%sx command
```

其中 sx 命令也是一种调用外部系统命令的方式。

5．运行外部文件

除了可以直接在 IPython 解释器中交互运行代码外，还可以直接执行外部的脚本文件。一种简
单的方式是使用!符号调用外部命令 python 来执行脚本。另外一种方法是通过 magic 函数中的 run
命令来实现，使用方法是直接在 run 后接上文件名即可。可以注意到，这里的文件名也是可以补全
的。如，在当前目录下有这样以下文件。

```
01   #filename: test.py
02   def hello(arg):
03       print ("Hello,", arg)
04
05   hello("IPython")
```

这里的代码段很简单，就是打印出字符串。

当需要在 IPython 下执行这个文件的时候，可以有下面的两种运行方式。

```
01   In [15]: !python test.py
02   Hello, IPython
03
04   In [16]: %run test.py
05   Hello, IPython
```

从上面的输出可以看到，两种方式得到了同样的结果。

18.4.4　对象查看和自省

Python 中的任何东西都是对象。代码可以查看内存中通过对象而存在的其他模块或者函数，
获取其信息，并对其进行操作。这种功能就是自省。在 Python 中，其实就已经具有了这种强大的
功能了，如下面这个最简单的 dir 函数。

```
01   In [1]: import sys
02
03   In [2]: print (dir(sys))
```

```
04  ['__displayhook__', '__doc__', '__excepthook__', '__name__', '__stderr__', '__st
05  din__', '__stdout__', '_current_frames', '_getframe', 'api_version', 'argv', 'bu
06  iltin_module_names', 'byteorder', 'call_tracing', 'callstats', 'copyright', 'dis
07  playhook', 'dllhandle', 'exc_clear', 'exc_info', 'exc_type', 'excepthook', 'exec
08  _prefix', 'executable', 'exit', 'exitfunc', 'getcheckinterval', 'getdefaultencod
09  ing', 'getfilesystemencoding', 'getrecursionlimit', 'getrefcount', 'getwindowsve
10  rsion', 'hexversion', 'ipcompleter', 'maxint', 'maxunicode', 'meta_path', 'modul
11  es', 'path', 'path_hooks', 'path_importer_cache', 'platform', 'prefix', 'setchec
12  kinterval', 'setprofile', 'setrecursionlimit', 'settrace', 'stderr', 'stdin', 's
13  tdout', 'subversion', 'version', 'version_info', 'warnoptions', 'winver']
```

【代码说明】

❏ 在 In[1]中，首先导入了 sys 模块。然后在 In[2]中，使用 dir(sys)得到了此模块中支持的所有的方法和成员。

1．?和??操作符的使用

上面的 dir()函数已经很方便了，但 IPython 中的两个操作符可以使得这种功能更加强大。这两个操作符是?和??。两种操作的区别在于前者会截断输出的长字符串，而后者不会。同时，如果有源码，??操作符还会高亮显示输出源代码。这可以做帮助用。

```
01  In [1]: import os
02
03  In [2]: os.system?
04  Type:           builtin_function_or_method
05  Base Class:     <type 'builtin_function_or_method'>
06  String Form:    <built-in function system>
07  Namespace:      Interactive
08  Docstring:
09      system(command) -> exit_status
10
11  Execute the command (a string) in a subshell.
12
13  In [3]: os.system??
14  Type:           builtin_function_or_method
15  Base Class:     <type 'builtin_function_or_method'>
16  String Form:    <built-in function system>
17  Namespace:      Interactive
18  Docstring [source file open failed]:
19      system(command) -> exit_status
20
21  Execute the command (a string) in a subshell.
```

在上面的代码中，演示了使用?和??操作符的用法。两者给出的信息都非常的详细，包括函数方法的类型、基类等。需要注意的是，在两种输出中，可以看到在第 18 行 Docstring 的后面有 source file open failed 的信息。这是因为找不到源文件，所以没有给出源代码。另外，由于印刷的原因，这里的彩色也是没有办法看到，实际上是有的。

不但使用?和??可以对 Python 的对象进行查询，而且对于 magic 函数也可以查看其使用方法甚至是源码。

```
01  In [29]: %sx??
02  Type:           Magic function
```

```
03   Base Class:      <type 'instancemethod'>
04   String Form:     <bound method InteractiveShell.magic_sx of <IPython.iplib.Intera
05   ctiveShell object at 0x00B49D70>>
06   Namespace:       IPython internal
07   File:            e:\Python33\lib\site-packages\ipython\magic.py
08   Definition:      %sx(self, parameter_s='')
09   Source:
10      def magic_sx(self, parameter_s=''):
11          """Shell execute - run a shell command and capture its output.
12
13          %sx command
14
15          IPython will run the given command using commands.getoutput(), and
16          return the result formatted as a list (split on '\\n').  Since the
17   #省略部分输出
```

当系统中包含有 Python 对象的源码的时候，将会对源码中的成员函数进行高亮显示。

2. 使用 who、who_ls 和 whos 查看对象信息

IPython 还提供了一组 magic 函数来对已有的对象进行查看，主要包括 who、who_ls 和 whos 等。who 使用很简单，将会直接返回 IPython 中已有的对象。同时，who 还可以对对象进行过滤。

```
01   In [1]: a = 0
02
03   In [2]: b = "IPython"
04
05   In [3]: c = [i for i in range(5)]
06
07   In [4]: who
08   a    b    c    i
09
10   In [5]: who int
11   a    i
12
13   In [6]: who str
14   b
15
16   In [7]: who list
17   c
```

【代码说明】

❑ 在前面的 3 个输入中，分别给 3 个变量赋值整数、字符串和列表。

❑ 在 In[4]中使用 who 可以看到在 IPython 交互式环境中定义的对象。需要注意的是，在 c 的定义中，使用了变量 i，这也出现在了 who 的输出中。

❑ 后面 3 个输入输出主要是查看 who 的结果过滤功能。可以看到，针对不同的过滤，who 输出了不同的结果。

who 命令仅仅输出相关的类型信息，但是并没有返回值。也就是说，不能够对其输出进行后续的操作。为了解决这个问题，IPython 提供了 who_ls 命令，将输出返回。

```
01   In [8]: who_ls
02   Out[8]: ['a', 'b', 'c', 'i']
```

```
03
04    In [9]: who_ls int
05    Out[9]: ['a', 'i']
```

这样可以使用_来获取上次输出的值。

```
01    In [10]: print (_)
02    ['a', 'i']
```

如果需要获取对象的更多信息，则可以使用 whos，命令的用法和 who 相同。who 的过滤也是可以用在 whos 命令上的。

```
01    In [11]: whos
02    Variable   Type      Data/Info
03    ----------------------------
04    a          int       0
05    b          str       IPython
06    c          list      [0, 1, 2, 3, 4]
07    i          int       4
```

每种对象有各自详细的信息输出。如对于字符串，将会输出字符串。对于列表和元组等，则会打印出其长度。如果输出长度过长，将会截断中间的输出。

18.4.5　直接编辑代码

虽然在命令行中编辑代码也是可行的，但是很多时候还是希望能够在自己偏好的编辑器中编辑代码。另外，为了每次都生成一个代码文件也是不必要的。在 IPython 中，提供了这样一种方式，使得可以在设置的编辑器中编辑代码，同时又不会生成文件。这可以通过 magic 函数中的 edit 命令来实现。

1．edit 命令的使用

edit 命令将会根据环境变量 EDITOR 来调用相应的编辑器。如果环境变量没有设置，则调用 vi（Linux）或者记事本（Windows）。同样的，也可以在配置文件中进行设置。退出编辑器则将自动回到 IPython 提示符。同时，编辑器中输入的代码将会在当前名字空间下被 Python 解释器执行。直接输入 edit 命令将会打开编辑器。

当输入 edit 命令的时候，IPython 将会调用外部的编辑器。同时可以注意到，实际上是生成了一个临时文件。在此临时文件中可以直接输入需要测试的代码。下面是一个打印出素数的函数，这里将其直接在编辑器中编辑。

```
01    def prime_numbers(number):
02        if number <= 3:
03            return range(2,number)
04
05        primes = [2] + range(3,number,2)
06
07        index = 1
08        max = number ** 0.5
09        while 1:
10            i = primes[index]
11            if i>max:
12                break
13            index += 1
```

```
14            primes = [x for x in primes if (x % i) or (x == i)]
15        return primes
```

当输入完毕后，关掉编辑器，IPython 将会立即执行这一段代码，如下所示。

```
01  In [1]: edit
02  IPython will make a temporary file named: c:\docume~1\sea\locals~1\temp\ipython_
03  edit_2y8evu.py
04  Editing... done. Executing edited code...
05  Out[1]: 'def prime_numbers(number):\n    if number <= 3:\n        return range(2
06  ,number)\n\n    primes = [2] + range(3,number,2)\n\n    index = 1\n    max = nu
07  mber ** 0.5\n    while 1:\n        i = primes[index]\n        if i>max:\n
08      break\n        index += 1\n        primes = [x for x in primes if (x % i) o
09  r (x == i)]\n    return primes'
```

从输出的信息中可以详细地看到 IPython 的处理过程。

另外，IPython 将会把输入的内容作为 Out 输出。这里从 Out[1]可以看到。当 IPython 解析了这一段代码后，在当前的作用范围内就生成了一个 prime_numbers 函数。可以直接使用这个函数，来得到不同的素数表。

```
01  In [2]: prime_numbers(34)
02  Out[2]: [2, 3, 5, 7, 11, 13, 17, 19, 23, 29, 31]
```

2．对上一次代码进行修改

很多时候，可能是对上一次修改后的代码片段继续进行修改，这个时候就可以使用 edit -p 命令，就可以满足这个需求。

当使用 edit –p 命令的时候，IPython 将会调用编辑器，并同时在其中填入上一次的输入。

3．修改而不执行代码

当只是想修改代码而并不希望立即对代码进行解析的时候，可以使用 edit -x 命令。

```
01  In [3]: edit -x
02  IPython will make a temporary file named: c:\docume~1\sea\locals~1\temp\ipython_
03  edit_b1fqbt.py
04  Editing...
05  Out[3]: 'def prime_numbers(number):\n    if number <= 3:\n        return range(2
06  ,number)\n\n    primes = [2] + range(3,number,2)\n\n    index = 1\n    max = nu
07  mber ** 0.5\n    while 1:\n        i = primes[index]\n        if i>max:\n
08      break\n        index += 1\n        primes = [x for x in primes if (x % i) o
09  r (x == i)]\n    return primes'
```

注意，这里的输出信息中为"Editing…"，而不是"Editing... done. Executing edited code…"。这表示仅仅将这些输入保存在了 Out[3]中，并没有对代码进行解析。如果这时候对代码进行了修改，也不能反映到 IPython 中。

IPython 中源码编辑的一个强大功能是可以对历史记录中的代码片段进行编辑。使用的格式为 edit n:m，其中 n 和 m 都为历史记录数字，其中输入为包括 n 但是不大于 m 的历史记录。当 n 大于 m 或者 n 和 m 都为 0 的时候，此命令和 edit 的效果是相同的。

18.4.6　设置别名和宏

为了能够加速输入，可以将比较复杂的命令设置一个别名。同样，如果代码过长，也可以使用宏来代替。使用别名或者宏就像使用原来的命令或者代码一样。

1. 设置别名

设置外部系统命令的别名可以使用 alias 来操作。

```
01  In [1]: alias ns netstat -an
02
03  In [2]: ns
04
05  Active Connections
06
07    Proto  Local Address          Foreign Address        State
08    TCP    0.0.0.0:135            0.0.0.0:0              LISTENING
09    TCP    0.0.0.0:445            0.0.0.0:0              LISTENING
10    TCP    0.0.0.0:1110           0.0.0.0:0              LISTENING
11    TCP    0.0.0.0:3389           0.0.0.0:0              LISTENING
12    TCP    0.0.0.0:19780          0.0.0.0:0              LISTENING
13    TCP    127.0.0.1:1029         0.0.0.0:0              LISTENING
14    TCP    127.0.0.1:27086        127.0.0.1:27087        ESTABLISHED
15  #省略部分输出
```

【代码说明】

❑ 在 In[1]中定义了一个别名 ns，其表示系统命令 netstat -an。在 In[2]中使用 ns 命令的时候，就好像使用!netstat -an 命令一样。

可以使用%l 标识符来表示使用别名的时候输入的参数。

```
01  In [3]: alias myecho echo "Input: <%l>"
02
03  In [4]: myecho test
04  "Input: <test>"
```

更详细地，可以使用%s 来针对每个输入参数进行设置。

```
01  In [5]: alias myecho2 echo first %s second %s
02
03  In [6]: myecho2 arg1 arg2
04  first arg1 second arg2
05
06  In [7]: myecho2 arg1
07  ERROR: Alias <myecho2> requires 2 arguments, 1 given.
08  #省略部分输出
```

【代码说明】

❑ 在 In[5]中，定义了一个别名 myecho2。在其中用了两个%s 来表示在使用别名时候的参数，都是作为字符串来输入的。

❑ 在 In[6]和 In[7]中，演示了 myecho2 的用法。首先是在使用的时候输入了两个参数，这个时候别名得到了正确的输出结果。而第二次则只是输入了一个参数，此时别名运行就报错了，显示此别名需要两个参数，而现在只提供一个参数。

当在 alias 后不使用任何参数的时候，将输出当前的 alias 对应表。

2. 设置宏

在 Python 的语言标准中并没有宏的概念。但是 IPython 将其做了扩展，使得这个功能成为交互式环境中的一个重要特性。这是通过 magic 中的 macro 命令实现的。宏允许用户为一段代码定义一个名字，从而可以使用此名字来反复运行此段代码。其语法为在 macro 命令后加定义的名字和其代表的代码段，代码段是历史记录的分片。

```
01   In [1]: import datetime
02
03   In [2]: datetime.date.today() + datetime.timedelta(days=1)
04   Out[2]: datetime.date(2013, 11, 11)
05
06   In [3]: macro tomorrow 2
07   Macro 'tomorrow' created. To execute, type its name (without quotes).
08   Macro contents:
09   datetime.date.today() + datetime.timedelta(days=1)
10
11   In [4]: tomorrow
12   -------> tomorrow()
13   Out[5]: datetime.date(2013, 11, 11)
14
15   In [6]: macro
16   Out[6]: ['tomorrow']
```

【代码说明】

❑ 这里首先在 In[1]和 In[2]中输入了可以求出明天时间的代码。在 In[3]中使用 macro 定义了一个名为 tomorrow 的宏。

❑ 在 In[4]中，可以看到宏的使用方法。使用宏的目的相当于调用其所代表的代码。需要注意的是，如果在一个全新的 IPython 环境中调用此宏，需要再度导入 datetime 模块，否则将会报错。因为宏只是一个代码的缩写而已。

❑ 如果不加任何参数，和 alias 一样，也是输出现在 IPython 中已有的宏定义。

当然，可以编辑宏并写入文件，从而长期保存下来。

18.5　使用 Python 进行文件管理

在第 7 章中已经介绍了 Python 对于文件的部分处理方式。由于对于一个系统的管理最终将会归结到系统上的信息管理上，所以在本节中将继续对 Python 的文件管理进行介绍。这些高级部分包括针对文件的比较、归档、压缩等内容。

18.5.1　文件的比较

比较文件对于一个系统管理员来说是会经常遇到的。在具有版本管理的系统中，需要使用这种功能来判断哪些文件经过了改动，哪些文件是相同的。当然，一种可能的办法是使用在第 7 章中介绍的方法，对于需要比较的文档，依次读取每个数据进行比较。虽然这种方法是可行的，但是却非常低效率。所以有必要寻找其他替代的方法。在 Python 的标准模块中，就有 filecmp 这样的模块可以实现此功能。

filecmp 模块提供了两个模块方法 cmp 和 cmpfiles，分别针对文件和目录进行比较。下面代码中，在当前目录下生成 3 个文件 text1.txt、text2.txt 和 text3.txt。其中前两个文件没有任何内容，而在 text3.txt 文件中有一些随意写入的数据。可以使用 cmp 方法对两个文件进行比较。

```
01  In [1]: import filecmp
02
03  In [2]: filecmp.cmp("text1.txt","text2.txt")
04  Out[2]: True
05
06  In [3]: filecmp.cmp("text1.txt","text3.txt")
07  Out[3]: False
```

cmp 方法的使用是直接在后面接两个需要比较的文件即可。当文件相同的时候，将会显示出 True；否则，显示 False，表示文件不相等。

为了演示 cmpfiles 的使用，在当前目录下再新建两个目录：test1 和 test2。将这 3 个文件都复制到 test1 文件夹中，同时将 text3.txt 的内容清空。而将 text1.txt 和 text3.txt 复制到 test2 文件夹中。现在，目录结构如下所示。

```
01  In [4]: !tree /F
02  卷 BOOK 的文件夹 PATH 列表
03  卷序列号码为 7C935A65 18F8:F57A
04  I:.
05  |   text1.txt
06  |   text2.txt
07  |   text3.txt
08  |
09  ├──test1
10  |       text1.txt
11  |       text2.txt
12  |       text3.txt
13  |
14  └──test2
15          text1.txt
16          text3.txt
```

然后可以使用 cmpfiles 方法来比较 test1 和 test2 这两个目录。

```
01  In [5]: filecmp.cmpfiles("test1","test2",["text1.txt","text2.txt","text3.txt"])
02  Out[5]: (['text1.txt'], ['text2.txt'], ['text3.txt'])
```

【代码说明】

❑ cmpfiles 方法带有 3 个参数，其中前面两个参数为需要比较的目录，而第三个为需要比较的文件列表。

❑ 此方法返回 3 个列表，分别表示匹配的文件、不匹配的文件和比较出错的文件。这里出错的可能性包括文件缺失、权限不足等。从这里的输出可以看到，此方法正确地给出了目录中指定文件的比较情况。

注意，cmpfiles 方法需要提供比较的文件列表。当文件比较多的时候，这个方法就很烦琐了。在 filecmp 模块中，还有一个 dircmp 类，提供了比较目录的许多高级方法。其构造方法很简单，直接输入两个目录皆可。另外，还包含有两个可选的参数，分别是 ignore 和 hide。ignore 表示忽略的目录，而 hide 则表示需要隐藏的名字。构造完毕后，可以使用类的方法 report 来查看目录比较的结果。

```
01  In [6]: result = filecmp.dircmp("test1","test2")
02
```

```
03   In [7]: result.report()
04   diff test1 test2
05   Only in test1 : ['text2.txt']
06   Only in test2 : ['text3.txt']
07   Identical files : ['text1.txt']
```

更方便的是，此 dircmp 类中提供了很多的成员，可以很方便地求得特定的信息，如只在左边出现的文件等。表 18-2 中显示了所提供的成员属性列表。

表 18-2　dircmp 类中所支持的成员属性

成员属性	说明（所比较的两个目录分别为 a 和 b）	成员属性	说明（所比较的两个目录分别为 a 和 b）
left_list	在 a 中被忽略或者隐藏的文件和文件夹	common_files	在 a 和 b 中都出现的文件
right_list	在 b 中被忽略或者隐藏的文件和文件夹	common_funny	在 a 和 b 中都出现但是比较出错的名字
common	在 a 和 b 中都出现的文件和文件夹	same_files	在 a 和 b 中都相同的文件
left_only	只在 a 中出现的文件和文件夹	diff_files	在 a 和 b 中都出现且不相同的文件
right_only	只在 b 中出现的文件和文件夹	funny_files	在 a 和 b 中都出现，但是不能比较的文件
common_dirs	在 a 和 b 中都出现的文件夹	subdirs	一个字典，其中包括 common_dir 中的目录到 dircmp 对象的映射

当然，如果只是为了简单快速地比较文件，则可以使用 md5 命令。如果 md5 值不相同，则文件是不相等的。

18.5.2　文件的归档

当系统中有很多的小文件的时候，为了能够有效地管理它们，一种方法是将这些文件进行归档。系统管理员会经常使用如 tar 之类的命令来管理这些文件。在 Python 中，提供了 tarfile 模块，可以有效地对归档文件进行管理，包括生成、检测和解开等。

tarfile 模块提供了一个 open 方法可以用来打开 tar 文件，并返回一个 TarFile 对象。在 TarFile 类中，提供了丰富的方法对其进行操作。

```
01   In [1]: import tarfile
02
03   In [2]: tar = tarfile.open("textfile.tar","w")
04
05   In [3]: tar.add("text1.txt")
06   In [4]: tar.add("text2.txt")
07   In [5]: tar.add("text3.txt")
08
09   In [6]: tar.add("test1")
10   In [7]: tar.add("test2")
11
12   In [8]: tar.close()
```

【代码说明】

❑ 在 In[1]中导入了 tarfile 模块。

❑ In[2]中使用了 tarfile 的 open 方法，在写模式下打开了一个 textfile.tar 的文件，供后面进一步操作。

❑ 在 In[3]～In[7]中加入了 3 个文本文件和两个目录。注意到，添加目录的时候，其中的文件都会加入进来。最后调用 close 方法关闭此 TarFile 对象。

这个时候查看当前目录，可以看到生成了一个 textfile.tar 文件，并且其中包含 text1.txt 等 3 个文本文件和两个目录。可以使用 TarFile 类中的 list 方法来看到。

```
01   In [9]: tar = tarfile.open("textfile.tar","r")
02
03   In [10]: tar.list()
04   -rw-rw-rw- user/group          22 2013-11-11 12:06:35 text2.txt
05   -rw-rw-rw- user/group           2 2013-11-11 11:20:31 text3.txt
06   -rw-rw-rw- user/group          22 2013-11-11 12:06:30 text1.txt
07   drwxrwxrwx user/group           0 2013-11-11 11:14:06 test1/
08   -rw-rw-rw- user/group           0 2013-11-11 11:07:13 test1/text1.txt
09   -rw-rw-rw- user/group           0 2013-11-11 11:07:13 test1/text2.txt
10   drwxrwxrwx user/group           0 2013-11-11 11:23:44 test2/
11   -rw-rw-rw- user/group           0 2013-11-11 11:17:13 test2/text1.txt
12   -rw-rw-rw- user/group           2 2013-11-11 11:20:31 test2/text3.txt
13   In [11]: tar.close()
```

【代码说明】

❑ 在 In[9]中，使用的是读模式打开，这就保证了在对 TarFile 类的操作过程中不会破坏源文件。如果使用写模式打开，将会删除已有归档文件中的所有文件。

❑ 通过 In[10]中的 list 方法，加入了上面的 3 个文本文件。

❑ 在 In[11]中调用 close 方法将其关闭。

使用 list 方法是将这些信息打印出来，如果需要返回这些获取的文件信息时，可以使用 getnames 方法。同样，name 和 members 成员属性也可以提供相关的一些信息。

```
01   #省略文件的打开和关闭过程
02   In [16]: tar.getnames()
03   Out[16]:
04   ['text2.txt',
05    'text3.txt',
06    'text1.txt',
07    'test1/',
08    'test1/text1.txt',
09    'test1/text2.txt',
10    'test2/',
11    'test2/text1.txt',
12    'test2/text3.txt']
13
14   In [17]: tar.name
15   Out[17]: 'I:\\book\\source\\sysadmin\\textfile.tar'
16
17   In [18]: tar.members
18   Out[18]:
19   [<TarInfo 'text2.txt' at 0x149c630>,
20    <TarInfo 'text3.txt' at 0x149c890>,
21    <TarInfo 'text1.txt' at 0x149c990>,
22    <TarInfo 'test1/' at 0x15edc70>,
23    <TarInfo 'test1/text1.txt' at 0x15edd10>,
24    <TarInfo 'test1/text2.txt' at 0x15edcb0>,
25    <TarInfo 'test2/' at 0x149c6f0>,
26    <TarInfo 'test2/text1.txt' at 0x149cc30>,
27    <TarInfo 'test2/text3.txt' at 0x149cb50>]
```

【代码说明】

❑ 在 In[16]中，使用 getnames 方法得到了一个归档文件中的所有文件的列表，可以使用_符号来获取这个值作进一步处理。

❑ In[17]中的 name 成员属性显示了此归档文件的全路径。

❑ 在 In[18]中显示了此归档文件所包含的所有成员，每个都是一个 TarFile 对象。

如果需要解开归档文件，只需要简单的调用 TarFile 类中的 extractall 方法即可。这个方法可以加上两个可选的参数。一个是需要解开的路径，默认值为当前工作目录；另外一个是需要解开的成员，默认值为解开所有的成员。

```
01   #省略了文件的打开和关闭过程
02   In [23]: tar.extractall("tmp")
03
04   In [24]: !tree /F
05   卷 BOOK 的文件夹 PATH 列表
06   卷序列号码为 7C935A65 18F8:F57A
07   I:.
08   │  #省略了部分输出
09   │  textfile.tar
10   │
11   └─tmp
12       │  text1.txt
13       │  text2.txt
14       │  text3.txt
15       │
16       ├─test1
17       │      text1.txt
18       │      text2.txt
19       │
20       └─test2
21              text1.txt
22              text3.txt
```

【代码说明】

❑ 这里省略了文件打开和关闭的过程。但是需要注意的是，只有在适合的模式下打开才可以调用 extractall 方法。

❑ 在 In[23]中，使用了 extractall 方法，并将所有的成员都解开到 tmp 目录下。通过 In[24]的输出可以看到，tmp 目录完整地保持了归档文件的目录形式。

18.5.3　文件的压缩

在上一小节中已经实现了文件的归档，但是在有些时候，还需要将文件进行压缩。特别是存在大量的文本文件的时候，如各种日志。在归档后占用磁盘空间巨大，所以需要压缩后才进行保存的。

由于压缩算法和压缩格式的不同，在 Python 的标准库中有多种压缩相关的模块，这些模块主要包括 zlib、gzip、bz2 和 zipfile 等。其实在上面使用 tarfile 模块操作归档文件的时候就可以在其中压缩，一步实现归档和压缩操作。

为了能够查看压缩的效果，首先使用下面的代码来生成一个大数据文件。

```
01   In [2]: f = open("large.txt","w")
02   In [3]: for i in range(200000):
```

```
03      ...:      f.write("IPython is an enhanced interactive Python shell") #写入文件
04      ...:
05
06   In [5]: f.close()
```

【代码说明】

❑ 在 In[2]中，首先使用写模式打开了一个 large.txt 文件。接着在 In[3]中将 200000 条字符串写入该文件中。

可以看到该文件的大小大概为 335MB 左右。

```
01   In [12]: ls
02    驱动器 I 中的卷是 BOOK
03    卷的序列号是 18F8-F57A
04
05    I:\book\source\sysadmin\tmp 的目录
06
07   2013-11-03  03:22    <DIR>         .
08   2013-11-03  03:22    <DIR>         ..
09   2013-11-03  03:18       351,990,050 large.txt
10              1 个文件     351,990,050 字节
11              2 个目录   8,658,436,096 可用字节
```

同样，按照上一小节中创建归档文件的方式来创建这个压缩文件。

```
01   In [14]: tar = tarfile.open("large.tar.gz","w:gz")
02
03   In [15]: tar.add("large.txt")
04
05   In [16]: tar.close()
06
07   In [17]: ls
08    驱动器 I 中的卷是 BOOK
09    卷的序列号是 18F8-F57A
10
11    I:\book\source\sysadmin\tmp 的目录
12
13   2013-11-11  13:24    <DIR>         .
14   2013-11-11  13:24    <DIR>         ..
15   2013-11-11  13:25         1,024,531 large.tar.gz
16   2013-11-11  13:18       351,990,050 large.txt
17              2 个文件     353,014,581 字节
18              2 个目录   8,657,408,000 可用字节
```

【代码说明】

❑ 在 In[14]中，使用了 w:gz 的方式来打开归档文件。这个打开模式表示在写入的同时打开 gz 的压缩。后面的操作和归档文件的操作是一样的。在添加大数据文件的时候，可能耗时比较长，因为压缩操作一般比较慢。

❑ 在 In[17]中，比较了一下压缩前后的大小。可以看到，对于这种规则的文本文件，压缩比例是很高的，从 335MB 压缩到 1MB。

在 tarfile 模块中，还支持使用 bz2 的方式压缩。

```
01   In [18]: tar = tarfile.open("large.tar.bz","w:bz2")
02
03   In [19]: tar.add("large.txt")
```

```
04
05    In [20]: tar.close()
06
07    In [21]: ls
08     驱动器 I 中的卷是 BOOK
09     卷的序列号是 18F8-F57A
10
11     I:\book\source\sysadmin\tmp 的目录
12
13     2013-11-11  11:31    <DIR>          .
14     2013-11-11  11:31    <DIR>          ..
15     2013-11-11  11:25          1,024,531 large.tar
16     2013-11-11  11:52             72,739 large.tar.bz
17     2013-11-11  11:18        351,990,050 large.txt
18                  3 个文件      353,087,320 字节
19                  2 个目录  8,656,932,864 可用字节
```

【代码说明】

❑ 这里和前面的操作并没有太大区别，唯一不同的地方是在打开模式中指定使用 bz2 方式进行压缩。

❑ 注意到，在添加文件的时候，所耗费的时间比上一次长得多。这是因为，bz2 使用了一种压缩率更大的算法，从而消耗的时间也要长很多。在后面的文件大小比较中也可以看出区别来，使用 bz2 方式压缩后竟然只有 70 多 K 大小。

对于文件的压缩，还有很多第三方提供的模块。由于这里涉及不同的压缩算法和压缩率，从而所需的时间也是不同的。可以根据需要来选择压缩的模块。

18.6　使用 Python 定时执行任务

在系统管理中，经常需要定时执行某个任务，如将任务放在计划任务中。使用 Python 可以很简单地实现这一点。Python 标准模块中的相关模块主要有 sched 等。

18.6.1　使用休眠功能

如果需要定期执行某个命令，一个很简单的方法是在需要等待的时间内让程序进入休眠状态。time.sleep()可以很好地完成这个任务。

如果需要每过 60 秒钟在终端上显示一下当前计算机的网络连接，可以通过下面的代码来实现。

```
01    #filename: sleeping_1.py
02    import time
03    import os
04
05    def main(cmd, inc=60):
06        while True:
07            os.system(cmd)
08            time.sleep(inc)
09
10    main("netstat -an", 60)
```

【代码说明】

❑ 在最前面导入了 time 模块，其中包含许多和时间相关的方法，sleep 就是一个。

❑ 这里的 main 函数包括两个参数，一个是需要执行的命令，另外一个是等待的时间。函数的结构很简单，就是一个无休止的 while 循环。在执行命令后，将 sleep 休眠指定的时间。然后再重新执行命令，如此反复。

函数在调用 time.sleep()的时候，代码是释放 CPU 资源的。这种方法虽然简单，但是由于其缺乏灵活性，只能够用来实现比较简单的任务。

18.6.2　使用 sched 模块来定时执行任务

另外一个更高级的定时执行任务方式是使用 sched 模块。首先来看一个示例程序。

```
01    #filename: sched_1.py
02    import time, os
03    import sched
04
05    schedule = sched.scheduler(time.time, time.sleep)
06
07    def execute_command(cmd, inc):
08        os.system(cmd)
09        schedule.enter(inc, 0, execute_command, (cmd, inc))
10
11    def main(cmd, inc=60):
12        schedule.enter(0, 0, execute_command, (cmd, inc))
13        schedule.run( )
14
15    main("netstat -an", 60)
```

【代码说明】

❑ 在第 5 行代码中定义了一个 schedule 实例。其中的两个参数分别为 time.time 和 time.sleep。一般定时都使用这两个值。

❑ 在第 7 行 execute_command 函数中，首先执行了指定的命令，然后调用 schedule 的 enter 方法继续进入下一个定时周期。

❑ 在第 11 行 main 函数中，将 execute_command 函数放入需要定时执行的队列中，并调用 run 方法来启动调度机制。

18.7　小结

本章讲解了 Python 在系统管理方面的知识点，包括 Windows 和 Linux 两种操作系统。详细介绍了 IPython 的使用以及高级应用，并给出了常用的 Shell 命令。然后介绍了 Python 对于文件操作的支持。最后介绍了如何使用 Python 来自动执行任务，减少手工操作的工作量。

18.8　习题

1．安装 IPython，并练习使用它。了解 IPython 的 magic。
2．怎么使用 Python 压缩文件？
3．创建一个定时任务。

第 19 章　Python 和网络编程

　　网络编程是实现各类网络应用的基础，现在大部分的网络程序都是基于 Socket 的。如何有效地构建具有丰富功能的客户端和服务器端一直是 Python 网络编程者的目标。Python 标准库中提供了对网络编程的良好支持。

本章的知识点：
- ❑ 开放式系统互连参考模型
- ❑ TCP/IP 网络互连模型
- ❑ Socket 基础知识
- ❑ TCP 的服务器端创建
- ❑ TCP 的客户端创建
- ❑ 异步通信方式
- ❑ Twisted 框架的使用

19.1　网络模型介绍

　　网络的迅速发展使得建立于其上的应用日益丰富。在前面的章节中，介绍了如 HTML 网页这样的网络应用。在本节中，将抛开上层应用的细节，具体讨论现在存在的两种网络模型：开放式系统互连参考模型和 TCP/IP 模型。

19.1.1　OSI 简介

　　1983 年，国际标准化组织（International Organization for Standardization，ISO）发布了著名的 ISO/IEC 7498 标准，也就是开放式系统互连参考模型（Open System Interconnection Reference Model，OSI）。这个标准定义了网络的七层框架，试图使计算机在整个世界范围内实现互联。在 OSI 中，网络体系结构被分成以下 7 层。

　　1）物理层：定义了通信设备的传输规范，规定了激活、维持和关闭通信节点之间的机械特性、电气特性和功能特性等。此层为上层协议提供了一个传输数据的物理媒介。

　　2）数据链路层：定了数据封装以及传送的方式。这个层次的数据单位称为帧。数据链路层包括两个重要的子层：逻辑链路控制层（Logic Link Control，LLC）和介质访问控制层（Media Access Control，MAC）。LLC 用来对节点间的通信链路进行初始化，并防止链路中断，确保系统的可靠通信。而 MAC 则用来检测包含在数据帧中的地址信息。这里的地址是链路地址或物理地址，在设备制造的时候设置的。网络上的两种设备不能够包含相同的物理地址，否则会造成网络信息传送失败。

　　3）网络层：定义了数据的寻址和路由方式。这一层负责选择子网间的数据路由，并实现网络互连等功能。

4）传输层：为数据提供端到端传输。这是比网络层更高的层次，是主机到主机的层次。传输层将对上层的数据进行分段并进行端到端传输。另外，还提供差错控制和流量控制问题。

5）会话层：用来为通信的双方制定通信方式，包括建立和拆除会话。另外，此层将会在数据中插入校验点来实现数据同步。

6）表示层：为不同的用户提供数据和信息的转换。同时还提供解压缩和加解密服务。这一层保证了两个主机的信息可以互相理解。

7）应用层：控制着用户绝大多数对于网络应用程序的访问，提供了访问网络服务的接口。

7 个层次的关系如图 19-1 所示。

在图 19-1 中，数据信息的实际流程使用的是实线的箭头标记的，而层次的关系则使用的是虚线来标记的。在 OSI 的七层模型中，数据访问只会在上下的两层之间进行。

这是一个通用的网络系统模型，并不是一个协议定义。所以实际上 OSI 模型从来没有被真正实现过。但是，由于其模型的广泛指导性，现在的网络协议都已经纳入了 OSI 模型的范围之内。在其模型中，从下至上层次依次增加，其中物理层为第一层，数据链路层为第二层，依次类推，应用层为第七层。在称呼 OSI 协议中的模型的时候，可以直接使用本来的名字，也可以直接使用数字层次。例如前面介绍过的 HTTP 属于应用层的协议，则可以称 HTTP 协议为第七层协议。

19.1.2 TCP/IP 简介

实际上在 OSI 模型出现之前，就已经有了 TCP/IP 的研究和实现。时间最早可以追溯到 20 世纪 70 年代，为互联网的最早的通信协议。TCP 为传输层的协议，而 IP 则为网络层的协议。两个层次中有代表性的协议组合代表了一系列的协议族，还包括有 ARP、ICMP 和 UDP 协议等。由于 TCP/IP 协议出现的比 OSI 早，所以并不符合 OSI 模型，其对应关系如图 19-2 所示。

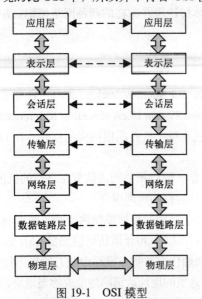

图 19-1　OSI 模型　　　　　图 19-2　TCP/IP 模型和 OSI 模型的对应关系

在图 19-2 中，图的左边为 OSI 模型，而右边为 TCP/IP 模型。从图中可以看到，TCP/IP 模型并不关心 IP 层以下的组成，而是将数据输出统一成了网络接口层。这样，IP 层只需要将数据发往网络接口层就可以了，而不需要关心下层具体的操作。而在 OSI 模型中，则将这些功能分成了数据链路层和物理层，而且还进行了进一步的划分。在传输层和网络层大部分还是一致的。而对于 OSI 中的上面三层，则在 TCP/IP 模型中将其合并成了应用层。

在现在的 Internet 中，主要采用的都是 TCP/IP 协议。这已经成为了互联网上通信的事实标准。现在，TCP/IP 协议已经可以运行在各种信道和底层协议之上。

在 TCP/IP 模型中，最主要的两个协议 TCP/IP 分别属于传输层和互联网层。在互联网层中，标志主机的方法是使用 IP 地址，如 192.168.0.1 就是一个内网主机的 IP 地址。通过对 IP 地址的类别划分，可以将整个 Internet 网络划分成不同的子网。而在传输层中，标志一个应用的方法是通过端口号来标志的，这些不同的端口号则表示不同的应用。例如 80 端口一般来说是 HTTP 协议，而 23 号端口则是 Telnet 协议等。这样，在 TCP/IP 模型中，标志一个主机上的应用则可以通过地址-端口对来表示。

19.2　Socket 应用

随着 TCP/IP 协议的流行，其中的 Socket 编程已经成为实现网络应用程序的基础。在本节中，将对 Socket 的产生和 Socket 的使用做详细的介绍。

19.2.1　Socket 基础

套接字（Socket）随着 TCP/IP 协议的使用，也越来越多地被使用在网络应用程序的构建中。实际上，Socket 编程也已经成为了网络中传送和接收数据的首选方法。套接字最早是由伯克利在 BSD 中推出的一种进程间通信方案和网络互联的基本机制。现在，已经有多种相关的套接字实现，但是大部分还是遵循着最初的设计要求。

套接字相当于应用程序访问下层网络服务的接口。使用套接字，可以使得不同的主机之间进行通信，从而实现数据交换。图 19-3 是 Socket 使用的图示。

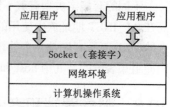

图 19-3　套接字的使用

一个正在被使用的套接字有着和其匹配的通信类型和特定的相关进程信息，并且会和另外一个套接字交换数据。当前 Socket 规范支持两种类型的套接字，包括流套接字和数据报套接字。其中，流套接字提供了双向有序且不重复的数据服务。而数据报套接字虽然支持双向的数据流，但是对报文的可靠性和有序性并不保证。换句话说，通过数据报套接字口获取的数据有可能是重复的，这需要上层的应用程序来进行区别。其实，还有更多的套接字类型，如原始套接字类型，这和系统中的实现是相关的。

19.2.2　Sockct 的工作方式

套接字在工作的时候将连接的对端分成服务器和客户端，这也是 CS（Client-Server，客户端-服务器端）模式的由来。从这里也可以看出，套接字在对端通信中是不对等的。根据不同的通信方式，通信协议可以分为对称协议和非对称协议。

一般说来，服务器程序将在一个众所周知的端口上监听服务请求。换句话说，就是服务进程始终是存在的，直到有客户端的访问请求唤醒服务器进程。服务器进程然后会和客户端进程之间进行通信，交换数据。这个请求和响应的过程如图 19-4 所示。

Python 标准库中支持套接口的模块是 socket，其中包含生成套接字、等待连接、建立连接和传输数据的方法。任何应用程序需要使用套接字，都必须调用 socket 方法生成一个套接字对象。对于服务器端而言，首先需要调用 bind 方法绑定一个套接口地址，接着使用 listen 方法开始监听客户端请求。当有客户端请求过来的时候，将通过 accept 方法来生成一个连接对象。然后就可以通过此连接对发送和接收数据了。数据传输完毕后可以调用 close 方法将生成的连接关闭。服务器端通信过程的方法调用如图 19-5 所示。

客户端应用程序在生成了套接字对象后，可以调用 bind 方法来绑定自己的请求套接口地址，然后调用 connect 方法来连接服务器端进程。当连接建立后，就可以使用 send 和 recv 来传输数据了。同样，最后也需要使用 close 方法将端口关闭。具体的通信过程如图 19-6 所示。

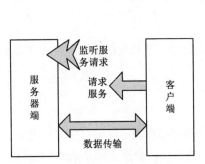
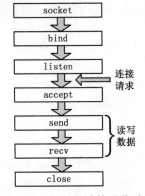
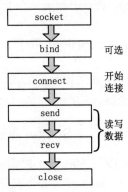

图 19-4 服务器端和客户端通信过程　　图 19-5 服务器端的通信过程　　图 19-6 客户端的通信过程

不同的套接字类型有着不同的套接字地址。在 AF_UNIX 地址族中使用的是一个简单的字符串。而在 AF_INET 地址族中使用的是 host 和 port 地址对，其中 host 为主机地址名、IP 地址或者 Internet 上的 URI，而 port 则是一个整数。而对于 AF_INET6 地址族，则使用的是(host, port, flowinfo, scopeid)四元组来表示的，其中 host 和 port 与 AF_INET 中相同。

19.3　服务器端和客户端通信

服务器端和客户端的通信是构建现在网络通信的基础。包括在第 13 章中介绍的 HTTP 访问，也是一种客户端和服务器端的通信，即浏览器从 HTTP 服务器上获取 HTML 数据并显示出来。在本节中，将具体介绍服务器端的构建和客户端的访问方式。

19.3.1　服务器端的构建

在 19.2.2 小节中已经介绍了服务器端通信的基本框架。可以用在其中介绍的方法来构建服务器端应用程序。在 Python 中，是按照图 19-5 所示的过程来完成的。需要注意的是，当服务器端或者客户端关闭了生成的连接后，服务程序将会重新等待下一个连接的到来。

1．一个简单的服务程序

在这里，可以通过调用前面介绍的方法创建一个简单的服务器端应用程序。

```
01    #filename: simple_server.py
02    import socket
03
04    s = socket.socket(socket.AF_INET, socket.SOCK_STREAM) #生成socket对象
05
06    host = socket.gethostname()
07    port = 1234
08    s.bind((host, port)) #绑定socket地址
09
10    s.listen(10) #开始监听
11
12    while True:
13        c, addr = s.accept() #接受一个连接
14
15        print ('Get connection from', addr)
16        c.send('This is a simple server') #发送数据
17
18        c.close() #关闭连接
```

【代码说明】
- 第 2 行代码导入 socket 模块。这是任何使用套接字接口都需要导入的模块，其中提供了套接字的大部分功能实现。
- 第 4 行代码调用了模块中的 socket 方法来生成 socket 对象。方法包含有 3 个参数，分别为地址族、套接字类型和协议。现在地址族支持 3 种类型，包括 AF_INET、AF_INET6 和 AF_UNIX，其中默认值为 AF_INET。而套接字类型包括 SOCK_STREAM 和 SOCK_DGRAM，或者其他的 SOCK_常量，其默认值为 SOCK_STREAM。协议值一般为 0。从这里也可以看出，代码片段中的 socket 调用也可以写成下面的简单形式。

```
s = socket.socket( )
```

- 第 8 行代码在生成了一个套接字对象后，通过调用 bind 方法来绑定一个套接字地址。这里，AF_INET 的套接字地址为地址端口对。首先调用 gethostname 方法得到了当前机器的主机地址，并赋值给 host 变量。在 socket 中，还提供了许多这样类似的实用方法。同时将 port 赋值为 1234。需要注意的是，小于 1024 的端口地址在部分系统中被认为是特权端口，绑定这样的端口需要有一定的权限。这里使用了一个高于 1024 数值的端口号。在 bind 方法中，注意到其只有一个参数，这个参数是一个地址端口对。
- 接着，就可以使用 listen 方法来使得服务器进入监听过程了。listen 方法包含一个参数，用来设置连接队列的长度。
- 然后使用 while 循环，其条件为 True，使得服务器端进入死循环。也就是说，服务器端将一直处于监听状态。
- 使用 accept 方法可以接受客户端的一个连接。此对象返回一个元组，包含两个值。其中第一个值为生成的连接对象，可以使用此对象来发送和接收数据；而第二个值为建立 socket 连接的对段地址。
- 接着使用 send 方法来向客户端发送一个字符串数据。
- 最后，调用 close 方法关闭此连接，从而释放此 socket 连接所占用的资源。

在一个终端中运行这个代码片段，将会阻塞并等待客户端的连接。此时打开另一个终端连接到

此服务应用程序，服务器端和客户端的输出分别如下所示。

服务器端的输出：

```
01  In [2]: run simple_server.py
02  Get connection from ('127.0.0.1', 26720)
```

客户端的输出（另外一个终端）：

```
01  In [3]: !telnet locahost 1234
02  This is a simple server
```

从上面的输出中可以看到服务器端和客户端是结合在一起的。在客户端通过 telnet 的方法发起一个连接，服务器端接收到此连接后，将首先打印一条信息，并向客户端发送一个消息。从服务器端的输出可以看出，连接对端为('127.0.0.1', 26720)，表示此连接的客户端 IP 地址为127.0.0.1，也就是本机地址。端口号为 26720，这是客户端自动生成的。而客户端则将是收到的消息打印了出来。

2．通用的时间服务程序

上面的程序只是能够运行在 IPv4 地址下，而且端口地址也是指定的。在下面的代码片段中，客户端可以从 IPv4 地址或者 IPv6 地址来访问服务程序。另外，端口号也可以在代码片段启动的时候由用户指定。

```
01  #filename: time_server.py
02  import socket
03  import datetime
04  import sys
05
06  DEFAULT_PORT = 1234 #默认端口
07
08  def timeServer(port):
09      host = '' #使用本机地址
10      s = None
11      for res in socket.getaddrinfo(host, port, socket.AF_UNSPEC, socket.SOCK_STREAM, 0,
12  socket.AI_PASSIVE): #在本机的所有地址监听
13          af, socktype, proto, canonname, sa = res
14          try:
15              s = socket.socket(af, socktype, proto)
16          except (socket.error, msg):
17              s = None
18              continue
19          try:
20              s.bind(sa) #绑定socket地址
21              s.listen(10) #开始监听
22          except socket.error, msg:
23              s.close()
24              s = None
25              continue
26          break
27      if s is None: #生成socket出错
28          print ('could not open socket')
29          return 1
30
31      while True:
32          c, addr = s.accept()
33          print ('Get connection from', addr)
```

```
34          c.send(str(datetime.datetime.now())) #发送当前时间
35          c.close()
36
37  if __name__ == '__main__':
38      port = DEFAULT_PORT
39      if len(sys.argv) > 1: #判断用户的输入
40          try:
41              port = int(sys.argv[1])
42              if port<0 or port>=65536: #端口的范围判断
43                  port = DEFAULT_PORT
44          except (Exception, e):
45              port = DEFAULT_PORT
46      timeServer(port) #调用timeServer函数生成服务进程
```

【代码说明】

❑ 前面定义了一个 tmeServer 函数，用来实现此时间服务器功能。其中，host 为空串，实际在使用的时候会转化为本机地址。

❑ 接着使用了 getaddrinfo 方法来获取当前主机中的地址信息。其方法包含 6 个参数，前两个为必需的主机地址和端口号。接着为可选的地址族、套接字类型、协议和标志位。这里地址族使用了 AF_UNSPEC，使得在得到的结果中可以包括有 IPv4 和 IPv6 地址。此方法将返回一个五元组的列表。五元组的结构为(family, socktype, proto, canonname, sockaddr)，其中 sockaddr 可以用在 bind 方法中。

❑ 对于生成的每一个 socket 地址信息，都会使用 bind 和 listen 方法来绑定地址并监听。当遇到错误的时候，将会退出。

❑ 下面收到连接的过程和 simple_server.py 是基本类似的。只是在发送数据的时候，将会发送服务器当前的时间信息。

❑ 最后，将会判断用户执行脚本的输入，看是否包含更多的参数。如果有，将其作为端口号。需要注意的是，端口号必须在 0 和 65536 之间。如果不指定端口号，将会使用默认端口号 1234。

这个代码片段的运行方式和 simple_server.py 类似。只是在客户端的显示中将会返回连接时服务器端的时间信息。

3. 使用 SocketServer 模块

从上面的几个例子来看，使用最原始的套接字接口生成一个服务进程还是比较复杂的。为了简化服务器端的编程，Python 标准库中提供了 SocketServer 模块。在此模块中包含 5 个服务类，其关系如图 19-7 所示。

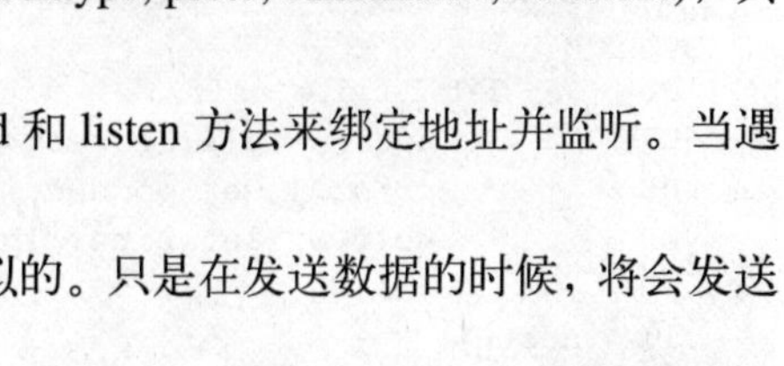

一般说来，BaseServer 类不会被实际使用，这样实际上在 SocketServer 模块中就包含 4 个类。其中最重要的类是 TCPServer 类，此类中包含简单 TCP 协议实现的服务器端接口，为应用程序提供可靠的流数据传输。UDPServer 类包含数据报服务的接口，也同样提供数据传输服务，但是并不保证数据的可靠性和有序性。

图 19-7　SocketServer 框架

另外两个使用比较少的类是 UnixStreamServer 和 UnixDatagramServer。这两个类使用的都是

UNIX 域套接字地址，所以这些类也不能使用在非 UNIX 平台下。实际上，IP 和 UNIX 的服务器端只是在套接字地址上不同而已。

除此之外，还有更多模块的类是从 TCPServer 类中继承的，如 BaseHTTPServer、SimpleHTTPServer、CGIHTTPServer、SimpleXMLRPCServer 和 DocXMLRPCServer 等。通过对 SocketServer 模块中类的继承，可以实现更多功能的服务器端应用程序接口。

通过使用 SocketServer 模块来构建服务器端应用程序，可以将主要的实现代码放在处理器方法中。这是一些可以重载的函数，默认情况下并不会做更多的事情。当服务器端收到一个请求的时候，一个请求响应处理就被实例化，并开始具体的处理过程。具体什么重载的方法被调用是根据所继承的类来决定的。如在 BaseRequestHandler 类中，将所有的处理都放在了 handle 方法中，在服务器被访问的时候调用。在这里，服务器可以通过 request 属性来获取连接对端的 socket 信息。而 TCPServer 使用的是 StreamRequestHandler 类，包含两个属性，其中 self.rfile 用来读取，而 self.wfile 则用于输出。可以通过文件对象的操作来和客户端通信。

下面的代码片段是一个使用 SocketServer 模块来实现服务器端的示例。

```
01  #filename: tcp_socketServer.py
02  from socketserver import TCPServer, StreamRequestHandler
03
04  class MyHandler(StreamRequestHandler):
05
06      def handle(self):                                     #重载处理方法
07          addr = self.request.getpeername()                 #获取连接对端地址
08          print ('Get connection from', addr)
09          self.wfile.write('This is a tcp socket server')   #发送数据
10
11  host = ''
12  port = 1234
13  server = TCPServer((host, port), MyHandler)               #生成TCP服务器
14
15  server.serve_forever()                                    #开始监听并处理连接
```

【代码说明】

❑ 在代码片段的最上面从 SocketServer 模块中导入了 TCPServer 和 StreamRequestHandler，这些将在后面被用到。

❑ 第 4 行代码定义了一个连接处理类 MyHandler，这是从 StreamRequestHandler 中继承的。其中，StreamRequestHandler 类是专门用于 TCP 流服务的。

❑ 在 MyHandler 类中，仅仅重载了 handler 方法，从而改变了其默认的处理方式。在此方法中，包含 3 条语句，通过 request 的 getpeername 方法可以得到连接对端的地址，并在第二句中打印出来。第三个语句中使用了 wfile 属性，这是一个文件对象，可以将文件对象的操作作用在上面。这里，使用了 write 方法，向客户端写入了一行信息。

❑ 第 13 行代码调用 TCPServer 类的构造函数生成了一个服务程序对象。构造函数中包含两个参数，第一个是套接字地址，而第二个为连接的处理类。可以看到，这里的套接字地址和前面例子中是一样的。

❑ 第 15 行代码调用此服务程序对象的 serve_forever 方法，开始监听并处理连接请求。调用这个方法可以使得其在被人工终止之前始终可以处理连接。实际上，这个方法只是简单地将

此对象的 handle_request 方法放在了一个无限循环中。

对于自定义的连接处理类，除了可以重载 handle 方法以外，还可以重载 setup 和 finish 方法。其中前者是在 handle 方法之前做一些初始化工作，默认情况下不做任何处理。而 finish 方法则是在 handle 方法调用之后做一些连接的清理工作，默认情况下也不做任何处理。当在 setup 或者 handle 方法中触发异常的时候，finish 方法将不会被调用。

另外，当连接到来的时候，handle 方法将会被调用。这时候，有些属性值将可以读取。例如在前面例子中用到的 request 属性，这个值是一个连接请求对象。其值在流服务和数据报服务中是不一样的。在流服务中，其值为一个 socket 对象。而在数据报服务中，其值只是一个字符串。除了 request 属性外，连接中还会提供其他的属性，如通过 client_address 来表示客户端地址，通过 server 来表示一个服务器的实例对象。

对于每种具体的服务端接口，其类都提供了特定的方法来完成服务。通过重载某些方法，可以很快实现不同的应用服务器程序。

19.3.2　客户端的构建

在生成了服务器应用程序之后，前面是通过使用系统自带的应用来访问服务程序的。实际上，也可以使用 Python 生成客户端来访问服务程序。

相对于建立服务程序的复杂而言，创建一个客户端是比较简单的。在图 19-6 中已经介绍了客户端创建的基本流程。下面的代码就是使用这些方法创建的一个简单的客户端程序。

```
01  #filename: simple_client.py
02  import socket
03
04  s = socket.socket()                    #生成一个socket对象
05
06  server = socket.gethostname()
07  port = 1234
08  s.connect((server, port))              #连接服务器
09
10  print (s.recv(1024))                   #读取数据
11
12  s.close()                              #关闭连接
```

【代码说明】
- 同样，对于一个客户端程序而言，首先也是需要导入 socket 模块。这样，后面才可以使用创建客户端程序所必需的函数。
- 接下来的部分其功能为连接服务器。首先是获取服务器的地址和服务端口。第 6 行代码使用了 gethostname 方法来获取服务器地址，这是因为服务应用程序就是处于当前主机上。第 8 行代码通过 connect 方法可以连接服务器。
- 当客户端连上服务器后，一直等待的服务进程会被唤醒，并处理此连接。在 simple_server.py 中，其处理方式是直接发送一个字符串。在这里的客户端处理中，直接调用 recv 方法获取服务器端发送过来的数据。
- 第 12 行代码调用 close 方法关闭连接。虽然这一步在这里并不是必需的，但在 socket 对象使用完毕后关闭是一个良好的习惯。

启动前面的 simple_server.py 的服务程序，然后使用此客户端连接服务器，可以看到和 telnet 应用有着同样的输出结果。

通过这种方式，可以使用其来构建一个简单的 HTTP 客户端。这个客户端并不具有浏览器的功能，只是获取指定 URL 的 HTML 文档内容。具体的代码片段如下。

```
01  #filename: simple_http_client.py
02  import socket
03  from urllib.parse import urlparse
04  import sys
05
06  def httpget(url):
07      up = urlparse(url)              #解析URL
08      host = up[1]
09      page = up[2]
10      s = socket.socket()            #生成socket对象
11
12      port = 80                      #使用80端口号
13      s.connect((host, port))        #连接服务器
14
15      cmd = "get "+ page+"\n"
16      s.send(cmd)                    #发送HTTP命令
17
18      print (s.recv(1024))           #获取内容
19
20      s.close()                      #关闭连接
21
22  if __name__ == "__main__":
23      httpget(sys.argv[1])           #调用httpget函数
```

【代码说明】

❑ 这里的程序和 simple_client.py 中的基本框架是类似的。程序的开始定义了一个 httpget 函数，其参数为要获取内容的 URL。

❑ 通过使用 urllib.parse 模块中的 urlparse 方法，得到了此 URL 的网络地址和页面地址。需要注意的是，这里采用了一种简化的方法，并不支持包含查询参数的 URL。

❑ 在生成了 socket 对象后，使用 connect 连接服务器。在套接字地址中的端口号中，使用了 HTTP 常用的 80 端口。

❑ 接下来，使用了 HTTP 的 get 命令来获取特定的 HTTP 页面，并使用 recv 来获取返回的 HTML 文档内容。在 recv 方法中的参数 1024 使得最多只会读取 1024 个字节。可以根据需要来调节大小，获取所有的文档内容，并作进一步处理。

❑ 最后，同样的调用 close 方法关闭此连接。

运行此代码，一种输出结果如下。

```
01  In [2]: run simple_http_client.py http://www.google.com/intl/en/holidaylogos.html
02  <!DOCTYPE HTML PUBLIC "-//W3C//DTD HTML 4.01 Transitional//EN" "http://www.w3.or
03  g/TR/html4/loose.dtd">
04  <html>
05  <head>
06  <META http-equiv="Content-Type" content="text/html; charset=UTF-8">
07  <title>More Google: Holiday Logos</title>
08  <link rel="stylesheet" type="text/css" href="http://www.google.com/css/gcs.css">
09
```

```
10    <link rel="stylesheet" type="text/css" href="css/holidaylogos.css">
11    </head>
12    <body>
13    #省略部分输出
```

可以看到这里输出了指定的 URL 内容。实际上还有很多的情况都没有考虑到，如错误处理等。但是，这毕竟已经实现了一种简单的获取内容的方法。其他具有此功能的库如 urllib 也是构建在这个基础上的。

19.4　异步通信方式

在上面的示例中，所有的服务器端的实现都是同步的。也就是说，服务程序只有处理完一个连接后，才能处理另外一个连接。如果需要让服务器端应用程序能够同时处理多个连接，则需要使用异步通信方式。在 Python 标准库中，包含 3 种处理方式：Fork 方式，线程方式，异步 IO 方式。在下面的内容中，将详细介绍这 3 种处理方式。

19.4.1　使用 Fork 方式

当有多个连接同时到达服务器端的时候，可以通过 Fork 的方式来解决这个问题。对于接收到的每个连接，主进程都 Fork 一个子进程专门用来处理此连接，而主进程则依旧保持在监听状态。这样，对于每个连接，都有一个对应的子进程来处理。由于生成的子进程和主进程是同时运行的，所以并不会阻塞新的连接。这种方式的好处是处理比较简单有效。但是由于生成进程消耗的资源比较大，这种处理方式在有许多连接的时候可能会带来性能问题。

实际上，这种处理方式在 SocketServer 中已经实现了。在前面的例子中，TCPServer 类生成的实例使用的还是同步通信机制。但是在模块中也提供了 Fork 处理的类，这就是 ForkingMixin。下面的代码是 tcp_socketServer.py 文件的 Fork 处理方式版本。

```
01    #filename: forking_tcp_socketServer.py
02    from socketserver import TCPServer, ForkingMixIn, StreamRequestHandler
03    import time
04
05    class Server(ForkingMixIn, TCPServer): #自定义Server类
06        pass
07
08    class MyHandler(StreamRequestHandler):
09
10        def handle(self): #重载handle函数
11            addr = self.request.getpeername()
12            print ('Get connection from', addr) #打印客户端地址
13            time.sleep(5) #休眠5秒钟
14            self.wfile.write('This is a ForkingMixIn tcp socket server') #发送信息
15
16    host = ''
17    port = 1234
18    server = Server((host, port), MyHandler)
19
20    server.serve_forever() #开始侦听并处理连接
```

【代码说明】

❏ 这里和 tcp_socketServer.py 的不同主要有两个地方。一个是定义了 Server 类，另一个是使

用此类生成了一个实例对象。

- 在前面 Server 类的定义中，可以看到 Server 类是从 ForkingMixIn 和 TCPServer 类中继承的。这样此类具有了这两个继承类的特点。也就是说，既提供流数据传输服务，又提供多连接处理功能。其中 ForkingMixIn 需要是第一个继承的类。同样的，也可以结合 ForkingMixIn 和 UDPServer，生成一个可以同时处理多个连接的数据报服务器端应用程序。
- 在最后生成 Server 类实例对象的地方，将在原来版本中的 TCPServer 换成了 Server 类，也就是这里自定义的服务器类。这样新生成的对象将具有处理多连接的功能。
- 除了上面的差别之外，其他基本上相同。还有一个是，在 MyHandler 类中的 handle 方法中加了一个休眠过程。这主要是为了在演示的时候可以看到异步通信功能。

运行上面的服务器端应用程序，并打开多个不同的命令行窗口，然后同时连接此服务器，将看到在等待 5 秒钟后，都会显示服务器端写入的字符串。可见，这种处理方式很好地实现了异步通信。只是在有着大量连接的时候，消耗的资源会比较大。

最后有一点需要注意的是，这种方式仅适用于 Linux 系统。由于在 Windows 下没有 Fork 方法，将会报错。具体出错信息如下。

```
01  In [2]: run forking _tcp_socketServer.py
02  ----------------------------------------
03  Exception happened during processing of request from ('127.0.0.1', 31493)
04  Traceback (most recent call last):
05    File "E:\Python33\lib\SocketServer.py", line 222, in handle_request
06      self.process_request(request, client_address)
07    File "E:\Python33\lib\SocketServer.py", line 429, in process_request
08      pid = os.fork()
09  AttributeError: 'module' object has no attribute 'fork'
10  ----------------------------------------
```

从第 9 行代码可以看出，这里的 os 模块中没有 fork 方法。

19.4.2　使用线程方式

由于线程是一种轻量级的进程，具有进程所没有的优势。所以在上面的 Fork 处理方式中，当有大量连接而消耗资源太大的时候，可以使用线程的方式来做。线程实现的方式和 Fork 的处理方式是类似的。当有连接到来的时候，主线程将生成一个子线程来处理连接。从而在子进程处理连接的时候，主进程还是保持在监听状态，而不会阻塞连接。

由于生成的子线程和主线程之间具有同样的地址空间，所以这种处理方式是比较高效的。但是，这种方式最大的一个问题是，大量地使用线程会带来线程之间的数据同步问题。如果处理不好，则有可能使得服务程序失去响应。在对资源不是很敏感的时候，还是推荐使用 Fork 的方式来处理。当然，也可以采取其他方式来实现。如 Stackless Python，这是一个 Python 的增强版，能够有效地利用线程而避免传统线程中的性能和复杂度问题，其网址为 http://stackless.com。

类似的，在 SocketServer 类框架中也提供了使用线程处理多连接的接口，这就是 ThreadingMixIn。下面的代码则是 tcp_socketServer.py 文件的线程处理方式版本。

```
01  #filename:threading_tcp_socketServer.py
02  from socketserver import TCPServer, ThreadingMixIn, StreamRequestHandler
03  import time
```

```
04
05  class Server(ForkingMixIn, TCPServer):          #自定义Server类
06      pass
07
08  class MyHandler(StreamRequestHandler):
09
10      def handle(self):                           #重载handle函数
11          addr = self.request.getpeername()
12          print ('Get connection from', addr)     #打印客户端地址
13          time.sleep(5)                           #休眠5秒钟
14          self.wfile.write('This is a ThreadingMixIn tcp socket server')
15
16  host = ''
17  port = 1234
18  server = Server((host, port), MyHandler)
19
20  server.serve_forever()                          #开始监听并处理连接
```

这里的大部分内容和 threading_tcp_socketServer.py 文件中是一致的，唯一的不同在于生成 Server 类的时候采用的是 ThreadingMixIn 类。这样生成的 Server 类实例在处理多连接的时候将采用线程的方式来处理。

19.4.3　使用异步 IO 方式

除了上面介绍的方法外，还有一种是专门的异步 IO 通信方式。当同时有多个连接的时候，采用 Fork 和线程的方式都可以。但是对于那种持续时间长且数据突发的多连接，前面的这些处理方式所占用的资源太大。一种改进的方式是在一定的时间段内查看已有的连接并处理。处理的过程包括读取数据和发送数据。

在 Python 标准库中，提供了 asyncore 和 asynchat 模块用来实现这种处理方式。而这些框架的实现方式依赖于 select 和 poll，这两个方法都定义在 select 模块中。虽然 poll 方法更具有可扩展性，但是这种方法不能用在 Windows 系统下。

1．select 方法

select 的使用方法是监视指定的文件描述符,并在文件描述符集改变的时候做出响应。在 Python 标准库中，具体的实现是 select 模块中的 select 方法。这实际上也是 select 系统调用的一个接口。

select 函数包含 3 个必需的参数和一个可选的时间参数。其中前 3 个参数都为文件描述符列表，分别用来表示等待输入、输出和错误的文件描述符。空的列表也是允许的，但是如果 3 个都是空的列表则要看使用的平台。在 Linux 系统平台下是被允许的，而在 Windows 系统平台下是不被接受的。可选的时间参数为一个浮点数，用来指定系统监视文件描述符集改变的超时时间。当此参数被忽略的时候，函数将会阻塞到至少有一个文件描述符准备好的情况下才返回。而设置超时时间为 0，则表示调用的时候从不阻塞。

在文件描述符集合中，可以被接受的对象类型包括 Python 中的文件描述符，如 sys.stdin，或者是通过 open 和 popen 方法得到的对象，还包括通过 socket.socket()方法返回的 socket 对象。这些可接受对象的一个共同特征是都可以通过 fileno()方法来获得具体的描述符，一般使用整数来表示。在 Windows 系统平台下，文件描述符是不被接受的。这是因为 Windows 中实现 TCP/IP 协议的 WinSock 不能处理文件描述符。

此方法的返回值是一个有着 3 个值的元组，这 3 个值即为在 select 方法中的前 3 个参数中已经准备好的文件描述符。当等待时间超时且没有任何已经准备好的文件描述符的时候，则返回 3 个空的列表组成的元组。

在下面的示例代码中，演示了 select 的用法。这个代码片段的功能是在收到客户端发送的报文后，将收到的信息打印出来。

```
01  #filename: select_ex.py
02
03  import socket, select
04
05  s = socket.socket()                         #生成socket对象
06
07  host = socket.gethostname()
08  port = 1234
09  s.bind((host, port))                        #绑定套接口地址
10
11  s.listen(5)                                 #开始服务器端监听
12
13  inputs = [s]
14  while True:
15      rs, ws, es = select.select(inputs, [], [])   #使用select方法
16      for r in rs:
17          if r is s:
18              c, addr = s.accept()            #处理连接
19              print ('Get connection from', addr)
20              inputs.append(c)
21          else:
22              try:
23                  data = r.recv(1024)         #接收数据
24                  disconnected = not data
25              except socket.error:
26                  disconnected = True
27
28              if disconnected:
29                  print (r.getpeername(), 'disconnected')
30                  inputs.remove(r)
31              else:
32                  print (data)                #打印接收到的数据
```

【代码说明】

❏ 在代码片段的最前面导入了 socket 和 select 模块。select 方法包含在 select 模块中。

❏ 接下来的 3 个代码段和前面示例代码是一样的，包括生成 socket 对象、绑定套接口地址和开始服务器端的监听。

❏ 第 13 行代码设置了一个 inputs 列表变量，用来记录需要处理输入的 socket 对象。

❏ 在 while 循环中，代码首先调用了 select 方法。其中 select 方法中的 3 个参数分别为 inputs 和两个空列表。由于并不带有超时时间参数，所以这里的调用将会一直阻塞到前 3 个集合中有至少一个文件描述符准备好，并将返回值分别赋值给了 3 个变量，分别表示准备好的输入、输出和错误的文件描述符。可以看到，这里的 select 现在只是用于套接口的连接。实际上，如果加入对于 sys.stdin 的监听，还可以实现对命令行输入数据的处理。

❏ 这个函数的功能只是将收到的数据打印出来，所以后面只是考察了用于输入的文件描述符。

　　对于已经准备好输入的每个文件描述符，这里也只是考察监听的输入情况。当确定好后，代码调用了 accept 方法来获得 socket 对象和连接对端地址。然后将此生成的 socket 对象也放在 inputs 列表中。

❑ 对于非监听端口的准备输入的文件描述符，则通过调用 recv 方法来接收数据。当数据传输结束也就是没有数据的时候或者是发生 socket 错误的时候，设置连接断开标志。当连接断开时，打印相关的信息并将其连接对象从 inputs 列表中删除。

❑ 最后打印出收到的数据信息。

　　运行此段代码，同时开启多个终端连接此服务器端，可以看到此代码很好地处理了多连接情况，同时可以看到，当有多个连接的时候，在服务器端的输出将会错乱。

2．poll 方法

　　poll 方法在除了 Windows 平台下的其他系统下应用很广泛。这是一种比 select 方法更容易扩展且更好的方法。在需要同时为很多连接服务的时候比较有用。其中一个原因是 select 方法采用的是一种位图的方式来处理文件描述符，而 poll 方法则只需要处理感兴趣的文件描述符。最终的结果就是 select 方法和最大的文件描述符是一致的，而 poll 方法则和文件描述符的个数是一致的。poll 方法的这种特点可以有效地降低服务器的处理负担。

　　poll 方法同样是在 select 模块中实现的。当调用 poll 方法的时候，将得到一个 Polling 类对象。注意这里的 poll 方法并没有任何输入参数。在生成的 Polling 类实例对象中，包含 3 个方法：register、unregister 和 poll。

　　在调用 Polling 对象的 poll 方法之前，需要使用 register 方法将待监视的文件描述符进行注册。注册的文件描述符可以是对象使用 fileno 方法得到的值。多次注册一个文件描述符并不会发生错误，这和注册一次是一样的。同时，在后面可以调用 unregister 方法将注册的文件描述符取消。当注册了某些对象如 socket 对象后，就可以调用其对象的 poll 方法了。此方法有一个可选的超时参数，此参数用来指定获取对象返回之前的等待时间。如果此值被省略，或者是为负数和 0 的时候，调用此方法将阻塞，直到至少有一个事件到达。

　　调用此方法后，将返回(fd, event)对的列表。其中，fd 为文件描述符，而 event 则用来指示发生的事件。event 是一个位掩码，用一个整数的位来对应特定的事件信息。表 19-1 是定义在 select 模块中的事件信息。

表 19-1　用于 select 方法的事件信息

事件信息	描　　述	事件信息	描　　述
POLLIN	含有可读的数据	POLLERR	发生了错误
POLLPRI	含有紧急可读的数据	POLLHUP	连接断开
POLLOUT	含有需要写出的数据	POLLVAL	错误的请求

　　如果需要知道特定的事件是否发生，可以使用&操作符，如下所示。

```
if event & select.POLLIN:
    #处理POLLIN事件
```

　　下面的代码是对于 select_ex.py 文件的 poll 方法重写，演示了 poll 的具体使用方法。

```
01   #filename: poll_ex.py
```

```
02
03  import socket, select                    #生成socket对象
04
05  s = socket.socket() #
06
07  host = socket.gethostname()
08  port = 1234
09  s.bind((host, port))                     #绑定套接口地址
10
11  fd_dict = {s.fileno(): s}
12
13  s.listen(5)                              #开始服务器端监听
14
15  p = select.poll()                       #生成Polling对象
16  p.register(s)                           #注册socket对象
17
18  while True:
19      events = p.poll()                   #获取准备好的文件对象
20
21      for fd, event in events:
22          if fd in fd_dict:
23              c, addr = s.accept()        #处理连接
24              print ('Got connection from', addr)
25              p.register(c)
26              fd_dict[c.fileno()] = c     #加入连接socket
27
28          elif event & select.POLLIN:
29              data = fd_dict[fd].recv(1024)#接收事件
30              if not data:
31                  print (fd_dict[fd].getpeername(), 'disconnected')
32                  p.unregister(fd)        #取消注册
33                  del fd_dict[fd]
34              else:
35                  print (data)            #打印数据
```

【代码说明】

❑ 代码片段的前面 3 个部分和 select_ex.py 中是一致的。

❑ 第 11 行代码定义了一个字典变量 fd_dict，用来保存需要监视的对象。

❑ 第 15 行代码使用了 select 模块中的 poll 方法生成了一个 Polling 实例对象，并调用了 register 方法注册了前面的 socket 对象。

❑ 在 while 循环中，包含了对于多连接的处理。在 while 段中首先调用了 Polling 实例对象的 poll 方法。这里并没有加上任何超时参数，也就是说当代码运行到这里的时候将阻塞，直到有一个事件发生。

❑ 第 22 行代码判断返回的 fd 是否在 fd_dict 字典中，如果在，则表示此为监听连接的 socket。调用 accept 方法来获得客户端连接和客户端地址。将客户端地址输出，并注册客户端连接，将其加入 fd_dict 字典变量中。

❑ 第 28 行代码通过 event 和 POLLIN 标志位来判断是否是需要接收数据的事件。如果是，则开始接收数据。当连接断开的时候，则调用 unregister 方法取消此连接的注册信息，并从字典中删除。

❑ 最后打印接收到的数据。

按照 select_ex.p 同样的操作来运行，可以看到最终的效果也是一样的。

19.4.4　使用 asyncore 模块

使用 asyncore 模块同样的可以实现异步通信方式。实际上，模块中提供了用来构建异步通信方式的客户端和服务器端的基础架构，特别适用于聊天类的服务器端和协议实现。其基本思想是创建了一个或者多个网络信道，而实际上网络信道是 socket 对象的一个封装。当信道创建后，通过调用 loop 方法来激活网络信道的服务，直到最后一个网络信道关闭。

在 asyncore 模块中，loop 方法是其核心，主要用于网络事件的循环检测。在 loop 方法中将会通过 select 方法来检测特定的网络信道。当 select 方法返回有事件的 socket 对象后，loop 方法检查此事件和套接字状态，并创建一个高层次的事件信息，然后针对此高层次的事件信息调用相应的方法。asyncore 提供了底层的 API 用来创建服务器。

同时，在模块中还包含一个 dispatcher 类，它是一个对于 socket 对象的轻量级封装，用于处理网络交互事件，其中的方法是在异步 loop 方法中调用的。或者可以直接当成一个普通的非阻塞 socket 对象。其框架如图 19-8 所示。

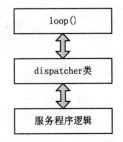

图 19-8　asyncore 模块框架

在 dispatcher 类中，在特定的时间或者连接状态的条件下，会触发一些高层次事件。在继承类中可以通过重载这些方法来处理特定的事件。表 19-2 中给出了默认的事件。

表 19-2　dispatcher 类中定义的方法

方法名	描　述	方法名	描　述	方法名	描　述
handle_connect	连接时候的访问接口	handle_close	当读取而没有数据的接口	handle_accept	从监听端口上获取数据

在进行异步处理的过程中，通过网络信道的 readable 和 writable 方法来对事件进行控制。通过这些方法能够判断是否需要使用 select 或者 poll 方法来读取事件。在 asyncore 模块中，readable 和 writable 方法默认是不做任何判断，而直接返回 True。可以通过重载这些方法来判断需要检查的连接，从而控制流程以及网络状态。接着，就可以使用 handle_read 和 handle_write 方法来读写网络数据，完成对数据的接收和发送。

下面是 Python 帮助手册中的代码，演示了 asyncore 模块的使用方法。

```
01  #filename: asyncore_ex.py
02  import asyncore, socket
03
04  class HttpClient (asyncore.dispatcher):          #定义了一个HttpClient类
05
06      def __init__(self, host, path):              #类的构造函数
07          asyncore.dispatcher.__init__(self)
08          self.create_socket(socket.AF_INET, socket.SOCK_STREAM) #创建socket对象
09          self.connect( (host, 80) )
10          self.buffer = 'GET %s HTTP/1.0\r\n\r\n' % path
11
12      def handle_connect(self):                    #连接调用接口
13          pass
14
```

```
15      def handle_close(self):                          #接口关闭函数
16          self.close()
17
18      def handle_read(self):                           #读取数据
19          print (self.recv(1024))
20
21      def handle_write(self):                          #写入数据
22          sent = self.send(self.buffer)
23          self.buffer = self.buffer[sent:]
24
25      def writable(self):                              #判断是否写入数据
26          return (len(self.buffer) > 0)
27
28  if __name__ == '__main__':
29      c = HttpClient('www.python.org', '/')
30
31      asyncore.loop()                                  #开始异步通信处理方式
```

【代码说明】

❑ 在代码的最上面导入了 asyncore 和 socket 模块，为本代码片段的实现提供了基础。

❑ 第 4 行代码定义了一个 HttpClient 类，这是从 dispatcher 类中继承的。通过适当地重载 dispatcher 中的处理函数，HttpClient 实例对象将能够有效地处理网络事件。

❑ 第 6 行代码定义了 HttpClient 类的构造函数。其构造函数首先调用父类 dispatcher 的构造函数，接着调用 create_socket 函数来创建 socket 对象，这个函数封装了 socket 模块中 socket 方法。在调用了 socket 方法之后，还使用 setblocking 来设置了其阻塞方式为非阻塞，并获取了套接字的文件描述符。最后通过调用 add_channel 方法将其文件描述符加入。具体的实现如下所示。

```
01  #asyncore.py中dispatcher类的create_socket函数实现
02  def create_socket(self, family, type):
03      self.family_and_type = family, type
04      self.socket = socket.socket(family, type)
05      self.socket.setblocking(0)
06      self.fileno = self.socket.fileno()
07      self.add_channel()
```

【代码说明】

❑ 第 9 行代码，在构造函数中，使用 connect 方法连接特定服务器的 80 端口，这也是 HTTP 协议的默认端口。设置类变量 buffer 为一个 HTTP 获取命令，此处构造的报文将在后面适当的时候被发送，用来获取 HTML 内容。

❑ 第 12～23 行代码定义了 4 个处理函数，分别在不同的事件发生的时候被调用。首先是 handle_connect 方法。此方法将在 HTTP 连接的时候被调用。这里的处理方法是直接执行 pass，也就是说不做任何操作处理。

❑ 在 handle_close 方法中，直接对 socket 对象调用 close 方法，关闭连接。此方法将在 HTTP 关闭的时候被调用。

❑ 在 handle_read 方法中，调用了 recv 方法来获取 HTTP 数据。此方法将会在获取数据的时候调用。另外，recv 方法中的参数为一次最大读取的字节数。需要注意的是，缓冲区大小最好选择为 2 的指数关系，如 1024 或者 4096 等。

❑ handle_write 用来处理发送的情况。这里首先调用了 send 方法发送数据，其返回值为已经发送成功的数据。然后设置 buffer 为未发送的数据。这里之所以要这样处理，是因为在异步通信过程中，不一定能够保证每次发送都成功。

❑ 第 25 行代码为 writable 函数，主要是用来判断在什么时候发送数据。在函数主体中只是判断了需要发送数据的缓冲区是否不为空，如果不为空则返回 True，表示需要发送数据。而当缓冲区为空的时候，则不需要继续发送数据。

❑ 第 29 行代码使用 HttpClient 类生成一个实例，最后调用 asyncore 模块的 loop 方法。当运行的时候，将会获取特定的 URL 数据。

在上面的代码中，可以看到其中并没有对于 readable 函数的重载。所以，asyncore 模块将会轮询看是否需要接收数据。

运行上面的代码，可以得到下面的结果。

```
01  In [2]: run asyncore_ex.py
02  HTTP/1.1 200 OK
03  Date: Fri, 28 Nov 2008 05:32:43 GMT
04  Server: Apache/2.2.3 (Debian) DAV/2 SVN/1.4.2 mod_ssl/2.2.3 OpenSSL/0.9.8c mod_w
05  sgi/2.3 Python/2.4.4
06  Last-Modified: Thu, 27 Nov 2008 15:22:08 GMT
07  ETag: "105800d-4146-4ecd0800"
08  Accept-Ranges: bytes
09  Content-Length: 16710
10  Connection: close
11  Content-Type: text/html; charset=UTF-8
12
13  <!DOCTYPE html PUBLIC "-//W3C//DTD XHTML 1.0 Transitional//EN" "http://www.w3.or
14  g/TR/xhtml1/DTD/xhtml1-transitional.dtd">
15
16  <html xmlns="http://www.w3.org/1999/xhtml" xml:lang="en" lang="en">
17
18  <head>
19    <meta http-equiv="content-type" content="text/html; charset=utf-8" />
20    <title>Python Programming Language -- Official Website</title>
21    <meta name="keywords" content="python programming language object oriented web
22  free source" />
23  #省略部分输出
```

从这里的输出来看，并不只是输出了 HTML 文档的内容，而且输出了 HTTP 响应的内容。在输出的第一行中，表明此次连接的获取是正常的。后面给出了此文档的相关元信息。例如最后一次修改的时间、文档长度和文档类型等。在 HTTP 响应后给出的才是具体的 HTML 文档内容。

asyncore 为编写异步通信的程序提供了一个框架，但是如果需要使用还是比较麻烦的。如果需要更好地解决这个问题，可以使用 Twisted 框架。

19.5　Twisted 网络框架

Twisted 是一个面向对象、基于事件驱动的顶级通信框架，可以完成大部分的网络应用任务。同时，Twisted 框架具有很好的网络性能，提供了异步通信机制。在本节中，将在介绍 Twisted 网络框架的基础上，对如何使用其构建网络服务器端进行介绍。

19.5.1　Twisted 框架介绍

Twisted 是使用 Python 语言来实现的强大的网络框架，已经应用于多个领域。Twisted 是 Zope 中 HTTP 服务器的实现部分，可以和大名鼎鼎的 ACE（Adaptive Communication Environment，自适应网络通信环境）网络框架媲美。其特点特别适合于用来编写服务器端的应用程序，对于其中的很多细节，Twisted 都已经实现得比较完美。

Twisted 框架的下载网址是 http://www.twistedmatrix.com/，当前的最新版本为 8.1.0。在 Twisted 框架中，已经提供了许多可重用的协议和接口。这些协议包括 SSH2、FTP、POP3 和 SMTP 等，甚至还有对 MSN 等即时通信协议的支持。安装完毕后，在 site-packages 目录下将会生成一个 twisted 的目录，在其 protocols 目录下有这些协议的实现。

在使用 Fork 和线程方式来进行异步通信传输的时候，实质上还是采用了一种轮询的方式来处理连接。而对于 Twisted 框架（包括前面的 asyncore 模块）来说，采用的是一种事件驱动的方式。也就是说，只需要在事件发生的点构建相应的代码就可以了。例如构建一个服务器端应用程序，只需要在部分事件的接口上书写代码即可，包括新连接到来的时候、新数据到来的时候和连接关闭的时候。Twisted 框架在其上做了进一步封装。例如不仅针对新数据到来时候的处理，而是将这样的事件分解成更基本的事件，包括换行之前数据的到来事件等。

Twisted 框架是使用模块化的组件组成的。这些模块化元素包括协议、工厂、反应器（reactor）和 Deferred 对象等。工厂用来产生一个新的实例，一种实例可以产生一个类型的协议。这些协议定义了如何和服务器交换数据。在运行的时候，每次连接都会产生一个协议实例。在这其中，反应器是整个 Twisted 应用服务器的核心，用来管理事件信息循环。另外，Deferred 对象则是一种处理延时调度器的方法，使用这种方法，可以使得不必等待运行结果而返回。

19.5.2　Twisted 框架下服务器端的实现

在下面的代码片段中重新实现了 forking_tcp_socketServer.py 和 threading_tcp_socketServer.py 文件中的应用。

```
01  #filename: twisted_server_1.py
02  from twisted.internet import reactor
03  from twisted.internet.protocol import Protocol, Factory
04
05  class SimpleServer(Protocol):
06
07      def connectionMade(self): #连接建立的时候
08          print ('Get connection from', self.transport.client)
09
10      def connectionLost(self, reason):连接断开的时候
11          print (self.transport.client, 'disconnected')
12
13      def dataReceived(self, data):#接收数据的时候
14          print (data)
15
16  factory = Factory()
17  factory.protocol = SimpleServer
18
19  port = 1234
```

```
20   reactor.listenTCP(port, factory)
21   reactor.run() #进入循环
```

【代码说明】

❑ 上面的代码中给出了一个简单的服务器实现，其功能为将收到的数据打印出来，同时在连接开始和连接断开的时候给出信息提示。这里采用了非常典型的事件驱动编程方式，只是重载了特定事件的代码实现。

❑ 在代码的最上面从 twisted.internet 中导入了 reactor，并从 protocol 中导入了 Protocol 和 Factory 类。这些基本概念在前面都已经做了简单的介绍。其中 reactor 是整个 Twisted 应用的核心，而后两个类为协议实现接口。

❑ 接着定义了一个 SimpleServer 类，此类是从 Protocol 类中继承的，实现了通信协议的基本框架，并定义了相关的通信接口。这些接口将在通信时的特定事件中被触发。例如连接建立的时候或者连接断开的时候。

❑ 当连接建立的时候，也就是通信协议中开始协商的时候，将会调用 connectionMade 方法。这里的实现中只是输出了连接信息。其中 self.transport 中保存了当前连接对象，可以通过其中的 client 属性来获取连接的客户端。

❑ 当连接断开的时候，将会调用 connectionLost 方法。这里的实现是打印相关的信息，表明此连接已经断开。

❑ 当收到数据的时候，将会调用 dataReceived 方法。此方法这里的实现是将收到的数据照原样输出。

❑ 在定义了 SimpleServer 类后，调用了 Factory 类的构造函数并构建了一个工厂方法实例。其后设置了其协议为前面已经定义好的 SimpleServer 类对象。

❑ 最后的代码段中，首先调用了反应器的 listenTCP 方法，其中设置了监听的端口号和前面生成的工厂实例对象。最后使用反应器的 run 方法进入循环。在此期间程序将会监听 1234 端口，当收到连接请求时，将会调用 SimpleServer 类中定义的处理函数来处理特定的事件，如连接建立的时候调用 connectionMade 方法等。

运行上面的代码，将得到类似如 forking_tcp_socketServer.py 的结果。区别在于服务器端将输出在客户端输入的任何数据，包括换行符。而且这里连接是由客户端来控制的，只有当客户端断开连接的时候，服务器端才会调用 connectionLost 方法。另外，这里的客户端并没有限制，只要服务器端的资源允许，客户端就可以连接服务器。

19.5.3　Twisted 框架下服务器端的其他处理

上面的代码中给出了一个简单的 Twisted 服务器端应用程序。实际上，Twisted 框架的扩展能力是很强的，下面将具体介绍对于上述服务器端的改进。

在上面的输出中，由于服务器端缓冲区设置的原因，可能会一个字符一个字符地将收到的数据输出。实际上在客户端来说合理的处理方式是，在收到一个换行符后进行处理。因为在实际操作中这种需求很多，所以在 twisted.protocols.basic 中预设值了一些处理方式，其中包括 LineReceiver，用来实现上面的需求。此接口实现了 dataReceived 接口，且在收到换行符的时候被调用。

下面的代码演示了 LineReceiver 接口的使用。

```
01  #filename: twisted_server_2.py
02  from twisted.internet import reactor
03  from twisted.internet.protocol import Protocol, Factory
04  from twisted.protocols.basic import LineReceiver
05
06  class SimpleServer(Protocol):
07
08      def connectionMade(self):                    #连接建立的时候
09          print ('Get connection from', self.transport.client)
10
11      def connectionLost(self, reason):            #连接断开的时候
12          print (self.transport.client, 'disconnected')
13
14      def lineReceived(self, line):                #当收到一行数据的时候
15          print (line)
16
17  factory = Factory()
18  factory.protocol = SimpleServer
19
20  port = 1234
21  reactor.listenTCP(port, factory)
22  reactor.run()                                    #进入循环
```

此段代码和 twisted_server_1.py 文件的区别主要在于 SimpleServer 类中定义了 lineReceived 方法。此方法是在服务器端收到一行数据的时候被调用。

运行此段代码可以发现，在客户端输入数据的时候，服务器端并不会将数据输出。而只有在收到换行符的时候，应用才会调用 lineReceived 方法，并将接收到的数据输出。

在前面的实现中，连接的断开是由客户端来控制的，而服务器端并没有控制权。下面的代码实现了服务器端的控制功能。具体的实现是在收到连接后打印信息并关闭连接。

```
01  #filename: twisted_server_3.py
02  from twisted.internet import reactor
03  from twisted.internet.protocol import Protocol, Factory
04
05  class SimpleServer(Protocol):
06
07      def connectionMade(self):                    #连接建立的时候
08          print ('Get connection from', self.transport.client)
09          self.transport.loseConnection()
10
11  factory = Factory()
12  factory.protocol = SimpleServer
13
14  port = 1234
15  reactor.listenTCP(port, factory)
16  reactor.run()                                    #进入循环
```

在这段代码的 SimpleServer 类中，仅定义了一个 connectionMade 接口方法，其实现是在打印客户端的相关信息之后，直接调用了其 transport 对象的 loseConnection 方法。这样将由服务器端来中断连接。

运行上面代码段的时候，客户端将在连接后直接断开，而只是在服务器端打印出所连接的客户端的相关信息。

在前面的服务实现中，服务器端只是获取客户端数据，而没有服务器端将数据发送给客户端。

其实在 Twisted 框架中也已经包含了这样的处理。下面的代码段中实现了一个 ECHO 服务器，将接收到的所有数据都原样发送给客户端。

```
01  #filename: twisted_server_4.py
02  from twisted.internet import reactor
03  from twisted.internet.protocol import Protocol, Factory
04  from twisted.protocols.basic import LineReceiver
05
06  class EchoServer(Protocol):
07
08      def connectionMade(self):          #连接建立的时候
09          print ('Got connection from', self.transport.client)
10
11      def lineReceived (self, line):  #将收到的数据返回给客户端
12          self.transport.write(line)
13
14  factory = Factory()
15  factory.protocol = EchoServer
16
17  port = 1234
18  reactor.listenTCP(port, factory)
19  reactor.run() #进入循环
```

这段代码中定义了一个 EchoServer 类。和 twisted_server_2.py 中定义的 SimpleServer 的主要区别在于这里定义 dataReceived 的实现部分。其函数主体中的程序只有一句，主要是调用了连接对象 transport 的 write 方法，并将收到的数据发送到客户端。

将上面的这段代码运行在服务器上，并使用客户端连接此应用服务。当在客户端上输入一行数据的时候，服务器端会将收到的数据发送回客户端。这样从客户端看来，是显示了当前输入的数据，从而实现了客户端的回显。

在上面介绍的代码片段中，并没有过多的业务逻辑。当运行上面的服务器应用程序的时候，只要服务器的资源允许，都可以接受客户端连接。在特定的时候，由于服务器资源所限，只能够接受一定的客户端连接。下面的代码实现了这种功能。

```
01  #filename: twisted_server_5.py
02  from twisted.internet import reactor
03  from twisted.internet.protocol import Protocol, Factory
04  from twisted.protocols.basic import LineReceiver
05
06  class EchoServer(Protocol):
07
08  def connectionMade(self):                    #连接建立的时候
09      print ('Get connection from', self.transport.client)
10      self.factory.numProtocols = self.factory.numProtocols+1
11      if self.factory.numProtocols > 5:    #当连接超过5个的时候，断开连接
12          self.transport.write("Too many connections, try later")
13          self.transport.loseConnection()
14      print ('Get connection from', self.transport.client)
15
16      def connectionLost(self, reason):        #断开连接
17          self.factory.numProtocols = self.factory.numProtocols-1
18
19      def lineReceived (self, line):               #将收到的数据返回给客户端
20          self.transport.write(line)
```

```
21
22   factory = Factory()
23   factory.protocol = EchoServer
24
25   port = 1234
26   reactor.listenTCP(port, factory)
27   reactor.run()                                    #进入循环
```

【代码说明】

❑ 这里定义的 EchoServer 类和在 twisted_server_4.py 文件中定义的类是不同的。差别主要在于 connectionMade 和 connectionLost 两个接口方法。

❑ 在 connectionMade 方法中，实现了对于客户端数目的限制。在 factory 实例中的 numProtocols属性保存了现在已有的连接数目，在每次连接的时候将其加 1。然后判断此值和设置值的大小，如果超过了设置的值，则向客户端发送一个"客户端太多，稍后重试"的消息，并调用 transport 对象的 loseConnection 方法来中断此连接。

❑ 在连接断开的时候，将会调用 connectionLost 方法接口。具体的实现中，将 numProtocols属性值减 1，从而表示现在连接的数目少了一个。

运行这段代码，当有超过 5 个客户端连接的时候，将会被中断。只有在有客户端退出连接后，才能够连接新的客户端。

上面的几个代码段中介绍了如何将一个简单的服务器端改变成功能丰富的服务器端的方法。上面也只是介绍了部分的行为实现。实际上，在 Twisted 框架的基础上，可以非常方便地实现很多复杂的网络功能。具体的可以参见 Twisted 相关文档。

19.6　小结

本章讲解了 Python 语言在网络编程上的使用。首先介绍了现在分析比较多的网络模型，包括开放式系统互连参考模型和 TCP/IP 网络互连模型。接着对 socket 进行了介绍，并在此基础上实现了服务器端和客户端，包括使用 SocketServer 模块等。接下来对异步通信方式进行了介绍，包括Fork 方式、线程方式、异步 IO 方式、asyncore 模块。最后着重介绍了 Twisted 框架及其使用。

19.7　习题

1．TCP/IP 从低到高分为几个层次？分别是哪些？

2．Socket 是什么？它与 TCP/IP 有什么联系？

3．使用 Python 的 SocketServer 模块编写一个简单的聊天程序，包括客户端与服务器端。

第 20 章　常见的 Python 网络应用

互联网中有许多类型的网络应用。在本章中，将具体介绍传输文件、收发邮件、远程登录和网络管理方面功能的协议。另外，还将对在网络中抓包分析进行介绍。

本章的知识点：
- [ ] ftplib 模块的使用
- [ ] 使用 pop3lib 和 smtplib 模块收发邮件
- [ ] 使用 Telnet 协议远程登录
- [ ] 使用 SNMP 管理网络
- [ ] 在网络中抓包分析

20.1　使用 FTP 传输文件

文件传送协议（File Transfer Protocol，FTP）是一个将数据文件从一台主机传送到另外一台主机上的传输协议。这是 Internet 上最早的应用协议之一。

20.1.1　FTP 的工作原理和 Python 库支持

FTP 协议的工作原理是 FTP 的客户端连接 FTP 的服务器端，并给出用户名和密码进行认证。这一步结束后客户端可以浏览服务器端上的文件，执行一些交互操作。这个通道为命令通道，表示此连接主要是用来传输 FTP 命令的。当客户端需要从服务器端下载文件的时候，FTP 客户端将会再和远程主机中的 FTP 服务器端建立一个连接。在服务器端认证了客户端后，就可以在服务器端下载文件了。客户端需要上载文件的时候，操作步骤和此类似。此连接为数据通道，主要用来传输数据。FTP 协议是运行在 TCP 之上的，从而保证了 FTP 传输数据的准确有序。FTP 协议的工作方式如图 20-1 所示。

在 Python 标准库中，ftplib 提供了对于 FTP 客户端实现的支持。由于 FTP 服务器的实现比较复杂，在标准库中并没有包含此实现。如果需要开发 FTP 服务器端，则可以使用前面介绍的 Twisted 框架。

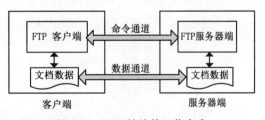

图 20-1　FTP 协议的工作方式

同样的，在后面介绍的网络应用中，都只是考虑客户端的实现，而并没有考虑网络服务器端的实现。这一节中介绍的协议的服务器端实现都可以在 Twisted 框架中找到相关的实现。

FTP 协议和 HTTP 协议有点相似，都可以获取文档数据。但是两者也有本质的区别，使得其成为不同类型的协议。最大的区别在于前者是将命令和数据分开传输的，这称为带外数据。而后者控制信息和数据信息是放在一起的，这称为带内数据。由于两者的相似，所以都可以采用 urllib 等模块来获取文档资源，只需要将 URL 中的协议值设置为 FTP 即可。实际上，在 ftplib 模块中，对于 URL 的处理还是调用 urllib 模块中的函数来处理的。同时，由于两者的不同，在实现 FTP 客户端的时候，还是需要使用 ftplib 模块。

20.1.2　FTP 的登录和退出

在 ftplib 模块中，包含一个 FTP 类，使用此类可以构建一个 FTP 客户端的实例对象。使用此对象的方法即可以完成大部分 FTP 客户端的操作。

```
01  In [1]: import ftplib
02
03  In [2]: ftp = ftplib.FTP()
04
05  In [3]: ftp
06  Out[3]: <ftplib.FTP instance at 0x00BDA9B8>
```

【代码说明】

❑ 在 In[1]中导入了 ftplib 模块，将其中的符号导入环境中。

❑ 在 In[2]中使用了其模块中的 FTP 类构造了一个实例。这在 Out[3]的输出也可以看出来。

在 FTP 类的构造函数中，可以包含几个可选的参数，主要为需要连接的主机地址和需要认证的用户名和密码等。在此构造函数中提供主机地址和认证信息与使用 FTP 对象的方法的效果是相同的。这从 FTP 类构造函数的源代码可以看出来。

```
01  def __init__(self, host='', user='', passwd='', acct=''):
02      if host:
03          self.connect(host)
04          if user:
05              self.login(user, passwd, acct)
```

【代码说明】

❑ 在这个代码段中，首先判断是否提供了主机地址。如果提供了主机地址，则可以使用其对象的 connect 方法连接主机。

❑ 然后判断是否提供了 user 信息，如果提供了，则使用其对象的 login 方法来进行认证。

下面的代码演示了这样两种登录方式。

```
01  In [4]: ftp = ftplib.FTP("192.168.3.1","admin","admin")
02
03  In [5]: ftp.quit()
04  Out[5]: '221 Goodbye.'
05
06  In [6]: ftp = ftplib.FTP()
07
08  In [7]: ftp.connect("192.168.3.1")
09  Out[7]: '220 FTP Server@IF ready'
10
11  In [8]: ftp.login("admin","admin")
12  Out[8]: '230 User admin logged in.'
13
14  In [9]: ftp.quit()
15  Out[9]: '221 Goodbye.'
```

【代码说明】

❏ 这个代码片段示例中，In[4]和In[5]演示了在FTP构造函数中提供相关连接信息的登录方式。而在后面的 In[6]~In[9]中演示了如何使用 FTP 对象方法的登录方式。

❏ 在 In[5]和 In[9]中都调用了 FTP 对象的 quit 方法。这将发送"QUIT"命令给 FTP 服务器，从而断开连接。

❏ 两种登录方式最终的结果是一样的，都是和 FTP 的服务器端建立了一个命令通道。后面可以通过此发送 FTP 命令来传输数据等。而退出连接命令"QUIT"也是通过此来传输的。

❏ 另外的一个不同是在使用 FTP 的实例对象方法的时候，会有一些数据输出。例如在使用 connect 方法时，连接成功后显示了服务器端的欢迎信息。而在用户登录成功后，则会显示用户登录成功的消息。其实上面的信息 ftplib 模块也提供方法来查看。

```
01   In [11]: ftp.getwelcome()
02   Out[11]: '220 FTP Server@IF ready'
```

【代码说明】

❏ 这里的 getwelcome 方法显示了初次连接 FTP 服务器的信息。这些信息中一般会显示服务器的相关信息或者是帮助信息等。

由于很多 FTP 服务器支持匿名登录，ftplib 模块中的方法同样也支持这一点。默认情况下，passwd 和 acct 参数为空字符串。当没有提供 user 参数的时候，默认为 anonymous。当 user 参数为 anonymous 的时候，passwd 默认为 anonymous@。login 方法在连接建立后，应该只能够调用一次。在认证之后，则不应该再使用此方法提供认证。

ftplib 模块已经封装了 FTP 协议中的部分常用命令，如 QUIT 等。但是在 FTP 协议中还有很多的命令，ftplib 模块并没有进行封装。具体的 FTP 命令可以从 RFC95 中查看到。发送命令也可以通过 sendcmd 方法来实现。

```
01   In [12]: ftp.sendcmd("PASV")
02   Out[12]: '227 Entering Passive Mode (192,168,3,1,249,215).'
```

❏ 在 In[12]中向 FTP 的服务器端发送了一个 PASV 命令，进入被动模式。当然，此功能也可以使用 set_pasv 方法来实现。同样的，可以使用 sendcmd 方法来发送其他 FTP 命令。

20.1.3　FTP 的数据传输

FTP 协议最大的用途就是进行文件传输。在下面的代码片段中演示了 ftplib 模块中的 FTP 协议数据传输功能。

```
01   In [15]: ftp.pwd()
02   Out[15]: '/home/admin'
03
04   In [16]: ftp.mkd("python_book")
05   Out[16]: '/home/admin/python_book'
06
07   In [17]: ftp.cwd("python_book")
08   Out[17]: '250 CWD command successful'
09
10   In [18]: fp = open('simple_server.py','rb')
11
12   In [19]: ftp.storbinary("STOR simple_server.py",fp)
```

```
13    Out[19]: '226 Transfer complete.'
14
15    In [20]: ftp.retrlines("LIST")
16    -rw-r--r--   1 admin users         331 Nov 29 06:35 simple_server.py
17    Out[20]: '226 Transfer complete.'
```

【代码说明】

❑ 在 In[15]中使用 pwd 方法得到了当前所在的目录。这个位置是服务器端的当前位置。在传输数据之前一般都要使用此命令查看一下。

❑ 在 In[16]中使用了 mkd 方法来新建一个 python_book 目录。接着在 In[17]中使用了 cwd 方法来切换到这个目录。在 Out[17]中可以看出当前的命令成功执行。在上面的 3 个方法中，其名字和 FTP 命令的名字是一样的。

❑ 在 In[18]中打开了一个文件对象，并在随后使用了 storbinary 方法将数据存储到了服务器中。这个方法包含 3 个参数。其中前面两个参数是必需的，分别用来表示存储命令和文件对象。这里的存储命令为 STOR simple_server.py，具体的过程中将会把 fp 所指向的文件对象数据保存到服务器端的 simple_server.py 中。在 Out[19]的输出中，显示了此命令执行成功，传输数据完成。在 FTP 协议的数据传输中，可以分为文本传输和二进制传输两类。在 FTP 对象所支持的方法中，所以有些命令有两类，其中 lines 后缀为文本传输使用，而 binary 后缀为二进制传输所使用。

❑ 在 In[20]中使用了 retrlines 方法，并传递了 LIST 命令。可以看到，在输出中显示了当前目录下的文件信息。

在使用 ftplib 模块进行 FTP 客户端的编写的时候，可以使用 set_debuglevel 方法来设置显示调试信息。默认情况下调试信息是不会显示的。将参数设置为 2 可以显示连接过程中所有的信息。

```
01    In [22]: ftp.sendcmd("UMASK")
02    *cmd* 'UMASK'
03    *put* 'UMASK\r\n'
04    *get* '500 UMASK not understood\r\n'
05    *resp* '500 UMASK not understood'
06    ---------------------------------------------------------------------
07    error_perm                          Traceback (most recent call last)
08    #省略部分输出
09
10    error_perm: 500 UMASK not understood
11
12    In [23]: ftp.sendcmd("QUIT")
13    *cmd* 'QUIT'
14    *put* 'QUIT\r\n'
15    *get* '221 Goodbye.\r\n'
16    *resp* '221 Goodbye.'
17    Out[23]: '221 Goodbye.'
```

【代码说明】

❑ 在 In[22]中发送了一个非 FTP 协议中规范的命令。从调试信息中可以看出客户端向服务器端发送了 UMASK 命令。而服务器端响应此命令 500 UMASK not understood，表示此命令并不为 FTP 协议所支持。

❑ 在 In[23]中演示了一个正确命令的调试信息。同时，使用这种方法还关闭了 FTP 连接。

ftplib 模块中提供了对于 FTP 客户端实现的基本支持。但即便如此，使用 ftplib 模块中的类和

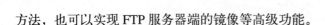

方法，也可以实现 FTP 服务器端的镜像等高级功能。

20.2 使用 POP3 获取邮件

电子邮件应用是 Internet 上最传统的应用之一。即使现在，电子邮件应用也是仅次于 HTTP 服务的第二大应用。电子邮件包括两个步骤，接收邮件和发送邮件。在这一节中，将介绍接收邮件的功能实现。而将发送邮件的功能放在下一节中介绍。

20.2.1 POP3 协议介绍

接收邮件用得最多的协议是 POP 协议（Post Office Protocol，邮局协议），默认使用 TCP 的 110 端口。由于现在使用得最多的是其第三版，所以被简称为 POP3 协议。虽然已经有了功能更加丰富的邮件获取协议，如 IMAP4 等，但是由于 POP3 协议的简单和使用广泛，在本小节中只关注于 POP3 协议客户端功能的实现。

POP3 仍然是采用的服务器端-客户端工作模式。在这种工作模式下，一般当前主机为客户端，而服务器端为 POP3 的邮件服务器。在 Python 标准库中支持 POP3 协议的实现是 poplib 模块。这里也只是实现了客户端的功能。

一个典型的邮件客户端获取邮件的步骤如下。

1）使用 DNS 协议来解析 POP3 服务器的 IP 地址。

2）使用 TCP 协议来连接邮件服务器的 110 端口（默认情况下）。

3）当客户端连上 POP3 服务器后，将通过 USER 命令来传送邮箱账号，通过 PASS 命令来传送邮箱密码。提供这些信息来完成用户认证。

4）当完成用户认证后，可以使用 STAT 命令来获取 POP3 服务器中此账号的邮箱统计资料，包括邮件的总数和邮件大小等。

5）同时可以使用 LIST 命令列出 POP3 服务器中的已有邮件数量。

6）邮件客户端可以通过 RETR 命令来获取邮件，并使用 DELE 命令来设置删除标志。

7）所有的邮件获取完毕后，可以使用 QUIT 命令中断和 POP3 邮件服务器的连接。同时，服务器会删除已设置为删除标志的邮件。

在 poplib 模块中包含两个类，POP3 类和 POP3_SSL 类。其中，POP3_SSL 为 POP3 类的子类，实现了基于 SSL 的邮件传输。POP3 类实例对象的大部分方法就实现了上面典型客户端实现中的各个步骤。表 20-1 中描述了 POP3 类中定义的部分方法。

表 20-1 POP3 类对象中定义的方法

方 法 名	描 述	方 法 名	描 述
set_debuglevel	设置调试信息级别	retr	获取特定的邮件
getwelcome	获取服务器的欢迎信息	dele	设置邮件的删除标志
user	发送邮箱名	rset	删除所有邮件的删除标志
pass_	发送邮箱密码，锁定邮箱	noop	不做任何事情，在为了保持连接的时候使用
stat	获取邮箱的统计信息	quit	中断连接，解锁邮箱
list	获取邮箱的邮件列表信息		

20.2.2　poplib 模块的使用

下面的代码片段演示了如何使用 poplib 模块来获取邮件。

```
01   In [1]: import poplib
02
03   In [2]: pop = poplib.POP3("pop3.server.com")
04
05   In [3]: pop.getwelcome()
06   Out[3]: '+OK POP3 ready'
07
08   In [4]: pop.user("admin@ pop3.server.com ")
09   Out[4]: '+OK '
10
11   In [5]: pop.pass_("admin")
12   Out[5]: '+OK authorization succeeded (eyou mta)'
```

【代码说明】

❏ 在 In[1]中导入 poplib 模块，这提供了实现 POP3 客户端功能的方法。

❏ 在 In[2]中使用了 POP3 类的构造函数构造了一个实例对象，并赋值给 pop 变量。其中，构造函数中包含两个参数。必需的参数是 POP3 服务器的地址，第二个可选的参数为 POP3 服务器的端口，省略的时候默认为 110 端口。

❏ 在 In[3]中调用了 pop 对象的 getwelcome 方法，来获取服务器的输出。在 Out[3]中可以看到，现在 POP3 服务器已经连接上。

❏ 在 In[4]和 In[5]中分别输入邮件服务器的邮箱名和密码，并且通过了服务器的认证。

```
01   In [6]: pop.stat()
02   Out[6]: (254, 116747443)
03
04   In [7]: resp, items, octets = pop.list()
05
06   In [8]: import string, random
07
08   In [9]: id, size = string.split(random.choice(items))
09
10   In [10]: resp, text, octets = pop.retr(id)
```

【代码说明】

❏ 在 In[6]中使用了 stat 方法来获取了当前账户的邮件信息。此方法返回一个包含两个元素的列表。这两个元素分别为当前账户下的邮件数量和邮件的大小。从 Out[6]的输出中可以看出，这个邮箱账号的邮件数量为 254，而文件大小为 116747443 字节。

❏ 在 In[7]中使用 list 方法来获取当前账户的邮件列表。这个方法的返回值是一个三元组，其中第二个成员为所有邮件信息的列表。邮件信息包括邮件的序列号和邮件的大小。其他两个成员则分别为响应对象和字节数。

❏ 在 In[8]和 In[9]中选择了返回邮件列表中的一个随机邮件，并使用了 split 方法将得到的邮件信息分解成了邮件 ID 和大小信息。

❏ 在 In[10]中调用了 retr 方法来获取指定的邮件，其返回值和 list 方法的返回值类似。只是这里的第二个成员为单行邮件数据所组成的列表。

20.3 使用 SMTP 发送邮件

在上面一节中，介绍了获取邮件的功能实现。在本节中，将介绍使用 SMTP 协议来发送邮件。简单邮件传输协议（Simple Mail Transfer Protocol，SMTP）能够可靠高效地传输邮件。

20.3.1 SMTP 协议介绍

SMTP 的服务器端并不一定是发送邮件的接收端。这使得 SMTP 协议可以来取一种相当于"接力"的方式在服务器之间传输邮件。SMTP 协议的原理如图 20-2 所示。

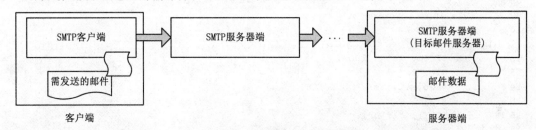

图 20-2 SMTP 协议的原理图

在 Python 标准库中支持 SMTP 协议的是 smtplib 模块。其模块中包含 SMTP 类，实现了 SMTP 协议的客户端功能。一个典型的 SMTP 客户端和 POP3 客户端的操作过程是类似的。只是在最后操作的时候并不是获取邮件，而是发送邮件。

20.3.2 smtplib 模块的使用

下面是一个使用 smtplib 模块发送邮件的示例代码片段。

```
01  In [1]: import smtplib
02
03  In [2]: smtp = smtplib.SMTP("smtp.server.com")
04
05  In [3]: smtp.login("admin@server.com", "server")
06  Out[3]: (235, 'go ahead (eyou mta) (eyou.net _80)')
07
08  In [4]: smtp.noop()
09  Out[4]: (250, 'OK (eyou mta)')
```

【代码说明】

❑ 在 In[1]中导入了 smtplib 模块。这为后面实现 SMTP 协议的客户端功能提供了方法。

❑ 在 In[2]中使用 SMTP 类构建了一个对象实例，并连接了 SMTP 服务器。这里采用了直接在构造函数中提供参数的方式。实际上也可以构建一个对象后调用其 connect 方法来连接服务器。其中的两个参数包括 SMTP 服务器的地址和端口。端口号在省略的情况下默认为 25。这里，如果端口地址附加在主机后通过 "：" 分开，也可以解析出来。

❑ 在 In[3]中通过调用 login 方法来进行 SMTP 认证。有些 SMTP 服务器不需要认证即可发送邮件，则不需要调用这个方法来实现认证。但是，这样将会通过这些 SMTP 服务器发送大量的垃圾邮件。因此，现在的大部分 SMTP 邮件服务器都是需要进行认证的。

❑ 在 In[4]中调用了 noop 方法。这里并没有做任何操作，而只是为了保持连接。每个 SMTP 服务器都有一定的超时时间设置。当超过一定的时间后，服务器端会自动断开连接。所以，可以使用此方法来维持连接。

```
01   In [5]: FROM=' admin@server.com '
02
03   In [6]: TO=' receiver@server.com '
04
05   In [7]: SUBJECT="Hello"
06
07   In [8]: BODY = "Hello, Python."
08
09   In [9]: import string
10
11   In [10]: body = string.join((
12      ...: "From: %s" % FROM,
13      ...: "To: %s" % TO,
14      ...: "Subject: %s" % SUBJECT,
15      ...: "",
16      ...: BODY), "\r\n")
17
18   In [11]: print (body)
19   From: zhouw3@mail.ustc.edu.cn
20   To: zhouw3@mail.ustc.edu.cn
21   Subject: Hello
22
23   Hello, Python.
```

【代码说明】

❑ 这里构造了一个邮件的正文数据。其中，In[5]和 In[6]中定义了发件人和收件人的信息。接下来定义了邮件的标题和内容。最后在 In[10]中构造了一个邮件主体内容。从 In[11]的输出中可以看到具体的内容。

```
01   In [12]: smtp.sendmail(FROM,[TO], body)
02   Out[12]: {}
03
04   In [13]: smtp.quit()
```

【代码说明】

❑ 在 In[12]中调用此 SMTP 对象的 sendmail 方法来发送邮件。其中的 3 个参数分别为发件人、收件人和邮件主体。这里需要注意的是，发件人只是一个邮件地址。而收件人则是一个列表，表示可以为多个收件人。这里的邮件主体是前面构造出来的邮件内容。此调用在发生错误的情况下将会触发异常。如果没有异常抛出，则将返回字典对象。每一项的内容为没有成功发送的邮件地址以及服务器返回的错误信息。在这里，Out[12]中返回了一个空的字典结果，表示所有的发件人都发送成功。

❑ 最后调用此对象的 quit 方法中断与 SMTP 服务器的连接。

同样的，也可以通过调用 set_debuglevel 方法设置调试信息级别，来查看每次和 SMTP 服务器连接的通信细节。

20.4 使用 Telnet 远程登录

Telnet 也是 TCP/IP 协议族中的成员，提供了远程终端登录应用。Telnet 协议规范在 RFC854 中被定义，在其中还定义了一种通用字符终端，称为网络虚拟终端（Network Virtual Terminal，NVT）。Telnet 协议可以工作在任何操作系统和任何终端之间。

20.4.1 Telnet 协议介绍和 Python 库支持

Telnet 协议采用的也是带内数据形式，也就是在信令和数据是放在一起传输的。在 Telnet 协议中，字节 0xff 被作为命令开始的指示。在 Telnet 协议中支持的命令如表 20-2 所示。

表 20-2 Telnet 协议中支持的命令

命令名称	十进制代码	描　　述	命令名称	十进制代码	描　　述
ABORT	238	进程异常终止	EOR	239	记录结束符
AO	245	异常终止传输	GA	249	继续进行
AYT	246	检测对端是否运行	IAC	255	命令解释标志
BRK	243	中断	IP	244	中断进程
DM	242	数据标记	NOP	241	无操作
DO	253	接收方同意（发送方想让接收方激活选项）	SB	250	子选项开始
DONT	254	接收方回应 WONT	SE	240	子选项结束
EC	247	转义字符	SUSP	237	挂起当前进程
EL	248	删除行	WILL	251	选项协商
EOF	236	文件结束符	WONT	252	选项协商

在上面有 4 个选项协商请求，其中 DO 表示发送端让接收端激活选项，DONT 表示发送端让接收端禁止选项。另外，WILL 表示发送端自身将激活选项，WONT 表示发送端自身禁止选项。选项协商是双向的，通信的对端可以发送选项协商请求，也可以接收或者拒绝此请求。

在 Python 标准库中，telnetlib 模块实现了 Telnet 协议的客户端功能。其模块中包含 Telnet 类，其中包含实现 Telnet 协议客户端功能的方法。在 Telnet 类的初始化中，包含两个可选的参数。如果生成对象的时候不包含参数，则此对象并不会连接任何 Telnet 服务器。其中的两个参数分别为 Telnet 服务器的主机地址和端口。不提供端口号，默认为 23 号端口。

由于此协议用于交互式通信，其类对象中提供了许多用于发送和接收数据的方法。特别是在读取数据功能上，提供了许多类型的读取数据方法。例如使用 read_until 方法获取数据直到某个特定的字符串；使用 read_all 方法获取所有的数据直到遇到 EOF 标志等。还可以使用 set_option_negotiation_callback 方法来进行选项协商，并调用指定的回调函数。

20.4.2 telnetlib 模块的使用

下面是一个使用 telnetlib 模块来进行远程交互的示例代码片段。

```
01   In [1]: import telnetlib
02
03   In [2]: telnet = telnetlib.Telnet()
04
```

```
05   In [3]: telnet.open("192.168.3.1")
06
07   In [4]: telnet.read_until("login:")
08   Out[4]: '\r\nLinux 2.6.18-1-386 (192.168.3.2) (pts/1)\r\n\nServer login:'
09
10   In [5]: telnet.write("user\n")
11
12   In [6]: telnet.read_until("Password:")
13   Out[6]: ' \x01Password:'
14
15   In [7]: telnet.write("password\n")
16
17   In [8]: telnet.write("ls\n")
18
19   In [9]: telnet.write("exit\n")
20
21   In [10]: telnet.read_all()
22   Out[10]: ' \r\nLast login: Sun Nov 30 16:19:15 2008 from 192.168.3.2 on pts/0\r
23   \nLinux ipv6 2.61.8-1-386 #1 Mon Sep 13 23:29:55 EDT 2004 i686 GNU/Linux\r\n\r\nW
24   elcome!\r\n\r\nThis is a server of China\r\nrunning Debian Linux!\r\n\:
25   ~$ ls\r\n20062229343265196-1.pdf\r\n8634-2.6.15-172-include.tgz\r\nAbstract.doc
26   \r\nAbstract.odt\r\nAbstract.pdf\r\n
27   #省略部分输出
```

【代码说明】

❑ 在 In[1]中导入了 telnetlib 模块，这为后面实现 Telnet 协议的客户端功能提供了方法。

❑ In[2]中使用 telnetlib 模块中的 Telnet 类构建了一个实例对象。其中并没有包含参数，所以实例化的时候并不会做更多的操作。

❑ 在 In[3]中调用了 open 方法。此方法将会连接指定的 Telnet 服务器端。

❑ 在 In[4]~In[7]中输入了用户名和密码来进行认证。其中，在 In[4]中使用了 read_until 方法来获取数据。这里的参数为"login:"，表示在连接 Telnet 服务器端之后，客户端等待此字符串的出现。此方法还包含一个 timeout 超时参数，此参数指定了等待数据的超时时间。当超过此时间之后，如果还没有读取到特定的字符串，将会触发异常。在 Out[4]中输出了获取此字符串之前的数据。然后通过 write 方法向服务器端发送数据，这里将用户名发送到了服务器端。接着通过同样的步骤发送了密码。

❑ 在 In[8]中使用 write 方法输入了 ls 命令。这里输入的命令是在 Telnet 服务器端系统上所支持的命令。

❑ 在 In[9]中同样调用了 write 方法向 Telnet 服务器端发送了 exit 命令。当服务器端的系统收到此命令后，将会断开连接。

❑ 在 In[10]中使用 read_all 方法获取所有在缓冲区中的数据，直到遇到 EOF 标志。

和上面介绍的邮件处理相关协议实现类似,telnetlib 模块也可以通过调用 set_debuglevel 方法设置调试信息级别，来查看每次和 Telnet 服务器连接的通信细节。

20.5 使用 SNMP 管理网络

随着网络规模的扩大，需要使用一种有效的协议来管理网络。这个时候，简单网络管理协议

（Simple Network Management Protocol，SNMP）被提了出来。SNMP 协议提供了几种简单的操作集合，使得网络管理员可以方便有效地管理网络设备，包括路由器、交换机、服务器和打印机等。

20.5.1 SNMP 协议组成

通过 SNMP 协议管理的信息是非常丰富的，包括接口的状态和信息等，甚至交换机的内部温度等。虽然 SNMP 协议定义号称要尽量简单，但是实际上，SNMP 协议的组织并不简单。

SNMP 协议采用的也是客户端-服务器端架构，但是和其他协议的组织并不一样。在一般情况下，都是客户端连接服务器端，但是在 SNMP 协议中，采取的是服务代理（Agent）和网络管埋站（Network Management Station，NMS）模型。在每个需要管理的网络设备上，都有一个 SNMP 代理，对网络设备的管理和维护则是通过管理站来和 SNMP 代理之间进行交互的。在 SNMP 协议中，每个 SNMP 代理将会返回代理中 MIB 定义的各种信息。NMS 和网络代理之间的关系如图 20-3 所示。

在 NMS 和网络代理之间通过 SNMP 标准消息来通信。SNMP 使用的是 UDP 传输协议。每个消息之间都包含有一个单独的数据报文。报文包含两个部分，分别是 SNMP 的报文头和报文数据。具体的 SNMP 报文信息如图 20-4 所示。

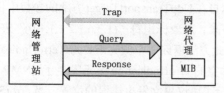

图 20-3　NMS 和网络代理之间的关系

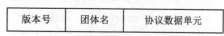

图 20-4　SNMP 报文消息组成

由于 SNMP 协议包含好几个版本，所以在每个报文数据的最前面是版本号。目前 SNMP 有 3 个版本，而且在网络设备中都有使用。现在用得比较多的是第二版本和第三版本。对于不支持的协议版本，网络代理可以直接忽略。团体名是 SNMP 代理用来对 SNMP 管理站进行认证的数据。当失败的时候，将从代理向管理站发送一个认证失败的 Trap 消息。在协议数据单元中包含 SNMP 的消息类型和具体的内容。

20.5.2 PySNMP 框架介绍及使用

在 Python 标准库中并没有包含对于 SNMP 协议的实现。但是现在已经有不少使用 Python 语言的第三方 SNMP 协议实现。这里主要介绍 PySNMP 框架，其项目主页地址为 http://pysnmp.sourceforge.net。其稳定版 2.x 版本提供了 SNMP v1/v2c 的功能，而开发版 4.1x 版本则全面支持 SNMP 的 3 个版本和 MIB 查找等新功能。可以根据需要管理的网络设备情况和系统需求来选择不同的框架版本。在安装了 PySNMP 软件包后，在 scripts 目录下会有一套用于 SNMP 管理的工具，其中包括 pysnmpgct、pysnmpset、pysnmpwalk 和 pysnmpbulkwalk 等，这些工具的用途从其名字也可以看出来。例如 pysnmpget 主要是使用 SNMP 协议的 get 方法来获取网络设备数据。

下面的代码片段中使用了 PySNMP 框架来设置和获取网络设备的相关信息。

```
01   In [1]: from pysnmp.entity.rfc3413.oneliner import cmdgen
02
03   In [2]: from pysnmp.proto import rfc1902
04
```

```
05  In [3]: errorIndication, errorStatus, errorIndex, varBinds =
cmdgen.CommandGenerator().setCmd(
06     ...: cmdgen.CommunityData('public','public',1),
07     ...: cmdgen.UdpTransportTarget(('192.168.3.253',161)),
08     ...: ((1,3,6,1,2,1,1,1,0), rfc1902.OctetString(Server Description))
09     ...: )
10
11  In [4]: print (errorIndication)
12  None
13
14  In [5]: print (errorStatus)
15  6
16
17  In [6]: print (errorStatus.prettyPrint())
18  noAccess(6)
```

【代码说明】

❑ 在 In[1]和 In[2]中导入了相关的对象，这将在下面的 SNMP 应用中用到。

❑ 在 In[3]中使用了 CommandGenerator 类实例对象的 setCmd 方法来设置网络设备数据，其中，团体名为 public。需要设置的网络主机地址和端口在 UdpTransportTarget 方法的参数中指定。端口号 161 是 SNMP 服务的默认端口号。接下来，对象标识符"(1,3,6,1,2,1,1,1,0)"表示网络设备的描述。最后的数据为待设置的数据。此方法返回一个四元组，为（errorIndication，errorStatus，errorIndex，varBinds）。其中，非空的 errorIndication 表示发生了 SNMP 系统错误；而 errorStatus 和 errorIndex 一起用来指示了协议报文发生错误的位置，当 errorStatus 被解释为 True 的时候， errorIndex 指示了发生错误的位置；varBinds 是一组管理对象的元组，其中包含请求的数据。

❑ 在 In[4]和 In[5]中查看了 errorIndication 和 errorStatus 的信息。可以看到 errorStatus 并不为 0，在 In[6]中可以使用 errorStatus 的 prettyPrint 方法直观显示错误信息。从输出结果来看，这里出错的原因是因为没有权限（noAccess）。

```
01  In [7]: errorIndication, errorStatus, errorIndex, varBinds =
cmdgen.CommandGenerator().getCmd(
02     ...: cmdgen.CommunityData('public','public',1),
03     ...: cmdgen.UdpTransportTarget(('192.168.3.253',161)),
04     ...: ((1,3,6,1,2,1,1,1,0))
05     ...: )
06
07  In [8]: print (errorIndication)
08  None
09
10  In [9]: print (errorIndex)
11  0
12
13  In [10]: print (varBinds)
14  [(ObjectName('1.3.6.1.2.1.1.1.0'), OctetString("'Cisco Internetwork Operating Sy
15  stem Software \\r\\nIOS (tm) C2900XL Software (C2900XL-C3H2S-M), Version 12.0(5.
16  2)XU, MAINTENANCE INTERIM SOFTWARE\\r\\nCopyright (c) 1986-2000 by cisco Systems
17  , Inc.\\r\\nCompiled Mon 17-Jul-00 17:35 by ayounes'"))]
```

【代码说明】

❑ 在 In[7]中使用了 getCwd 方法，即使用了 SNMP 的 get 命令来获取网络设备的数据。这里的参数和前面 In[3]中 setCwd 方法的参数类似，区别在于这里没有需要设置的数据信息。

❑ 在 In[8]和 In[9]中输出了错误指示信息。从 In[9]的输出中可以看到，这里的 SNMP GET 命令运行并没有发生错误。

❑ 在 In[10]中输出了 varBinds 的值。在输出结果中，输出了 IP 地址为 "192.168.3.253" 的网络设备的系统信息。从具体的输出内容来看，此网络设备为 Cisco 设备。

关于使用 SNMP 协议来操作网络设备的更多内容，可以参看相关文档。

20.6　网络分析

通过网络分析可以有效地知道网络协议的运行过程，排除网络运行中出现的故障。在网络应用中，通过抓包来分析网络是网络管理员必备的一种技术。

20.6.1　网络分析概述

在 Python 中使用网络相关模块时，可能会因为网络断开等各种原因而造成运行错误。当出现这些错误的时候，可以通过特定协议模块提供的调试方法来判断错误发生的原因。如通过 poplib 模块中的 set_debuglevel 方法，可以知道获取邮件的时候命令的发送以及响应信息。通过这些信息可以大致判断出问题出现的原因。在实际使用中，这种方法有两个缺陷：一是并不是所有的网络相关模块都提供了调试所用的方法；二是并不能知道每个连接通信的细节。所以这时候，就需要通过对数据报文进行直接抓取来判断问题所在。

对通信报文进行直接抓取不但可以知道在网络连接中出现的问题，还可以通过这些数据来对通信协议进行分析。在开源世界中最常用的网络分析工具是 Wireshark 软件。此工具软件在分析一个 HTTP 会话时候的截图如图 20-5 所示。

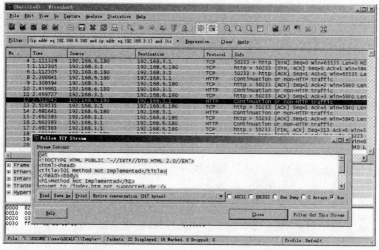

图 20-5　Wireshark 分析 HTTP 会话的截图

从图 20-5 中可以看出，这里给出了在 HTTP 会话中通信的每个报文，包括最初客户端发送到

HTTP 服务器上的 SYN 报文等连接建立时候的报文。在截图中还使用了 Filter 功能,从而在这里仅仅显示了 HTTP 会话的通信数据。实际上,在不设置 Filter 的情况下,将会收到在此监听期间的其他类型报文,如 ARP 报文数据等。

20.6.2 使用 Scapy 在网络中抓包分析

各种网络分析软件大部分都是基于抓包库 libpcap 的,包括 Wireshark 工具。同样,有多种 libpcap 的 Python 绑定接口。但是,这些封装的使用都比较麻烦。Scapy 是一个使用 Python 语言开发的交互式网络分析工具。可以通过 Scapy 来监听、管理和发送网络数据,同时还可以测试设备、探测及发现网络等。

现在 Scapy 仅仅包含一个 scapy.py 文件,既可以直接使用进入交互式环境,也可以作为模块导入使用。在使用网络抓包功能的时候,需要有管理员权限,因为需要对网络接口做特权操作。下面演示了 Scapy 的用法。

```
01   In [1]: from scapy import *
02
03   In [2]: ls()
04   ARP        : ARP
05   ASN1_Packet : None
06   BOOTP      : BOOTP
07   CookedLinux : cooked linux
08   DHCP       : DHCP options
09   DNS        : DNS
10   DNSQR      : DNS Question Record
11   DNSRR      : DNS Resource Record
12   Dot11      : 802.11
13   #省略部分输出
14   UDP        : UDP
15   UDPerror   : UDP in ICMP
16   X509Cert   : None
17   X509RDN    : None
18   X509v3Ext  : None
19   _IPv6OptionHeader : IPv6 not implemented here.
```

【代码说明】

❑ 在 In[1]中使用了导入模块的方法将 Scapy 中的符号导入。

❑ 在 In[2]中调用了 ls 方法,通过使用此方法可以获取所有的层。由于输出结果过多,这里省略了部分输出。不过从结果可以看出来,在 Scapy 中实现了许多的层次。

Scapy 可以通过 sr1 来发送报文数据。

```
01   In [3]: sr1(IP(dst="192.168.3.1")/TCP())
02   Begin emission:
03   Finished to send 1 packets.
04   ...*
05   Received 7 packets, got 1 answers, remaining 0 packets
06   Out[3]: <IP version=4L ihl=5L tos=0x0 len=44 id=0 flags=DF frag=0L ttl=60 proto
07   =tcp chksum=0x1117 src=192.168.3.1 dst=192.168.3.180 options='' |<TCP sport=htt
08   p dport=ftp_data seq=1869503955 ack=1 dataofs=6L reserved=0L flags=SA window=584
09   0 chksum=0x85ea urgptr=0 options=[('MSS', 1460)] |<Padding load='\x00\x00' |>>>
```

在 In[3]中使用 sr1 方法来发送一个 TCP 数据到特定的主机。在 Out[3]中可以看到主机对此 TCP 消息的应答，其中包括详细的各层数据信息，例如其中 IP 的版本号为 4、TTL 值为 60 等。可以使用 sniff 方法来获取指定网络接口上的数据。

```
01    In [4]: sniff(prn=lambda x: x.show(), count=100)
02    ###[ Ethernet ]###
03      dst= 00:15:c5:e1:c8:95
04      src= 00:1e:ec:61:cb:f3
05      type= 0x800
06    ###[ IP ]###
07         version= 4L
08         ihl= 5L
09         tos= 0x0
10         len= 48
11         id= 11032
12         flags=
13         frag= 0L
14         ttl= 128
15         proto= udp
16         chksum= 0x6a05
17         src= 192.168.3.180
18         dst= 123.155.17.129
19         options= ''
20    ###[ UDP ]###
21            sport= 26214
22            dport= 8631
23            len= 28
24            chksum= 0x340d
25    ###[ Raw ]###
26               load= 'd(^\xdd\r:p\xd50tGP7\x00,\xa6O$2G'
27    ###[ Ethernet ]###
28      dst= ff:ff:ff:ff:ff:ff
29      src= 00:16:d3:c8:db:25
30      type= 0x800
31    ###[ IP ]###
32         version= 4L
33         ihl= 5L
34         tos= 0x0
35    #省略部分输出
```

在 In[4]中使用 sniff 方法来捕获 100 个报文，并打印出具体的数据。从这里可以看出，Scapy 输出了各种层次的网络数据。如果不需要详细的数据信息，则可以使用 summary 方法，这样只会显示统计信息。

```
01    In [5]: sniff(prn=lambda x: x.summary())
02    802.3 00:0f:e2:07:f2:e0 > 01:80:c2:00:00:00 / LLC / STP / Raw
03    Ether / ARP who has 192.168.3.2 says 192.168.3.1 / Padding
04    802.3 00:14:69:d2:6b:82 > 01:00:0c:cc:cc:cd / LLC / SNAP / STP / Raw
05    Ether / ARP who has 192.168.3.140 says 192.168.3.12 / Padding
06    00:12:44:36:80:00 > 33:33:00:00:00:01 (0x86dd) / Raw
07    Ether / ARP who has 192.168.3.20 says 192.168.3.24 / Padding
08    #省略部分输出
```

在 In[5]中使用了 summary 方法输出了统计信息。

除了这些功能之外，Scapy 还提供了众多方法用来测试和诊断网络，例如可以使用 traceroute 方法来获取路由路径。通过获取具体的网络数据，可以有效地分析通信协议。

20.7　小结

本章讲解了常见的 Python 网络应用。首先介绍了 FTP 协议，并使用 ftplib 模块进行文件传输，接着通过 POP3 和 SMTP 协议来收发邮件。然后介绍了使用 telnetlib 模块来进行远程登录操作。在介绍了网络管理的基础概念后，对使用 PySNMP 框架进行了描述。最后，介绍了网络分析以及 Scapy 模块的使用。

20.8　习题

1. POP3 与 SMTP 协议分别是什么？它们有什么不同？
2. 使用 Python 编写一个发送邮件的小程序。

第 21 章　图像处理

随着信息内容的丰富，更多的数据将会使用多媒体的形式存储。能够快速地处理图像已经成为一种常见的任务，包括调整图像大小、对图像进行增强处理等。

本章的知识点：

❑ 基本图像概念
❑ 变换等基本图像处理
❑ 对图像进行增强处理

21.1　图像处理相关概念

虽然在 Python 的标准库中并没有包含有对于图像的处理模块，但是有大量的第三方模块用来完成对图像的处理工作。这些处理工作包括从简单的图像裁剪到复杂的人像识别等内容。在本节中，将介绍 Python 下的图像处理包，并具体介绍 Pillow 模块对于图像处理的支持。

21.1.1　Python 下的图像处理包

Python 标准库中并没有包含图像处理的相关模块。但是实际上，还是有和图像处理相关的模块的。由于这种模块如 jpeg 等只能用在 IRIX 系统下，所以完整地说应该是，在 Python 标准库中并没有一种通用的图像处理模块。由于这些模块是基于 IRIX 的图形库的，所以在使用的时候也需要有这个支持。基于这种处理模块的局限性，在这里并不做更多的讨论。可以查阅 Python 语言的标准库文档。

虽然在 Python 的标准库中并没有包含图像处理模块，但是却有许多第三方模块提供了这种功能。其中一种是 PythonMagick。这是一个 ImageMagick 软件包的 Python 绑定。ImageMagick 是一个可以运行在多个系统平台下的软件库用来创建、编辑和合成位图，可以看作是图像处理中的"瑞士军刀"。支持的图像格式包括 DPX、EXR、GIF、JPEG、PNG 和 SVG 等。使用 ImageMagick 图像处理套件可以转换、旋转、缩放、裁剪图像，还可以对图像进行色彩处理等操作。除此之外，还可以在图像上实现一些特殊的效果，包括在位图上写字和画上一些简单的图形。PythonMagick 作为 ImageMagick 套件的 Python 语言绑定，实现了 ImageMagick 套件的功能。通过使用 PythonMagick 可以实现对于图形图像的处理，如裁剪等操作。

另外一个强大的图像处理套件是 OpenCV（Open Source Computer Vision）库。这是一个用于计算机视觉处理方面的图像库。这个库和 ImageMagick 图像处理套件的目的不一样，它更加关注于对于图像的高级处理功能，包括人脸识别、动作识别和轨迹建模等功能。此库的功能很强大，但是由于需要比较多的图像学知识，所以一般用在比较特定的领域中。OpenCV 库包含 Python 语言的绑定，可以通过 Python 访问 OpenCV 提供的功能。

虽然上面的图像处理库都提供了对于图像处理的功能模块,但是实际上大部分都只是原来已有的工具的 Python 语言绑定。PIL (Python Imaging Library) 是一个支持图像处理的 Python 语言库,由 PythonWare 提供。但是 PIL 目前已经不再维护,我们可以使用 Pillow 替代、Pillow 是建立在 PIL 的基础之上的,可以与 PIL 完美契合,当前 Pillow 的最新版本是 2.3.1。和其他 Python 模块一样,可以使用 Pillow 的源文件来安装。

```
01    $ tar zxf pillow-2.3.1.tar.gz
02
03    $ cd pillow-2.3.1/
04
05    $ python setup.py install
```

这里省略了前面的命令行提示符。

同样的,在 Linux 系统平台下,可以通过使用 pip 的方式来安装。

```
$ pip install Pillow
```

通过使用此命令,系统将自动寻找源并安装对应的软件包。

而在 Windows 系统下,不支持 pip 命令,可以使用 easy_install 命令来安装。

```
easy_install Pillow
```

Pillow 模块提供了对于位图的数字处理功能,包括查看图片信息、对图片进行剪切和旋转,以及对图像进行进一步处理的增强功能。虽然在 Pillow 中并没有如 OpenCV 那样强大的功能,但是所提供的功能已经足够丰富,支持的文件格式也足够多。所以,在一般的图像处理中,使用 Pillow 是一个很好的选择。

21.1.2 Pillow 支持的图像文件格式

在计算机绘图中,包含两类图像。一类是点阵图,一般称为位图;另外一类是矢量图。矢量图是一种基于计算机数字对象的绘图,其图形的构成元素包括点、线、多边形等这样的几何图像。实际显示,一般都是通过数学公式计算所得到的。正因为矢量图形的这种实现方式,使得其文件人小比较小,而且在对图像进行缩放和旋转的时候,并不会出现失真。这种图像和分辨率无关,在输出的时候不会影响图像的清晰度。现在 Internet 上流行的 Flash 软件使用的就是矢量图。矢量图的一个最大的问题是无法表现颜色的细节变化。由于这种类型图像的特点,所以在 Pillow 中并没有包含对于这类图像的处理模块, Pillow 处理图像的部分也不支持矢量图像。

除此之外,日常接触到的大部分图像都是位图。其图像的基本的组成单元为像素。通过这些像素的不同颜色的排列,就构成了色彩丰富的图像。当放大位图的时候,可以看到组成图像的各个像素单元,当放大到一定程度的时候会造成图像失真。由于这种图像需要保存每个像素的内容,所以其文件比较大,而且其大小随着像素的增加而增加。但是由于采用了像素这种微小的图像单元来显示色彩,使得位图可以表现丰富的颜色,从而得到逼真的图像效果。但在处理位图的时候,要考虑分辨率的影响,这对于图像最后的输出是很重要的。

由于位图保存时候的文件比较大,使得位图的多种不同的存储方式被开发出来。下面是常见的位图图像文件格式的介绍。

1) BMP 格式。BMP 格式是 Windows 系统平台下的标准图像文件格式,已经被广泛支持。由于 BMP 图像中所包含的图像信息相对比较丰富，所以很多图像处理软件都将其作为中间格式使用。由于 BMP 没有进行压缩，使得其文件占用空间比较大。其扩展名为 bmp。

2）JPEG 格式。JPEG 是联合图片专家组（Joint Photographic Expert Group）开发并命名的一种图像格式。这种图像文件采用了一种先进的压缩技术，将图像中的视觉不敏感部分进行了有损压缩，保持了其中主要的图像特征。这使得 JPEG 格式的文件相对比较小，从而便于在 Internet 上使用。后来，JPEG 组织更是推出了 JPEG2000 格式，采用了更高的压缩比，并具有了更多的图像特性，如 JPEG2000 可以实现渐进传输，先传递轮廓，再传递细节数据。其扩展名为 jpeg 或 jpg。

3）GIF 格式。GIF（Graphics Interchange Format）格式是 CompuServe 机构针对网络传输带宽的限制而开发出来的一种图片格式。在 GIF89a 标准中，图像中可以包含透明区域，同时可以存储多幅静态图片而形成连续的动画。这种格式压缩比高，文件大小比较小。这些特点使得其在 Internet 上得到了广泛的应用。但是 GIF 格式只能存储不超过 256 色的图像。其扩展名为 gif。

4）PNG 格式。PNG（Portable Network Graphics）是一种新兴的网络图像格式，最初是为了打破 GIF 格式的专利垄断而设计的。PNG 在设计的时候考虑了文件大小和图像质量的因素，采用了一种无损压缩方式来对图像文件进行压缩。这样的设计使得 PNG 格式的图像在保留了图像质量的同时，减小了文件大小。PNG 还支持设置透明区域，这使得其在网络设计中也具有一定的优势。现在大部分的图像处理软件都已经支持 PNG 格式。其扩展名为 png。

实际上，在位图中还有其他图像文件格式，如 PSD、TIFF 和 PPM 等。这些图像格式都各有特点，用在不同的用途中。实际上，Pillow 模块支持 30 多种不同的图像文件格式，其中就包括上面介绍的这几种。由于不同文件格式的读取和保存方式并不一样，所以 Pillow 对于部分特殊的图像文件格式只有读取功能或保存功能。当然，对于上面介绍的这 4 种最常见的图像文件格式，Pillow 都提供了良好的读取和保存功能。

由于 Pillow 采用了一种插件的方式来实现图像文件的支持，所以对于 Pillow 不支持的图像文件格式，还可以自己书写特定格式的解码插件。这种使用插件的方式不需要对原来的 Pillow 库进行修改。这些图像文件格式的解码插件一般为 XxxImagePlugin.py，其中 Xxx 为一种特定的图像文件格式。

21.1.3　图像处理中的其他概念

由于位图是采用像素来保存颜色的，所以图像的大小就是指其水平方向（长）和垂直方向（高）的像素个数。如 1600×1200 表示长为 1600 像素、高为 1200 像素的图像大小。在 Pillow 模块中，可以通过 size 属性来获取图像的大小，这是一个包含两个元素的元组，其中含义分别为长和高。

为了能够定位图像上的一个点，在 Pillow 中采用了笛卡儿坐标，其中（0，0）位于左上角。通过一个定位点加上长和高就能够定位图像中的矩形了。如（0，0，800，600）表示图像中左上角 800×600 大小的一个矩形。

另外一个重要的概念是颜色模式。这决定了图像如何描述和重现图像中的色彩。在显示和打印输出的时候将会用到此概念。Pillow 支持的常见的颜色模式包括 RGB、CMYK 和灰度模式等。这些不同的颜色模式专注于不同的色彩表达方式，用在不同的领域。

RGB 颜色模式是将色彩分成 3 个颜色通道：红色通道、蓝色通道和绿色通道。每个通道使用 8 位来表示颜色信息，从 0 到 255 分别用来表示这种颜色的多少。最终色彩的显示就是通过这 3 种颜色的叠加来实现的。这种颜色模式可以产生大量肉眼可识别的颜色，适合于显示器的输出。在计算机上做图像处理的时候，大部分情况下都是使用这种颜色模式。

而 CMYK 颜色模式则是采用的青（Cyan）、品红（Magenta）、黄（Yellow）和黑（BlacK）4 种油墨颜色来生成色彩，所以这种颜色模式一般用于印刷领域。CMYK 虽然也可以产生 RGB 颜色模式下的颜色，但是两者产生的原理是不一样的。其中，RGB 产生颜色的方法称为加色法，因为是叠加各个颜色通道来产生颜色的；而 CMYK 模式则称为减色法，通过色素合成后吸收光线来产生不同的颜色。CMYK 模式的图像文件尺寸比较大，所以一般是在需要印刷图像的时候才将图像转化为 CMYK 颜色模式。

灰色颜色模式则只包含灰度信息，而不包括彩色信息。这种灰度图像可以看作是由一种颜色通道组成的。一般是使用 8 位来表示颜色信息。

在 Pillow 中，图像的颜色模式是通过 mode 来定义的。现在 Pillow 支持的模式包括 1、L、P、RGB、RGBA、CMYK、YcbCr、I 和 F 等。另外，对于其他几种特殊的模式也有部分的支持，包括 LA、RGBX 和 RGBa。

Pillow 模块中支持的插值算法包括如下的 4 种。

1）NEAREST。这是一种最近邻插值方法，将会选择输入图像中最近的像素来处理。

2）BILINEAR。这是一种双线性插值方法，在操作的时候将会对输入的图像选择 2×2 的区域来进行线性插值。

3）BICUBIC。这是一种双立方插值方法，在操作的时候将会对输入的图像选择 4×4 的区域来进行立方插值。

4）ANTIALIAS。这是一种通过使用高质量的采样器作用在所有输入图像的像素上，从而得到输出图像的方法。

在 Pillow 中，当需要将一个图像缩小的时候，ANTIALIAS 是唯一的插值方法。而 BILINEAR 和 BICUBIC 则更适合于等比例变换或者图像放大等操作。

21.2　基本的图像处理

使用数字图像，首先要根据需求对其进行基本的处理。这些功能需求包括图像文件的操作和图像文件的变换等。其中，对于图像文件的操作有读取图像的相关信息、读取和写入特定的文件和在不同的图像文件格式之间转换。而图像的变换操作包括剪切图像区域、缩放图像和旋转图像等。在这节中，将对这些功能的实现进行具体介绍。

21.2.1　图像的读写操作

在 Pillow 中最重要和最常见的是 Image 模块中的 Image 类，其中包括对于图像的大部分处理操作。可以通过几种方法来生成一个图像的对象实例。最常见的是从文件中读取图像，还可以通过处理其他图像而得到，或者建立一个空的图像文件，再在后面来进行修改。

```
01  In [2]: import PIL
02
03  In [3]: from PIL import Image
04
05  In [4]: im1 = Image.open("Lenna.png")
06
```

```
07   In [5]: im2 = Image.Image()
08
09   In [6]: im1,im2
10   Out[6]:
11   (<PIL.PngImagePlugin.PngImageFile instance at 0x0107A530>,
12    <PIL.Image.Image instance at 0x010F6148>)
```

【代码说明】

❑ 在 In[2]中导入了 PIL 模块，这使得后面可以使用这个模块中定义的类和方法。

❑ 在 In[3]中从 PIL 导入了 Image 模块。实际上，在 PIL 库中包括有许多的模块，Image 模块是其中最重要的一个。

❑ 在 In[4]中使用 Image 模块所提供的 open 方法从指定的图像文件 Lenna.png 读取了一个 Image 对象。当文件打开出错的时候，将会触发 IOError 异常。

❑ 在 In[5]中则使用了 Image 模块中 Image 类的构造函数定义了一个空的图像对象实例。当然，这可以在以后通过图像操作来修改。一个更加友好的方式是调用 Image 类中的 new 方法，在其中可以指定图像的颜色模式和大小。

❑ 在 In[6]中打印出前面创建的两个图像对象。从输出中可以看到，两者都是 Image 对象的实例。同时，前面一个通过读取文件生成的图像对象已经识别出这是 PNG 格式的图像文件，并使用了相应的图像插件来处理。

生成了图像实例后，后面的针对图像的操作就可以在此基础上完成了。Image 类中提供了大量的方法来处理数字图像。首先，可以使用 show 方法来将原始的图片显示出来。

```
In [7]: im1.show()
```

当 show 函数被调用的时候，控制台将会阻塞并显示图像。
Windows 系统下 Lenna.png 文件的显示如图 21-1 所示。

这里采用的图像是在图形学处理中常用的 Lenna 头像。当在 Windows 系统平台下，Image 对象的 show 函数被调用的时候，Pillow 首先生成一个临时文件，然后再使用 Windows 系统中注册的图像显示工具来显示。这种处理方式使得其效率很低，所以一般只用于调试。

图 21-1　原始图像显示

将图像对象保存起来也很容易，使用 save 函数即可。如果只需要将源图像保存，直接在参数中加上需要保存的文件名即可。

```
In [8]: im1.save("Lenna_2.png")
```

在 In[8]中调用了 im1 对象的 save 方法后，将会在源目录中生成一个名为 Lenna_2.png 的文件。
save 方法还可以包含一个可选的文件格式选项，通过此选项可以实现不同图像文件格式之间的转换。这将在 21.2.3 小节中进行介绍。

21.2.2　获取图像信息

当生成了 Image 对象后，就可以通过此 Image 对象来获取关于此图像文件的信息。这些信息包括在小节 21.1.2 和 21.1.3 中介绍的图形处理相关概念。对于仅仅是通过 Image 类的构造函数生成的空文件对象，下面的大部分操作都是不允许的，因为其图像的文件格式为 NoneType。在进行下面的步骤之前，最好保证图像对象包含图像数据。

下面是获取 Lenna.png 图像文件信息的操作步骤。

```
01  In [9]: im1.filename
02  Out[9]: 'Lenna.png'
03
04  In [10]: im1.size
05  Out[10]: (512, 512)
06
07  In [11]: im1.mode
08  Out[11]: 'RGB'
09
10  In [12]: im1.getbands()
11  Out[12]: ('R', 'G', 'B')
12
13  In [13]: im1.format
14  Out[13]: 'PNG'
15
16  In [14]: im1.info
17  Out[14]: {'gamma': 0.45455000000000001}
18
19  In [15]: im1.readonly
20  Out[15]: 0
```

【代码说明】

❏ 在 In[9]中使用 filename 属性输出了此图像对象的文件名。这在需要对图像对象进行进一步操作的时候比较有用。

❏ 在 In[10]中输出了图像文件的大小。可以看到，这里的输出是一个包含两个元素的元组，分别表示图像文件的长和高。这里，Lenna.png 文件大小为 512×512。

❏ 在 In[11]中输出了此图像对象的颜色模式。这里的图像文件的颜色模式为 RGB。在 Pillow 中，常见的颜色模式有 3 种。在灰度图像中，一般会输出 L 模式；而对于真彩色的图像，则常为 RGB。对于那些准备印刷的图像，则有可能是 CMYK 模式。在 In[12]中，进一步输出了图像文件颜色模式的通道。这里，RGB 颜色模式包含 R、G 和 B 3 个通道。

❏ 在 In[13]中输出了图像文件的文件格式。此值将会决定此文件的处理插件。这里图像为 PNG 格式，而处理插件为 PngImagePlugin。需要注意的是，在 Pillow 处理图像文件的时候，其扩展名只是作为一种判断手段。所以，即使是将此 PNG 图像文件改为 gif 扩展名，Pillow 仍然可以正常识别出来。因为 Pillow 会根据图像文件中的文件头来推测相关信息。

❏ In[14]中输出了特定文件对象的附加信息。其中，info 属性是一个字典对象，使用键值对的方式保存除基本信息外的更多特定文件信息。在这个例子中，PNG 文件格式包含 gamma 和 transparency 信息。其中，transparency 键值在图像文件并不包含透明区域的时候被省略。所以在 Out[14]中只看到了 gamma 的值。

❏ 在 In[15]中输出了此图像对象的读写属性。当值为 1 的时候表示此图像对象是只读的。此时如果要操作此对象，则需要先将其进行复制。

由于不同的图像文件格式之间相差比较大，所以在这里只是介绍了所有格式之间通用的一些属性。实际上，每种格式都会有自己特有的一些属性，如 GIF 中可以有 background、duration、 transparency 和 version 等属性。如果需要知道每个图像文件格式所支持的更多属性,可以参看 Pillow 文档中对于文件支持的具体描述。

21.2.3　图像文件格式的转换

由于不同的需要,经常要将一种图像文件格式转换为另一种图像文件格式。如需要将图片用于网络传输,则使用 BMP 格式是不合适的。此时可以将其转化为 JPEG 或者 PNG 格式,从而加速网络传输。

在 Pillow 模块中可以很方便地实现不同图像文件格式之间的转换。实现的方法就是前面已经介绍过的 save 函数。在保存的时候,Pillow 将会根据文件名来决定需要保存文件的格式。在这里需要注意 PIL 对于这些文件的读写支持。对于不支持写入的图像文件格式,使用 save 方法将会出错。下面是将源图像转换为 JPEG 格式的图像的例子。

```
01  In [16]: im1.save("Lenna.jpeg")
02
03  In [17]: im3 = Image.open("Lenna.jpeg")
04
05  In [18]: im3.format
06  Out[18]: 'JPEG'
07
08  In [19]: im3.mode
09  Out[19]: 'RGB'
```

【代码说明】

❑ 在 In[16]中使用 save 方法将 im1 图像对象保存为了 Lenna.jpeg 文件,这在文件系统中将会生成一个图像文件。

❑ 为了验证此图像文件是否是 JPEG 格式的,在 In[17]~In[19]中打开了此图像文件并输出了相关图像信息。从输出结果可以看到,生成的 Lenna.jpeg 文件已经是 JPEG 格式。

通过使用这种方法,可以实现 PNG 格式到 JPEG 格式的转换。如果遇到其他的图像文件格式,可以照此操作。在 save 方法中,还包含两个可选的参数,其中一个为图像文件的格式信息。Pillow 库也会通过此值来获取图像的文件格式信息。当文件名不是标准后缀名的时候,必须使用此值来指定文件格式。在下面的示例中,演示了如何输出一个没有扩展名的图像文件。

```
01  In [20]: im1.save("Lenna","JPEG")
02
03  In [21]: im4 = Image.open("Lenna")
04
05  In [22]: im4.format
06  Out[22]: 'JPEG'
```

【代码说明】

❑ 在 In[20]中,使用了 save 方法来保存文件对象。但是现在的文件名为 Lenna,并没有包含任何的文件格式信息。所以,需要在第二个参数中指定图像文件格式。

❑ 从 In[21,22]的结果来看,这种操作同样很好地实现了不同格式之间的转换。实际上,这里生成的 Lenna.jpeg 和 Lenna 两个文件的数据是相同的。

save 方法中包含的另一个可选参数是对应图像文件格式的其他信息。如在保存为 JPEG 格式文件的时候，可以设置 quality 的值用来指示 JPEG 的图像质量。图像文件格式的读取信息和写入信息不一定是相同的。

对于图像的不同颜色模式也是可以转换的，Image 类中的 convert 方法实现了这个功能。下面是将原图转换成灰度图像的代码操作示例。

```
01   In [23]: im5 = im1.convert("L")
02
03   In [24]: im5.show()
```

【代码说明】

❏ 在 In[23]中，使用了 convert 方法，并将其参数设置为 L。这是一种 8 位的灰度图像。

❏ 在 In[24]中调用了 show 方法来显示此图像。图 21-2 给出了此灰度图像的显示。从图 21-2 中可以看出，灰度图像保留了原图除颜色外的大部分图像细节。

同样，可以将此图像转换成模式为 1 的灰度图像。

```
01   In [25]: im6 = im1.convert("1")
02
03   In [26]: im6.show()
```

图 21-3 中显示了此灰度图像。

图 21-2　L 模式灰度图像显示

图 21-3　1 模式灰度图像显示

Pillow 支持图像在不同的颜色模式之间进行转换。在颜色模式转换的时候，可能需要使用中间颜色模式，如 RGB 格式。这是因为有些颜色模式之间并不支持直接转换。

21.2.4　图像的裁剪和合成

在 Pillow 模块中，包含图像的裁剪和合成功能。可以使用 Image 类中的 crop 方法从图像中获取一个矩形空间。方法的参数为一个包含 4 个元素的元组，分别表示左、上、右和下的坐标。crop 采用的裁剪方式是延时的。也就是说，只有在实际操作的时候才会从图像中获取对应区域的数据。所以，对于源图像的修改不一定会影响剪切的图像。如果需要获得一份剪切区域的特定复制，可以对剪切区域调用 load 方法。

下面演示了剪裁图像的方法。

```
01   In [27]: rec = (140,100,400,400)
02
03   In [28]: region = im1.crop(rec)
04
05   In [29]: region.show()
```

【代码说明】

❑ 在 In[27]中定义了一个矩形的区域。其中矩形的 4 个像素点数据为 140、100、400 和 400。
从这里可以看出，此矩形的长和高分别为 260 和 300 像素。

❑ 在 In[28]中使用了 crop 方法从 im1 图像对象中裁剪了一个矩形区
域，其矩形区域就是在 In[27]定义的矩形。

❑ 在 In[29]中调用 show 方法来显示这个裁剪出来的图像，如图 21-4
所示。

剪切图像之后，可以使用此图像对象和其他图像对象合成，成为新
的数字图像。在合成图像的时候，可以先对需要合成的源图像进行复制，
这样可以避免对源图像的修改。在 Pillow 模块中，可以通过调用 copy
方法来实现。

图 21-4　裁剪后的图像

```
In [30]: im_copy = region.copy()
```

在 In[30]中实现了对图像对象的复制功能。

Pillow 中提供了 paste 方法，可以用来实现两个不同图像对象的合成功能。此方法包含有个参
数，分别为待粘贴的图像对象和其矩形区域。具体的函数操作如下。

```
01  In [31]: im7 = Image.open("scene.jpg")
02
03  In [32]: im7.paste(region, rec)
04
05  In [33]: im7.show()
```

【代码说明】

❑ 在 In[31]中使用了 Image 类的 open 方法从文件系统中加载了一个文件名为 scene.jpg 的文件。
这将在后面用作合成图像的底图。

❑ 在 In[32]中调用了生成图像对象的 paste 方法。其中第一个参数为从 im1 图像对象中裁剪出
来的部分图像，第二个参数指定了具体的矩形区域坐标信息。

❑ 在 In[33]中使用 show 方法显示此图像，如图 21-5 所示。

当源图像和待粘贴图像的颜色模式不一致的时候，将会进行颜色模式的自动转换。在 paste 方
法中，还可以包含一个可选的透明遮罩参数。当透明遮罩参数值为 255 的时候，表示粘贴的图像是
没有透明度的；而当其数值为 0 的时候，表示粘贴的图像完全透明。通过修改此值，可以改变合成
图像的显示。下面演示了此参数的使用方法。

```
01  In [34]: mask = region.point(lambda i: i <100 and 255)
02
03  In [35]: mask = mask.convert("1")
04
05  In [36]: im8 = Image.open("scene.png")
06
07  In [37]: im8.paste(im = region,box = rec,mask=mask)
08
09  In [38]: im8.show()
```

【代码说明】

❑ 在 In[34]中使用了 Image 类中的 point 方法得到了满足参数所指定函数的像素点集，并将其

赋值给 mask 变量。

❑ 对于 mask 层的图像对象，其颜色模式可以为 1、L 和 RGBA 3 种颜色模式。在 In[35]中使用了 1 模式。

❑ 由于前面合成图像的底图已经改变，所以在 In[36]中重新打开了此底图文件。

❑ 在 In[37]中调用了 paste 方法，其中前两个参数在前面已经介绍过，而第三个参数则是在 In[35]中定义的 mask 变量。

❑ 在 In[38]中使用了 show 方法来显示此图像。

使用 mask 后的合成图像如图 21-6 所示。

图 21-5　合成后的图像　　　　　　　　图 21-6　使用 mask 后合成的图像

另外，图像对象还可以分解成不同的通道来进行单独的处理。Pillow 中提供了 split 方法来实现此功能。同时，还提供了 merge 方法来合成所提供的这些通道。

```
01  In [39]: r, g, b = region.split()
02
03  In [40]: merge_im = Image.merge("RGB",(g,r,b))
04
05  In [41]: merge_im.show()
```

【代码说明】

❑ 在 In[39]中使用了 Image 类对象的 split 方法，将指定图像对象分成了不同的通道显示。这对于不同的颜色模式是不一样的。在这里，将 region 变量分成了 3 个通道，分别为 R、G 和 B 通道。返回结果中的每个通道都是一个 Image 对象，可以使用所包含的各种方法。

❑ 在 In[40]中，并没有对各个通道进行任何操作。直接使用了 Image 类的 merge 方法来将各个通道合并成一个图像对象。这里的颜色模式为 RGB，而其具体的通道为（g，r，b）。需要注意的是，这里将 R 通道和 G 通道进行了交换。

❑ 在 In[41]中调用了 show 方法显示了此图像。

此通道合成后的图像如图 21-7 所示。

比较图 21-7 和图 21-4 两幅图像，可以看出两者有着很明显的不同。

21.2.5　图像的变换

在 Pillow 中提供了丰富的函数来操作图像的变换，包括图像的缩放和旋转等。可以使用 resize 方法对图像进行缩放，在其参数中直接指定需要转换的图像大小即可。如下面的操作演示。

```
01  In [42]: im8 = im1.resize((200,200))
02
```

```
03    In [43]: im8.show()
```

❑ 【代码说明】

❑ 在 In[42]中调用了 Image 对象的 resize 方法来对图像进行缩放，其参数为一个包含两个元素的元组，分别表示图像的长和高。

❑ 在 In[43]中调用了 show 方法来显示此图像。

源图像缩放成为 200×200 大小的显示如图 21-8 所示。

图像的变换涉及不同像素的输入输出，使用不同的插值算法将得到不同的图像效果。在 Pillow 库中支持的插值算法在 21.1.3 小节中进行了介绍。在 resize 以及后面要介绍的 thumbnail、rotate 和 transpose 方法的参数中，都包含有一个可选的 Filter 参数，表示根据图像质量的需要选择的插值算法。如果省略此参数，将会被指定为使用 NEAREST 算法。

在实际应用中，经常需要得到一个图像的缩略图。Pillow 中提供了一个实用函数 thumbnail 来完成这项功能。thumbnail 方法总是会得到一个不超过自身图像尺寸大小的缩略图，其参数值和 resize 方法中是一样的。下面是 thumbnail 的操作示例。

```
In [44]: im1. thumbnail ((200,200))
```

注意 thumbnail 方法操作的是源图像。也就是说，此方法的操作对象是原始图像，将原始图像变换成缩略图大小。如果不希望在原来图像上修改，则可以使用 copy 方法先获取原始图像的一个复制。

Pillow 库中提供了 rotate 方法来实现对图像的旋转，其参数为需要旋转的角度，正数为逆时针方向，负数为顺时针方向

```
01    In [45]: im1 = Image.open("Lenna.png")
02
03    In [46]: im9 = im1.rotate(-45)
04
05    In [47]: im9.show()
```

【代码说明】

❑ 由于在 In[44]中 im1 图像对象被改变，所以在 In[45]中重新加载了此图像文件。

❑ 在 In[46]中使用 Image 类的 rotate 方法将源图像顺时针旋转了 45 度。

❑ 在 In[47]中调用了 show 方法显示了此图像。

源图像顺时针方向旋转 45 度后的效果如图 21-9 所示。

图 21-7　使用 mask 后合成的图像　　图 21-8　缩放后的图像　　图 21-9　旋转后的图像

在图 21-9 中可以看到，对于没有图像数据的部分，Pillow 使用了黑色来补全。另外，由于原图像的大小并不能满足旋转后的要求，所以对图像进行了裁剪。在 rotate 方法中提供了一个可选的参数 expand，来决定旋转后的图像大小，当其为真的时候，将会扩展图像尺寸大小，用来容纳整

个图像。而默认情况下，此值为假，表示维持源图像大小，如图 21-9 中显示的一样。

因为将图像旋转 90 度的倍数的情况是最多的，所以 Pillow 库中提供了 transpose 方法来突出这种功能，其参数为一种常用的动作。除了旋转功能之外，transpose 方法还支持图像的翻转操作。表 21-1 中给出了 transpose 方法支持的动作类型。

表 21-1　transpose 方法支持的动作类型

动作类型	说　　明	动作类型	说　　明
FLIP_LEFT_RIGHT	左右翻转	ROTATE_180	逆时针旋转 180 度
FLIP_TOP_BOTTOM	上下翻转	ROTATE_270	逆时针旋转 270 度
ROTATE_90	逆时针旋转 90 度		

下面演示了对前面裁剪的图像进行左右翻转和旋转 180 度的操作。

```
01    In [48]: im9 = im1.transpose(Image.FLIP_LEFT_RIGHT)
02
03    In [49]: im9.show()
04
05    In [50]: im10 = im1.transpose(Image. ROTATE_180)
06
07    In [51]: im10.show()
```

这里的操作和前面其他图像变换操作方法类似。在 In[48]～In[50]中对原图使用了左右翻转操作和旋转 180 度操作，并在随后通过 show 方法显示。

变换后的图像分别如图 21-10 和图 21-11 所示。

图 21-10　左右翻转后的图像

图 21-11　旋转 180 度后的图像

一种更一般的图像变换方法是使用 transform 函数。此函数中提供了丰富的操作方法和参数来支持图像的不同变换操作。

21.3　图像处理的高级应用

Image 类是 Pillow 库所提供的最基本的图像操作类。实际上，在 Pillow 中还包含很多针对图像的高级处理类，如 ImageChops 类、ImageEnhance 类和 ImageFilter 类等。在这节中，将具体介绍这些类中的方法如何作用于图像，从而形成特殊的效果。

21.3.1　图像的通道操作

这个小节中介绍的操作都是定义在 Pillow 库的 ImageChops 模块中。此模块中包含对通道的相关操作。这些方法可以用于多种用途，包括实现特殊的效果、图像复合等。在当前的 Pillow 发行版中，针对通道的操作还只是支持 8 位图像，如 L 和 RGB 颜色模式。ImageChops 模块中的大部分操作都将使用一个或两个图像对象作为参数，并返回一个图像对象。

在 ImageChops 模块提供的方法中，有些和 Image 类中方法的功能是一样的。如 ImageChops 类中的 duplicate 方法和 Image 类中的 copy 方法功能是相同的，都是返回一个给定图像的复制。另外一个是 ImageChops 类中的 composite 方法和 Image 类中 composite 方法，都可以实现复合图像的功能。除此之外，ImageChops 类中提供了一些实用函数来处理图像。

通过使用 constant 方法可以返回一个填满特定像素的图像。

```
In [51]: from PIL importImage Chopsas IC,Image
In [52]: im11 = Image.new("RGB",(300,300))
In [53]: im12 = IC.constant(im11, 100)
In [54]: im12.show()
```

【代码说明】

❑ 在 In[51]中从 Pillow 库中导入了 ImageChops 模块，并使用别名 IC，同时导入 Image 模块。

❑ 在 In[53]中调用 ImageChops 模块中的 constant 方法生成了一个像素值为 100 的图像，并在 In[54]中调用 show 方法显示出来。

此图像显示如图 21-12 所示。

ImageChops 模块中提供了 invert 方法实现对图像的反色处理。这种处理后的图像类似于胶卷照片中的底片效果。操作示例如下。

```
01  In [55]: im13 = IC.invert(im1)
02
03  In [56]: im13.show()
```

In[55]中调用 invert 函数对 im1 图像对象进行了反色处理，并在随后调用 show 方法显示。处理后的反色图像如图 21-13 所示。

图 21-12　填满特定像素的图像

图 21-13　反色图像

ImageChops 模块中提供了大量的图像混合模式。使用合适的图像混合模式可以实现各种特殊的效果。这些混合模式方法都包含两个需要混合的图像对象，并将返回生成的图像对象。下面是一些常见的混合模式。

1）lighter。亮化模式，将返回两个图像对象中更亮的像素点。

2）darker。暗化模式，将返回两个图像对象中更暗的像素点。

3）difference。差值模式，返回两个图像的差值对象。两个对象的像素点之间明暗度越相近，则混合后的颜色越暗；而两者的颜色差别越大，则生成的图像越明亮。

4）multiply。正片叠底模式。在图像混合的时候，如果混合的图像为黑色，则最终的输出也为黑色；而如果和白色混合，则图像不受影响。

5）screen。屏幕模式。这种模式包含正片叠底模式中相反的操作过程。最终的混合结果是，图像中白色的部分还是为白色，而黑色的部分则不会对源图像产生影响。

6）add。相加模式，将原始图像和混合图像的对应像素相加。

7）subtract。相减模式，将原始图像和混合图像的对应像素相减。

下面的操作代码演示了这几种图像的混合模式。

```
01   In [57]: im14 = Image.open("scene.png")
02
03   In [58]: IC.lighter(im1,im14).show()
04
05   In [59]: IC.darker(im1,im14).show()
06
07   In [60]: IC.difference(im1,im14).show()
08
09   In [61]: IC.multiply(im1,im14).show()
10
11   In [62]: IC.screen(im1,im14).show()
12
13   In [63]: IC.add(im1,im14).show()
14
15   In [64]: IC.subtract(im1,im14).show()
```

【代码说明】

❑ 在 In[57]中使用 Image 的 open 方法加载了一幅图像作为混合操作的对象。

❑ 在 In[58]～In[64]中，分别使用了这 7 种混合模式将源图像和混合图像进行了混合。在各个语句中，直接使用了 show 方法来显示图像。

使用这几种混合模式处理后的图像如图 21-14 所示。

a) 亮化模式

b) 暗化模式

c) 差值模式

d) 正片叠底模式

e) 屏幕模式

f) 相加模式

g) 相减模式

图 21-14　不同混合模式处理后的图像

在实际操作中，混合图像一般具有某种特征的遮罩层，这样在进行混合处理的时候，就可以实现对原图的特殊处理效果。

21.3.2　对图像的增强

Pillow 库中提供了 ImageEnhance 模块用来实现对图像的增强处理，包括修改图像的明亮度、对比度和锐度等。

在 ImageEnhance 模块中的增强类中都包含一个公用接口，这就是 enhance 方法，其中有一个参数 factor。一般的，当其值为 1.0 的时候，表示维持源图像的数据；比较小的 factor 表示更少的色彩，如明亮度或饱和度；而比较大的 factor 则相反，意味着更多的色彩。

首先是 Color 类，用来调整图像的彩色平衡，类似于彩色电视的色彩控制。当 factor 为 1.0 的时候为源图像；而 factor 为 0.0 的时候则表示图像为黑白图像。下面演示了其用法。

```
01   In [65]: from PIL import ImageEnhance as IE
02
03   In [66]: en = IE.Color(im1)
04
05   In [67]: en.enhance(0.0).show()
06
07   In [68]: en.enhance(0.4).show()
08
09   In [69]: en.enhance(0.8).show()
```

【代码说明】

❑ 在 In[65]中从 PIL 中导入了 ImageEnhance 模块，并别名为 IE。

❑ 在 In[66]中使用了 Color 类，并将 im1 作为其参数。

❑ 在 In[67]~In[69]中，分别显示了 factor 为 0.0、0.4 和 0.8 的图像。

这 3 幅图像如图 21-15 所示。

　　a) 因子值：0.0　　　　　　　　b) 因子值：0.4　　　　　　　　c) 因子值：0.8

图 21-15　不同彩色平衡下的图像

Brightness 类可以用来调整图像的明亮度。当因子为 1.0 的时候为源图像；而因子为 0.0 的时候则表示图像为黑色图像。下面演示了其用法。

```
01   In [70]: en = IE. Brightness (im1)
02
03   In [71]: en.enhance(0.1).show()
04
```

```
05    In [72]: en.enhance(0.4).show()
06
07    In [73]: en.enhance(0.7).show()
```

这里的代码操作和上面的不同仅在于使用了 Brightness 类。其明亮度因子分别为 0.1、0.4 和 0.7。
这 3 幅不同明亮度下的图像如图 21-16 所示。

a) 因子值：0.1　　　　　　　　b) 因子值：0.4　　　　　　　　c) 因子值：0.7

图 21-16　不同明亮度下的图像

Contrast 类可以用来调整图像的对比度。当因子为 1.0 的时候为源图像；而因子为 0.0 的时候
则表示图像为白色图像。下面演示了其用法。

```
01    In [74]: en = IE. Contrast (im1)
02
03    In [75]: en.enhance(0.1).show()
04
05    In [76]: en.enhance(0.4).show()
06
07    In [77]: en.enhance(0.7).show()
```

这里的代码操作和开始的 Color 类操作中的不同在于使用了 Contrast 类。这里对比度因子分别
为 0.1、0.4 和 0.7。

这 3 幅不同对比度下的图像如图 21-17 所示。

a) 因子值：0.1　　　　　　　　b) 因子值：0.4　　　　　　　　c) 因子值：0.7

图 21-17　不同对比度下的图像

Sharpness 类可以用来调整图像的锐度。当因子为 1.0 的时候为源图像；而因子为 0.0 的时候为
模糊的图像，而为 2.0 的时候为锐化的图像。下面演示了其用法。

```
01    In [78]: en = IE. Sharpness (im1)
```

```
02
03   In [79]: en.enhance(-30.0).show()
04
05   In [80]: en.enhance(0).show()
06
07   In [81]: en.enhance(30.0).show()
```

这里的代码操作和开始的 Color 类操作中的不同在于使用了 Sharpness 类。为了强调对比，这里锐度因子分别使用了-30、0 和 30。

这 3 幅不同锐度下的图像如图 21-18 所示。

a) 因子值：-30.0   b) 因子值：0.0   c) 因子值：30.0

图 21-18　不同锐度下的图像

21.3.3　Pillow 中的内置滤镜

在 Pillow 库中内置了不少滤镜，可以用来实现各种特殊的效果，其中比较常用的滤镜包括模糊、轮廓、浮雕和边缘增强等。这些都是定义在 ImageFilter 模块之中的。在实际使用的时候，使用 Image 类中的 filter 方法可以实现此功能。

下面的操作中演示了各种滤镜的使用。

```
01   In [82]: from PIL import ImageFilter as IF
02
03   In [83]: im15 = im1.filter(IF.BLUR)
04
05   In [84]: im15.show()
06
07   In [85]: im16 = im1.filter(IF.CONTOUR)
08
09   In [86]: im16.show()
10
11   In [87]: im17 = im1.filter(IF.DETAIL)
12
13   In [88]: = im17.show()
14
15   In [89]: im18 = im1.filter(IF.EDGE_ENHANCE)
16
17   In [90]: im18.show()
18
19   In [91]: im19 = im1.filter(IF.EMBOSS)
20
21   In [92]: im19.show()
22
```

```
23    In [93]: im20 = im1.filter(IF.SHARPEN)
24
25    In [94]: im20.show()
```

【代码说明】

❑ 在 In[82]中从 PIL 库中导入了 ImageFilter 模块，并别名为 IF。

❑ 在 In[83]～In[94]中使用了 ImageFilter 模块中的 6 个常用滤镜，并在随后调用 show 方法显示。

滤镜使用后的图像如图 21-19 所示。

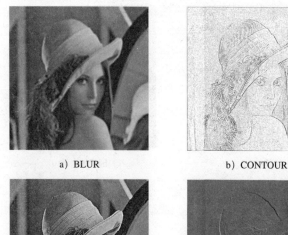

a) BLUR　　　　　　　　　b) CONTOUR　　　　　　　　c) DETAIL

d) EDGE_ENHANCE　　　　　　e) EMBOSS　　　　　　　f) SHARPEN

图 21-19　Pillow 中滤镜的使用效果

在 Pillow 库中还有更多的处理图像模块，如可以通过使用 ImageDraw 模块在图像上作图或者写字。使用 Pillow 库不但可以实现对于图像的常规处理，还可以通过使用滤镜和混合模式等功能来使的图像具有特殊的效果。

21.4　小结

本章中介绍了 Python 下的图像处理功能。其中在图像处理部分重点介绍了 Pillow 模块，通过实例讲解了 Pillow 在基本图像处理和高级处理的应用。这些处理包括对图像的变换以及对图像的增强。

21.5　习题

1．安装 Pillow，并根据教程练习图像的基本处理操作。

2．练习使用 Brightness 类来调整图像的明亮度。

第 22 章　Python 语言的扩展与嵌入

虽然 Python 语言已经可以完成很多的任务，但是对于某些领域还是会有一些不足，此时需要在 Python 中调用其他语言中完成的模块。另外，有些应用程序希望在其中增加对 Python 脚本语言的支持，从而达到使用插件的目的。这两种情况下都需要对原 Python 进行扩展。这种不同语言的融合使得可以充分发挥各自的特长。

本章的知识点：

- ❑ 为 Python 编写 C 扩展模块
- ❑ 使用 SWIG 模块
- ❑ 在 C 中使用 Python 模块

22.1　Python 语言的扩展

Python 语言良好的扩展性使得它可以使用其他语言中的模块。这种扩展性也是 Python 语言流行的一个原因。这种方式使得其他语言的开发人员可以使用自己喜欢的语言来开发可供 Python 语言使用的模块。

22.1.1　Python 扩展简介

在为 Python 语言书写模块的时候，一个 Python 开发人员可能会直接采用 Python 语言。而对于其他语言的开发人员则未必，如 C 语言程序开发人员可能希望使用熟悉的 C 语言来书写 Python 模块。由于 Python 语言设计的精巧，使得开发人员可以使用自己擅长的语言来完成任务。例如，可以使用 C 或者 C++这些编译语言来书写 Python 模块。同样的，Java 开发者可以使用 Jython，C#语言开发者则可以使用 IronPython。在这节中，将仅仅考虑对 C 和 C++的扩展。

Python 作为一种脚本语言，却有着和其他编译语言一样的强大功能。这其中的一个原因就是 Python 的设计让开发者可以使用 C 或者 C++对其进行扩展。使用 C/C++来书写 Python 模块，一方面可以利用 Python 语言的灵活性和丰富功能，另一方面可以利用 C/C++的运行性能。这种处理方式使得 Python 语言也具备了类似 C 和 C++的运行速度，从而解决了脚本语言运行速度缓慢的问题。在这样的处理后，Python 语言的使用范围进一步得到了扩展。

实际上，在 Python 中的部分模块就是使用 C 语言来实现的，如 math 模块。这样做的目的也是考虑到了运行效率。而标准库中绝大部分库都是通过直接使用 Python 语言来实现的，这些文件可以在安装目录下的 Lib 目录下看到。由于 Python 语言本身是使用 C 来编写的，所以包含类似 C 的堆栈段。这也使得可以直接使用 C 或者是具有 extern C 声明的 C++语言。对于采用兼容 C 语言的 Python 扩展，一般包含两类。一类是 C 模块，这种处理方式和 Python 模块是类似的；另一种是 C

类型，其处理方式就像 Python 中内置的类型一样，包括列表等。

实际上，除了能够为 Python 提供其核心语言所不具有的功能和提高系统性能外，还可以对源码进行保护，这在 Python 的商业化使用中是非常有必要的。因为 Python 作为解释型的脚本语言，本身对于源代码的保护能力并不强。经过将核心代码使用其他语言来书写，并通过一定的方式链接到 Python 中。这种处理方式有助于私有代码的保护。

在 Python 中使用 C/C++加入内置的模块是非常简单的。实际上，只要是对 C/C++语言稍微熟悉的人，都可以完成这样的任务。在 Python 的应用编程接口（Application Programmers Interface，API）中定义了一组函数、宏以及变量，用来访问 Python 语言的运行环境。这些 Python 的 API 接口被组合到了一个 C 源文件中，并且通过 Python.h 文件来引用。

22.1.2 一个 C 扩展的例子

在 Python 语言中编写 C 扩展一般包括下面几个步骤。

1）通过 C 语言实现一个 Python 接口。

2）注册此访问表。

3）加入模块初始化代码。

4）对代码进行编译和测试。

在这几个步骤中，最后一个步骤是单独的，而前面 3 个步骤都是可以在代码中体现出来的。下面是一个 Python 扩展的接口部分代码。

```
01    /*fielname: extend.c*/
02    #include <Python.h>
03
04    static PyObject *
05    extend_system(PyObject *self, PyObject *args)
06    {
07        const char *command;
08        int sts;
09
10        if (!PyArg_ParseTuple(args, "s", &command))
11            return NULL;
12
13        sts = system(command);
14
15        return Py_BuildValue("i", sts);
16    }
```

【代码说明】

❑ 在代码片段的最前面，通过 include 处理指令将 Python.h 文件包含了进来。一种推荐的方法是将此导入语句放在所有其他包含的头文件之前。这样可避免某些系统下的冲突。

❑ 所有包含在 Python.h 文件中的符号都是以 Py 或者 PY 开头的，除了那些在标准头文件中定义的符号以外。这些符号包括函数、宏和变量等。为了使用方便，在 Python.h 文件中实际上已经包含了一些常用的头文件，例如<stdio.h>、<string.h>、<errno.h>和<stdlib.h>等。

❑ 在函数的主体部分实现了一个 extend_system 方法。注意到，此方法被定义成了 static 静态的。此函数的返回值为一个 PyObject 对象指针，此值将在后面被调用。此方法包含两个参数，一个为 self，另一个为 args。当被实现为一个函数的时候，此时的 self 值永远都是 NULL，这样输出的参数都将会传输到 args 变量中来。

- args 变量实际上是一个指向所有输入参数的元组。这表明输入的参数将不能被修改。由于现在传递进来的数据都是 Python 对象，为了能够在 C 语言中使用，必须对其进行适当的数据类型转换。

- 在定义了两个变量后，Python API 中的函数 PyArg_ParseTuple 用来检查输入参数并将其转换为 C 语言中的值。此函数将使用一个模板字符串来判断所需的类型，以及所要保存的 C 对象的类型。这里的 s 表示字符串类型。PyArg_ParseTuple 方法在所有要求都满足的情况下将返回 True 值。这些要求包括参数都有着正确的类型，并且其值被保存到了合适的 C 语言变量中。而当其中任何一个条件不满足的时候，此方法都会返回 False。如有非法的参数传递进来。在后面失败的情况下，也会触发一个异常，同时此函数马上返回 NULL 值。

- 接下来的语句是一个 system 的系统函数调用。此方法中输入的值即是前面从 Python 输入参数中解析出来的值。更具体地说，是通过 PyArg_ParseTuple 函数来实现的。此函数得到了一个返回值，赋值给 sts 变量。

- 由于此 extend_system 函数的返回值为 PyObject 对象，所以并不能够将 sts 变量直接返回。这里，通过使用 Py_BuildValue 方法，可以将 sts 值转换为 PyObject 类型的变量。从功能上来看，Py_BuildValue 函数和 PyArg_ParseTuple 函数是对应的。但是两者的处理方式却几乎一样，也采用了格式化的字符串来实现数据的转换。在这里，其格式化字符串为 i，表示这里将返回整型数据。需要注意的是，这里的整型是指 Python 语言中的整型。

如果 C 语言中的函数并不需要任何的返回值，也就是 void 的函数，在这里同样的需要返回一个值。在 Python 核心语言中，相对应 C 语言中的 void 是 None。所以需要返回一个值为 None 的 Python 对象。使用下面的方法可以达到这个目的。

```
Py_INCREF(Py_None);
return Py_None;
```

这里实际上是通过 Py_RETURN_NONE 宏来实现的。

Py_None 是 C 语言中一个用来表示 Python 中 None 的符号。这和 C 中的 NULL 指针是不一样的。很多情况下，NULL 表示一种错误，而 None 则是一个合法的值。

22.1.3　模块方法表和初始化函数

定义了 Python 扩展的 C 语言接口，再加上 Python 的模块方法表和初始化函数，即可成为一个完整的 Python 扩展。

下面的代码是模块方法表的定义。

```
01    static PyMethodDef ExampleMethods[] = {
02      ...
03      {"system", example_system, METH_VARARGS,
04      "Execute a shell command."},
05      ...
06    {  NULL, NULL, 0, NULL}
07
08    };
```

【代码说明】

- 这里定义了一个 ExampleMethods 变量。这实际上也是 C 语言扩展中提供的可以在 Python 终端中访问的方法。注意，此变量也定义成了 static 静态。

- 在这个变量中，定义了多个成员。其中每个成员包含 4 个元素。变量通过辨别成员是否使用 NULL 和 0 的元素来作为结束条件。

- 在这 4 个元素中，第一个元素为可以在 Python 中调用的方法，第二个参数则是当前 C 扩展中的函数名称，最后一个元素为此方法接口的文档描述。第三个元素则用来告诉 Python 解释器在 C 函数中的调用惯例。一般来说，这个值应该为 METH_VARARGS 或者 METH_VARARGS | METH_KEYWORDS。后一种写法表示这两个标志位都被设置。如果此值为 0，一般使用了已经废除了的 PyArg_ParseTuple 旧版本方法。

- 当标志位中只有 METH_VARARGS 的时候，从 Python 解释器中传递过来的参数将会被 PyArg_ParseTuple 函数来处理。而 METH_KEYWORDS 则是用来设置字典参数的。在这种情况下，C 函数应该可以接受一个附加的 PyObject *参数，其中包含一个字典类型，含有关键字。在这个时候，可以使用 PyArg_ParseTupleAndKeywords 方法来解析参数。

上面定义的模块方法表将在模块初始化函数中被传递给解释器。模块初始化函数必须使用 initNAME()的函数形式，其中 NAME 为模块的名字。这是模块文件中唯一不是 static 的方法。其示例代码如下。

```
01  PyMODINIT_FUNC
02  initextend (void)
03  {
04      (void) Py_InitModule("extend", ExtendMethods);
05  }
```

【代码说明】

- 可以看到，此函数是此模块文件中唯一没有设置为 static 的方法。

- 这里定义的 initextend 方法，使用了 PyMODINIT_FUNC 方法。为此函数定义了 void 的返回值。这种处理方法可以使得其在其他语言下也能够正确地使用。例如在 C++环境中就会加上 extern 'c'的代码。

22.1.4　编译和测试

在前面已经介绍了对 Python 进行扩展的前 3 个部分：C 接口、模块方法表和初始化函数。下面的部分显示了此 Python 扩展的完整代码。

```
01  #C接口
02  static PyObject *
03  extend_system(PyObject *self, PyObject *args)
04  {
05      const char *command;
06      int sts;
07
08      if (!PyArg_ParseTuple(args, "s", &command))
09          return NULL;
10      sts = system(command);
```

```
11      return Py_BuildValue("i", sts);
12  }
13
14  #模块方法表
15  static PyMethodDef ExampleMethods[] = {
16      ...
17      {"system",  example_system, METH_VARARGS,
18       "Execute a shell command."},
19  {NULL, NULL, 0, NULL}
20  };
21
22  #初始化函数
23  PyMODINIT_FUNC
24  initextend (void){
25      (void) Py_InitModule("extend", ExtendMethods);
26  }
```

上面分别介绍了实现 Python 扩展的几个组成部分。这几个组成部分每个部分都有着各自的用途和特点，缺一不可。

为了能够对其进行测试，还需要将其编译成 Python 模块并使用。

编译 Python 模块，首先需要构建 Python 开发环境。如果是在 Linux 系统下，直接安装 python-dev 软件包即可。如果是在 Windows 系统环境下，则相对比较麻烦，需要设置正确的编译器。为了简单起见，下面对于 Python 扩展模块的测试在 Linux 下完成。将此 extend.c 文件复制到 Linux 系统下的某个目录中。

一种可行的方式是直接使用编译器将其编译成相应的模块。在当前目录中新建一个 Makefile 文件，其内容如下。

```
01  PYI = /usr/include/python3.3
02
03  extend.so: extend.c
04      gcc extend.c -g -I$(PYI) -fpic -shared -o extend.so
05
06  clean:
07      rm -f extend.so core
```

【代码说明】

❑ 在此 Makefile 文件中，首先定义了一个变量 PYI，指定了当前 Python 头文件所在的目录。
❑ 在文件中指定了两个目标，一个是 extend.so，其依赖的文件为 extend.c，具体的执行步骤是下面的这条命令；第二个是一个清理目标，将生成的文件删除。

使用 make 命令，即可以对指定目标进行编译。

```
book@6[extern]$ make
gcc extend.c  g -I/usr/include/python3.3 -fpic -shared -o extend.so
```

上面的输出显示了具体的命令执行过程。这样，将在当前目录下生成 extend.so 文件。此文件可以被 Python 解析器加载。

另外一种方式是 Python 所提供的，使用 distutils 模块来生成。同样，在当前目录下创建一个 setup.py 文件，其文件内容如下。

```
01  #!/usr/bin/python
02
```

```
03    from distutils.core import setup, Extension
04
05    module_extend = Extension('extend',[extend.c'])
06
07    setup ( name = 'Extend', version = '1.0',
08          description="This is a Python extend Demo",
09          ext_modules=[module_extend])
```

【代码说明】

❑ 这是 Python 为其扩展所设计的一套完整的方案。首先从 distutils.core 中导入 setup 方法和
Extension 类。

❑ 使用了 Extension 类的构造函数生成了一个扩展模块。这里的模块名为 extend，具体的源文
件为 extend.c。

❑ 调用 setup 方法，其中的几个参数分别指定了名字、版本和描述等。最重要的是在 ext_modules
属性中设置了刚刚生成的扩展模块。

通过上面的设置，此模块的编译环境就完成了。

运行下面的命令，即可以生成相应的 so 模块。

```
python setup.py build
```

在运行完毕后，在当前目录下的 build/temp.linux-i686-2.5/目录下会看到生成 extend.pyd 文件。
此模块可以被 Python 的解释器所调用。

在当前目录中启动 IPython 解释器，即可以完成对此 Python 扩展的测试。

```
01    book@6[extern]$ ipython
02    Python 3.3.1 (r252:60911, Nov 14 2008, 19:46:32)
03    Type "copyright", "credits" or "license" for more information.
04
05    IPython 0.8.4 -- An enhanced Interactive Python.
06    ?         -> Introduction and overview of IPython's features.
07    %quickref -> Quick reference.
08    help      -> Python's own help system.
09    object?   -> Details about 'object'. ?object also works, ?? prints more.
10
11    In [1]: import extend
12
13    In [2]: extend.system('ls')
14    build extend.c extend.so Makefile setup.py
15
16    In [3]: extend.system('mkdir test')
17
18    In [4]: extend.system('ls')
19    build extend.c extend.so Makefile setup.py test
```

【代码说明】

❑ 在 In[1]中导入了 extend 模块。实际上，这里使用了 extend.so 文件。当首次导入的时候，
初始化函数将会被调用。

❑ 在 In[2]中调用了其中的 system 函数。其中传入了命令 ls。通过在 C 函数中执行此命令，将
会打印当前的文件夹。在输出中可以看到具体的信息。

❑ 在 In[3]和 In[4]中进一步对 system 的功能进行了测试。这里使用了 mkdir test 命令来生成一

个 test 目录。然后调用了 ls 命令来显示当前目录下的文件。可以看到，system 的命令得到了正确的执行。

22.2　Python 语言的嵌入

随着 Python 功能越来越强大，很多的应用程序希望能够加入 Python 语言作为其插件的实现。这已经在不少的应用程序中得到了体现。包括 GIMP 等软件在内的应用都可以使用 Python 的绑定来书写特定的插件。这就是将 Python 嵌入应用中的缘故。在这一节中，将具体的介绍如何将 Python 嵌入其他语言的应用程序中。

22.2.1　Python 嵌入简介

在上一节中介绍了如何对 Python 进行扩展，使得其他的语言可以书写可供 Python 使用的模块。当然，同样可以反过来，使用 Python 来为 C 或者 C++等语言提供支持。这种嵌入方式使得如 C 类的语言可以获得 Python 强大功能的支持，同时也不失 C 本身的效率。从这个方面来说，Python 的嵌入和 Python 的扩展并没有本质的区别。

这种嵌入方式可以用于很多用途。例如一个应用程序为了追求某些方面的因素使用了其他的静态语言，但是同时又希望能够书写一些 Python 脚本文件来实现一些实用工具。这种设计方式使得可以将核心功能用 C 或者 C++的语言来实现，但是一些外围的工作则可以用 Python 来实现。同时，这样还可以给用户提供 Python 接口，用户可以使用这些接口来完成原来应用程序并不提供的功能。如 GIMP 软件，某个用户如果实现了一种图像处理算法，则可以首先使用 Python 语言的插件来对其进行验证。

在实际操作中，虽然和 Python 的扩展操作很类似，但是还是有些不同的。最大的不同在于使用 Python 扩展的时候，主要的执行程序是使用 Python 语言来编写的；而对于 Python 嵌入的方式来说，可能主程序和 Python 并没有什么关系，只有在用到 Python 的时候才会起作用。

当需要将 Python 嵌入的时候，则需要提供函数的主程序代码。在程序的主函数中，至少要完成的工作包括初始化 Python 的解释器，这实际上是通过调用函数 Py_Initialize 来完成的。当然，其中还包含一些可选的参数用来传递给 Python 的解释器。在初始化之后，应用程序就可以调用此解释器对 Python 代码进行解析了。

向 Python 的解释器传递参数可以有多种方式，最常见的方式是使用字符串，这可以通过 PyRun_SimpleString 方法来执行；或者传递文件对象或者文件名，这可以通过调用 PyRun_SimpleFile 方法来完成。当然，实际上这里也可以使用在 Python 扩展中所介绍的方法来创建和使用 Python 对象。

22.2.2　一个 Python 嵌入的例子

将 Python 嵌入其他应用程序中的最简单方式是使用高层的接口。这种接口可以在其他类型的文件中执行 Python 脚本。不过这种处理是不能和外界进行交互的。这种处理方式比较适合于在文件中执行某些简单的操作。

下面的代码显示了这种高级接口的使用。

```
01    /*emb_1.c*/
02    #include <Python.h>
03
```

```
04    int main(int argc, char *argv[])
05    {
06        Py_Initialize ();
07
08        #解释执行参数中的语句
09        PyRun_SimpleString("from time import sleep\n"
10                          "print 'sleep 1s'\n"
11                          "sleep(1)\n");
12
13        Py_Finalize();
14
15        return 0;
16    }
```

【代码说明】

❑ 从这个代码片段中可以看到，在最上面的 include 处理指令加载了 Python.h 头文件，其中包含嵌入 Python 所需要用到的函数和变量。

❑ 在 main 函数中，首先调用了 Py_Initialize 方法，对 Python 解释器进行初始化。在这样的处理过后，后面就可以使用 Python 解释器来对 Python 代码进行解释了。

❑ 在第 9 行代码中，使用了 PyRun_SimpleString 方法。此方法主要是用在对简单的字符串进行解释处理执行。在这里，将要解释 Python 的 3 个语句。其中第一个语句是从 time 模块中导入 sleep 方法；第二个语句是向终端输出一个提示信息；最后一个语句用来休眠 1 秒钟。

❑ 在上面的代码执行完毕后，需要调用 Py_Finalize 方法来清除当前的 Python 解释环境。

将当前目录下的 Makefile 文件修改为如下的内容。

```
01    PYI = /usr/include/python3.3
02
03    emb_1: emb_1.c
04            gcc emb_1.c -g -I$(PYI) -fpic -shared -o emb_1
05
06    clean:
07            rm -f emb_1 core
```

和修改之前内容相比，变化主要在于这里用 emb_1.c 代替了 extend.c，而用目标 emb_1 代替了 extend.so。

执行这个生成的 emb_1，可以看到如下的结果。

```
01    book@6[extern]$ chmod +x emb_1
02
03    book @6[extern]$ ./emb_1
04    sleep 1s
05
06    book @6[extern]$
```

这里首先使用 chmod 命令，将生成的可执行程序加上可执行属性。然后执行此文件，输出了信息。另外，在输出后面一个提示符之前，等待了 1 秒钟。通过这些输出可以看到，此 C 文件中正确地执行了 Python 代码片段。

22.2.3 更好的嵌入

在上面的代码中，只是能够直接执行固定在程序代码中的 Python 代码。这在很多时候是不符合要求的。在继承方式中，下面的代码可以实现解析外部提供的 Python 代码。

```
01    #filename: emb_2.c
02    #include <Python.h>
03
04    int main(int argc, char *argv[])
05    {
06        PyObject *pName, *pModule, *pDict, *pFunc;
07        PyObject *pArgs, *pValue;
08        int i;
09
10        #判断参数个素
11        if (argc < 3) {
12            fprintf(stderr,"Usage: call python_file function_name [args]\n");
13            return 1;
14        }
```

上面的代码功能主要是对输入的参数进行检查。当输入的参数如果小于 3 个的时候，则打印出提示信息。

```
01    #初始化Python解释环境
02    Py_Initialize();
03    pName = PyString_FromString(argv[1]);
04    /* Error checking of pName left out */
05
06    pModule = PyImport_Import(pName);
07    Py_DECREF(pName);
```

【代码说明】

- ❑ 首先使用了 Py_Initialize 方法初始化了 Python 执行环境。
- ❑ 使用 PyString_FromString 从参数中获取了模块的名字，并将其转化为 Python 中的 String 对象。
- ❑ 调用 PyImport_Import 将此模块加载。
- ❑ Py_DECREF 的作用是手工对参考计数进行管理，从而实现 Python 解释器对 Python 对象的内存回收。

```
01    if (pModule != NULL) {
02    #获取函数
03        pFunc = PyObject_GetAttrString(pModule, argv[2]);
04        /* pFunc is a new reference */
05
06        if (pFunc && PyCallable_Check(pFunc)) {
07        #对参数进行处理
08            pArgs = PyTuple_New(argc - 3);
09            for (i = 0; i < argc - 3; ++i) {
10                pValue = PyInt_FromLong(atoi(argv[i + 3]));
11                if (!pValue) {
12                    Py_DECREF(pArgs);
13                    Py_DECREF(pModule);
14                    fprintf(stderr, "Cannot convert argument\n");
15                    return 1;
16                }
17                /* pValue reference stolen here: */
18                PyTuple_SetItem(pArgs, i, pValue);
19            }
```

励志照亮人生　编程改变命运

```
20              #调用Python中的函数
21              pValue = PyObject_CallObject(pFunc, pArgs);
22              Py_DECREF(pArgs);
23              if (pValue != NULL) {
24                  printf("Result of call: %ld\n", PyInt_AsLong(pValue));
25                  Py_DECREF(pValue);
26              }
```

【代码说明】

❏ 在这段代码中，首先将获取了 Python 模块中的函数。随后调用 PyCallable_Check 方法对其进行检测，看是否可以被调用。

❏ 接着对输入的参数进行判断，并对其进行类型转化。

❏ 最后，调用 PyObject_CallObject 方法来执行 Python 规范，并得到 Python 结果。

```
01              else {
02                  Py_DECREF(pFunc);
03                  Py_DECREF(pModule);
04                  PyErr_Print();
05                  fprintf(stderr,"Call failed\n"); #调用函数失败
06                  return 1;
07              }
08          }
09          else {
10              if (PyErr_Occurred())
11                  PyErr_Print();
12              fprintf(stderr, "Cannot find function \"%s\"\n", argv[2]); #函数查找失败
13          }
14          Py_XDECREF(pFunc);
15          Py_DECREF(pModule);
16      }
17      else {
18          PyErr_Print();
19          fprintf(stderr, "Failed to load \"%s\"\n", argv[1]); #Python模块加载失败
20          return 1;
21      }
```

上面的代码主要是针对出错信息进行处理。

```
    Py_Finalize();
    return 0;
}
```

调用 Py_Finalize 方法清除 Python 运行环境。

按照 emb_1 的方式，修改 Makefile 文件，可以得到 emb_2 可执行文件。此代码即可以实现调用不同的 Python 函数。例如有下面的一个代码文件。

```
01  #filename: ari.py
02  def add(x,y):
03      print ("add a, b")
04      return x+y
05
06  def mul(x,y):
07      print ("mul a, b")
08      return x*y
```

这是一个很简单的 Python 代码文件，其中定义了两个方法 add 和 mul，实现了加法和乘法。

通过 emb_2 可执行文件可以对这段 Python 代码进行测试。

```
01    book @6[extern]$./emb_2 ari add 4,5
02    add 4, 5
03    Result of call: 9
04
05    book @6[extern]$./emb_2 ari mul 4,5
06    mul 4, 5
07    Result of call: 20
```

在对 cmb_2 的测试中可以看到，此可执行文件已经可以解释 ari.py 文件中的 Python 代码了，并得到了正确的结果。

22.3　小结

本章讲解 Python 语言的扩展和嵌入。为了能够增强 Python 的扩展性，Python 语言既支持使用其他语言书写 Python 模块，也支持将 Python 的解释器功能嵌入其他的应用程序中。在本章中，详细介绍了这两种方式，从而使得在使用 Python 的时候更加得心应手。

22.4　习题

1．练习在 Python 语言中编写一个 C 扩展。
2．在不参考本书内容的情况下，尝试编写一个 Python 嵌入的代码段。

第 23 章 Windows 下的 Python 开发

Python 现在已经成为一个跨多个平台的语言，可以在多个系统中使用。在 Windows 系统下，除了 Python 标准库之外，还有 Python 语言的 Windows 扩展模块。通过 COM 技术还可以实现 Windows 中的应用。

本章的知识点：
- ❏ COM 技术介绍
- ❏ 使用 COM 对象
- ❏ 全局唯一标识符
- ❏ 使用 win32com 实现 Windows 应用

23.1　组件对象模型

组件对象模型（Component Object Model，COM）定义了不同组件之间相互通信的方式，提供了一种在不同的应用软件和程序之间共享功能的规范。此模型允许多个不同的组件之间进行通信，而不用担心具体的实现语言和底层运行的计算机系统平台。在本节中将对组件对象模型及其在 Python 中的支持进行介绍。

23.1.1　组件对象模型介绍

COM 是 Microsoft 提出的一种如何创建组件和如何使用组件在应用程序中通信的一个规范。现在，Windows 下的大部分应用程序都支持了 COM 技术。任何支持 COM 技术的系统都能够可靠地使用 COM 组件，而不用担心对象是如何实现的。在 COM 架构基础上，用户可以使用单一功能的组件，按照特定的需求将其组合起来，从而形成一个复杂的实际应用。

这种组件技术的由来也是和软件工业的发展相关的。但软件规模变大后，如果采用那种静态的组成方式，则在产品完成后对其修改会非常困难。针对这个问题，一种解决方案就是将应用程序的功能拆分为多个独立简单功能的部分，这就是组件的含义。使用组件的最大好处在于在后面的维护过程中，可以使用新的组件替代旧的组件。

需要注意的是，这种组件技术也是一种发展的过程，包括 COM。实际上，COM 技术也是对象链接与嵌入技术（Object Linking and Embedding）的发展。在 COM 技术被提出之后，又有其增强技术包括 DCOM（Distributed COM，分布式 COM 技术）和 COM+（DCOM+管理）被相继提出。在 COM 技术基础之上，还建立了许多其他相关技术，如 ActiveX 技术，甚至更高层的 DirectX 技术等。随着组件技术的进一步发展，Microsoft 公司推出了.NET 框架，其中就有用于替代 COM 的核心技术 CLR（Common Language Runtime，公共语言运行库）。即使如此，COM 技术还是被广泛用在 Windows 系统中。Microsoft 组件技术的发展关系如图 23-1 所示。

图 23-1　组件技术之间的关系

使用组件技术还可以实现应用程序的快速开发。虽然应用程序有包含特定的组件实现，但是常规的组件都已经可以找到，这样就避免了重复开发。另外，由于组件的透明性，所以可以很容易地实现应用程序的网络化功能（通过 DCOM）。可以说，COM 组件是一种为其他应用程序提供服务的很好方法。使用 COM 技术的发布方案，COM 客户可以动态地找到其所需的组件。

虽然 COM 技术只是一个规范标准，但实际上在 Windows 下也有具体的实现，有一个 COM 库可以供所有客户来使用。其中包含一些 API 函数，用来创建 COM 程序。这个 COM 库保证了所有使用此组件的应用程序都有同样的运行方式。COM 还提供其他一些功能。这也是 COM 技术能够得到迅速发展的一个原因。

23.1.2　COM 结构

COM 技术是基于组件概念的。对于一个基本的组件，至少需要有两个方面的功能，一个是需要能够查询组件中提供了什么接口；第二个是需要组件能够进行自我生命周期管理，具体是通过参考计数（Reference Counting）来实现的。这两个功能需要在 IUnknown 接口中的几个方法中进行实现，包括 QueryInterface、AddRef 和 Release 等。所有的 COM 组件都需要实现 IUnknown 接口，通过这种方式来保证所有 COM 组件的相同处理能力。

COM 的结构如图 23-2 所示。

在图 23-2 中最重要的部分是 COM 库，支持对象的各种操作，包括定义、创建、删除和调度等。另外，都实现了上面介绍的基本功能，包括查询对象接口以及遍历对象功能。同样的，COM 还提供了接口定义语言（Interface Definition Language，IDL）用来定义 COM 技术上的接口，实际上也是对于对象的一组逻辑相关的操作方法。

COM 技术采用了 IDL 来描述组件接口，包括标准接口和自定义接口。在 COM 技术中为所有的组件定义了一

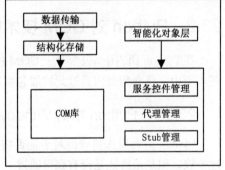

图 23-2　COM 的结构

个共同的父接口 IUnknown，正如前面介绍的，其中有组件的基本方法。在组件模型中，除了基本规范和 COM 实现外，在 COM 中还包含永久存储、智能命名标记和数据统一转移等核心的系统组件。

实际上在 COM 组件中定义了许多的接口，但是并没有实现。一个经常使用的接口是 IDispatch，允许从脚本环境下访问 COM 对象，这些脚本环境就包括 Python 语言。虽然 COM 技术定义了 IDispatch 的接口，但是 COM 对象负责实现具体的接口，而具体的实现还依赖了组件暴露出来的功能。实现了 IDispatch 接口的组件称为自动化组件。

23.1.3　COM 对象的交互

GUID（Global Unique Identifier，全局唯一标识符）是一个 16 字节的二进制值，一般是由网卡地址和 CPU 时钟联合生成的。由于这两者在全局范围内都是不同的，所以任何两个计算机系统都

不会产生相同的 GUID 值。在需要使用全局唯一标志符的时候，例如多个节点协同工作的情况下，可以使用 GUID。在组件中的类标志 GUID 称为 CLSID（Class Identifier，类唯一标识符），可以根据注册表，从 CLSID 中确定组件的位置。

在 COM 模型中，可以将类唯一标识符传递给 COM 核心并获取实例化后的对象，这称为 COM 客户端。在实际操作中，可以通过调用 CoCreateInstance 或者 CoGetClassObject 接口来生成。图 23-3 显示了 COM 客户端和 COM 组件之间的交互过程。

在图 23-3 中，首先是 COM 客户端调用 CoCreateInstance 方法来访问 COM 库。而在收到这个请求后，COM 库将定位并实例化服务器端的组件对象。接着，COM 库将返回可以使用的接口指针给 COM 客户端，这样，COM 客户端可以利用这个返回值来调用这个接口方法，实现特定的功能。在服务器端，将使用 COM 中的接口方法来生成对象。在客户端中，可以使用类工厂方法来创建对象。其具体的实现如图 23-4 所示。

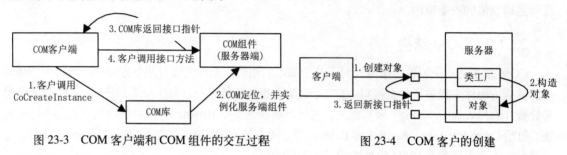

图 23-3　COM 客户端和 COM 组件的交互过程　　　　图 23-4　COM 客户的创建

23.2　Python 对 COM 技术的支持

在 Python 语言中，包含对于 COM 技术的支持，这是通过 Python 的 Windows 扩展包来实现的。在本节中，将介绍如何通过此扩展包实现对 COM 组件的访问。

23.2.1　Python 中的 Windows 扩展：PyWin32

Python 的开发人员曾经对于是否将 Python 的 Windows 扩展支持加入 Python 的发行版本中有过争议，但是最终还是没有获得通过。一个最重要的原因就是 Python 语言还是希望能够尽可能地作为一个跨平台的语言，过多的特定系统平台下的标准模块加入将会使得这种特性变弱。

在 Windows 下支持通过 Python 访问 Windows 对象的软件包是 PyWin32，其项目主页地址为 http://python.net/crew/mhammond/win32/。现在项目组已经将项目迁移到 Sourceforge 平台下，新的项目主页地址为 http://pywin32.sourceforge.net/projects/，可以从项目主页上下载特定 Python 版本的软件安装包进行安装。由于此软件包只是能在 Windows 系统平台下使用，所以这里推荐使用可执行文件来安装软件包。PyWin32 软件包安装中的截图如图 23-5 所示。

图 23-5　PyWin32 的安装截图

在安装完毕后可以使用如下的操作来查看 PyWin32 软件包是否安装成功。

```
In [1]: import win32com
```

如果没有报错，则说明已经安装成功。实际上，在安装了 PyWin32 软件包后，并不只是包含 win32com 模块，还有其他的操作 Windows API 的模块。在下面将具体介绍通过使用 win32com 模块来操作 COM 对象。

23.2.2　客户端 COM 组件

这里主要关注的 COM 对象是自动化组件对象。这些对象提供的接口可以为其他编程环境中所使用，使得可以用户直接通过接口来操作 COM 对象。这里可以使用 Python 的 Windows 扩展来操作自动化组件对象，这些对象包括 Microsoft Office、Internet Explorer 或者支持 COM 组件的其他程序。

COM 对象的信息是保存在 Windows 的注册表中的，其中包含每个组件的详细信息。当需要新生成一个组件的时候，系统将在注册表中查找此组件并使用找到的类。需要注意的是，这里的类并不是指 Python 语言中的类，而是一个 COM 类，类中定义了具体的实现，而对象只是类的一个实例。类是通过一个前面介绍过的 CLSID 或者 ProgID 在注册表中注册。其中，CLSID 是一个 GUID，这在全局都是唯一的。而 ProgID 则可以显示一个友好的字符串，但是并不保证唯一。一般的，ProgID 都会使用对生成 COM 对象描述的字符串，如对于 Microsoft Word 程序可以使用 Word.Applicatio，而对于 Microsoft Excel 则可以使用 Excel.Application。

可以通过使用 win32com 模块中的 client.Dispatch 方法来创建一个 COM 对象。此方法可以接受一个 ProgID 或者 CLSID 作为参数，ProgID 或者 CLSID 将作为此 COM 组件的标志。

在下面的例子中使用此方法生成了一个 word 对象。

```
01   In [1]: import win32com
02
03   In [2]: from win32com import client
04
05   In [3]: word = client.Dispatch("Word.Application")
06
07   In [4]: word
08   Out[4]: <COMObject Word.Application>
09
10   In [5]: doc = word.Documents.Add()
11
12   In [6]: doc
13   Out[6]: <COMObject Add>
```

【代码说明】

❑ 在 In[1]和 In[2]中导入了 win32com 中的 client 模块，此模块中包含客户端 COM 组件编程所需要的相关库。

❑ 在 In[3]中使用了 Dispatch 方法启动了特定的应用程序，这里是 Word，其中的参数为 Word.Application。然后将运行结果赋值给 word 变量。

❑ 在 In[4]中显示了 word 对象，可以看到此变量现在为一个 COM 对象。

❑ 在 In[5]中增加了一个新的文档，并将其赋值给 doc 变量。在 In[6]中可以看到此变量也是一个 COM 对象。

　　　　　　　　　励志照亮人生　　编程改变命运

当上面的操作执行完毕后，并不会产生任何窗口。这是因为 Word 的 COM 对象在生成的时候默认是不可见的。可以通过设置对象的 Visible 属性来将窗口显示或隐藏，当其值为 True 的时候，表示显示此窗口，否则将隐藏生成的窗口。

```
In [7]: word.Visible = True
```

在 In[7]中设置了 word 对象的 Visible 值为 True。这将会使得生成的 Word 实例显示出来。对于具体的 COM 对象有着不同的属性和方法。

当此语句执行完毕后，将打开一个 Word 窗口，如图 23-6 所示。

当生成了 Word 的 COM 对象后，就可以使用此自动化组件所提供的方法来对 word 对象进行操作了。例如可以在 Word 中通过 COM 接口输入文字。当然，也可以调用应用程序提供的接口来关闭文档。实际上，Python 也会管理 COM 对象的生成周期。当发现变量不再被使用的时候，Python 将会自动关闭应用程序。一种方便的方法是将变量赋值为其他值，如下面的操作中将其赋值为 None。

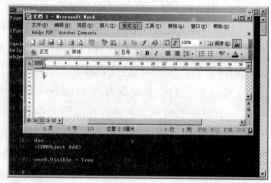

图 23-6　使用 win32com 打开 Word 窗口

```
In [8]: word = None
```

这种方式同样的可以关闭此 COM 客户端。

23.2.3　实现 COM 组件

由于 Python 在字符处理方面具有优势，所以有些时候其他程序需要调用 Python 来处理。其他语言可以通过扩展来访问 Python 中的实现，但是这对于每种语言都需要一个相应的扩展。还有一种实现方式就是使用 COM 组件，其好处就是可以使得其在实现的时候不用担心客户端 COM 组件间的语言。在 PyWin32 包中包含实现 COM 组件的方法。

在 Python 中实现 COM 对象将包含下面的步骤。

1）定义一个 Python 类，此类将作为 COM 类。

2）定义将要提供给外界程序所使用的接口和属性。

3）设置 ProgID 和 CLSID 的值。

4）实现提供给外部使用的方法。

5）调用 win32com 中的方法来注册 COM 服务组件。

在下面的代码中，注册了一个 Python 的 COM 组件。

```
01   #filename: com_1.py
02   class PythonUtilities(object):
03       _public_methods_ = [ 'SplitString' ] #提供的接口名
04
05       _reg_progid_ = "Python.Utilities" #注册的ProgID
06
07       _reg_clsid_ = "{71A4461C-6EDC-4cda-AF97-6744234C8D38}"#注册的CLSID
08
09       def SplitString(self, val, sep=None):
```

```
10          import string
11          if sep!= None: sep = str(sep)
12          return string.split(str(val), sep)
13
14   if __name__=='__main__':
15       #注册COM服务组件
16       print ("Registering COM server...")
17       import win32com.server.register
18       win32com.server.register.UseCommandLine(PythonUtilities)
```

【代码说明】

- 这个代码片段中包含两个部分。其中前面定义了一个 PythonUtilities 类，这是一个 COM 类。而后面部分则将上面定义的类进行注册。
- 在定义的 PythonUtilities 类中，包含 3 个特殊的属性。其中_public_methods_属性用来指定提供给外部程序所使用的接口，这里仅仅提供了一个方法 SplitString。_reg_progid_属性用来指定 ProgID，COM 客户端将可以利用此值来访问 COM 对象，并使用提供的接口，此值最好是简单且易记。_reg_clsid_属性则定义了此 COM 组件的 GUID 值，此值不要手工指定，一般是通过工具生成的。实际上，Windows 系统提供了一个实用工具 guidgen 来生成 GUID 值。图 23-7 中显示了此工具的使用。
- 实际上，也可以使用下面的代码来生成 GUID 值。

```
01   In [1]: import pythoncom
02
03   In [2]: pythoncom.CreateGuid()
04   Out[2]: IID('{A22616D4-C261-4B19-8D91-1160248EB7C5}')
```

- 在 PythonUtilities 中还定义了一个 SplitString 函数。此函数即为提供给外部使用的具体实现。在函数主体中可以看到，此函数除去参数判断部分，实际上就是简单地调用了 Python 标准库 string 模块中的 split 方法。
- 后面的代码放入了 "if __name__=='__main__':" 代码中，这使得下面的代码只会在文件被调用的时候执行。这里代码首先从 win32com.server 模块中导入了 register，然后使用了其中的 UseCommandLine 方法来注册 PythonUtilities 此 COM 组件。

直接运行此代码，可以实现对定义的 COM 组件的注册。

```
01   In [9]: run com_1.py
02   Registering COM server...
03   Registered: Python.Utilities
```

从输出信息中可以看到，系统已经注册了此 COM 组件。

接着，可以在其他应用程序中使用此组件了。作为一个简单的实例，可以在 VBA 中来实现对此注册 COM 组件的访问。

首先打开 Word 中的 VBA 编辑器。

1）通过【工具】|【宏】|【宏】命令，来打开【宏】对话框，也可以直接按快捷键 Alt+F8 来打开，如图 23-8 所示。

2）在宏名中输入一个名称如 TestPython，然后单击右边的【创建】按钮。

3）Word 的 VBA 编辑器将会打开，在其中可以输入 VB 代码。

图 23-7　guidgen 工具的使用　　　　　　　图 23-8　【宏】对话框

为了访问刚刚注册的 COM 组件，可以使用下面的代码来实现。

```
01   Sub TestPython()
02       Set PythonUtils = CreateObject("Python.Utilities")
03
04       response = PythonUtils.SplitString("Hello World")
05
06       For Each Item In response
07       MsgBox Item
08       Next
09   End Sub
```

【代码说明】

❑ 在这个 VB 方法中，首先使用 CreateObject 建立与所定义 COM 组件的关联。

❑ 在第二个语句中调用了 PythonUtils 所提供的接口 SplitString，来对指定的字符串进行分拆，并将返回值赋值给 response 变量。

❑ 后面的 3 个语句则是使用对话框显示了字符串分拆后的各个部分。

在 VBA 编辑器中，单击【运行】|【运行子过程/用户窗体】命令，执行此宏，也可以按快捷键 F5 来运行，运行结果如图 23-9 所示。

图 23-9 做了一些处理，将代码界面和运行的结果放在了一幅图中。从输出中可以看出，通过调用 PythonUtils 组件中的 SplitString 接口，将指定的字符串分解成了多个部分。从图 23-9 中的两个输出对话框可以看出。

为了不影响注册表，一个好的习惯是在不使用的时候将此 COM 组件从注册表中去掉。这也是很容易实现的。在运行文件的时候，在后面加上 "--unregister" 即可。

```
01   In [10]: run com_1.py --unregister
02   Registering COM server...
03   Unregistered: Python.Utilities
```

现在如果再度运行 VBA 中的宏，将会出现如图 23-10 所示的错误。

在图 23-10 中，单击【调试】按钮还可以找到出错的 VBA 代码，可以定位到 TestPython 方法中的第一行，表明现在找不到相应的 COM 组件。

当然，在 Python 中也是可以测试此 COM 组件的。

```
01   In [11]: run com_1.py
02   Registering COM server...
03   Registered: Python.Utilities
04
05   In [12]: s = win32com.client.Dispatch("Python.Utilities")
```

```
06
07   In [13]: s.SplitString("Hello World")
08   Out[13]: (u'Hello', u'World')
```

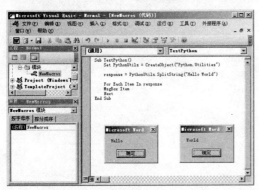

图 23-9　在 VBA 中调用注册的 COM 组件

图 23-10　找不到 COM 组件的错误显示

【代码说明】

❑ 在 In[12]中使用了 Dispatch 方法访问了前面定义的 ProgID 所指代的 COM 组件，并生成了一个 COM 对象。

❑ In[13]中调用了 SplitString 方法。可以看到，这里同样分解成了两个字符串。

23.3　Windows 下的常见 Python 应用

由于 Windows 系统平台下绝大部分的应用程序都是支持 COM 技术的，所以可以通过 win32com 模块来实现对这些应用程序的自动访问。这对于需要经常做一些重复性的工作的用户是很有用的。这节中将介绍一些 Windows 系统下应用的自动化处理。

23.3.1　对 Word 的自动访问

Word 是一款字处理软件，可以使用其来生成各式各样的文档。对 Word 实现自动化处理，对于商务办公很有帮助的。考虑这样的一种情况。有一个邀请函的 Word 模板，其中需要加上邀请人的名字。而这些名字放在另外一个文件中。这可以打开一个邀请函的模板文件，输入一个用户名，然后保存。如此反复，最终完成任务。但是，当需要邀请的人很多的时候，这种处理方式将非常低效。为了能够解决这个问题，可以采用 win32com 模块来实现自动化处理。

一个 COM 客户端的典型实现是生成一个 COM 对象，然后调用 COM 对象所提供的方法进行处理，最后关闭此对象。对于上面的任务，这种处理方式是很合适的。下面的代码演示了使用 win32com 来自动操作 Word 的过程。

```
01   #filename: word.py
02
03   from time import sleep
04   import win32com
05
07   def word(name):
08
09       #生成了一个COM对象
```

```
10        word = win32com.client.Dispatch('Word.Application')
11        doc = word.Documents.Add()
12        word.Visible = True
13        sleep(1)
14
15        #对Word内容的操作
16        rng = doc.Range(0,0)
17        rng.InsertAfter(u'尊敬的%s :\n'%name)
18        rng.InsertAfter(u'      诚邀您参加于下周五晚六点在公司举行的晚会。')
19        sleep(1)
20
21        #保存文件
22        filename = name + ".doc"
23        doc.SaveAs(filename)
24
25        #关闭程序
26        doc.Close(False)
27        word.Application.Quit()
28
29    if __name__=='__main__':
30        names = ['Alice', 'Bob', 'Eve']
31        for name in names:
32            word(name)
```

【代码说明】

❑ word 函数这段代码包含 4 个部分。其中第一部分已经在前面进行了介绍。注意到，这里使用了 sleep 函数，主要的功能是可以看到操作 Word 文档的过程。

❑ 在第二部分中实现了对 Word 内容的操作。其中包含一个可变的内容部分——名字。这可以使得每个人得到的邀请函都是不一样的。

❑ 在第三部分代码中，使用 SaveAs 方法保存了文件，而文件名则为前面的名字。

❑ 在最后，调用了 doc 的 Close 方法，将文档关闭。这个时候，Word 中就没有任何可编辑文档了。调用 Quit 方法退出程序。

❑ 在测试的过程中，仅仅只是使用了 3 个名字。实际上，这个部分的内容可以从数据文件或者数据库中读取。

运行此代码文件，通过这样的操作，最终将在"我的文档"文件夹中生成以 3 个名字命名的 Word 文件。打开后，可以发现每个文件都对应着不同的邀请函内容。其中一个文件的内容如图 23-11 所示。

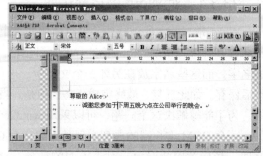

图 23-11　自动化生成的 Word 文档

当然，这段代码还是很粗糙的，还需要进一步的改进。在生成多个文档的时候，没有必要对于每个名字都重新打开应用程序，而只是需要新建和关闭文档即可。

23.3.2　对 Excel 的自动访问

Excel 是一个强大的表格软件。下面实现的内容和在 Word 中实现的类似，只是这里在不同的单元格中显示内容。

```
01    #filename: excel.py
02
03    from time import sleep
04    import win32com
05
06    def excel(name):
07
08        #生成了一个COM对象
09        ex = win32com.client.Dispatch('Excel.Application')
10        wk = ex.Workbooks.Add()
11        nWk = wk.ActiveShoot
12        ex.Visible = True
13        sleep(1)
14
15        #对Excel内容的操作
16
17        nwk.Cells(1,1).value = u'尊敬的%s :\n'%name
18        nwk.Cells(2,1).value = u'    诚邀您参加于下周五晚六点在公司举行的晚会。'
19
20        #保存文件
21        filename = name + ".xlsx"
22        wk.SaveAs(filename)
23
24        #关闭程序
25        wk.Close(False)
26        ex.Application.Quit()
27
28    if __name__=='__main__':
29        names = ['Alice', 'Bob', 'Eve']
30        for name in names:
31            excel(name)
```

【代码说明】

❑ 在 excel 函数这段代码中，包含 4 个部分。每个部分和前面 Word 操作中的基本类似。只是做了针对于 Excel 应用程序的修改。这里的 ProgID 改为了 Excel.Application。而其所包含的对象也发生了变化，每个页面称为 Workbooks。

❑ 在第二部分中实现了对 Excel 内容的操作。使用了 Cells 方法的 value 属性值来设置单元格的内容。这里对第一行第一列和第二行第一列两个单元格的内容进行了更改。

❑ 在第三部分代码中，使用 SaveAs 方法保存了文件，而文件名则为前面的名字。

❑ 在最后，调用了 wk 对象的 Close 方法，将文档关闭。这个时候，Excel 中就没有任何的可编辑表格了。调用 Quit 方法退出 Excel 程序。

运行此代码文件，通过这样的操作，最终将在"我的文档"文件夹中生成以 3 个名字命名的 Excel 文件。其中一个文件的内容如图 23-12 所示。

从上面可以看出，COM 组件并不关心所生成对象

图 23-12　自动化生成的 Excel 文档

的应用程序版本。所以即使这里的 Word 和 Excel 两者的版本并不一致，也不影响两个应用程序具有同样的访问接口和操作方式。

23.3.3　对 PowerPoint 的自动访问

PowerPoint 是一款常用的演示文档制作工具。这里依然采用了前面的例子，在 PowerPoint 中进行自动化功能实现。下面是具体的代码。

```
01   #filename: powerpoint.py
02
03   from time import sleep
04   import win32com
05
06   def powerpoint(name):
07
08       #生成了一个COM对象
09       ppt = win32com.client.Dispatch('PowerPoint.Application')
10       pres = ppt.Presentations.Add()
11       ppt.Visible = True
12       sleep(1)
13
14       #对Powerpoint内容的操作
15       s1 = pres.Slides.Add(1,1)
16       s1_0 = s1.Shapes[0].TextFrame.TextRange
17       s1_0.Text = u'尊敬的%s \n'%name
18
19       s1_1 = s1.Shapes[1].TextFrame.TextRange
20       s1_1.InsertAfter(u'    诚邀您参加于下周五晚六点在公司举行的晚会。')
21
22       #保存文件
23       filename = name + ".pptx"
24       pres.SaveAs(filename)
25
26       #关闭程序
27       pres.Close()
28       ppt.Application.Quit()
29
30   if __name__=='__main__':
31       names = ['Alice', 'Bob', 'Eve']
32       for name in names:
33           powerpoint(name)
```

【代码说明】

❑ 在 powerpoint 函数代码中，同样的包含 4 个部分。每个部分和前面 Word 操作中的基本类似。但是做了针对于 PowerPoint 应用程序的修改。这里的 ProgID 改为了 PowerPoint.Application。而其所包含的对象也发生了变化，每个演示文档被称为 Presentations。

❑ 在第二部分中实现了对 PowerPoint 内容的操作。调用 Slides.Add 新建了一个演示页面，并分别在不同的页面布局部分输入了相应的内容。

❑ 在第三部分代码中，使用 SaveAs 方法保存了文件，而文件名则为前面的名字。

□ 在最后，调用了 Pnes 对象的 Close 方法，将
文档关闭。这个时候，PowerPoint 中就没有
任何的可编辑内容了。调用 Quit 方法退出
PowerPoint 程序。

运行此代码文件，通过这样的操作，最终将在"我
的文档"文件夹中生成以 3 个名字命名的 PowerPoint
文件。其中一个文件的内容如图 23-13 所示。

23.3.4　对 Outlook 的自动访问

Outlook 是 Windows 系统下出色的电子邮件管理
软件。在这里，实现了对于 Outlook 的自动访问。在
下面的代码中，将使用 win32com 来自动发送邮件。

图 23-13　自动化生成的 PowerPoint 文档

```
01   #filename: outlook.py
02
03   from time import sleep
04   import win32com
05
06   def outlook(name):
07
08       #生成了一个COM对象
09       outlook = win32com.client.Dispatch('Outlook.Application')
10
11       mail = outlook.createItem(0)
12       mail.Recipients.Add('%s@server.com'%name)
13       mail.Subject = u"邀请函"
14       body = ""u"尊敬的%s \n"%name
15       body.append(u'    诚邀您参加于下周五晚六点在公司举行的晚会。')
16       mail.Body = body
17
18       mail.Send() #发送邮件
19
20       outlook.Quit()
21
22   if __name__=='__main__':
23       names = ['Alice', 'Bob', 'Eve']
24       for name in names:
25           outlook(name)
```

【代码说明】

□ 这里的代码和前面的有一些区别。因为前面的应用中都是完成文档，而这里的应用则是发
送电子邮件。在 Outlook 函数的最前面，使用 Dispatch 方法生成了一个 COM 对象。其中
ProgID 为 Outlook.Application。

□ 接着调用其 createItem 方法，生成了一个邮件的实例。

□ 接下来为邮件的各个域设置合适的值。其中最关键的域有 3 个，邮件接收人、邮件主体和
邮件正文内容。

❑ 当邮件构造完毕后，就可以使用其对象的 Send 方法将此邮件发送出去。

❑ 最后调用 Quit 方法退出应用程序。

实际上，这种处理方式和手工打开 Outlook 来发送邮件的效果是一样的。运行此段代码，可以在 Outlook 的"已发送邮件夹"中看到刚刚发送的 3 封邮件。

23.4　小结

本章讲解了 Python 语言在 Windows 系统下的扩展。首先介绍了组件对象模型，分析了 COM 的结构以及各个组件之间的交互处理。随后介绍了 Python 中支持 Windows 系统的扩展软件包 PyWin32，并使用其中的 win32com 模块作为客户端组件来控制 Windows 的应用程序。接着介绍了如何使用 win32com 模块构建 COM 组件，并演示了如何在 VBA 中访问自定义的 COM 组件服务。最后对于 Windows 系统下的常见应用做了详细的介绍，主要是针对 Office 中的软件的自动化处理，包括 Word、Excel、PowerPoint 和 Outlook。

23.5　习题

1. 使用 Python 访问一张 Excel 表格，并读取出表格的数据。
2. 简述在 Python 中实现 COM 对象的步骤。